“十四五”时期国家重点出版物出版专项规划项目
智慧农业关键技术集成与应用系列丛书

Intelligent processing
technology and application of
underwater image and vision

水下图像与视觉智能处理技术及应用

安　冬　位耀光◎编著

中国農業大學出版社
China Agricultural University Press
·北 京·

内 容 简 介

本书系统阐述水下图像与视觉智能处理技术的基本理论、相关技术及具体应用。全书共分 10 章，包括水下图像成像基础、水下图像视频增强与复原、水下图像视频去噪、水下图像视频分割、水下目标检测、水下目标跟踪、水下目标识别、水下立体视觉、机器视觉在海洋及水产科学研究中的应用以及机器视觉在水下机器人中的应用。全书内容系统精炼，并涵盖深度学习等前沿技术。

本书可作为高等院校计算机、人工智能等相关专业高年级本科生和相关专业研究生的教学用书，也可作为相关科技人员的参考用书。

图书在版编目（CIP）数据

水下图像与视觉智能处理技术及应用/安冬，位耀光编著. --北京：中国农业大学出版社，2021.10

ISBN 978-7-5655-2632-9

Ⅰ.①水… Ⅱ.①安… ②位… Ⅲ.①水下光源-图像光学处理-研究 Ⅳ.①P733.3 ②TN919.8

中国版本图书馆 CIP 数据核字（2021）第 208538 号

书　　名　水下图像与视觉智能处理技术及应用
　　　　　Shuixia Tuxiang Yu Shijue Zhineng Chuli Jishu Ji Yingyong

作　　者　安　冬　位耀光　编著

策划编辑　王笃利　张秀环　　　**责任编辑**　王笃利　洪重光
封面设计　李尘工作室
出版发行　中国农业大学出版社
社　　址　北京市海淀区圆明园西路 2 号　　　**邮政编码**　100193
电　　话　发行部 010-62733489，1190　　　读者服务部 010-62732336
　　　　　编辑部 010-62732617，2618　　　出　版　部 010-62733440
网　　址　http://www.caupress.cn　　　**E-mail** cbsszs@cau.edu.cn
经　　销　新华书店
印　　刷　涿州市星河印刷有限公司
版　　次　2022 年 2 月第 1 版　　2022 年 2 月第 1 次印刷
规　　格　185 mm×260 mm　　16 开本　　20.5 印张　　510 千字
定　　价　59.00 元

智慧农业关键技术集成与应用系列丛书
编写指导委员会

展开世界地图你会发现，地球被蔚蓝的水体包裹。地球上海洋的面积约占地球总面积的2/3，海洋中丰富的生物资源、矿产资源以及海洋本身的神秘深深吸引着人类。21世纪被定义为海洋的世纪，发展探索海洋也成为人类的共识。历史的经验告诉我们，向海则兴、背海则衰，海洋关系民族生存发展，关乎国家兴衰安危。党的十八大以来，以习近平同志为核心的党中央高度重视海洋事业发展，把建设海洋强国融入“两个一百年”奋斗目标。党的十九大报告再次指出，坚持陆海统筹，加快建设海洋强国。习近平总书记强调，海洋经济发展前途无量。建设海洋强国，必须进一步关心海洋、认识海洋、经略海洋，加快海洋科技创新步伐。经过多年发展，我国海洋经济实力不断增强，海洋科技水平不断提升，海洋事业进入了历史最好的发展时期，这些成就为建设海洋强国打下了坚实的基础。

水下成像是人类探索和开发海洋的重要手段。随着科学技术的发展和水下研究的不断深入，人类对于水下成像设备也提出了更高的要求，比如有更高的分辨率，能够探测更远的距离。与此同时，水下图像视频处理作为水下成像后续处理分析过程，也需要进行不断的探索和研究，以应对水下更极端的状况和完成水下更复杂的任务。

水下图像视频处理技术及应用属于图像处理中的一个分支，在水下图像视频处理中既包含图像处理中的通用技术，又包含其特有的处理技术。在过去几十年里，水下图像视频处理技术的研究内容包括了水下图像增强与复原、水下目标探测、水下目标分割、水下目标跟踪以及水下目标识别等。随着计算机视觉、深度学习等学科的飞速发展，水下图像视频处理技术也注入了许多新内容，并越来越多地应用到海洋实际探索中。尽管目前有很多与图像处理、计算机视觉相关的书籍，但仍缺乏系统讲解水下图像视频处理的书籍，目前与水下图像视频处理相关的研究人员迫切需要一本能够系统阐述水下图像视频处理相关理论、技术与实践相结合的书籍。

本书全面系统地阐述水下图像视频处理中的基本概念、理论方法以及相关技术实践，既介绍水下图像视频处理的成熟理论与方法，同时也对基于深度学习在水下图像视频中的新理论、新方法进行介绍，方便读者对比理解学习。全书共分为10章，由三大部分构成，第一部分是水下图像成像基础，即第1章，这部分是全书的基础，主要介绍水下成像基础的相关知识，系统地介绍水下光学性质、水下成像模型、水下图像成像特点等，帮助读者更直观地理解水下成像过程。同时，该章也介绍水下常用的评测指标，可以方便后续章节的学习与应用。第二部分是水下图像视频处理中的关键技术部分，包括第 2～8 章，是全书的主体核心部分。该部分从水下图像视频底层视觉处理开始，逐步过渡到更高层的图像理解。这部分主要阐述水下图像视频增强与复原、水下图像视频去噪、水下图像视频分割、水下目标检测、水下目标跟踪、水下目标识别以及水下立体视觉。在阐述这些水下图像视频处理关键技术时，本书采用经典传统方法与深度学习相结合，图像处理与视频处理相区别的方法对这些技术的核心问题、发展历程、经典算法以及相关评价指标等方面进行全面的介绍。第三部分是由第 9 章和第 10 章组成的。第 9 章主要介绍机器视觉在海洋及水产科学研究中的应用，重点介绍 4 个应用实例，分别是饲料精准投喂、鱼类异常行为检测、鱼类生物量估算和鱼类检测与跟踪。第 10 章介绍机器视觉在水下机器人中的应用，包括水下机器人的定位导航、目标跟踪、探测任务以及捕捞作业。第三部分是对第二部分水下关键技术的实践应用。

为了方便读者更好地实践书中提到的技术，书末的附录 1 给出水下图像视频处理的相关数据集。为了使读者更好地了解水下图像视频处理类比赛，附录 2 给出水下相关比赛情况。

本书由安冬、位耀光共同编著。在本书的编写过程中，研究生王雅倩、于晓宁、吴英昊、黄金泽、张树斌、张柳、陈垣荣、冯伊涵、郝进、侯思悦、吉怡婷、焦怡莎、李保科、李文姝、李宜敏、廖文璇、穆义卓、任佳辉、宋明磊、王旭、魏琼、吴梓玮、岳哲伟、岳志鹏、张佳龙、张景泽、张杨、张宇宁、张玉玲、周冰倩等参与了初稿的整理、修改讨论和文字勘误。全书由安冬、位耀光、刘金存统稿。

本书由北京航空航天大学百晓教授主审，感谢中国科学院半导体研究所李卫军研究员和北京大学喻俊志教授在审阅过程中提出的宝贵修改意见。

由于作者学识有限，本书编写时间较为仓促，书中一定会有很多疏漏和错误，在此，殷切希望使用本书的读者批评指正。

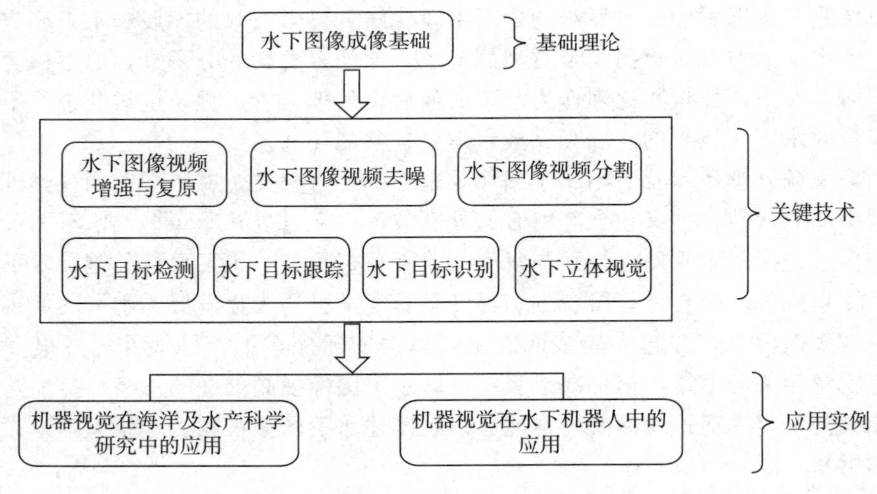

水下图像与视觉智能处理技术及应用组织结构图

安　冬　位耀光
2021 年 3 月

第 1 章 水下图像成像基础 …… 1

1.1 引言 …… 1
1.2 水下光学性质 …… 2
1.2.1 水体的光学分类 …… 2
1.2.2 水体固有光学性质 …… 3
1.2.3 水体表观光学特性 …… 7
1.3 水下图像成像理论 …… 8
1.3.1 水下成像系统 …… 8
1.3.2 水下图像建模 …… 10
1.3.3 模型简化 …… 13
1.4 水下图像特点概述 …… 14
1.4.1 水下图像的多样性 …… 14
1.4.2 水下图像的退化问题 …… 15
1.5 水下图像质量评测常用指标 …… 16
1.5.1 主观评价标准 …… 17
1.5.2 客观评价标准 …… 17
1.6 水下成像相关技术 …… 20
1.6.1 声波成像技术 …… 20
1.6.2 水下激光成像技术 …… 20
1.6.3 水下高光谱成像技术 …… 21
1.7 小结 …… 21
思考题 …… 22
参考文献 …… 22

第 2 章 水下图像视频增强与复原 …… 26

2.1 引言 …… 26
2.2 水下光学图像退化模型 …… 26
2.2.1 运动模型 …… 27
2.2.2 散焦模型 …… 27
2.2.3 高斯模型 …… 28
2.3 水下图像增强与复原 …… 28
2.3.1 基于成像模型的水下图像复原方法 …… 29
2.3.2 基于无模型的水下图像增强方法 …… 35
2.3.3 基于深度学习的水下图像增强与复原方法 …… 46
2.4 水下视频增强与复原 …… 52
2.5 水下图像质量评价方法 …… 56
2.6 小结 …… 59
思考题 …… 59
参考文献 …… 60

第 3 章 水下图像视频去噪 …… 64

3.1 引言 …… 64
3.2 噪声模型 …… 64
3.2.1 高斯噪声 …… 65
3.2.2 脉冲噪声 …… 66
3.2.3 散斑噪声 …… 67
3.3 水下图像去噪 …… 68
3.3.1 空间域滤波去噪 …… 68
3.3.2 变换域滤波去噪 …… 73
3.4 水下视频去噪 …… 78
3.5 小结 …… 81
思考题 …… 81
参考文献 …… 81

第 4 章 水下图像视频分割 …… 84

4.1 引言 …… 84
4.2 常用图像分割方法 …… 84
4.2.1 阈值分割 …… 84
4.2.2 基于区域增长分割 …… 87
4.2.3 基于边缘检测分割 …… 88
4.2.4 形态学分水岭分割 …… 89
4.3 基于智能算法的图像分割 …… 90

4.3.1 基于小波变换的图像分割 …… 90
4.3.2 基于马尔科夫随机场模型的图像分割 …… 91
4.3.3 基于遗传算法的图像分割 …… 92
4.3.4 基于聚类的图像分割 …… 93
4.3.5 基于深度学习的图像分割 …… 96
4.4 视频分割方法 …… 105
4.4.1 传统的视频分割方法 …… 105
4.4.2 基于深度学习的视频分割方法 …… 106
4.5 评价指标 …… 110
4.5.1 图像分割评价指标 …… 110
4.5.2 视频对象分割评价指标 …… 111
4.6 小结 …… 111
思考题 …… 112
参考文献 …… 112

第5章 水下目标检测 …… 115

5.1 引言 …… 115
5.2 基于特征描述的目标检测 …… 116
5.2.1 基于 Haar 特征的目标检测方法 …… 116
5.2.2 基于 HOG 特征的目标检测方法 …… 119
5.3 基于深度学习的目标检测 …… 123
5.3.1 深度学习骨干网络结构 …… 123
5.3.2 二阶段目标检测方法 …… 128
5.3.3 一阶段目标检测方法 …… 136
5.4 水下视频目标检测 …… 144
5.4.1 基于运动目标背景建模的视频目标检测方法 …… 145
5.4.2 基于深度学习的视频目标检测方法 …… 148
5.5 评价方法 …… 152
5.5.1 Precision 和 Recall 指标 …… 152
5.5.2 AP 和 mAP 指标 …… 153
5.5.3 F-measure 指标 …… 153
5.6 小结 …… 154
思考题 …… 154
参考文献 …… 154

第6章 水下目标跟踪 …… 158

6.1 引言 …… 158
6.2 生成式目标跟踪 …… 158
6.2.1 光流法 …… 158

6.2.2 卡尔曼滤波与均值漂移算法 …… 160
6.2.3 粒子滤波法 …… 162
6.3 判别式目标跟踪 …… 167
6.3.1 相关滤波 …… 167
6.3.2 基于深度学习的水下目标跟踪 …… 172
6.4 评价指标 …… 177
6.5 小结 …… 178
思考题 …… 178
参考文献 …… 179

第7章 水下目标识别 …… 180

7.1 引言 …… 180
7.2 基于监督学习的目标识别 …… 180
7.2.1 基于SVM的水下目标识别 …… 181
7.2.2 基于BP神经网络的水下目标识别 …… 185
7.2.3 基于卷积神经网络的水下目标识别 …… 190
7.3 基于非监督学习的目标识别 …… 194
7.3.1 K-均值聚类算法 …… 194
7.3.2 主成分分析算法 …… 197
7.3.3 生成式对抗网络 …… 199
7.4 基于半监督学习的目标识别 …… 202
7.4.1 半监督学习 …… 203
7.4.2 半监督分类最新研究方法 …… 211
7.4.3 水下半监督分类的应用 …… 214
7.5 小结 …… 215
思考题 …… 215
参考文献 …… 216

第8章 水下立体视觉 …… 219

8.1 引言 …… 219
8.2 双目视觉成像理论与标定 …… 219
8.2.1 相机成像模型 …… 219
8.2.2 相机几何标定 …… 222
8.3 双目立体视觉 …… 227
8.3.1 双目立体视觉原理 …… 227
8.3.2 双目立体视觉的系统组成 …… 228
8.3.3 立体匹配算法 …… 229
8.4 水下双目视觉立体匹配应用技术 …… 231
8.4.1 水下三维重建 …… 231

8.4.2 水下目标自动测量 …… 233
8.4.3 水下目标定位与跟踪 …… 242
8.5 小结 …… 246
思考题 …… 247
参考文献 …… 247

第 9 章 机器视觉在海洋及水产科学研究中的应用 …… 249

9.1 引言 …… 249
9.2 饲料精准投喂 …… 249
9.2.1 基于鱼类摄食强度的精准投喂研究 …… 249
9.2.2 鱼类智能投喂设备研究 …… 251
9.3 鱼类异常行为检测 …… 255
9.3.1 基于视觉的鱼类异常行为检测 …… 255
9.3.2 基于视觉的鱼类特殊行为识别 …… 256
9.4 鱼类生物量估算 …… 258
9.4.1 基于机器视觉的水产生物丰富度估计 …… 258
9.4.2 基于机器视觉的鱼类体重估计 …… 262
9.5 鱼类检测与跟踪 …… 263
9.5.1 图像获取 …… 264
9.5.2 图像预处理 …… 264
9.5.3 鱼类检测 …… 265
9.5.4 鱼类跟踪 …… 266
9.6 小结 …… 267
思考题 …… 267
参考文献 …… 267

第 10 章 机器视觉在水下机器人中的应用 …… 269

10.1 引言 …… 269
10.2 水下机器人定位导航 …… 270
10.2.1 提供 SLAM 技术所需要的环境信息 …… 270
10.2.2 基于双目视觉的水下定位与建图 …… 271
10.2.3 基于点线特征的双目视觉实时水下定位 …… 272
10.3 水下机器人目标跟踪 …… 274
10.3.1 基于光学相机的水下目标跟踪 …… 274
10.3.2 基于声呐的水下目标跟踪 …… 275
10.4 水下机器人探测任务 …… 277
10.4.1 石油气管道巡检及泄漏检测 …… 277
10.4.2 水下管道检测与跟踪 …… 278
10.4.3 海上养殖围网网衣检测 …… 283

10.5 水下机器人捕捞作业 …… 288
10.5.1 图像处理用于海参的实时识别 …… 288
10.5.2 水下机器人海参抓取作业 …… 290
10.6 小结 …… 294
思考题 …… 295
参考文献 …… 295

附 录 …… **298**

附录1 水下图像公开数据集 …… 298
附1.1 水下图像增强数据集 …… 298
附1.2 水下目标检测数据集 …… 306
附1.3 水下目标跟踪数据集 …… 309
附1.4 水下目标识别数据集 …… 309
附1.5 水下目标分割数据集 …… 310
附录2 水下图像类相关比赛 …… 312
附2.1 水下机器人目标抓取大赛 …… 312
附2.2 CHINAMM2019 水下图像增强竞赛 …… 312
附2.3 CVPR 2019 UG2+挑战赛 …… 312
附2.4 LifeCLEF 2015：Fish Identification Challenges …… 313
参考文献及相关链接 …… 313

第 1 章　水下图像成像基础

1.1　引言

海洋占据着地球 70%以上的面积，是地球生命的摇篮。在海洋中蕴含着丰富的矿产资源和生物资源，这些资源是人类可持续发展的重要组成部分，对人类的社会发展和经济发展具有重要的意义。21 世纪以来，各国的战略核心已经从陆地转向海洋，海洋的开发和利用已经成为各国发展的重中之重。尽管海洋资源丰富，但海洋环境复杂，开发难度大，人类对海洋的探索还不足 10%，因此海洋探索将会成为未来一个持久的有意义的有价值的领域。

人类想要开发和利用海洋，首先要具有在海洋中观测和作业的能力。海洋环境复杂，人类对海洋的探索受到很多限制，因此，探测系统成为海洋探测和作业的重要工具之一。探测系统主要分为声探测和光探测。声探测主要以成像声呐为传感器，通过数据回波的方法周期性地获取周围目标的数据。声探测在水下有较远的作用距离，但存在数据获取延迟和分辨率较低的问题，因此，声探测更适合远距离的大范围探测。光探测主要采用水下光学相机搭载水下照明设备获得水下图像，具有非常高的分辨率。但光在水中的传播特性，使得水下光学图像存在退化问题，因此，光探测更适合距离近且精度要求高的水下任务[1]。声探测和光探测各有其特有的优势，可以根据任务需求进行选择，也可以将两者搭载使用，结合两者的优势完成特定的水下任务。本章主要以水下光学图像为主探讨水下成像的基础。

水下光学图像，主要通过自然光或水下辅助光源，经过传感器采集目标物的反射光信号，并将光信号转化为电信号，再经过模数转换变为数字信号，通过编码最后得到可以显示的水下目标图像。水下光学成像使人类可以感知海洋，但与大气光学成像不同，光在水中传输受水体介质的影响。水体中的有机物、无机物和悬浮颗粒会对水下传输的光产生吸收和散射作用，从而降低水下获取图像的对比度，影响图像的可视距离，存在图像雾化、模糊、颜色失真等多重退化问题，导致水下光学成像系统获取的水下图像和视频不理想。这些退化问题增加获取水下准确信息的难度，严重影响后期计算机视觉的处理，阻碍海洋开发、探测、军事、养殖、科研等的进一步发展[2]。

本章主要介绍水下光学图像成像基础的相关知识，并与实际水下场景图像结合，介绍水下光学图像的成像特点；同时，列举水下图像分析常用的主观和客观评价方法和水下成像相关技术，以便后续章节的学习和使用。

1.2 水下光学性质

1.2.1 水体的光学分类

自然水域的光学成分是由溶解物和悬浮颗粒混合而成的，包括纯海水、各种有机溶解物、水中浮游植物、有机胶体以及各种矿物颗粒等。自然水体的光学性质随着这些溶解物和悬浮微粒的种类和浓度的不同表现出差异较大的时空性质，水体中所含的成分对水体的光学特性有很大影响[3,4]。

1977年，Morel和Prieur[5]最先将水体分为两类，随后，在1983年，Gordon和Morel又对其进行了修订，他们将自然水体分为一类水体和二类水体，其中一类水体主要位于开阔的海洋及离岸较远的陆架区，占世界海洋的98%；二类水体主要位于近岸河口等水域，占世界海洋的2%[6]。Jerlov（1968）及其同事对全球的海洋光学性质进行了评估，并将世界上的海洋分为10种类型，其中将开阔的海洋及离岸较远的陆架为代表的一类水体区分为5种类型，表示为Ⅰ类，ⅠA类，ⅠB类，Ⅱ类，Ⅲ类，将近岸河口等水域为代表的二类水体分为5种类型，表示为1类，3类，5类，7类，9类。对于开阔的海洋及离岸较远的陆架水域，类型Ⅰ最清澈，类型Ⅲ最浑浊。同样，对于近岸河口等水域，类型1最清澈，类型9最浑浊[3,7]。值得注意的是，Jerlov的水域分类并不能囊括世界上所有的水域类型，例如，该分类并没有包括极度浑浊的湖泊，尽管如此，他仍被认为是世界水域类型分类的代表[8]。

图1-1给出了Jerlov不同水体类型的光学衰减系数[9]。可以看出在Ⅰ类水域中，较长波长的光衰减较快。开阔大洋中的有效光学成分主要以浮游植物为主，浮游植物具有很好的光谱性质，主要减弱较长波长的光，因此Ⅰ类水域通常呈现深蓝色。Ⅱ类水域，往往与人类活

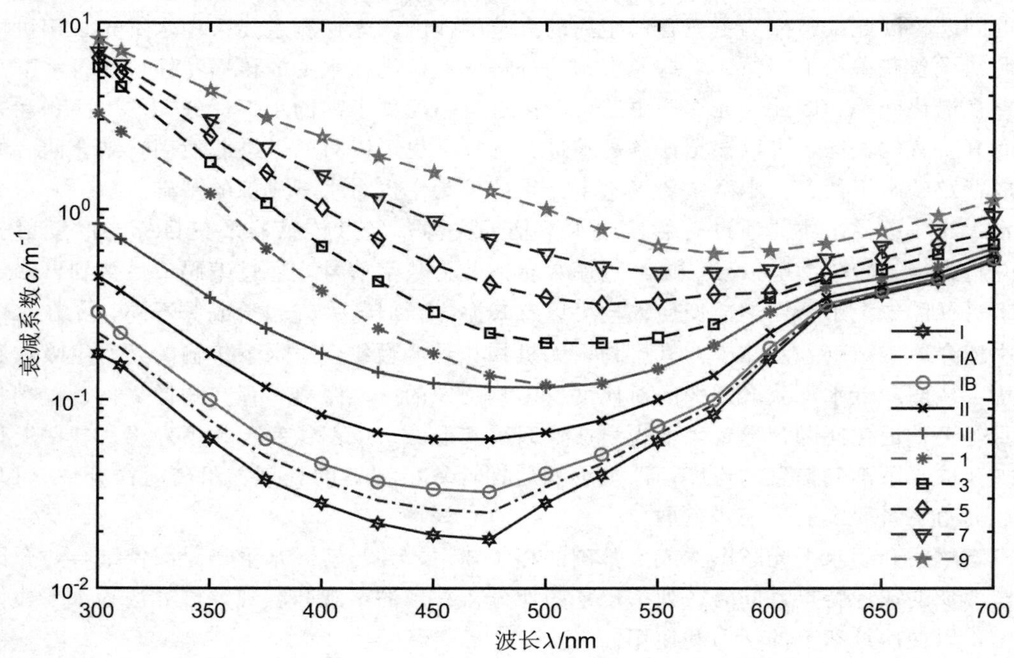

图1-1 Jerlov不同水体类型的光学衰减系数（Solonenko等，2015）

动息息相关，受人类影响。Ⅱ类水域的有效光学成分主要以河流或农业径流排放的黄色物质和非色素颗粒为主，这使得短波长的光和长波长的光衰减一样严重，对于沿海区域，并不适用于红色通道衰减快于蓝色或绿色，因此Ⅱ类水域一般呈现蓝绿色甚至黄褐色[8]。

1.2.2 水体固有光学性质[3,4]

水体的光学性质与自然水体所处的环境因素有关。水体的光学性质可以分为两类：固有光学性质（inherent optical properties，IOP）和表观光学性质（apparent optical properties，AOP），两种光学性质控制着水下光的传输。

固有光学性质是指仅依赖于水介质性质，与介质周围的环境变化无关的光学性质。其中，固有光学特性主要包括吸收系数（absorption coefficient，a）、散射系数（scattering coefficient，b）、光束衰减系数（beam attenuation coefficient，c）、体散射函数（volume scattering function）等。水体固有光学特性可以通过水体取样在实验室使用不同的光谱仪或散射计测得。

当准直光束入射到海水介质中时，会引起光的两个物理过程：吸收和散射，光束的衰减系数 $c(\lambda)$ 是指水体的吸收系数 $a(\lambda)$ 和散射系数 $b(\lambda)$ 引起的光束能量的损失，λ 表示波长。即：

$$c(\lambda) = a(\lambda) + b(\lambda) \tag{1-1}$$

1. 光在水中的吸收特性

当由光谱辐射功率为 F 的窄平行单色光束在海水介质中传输路径为 Δr 时，吸收而引起的辐射通量损失为 ΔF_a[10]，光的吸收系数 $a(\lambda)$ 定义为：

$$a(\lambda) = -\frac{\Delta F_a}{F\Delta r} \tag{1-2}$$

对光起吸收作用的物质主要包括纯海水以及溶解有机物、悬浮颗粒、气泡等。这些不同的物质以不同的浓度混合会导致海水不同的吸收光性质。在海水中的吸收光由海水中各组分的吸收光叠加而成，因此，总吸收系数 $a(\lambda)$ 可以表示为：

$$a(\lambda) = a_{\mathrm{w}}(\lambda) + a_{\mathrm{p}}(\lambda) + a_{\mathrm{y}}(\lambda) + a_{\mathrm{nap}}(\lambda) \tag{1-3}$$

式1-3中，下标w，p，y，nap分别表示纯海水（或纯水）、浮游植物、有色溶解有机物质或黄色物质、非色素颗粒。下面将分别介绍水中重要组分对光吸收的影响。

海水是吸收光的重要物质，海水中的溶解有机物和悬浮颗粒等浓度很小，但不同的物质对光的吸收并不相同。1981年Smith和Baker研究了海水对光的吸收作用，确定了敏感波长200～800 nm范围内纯海水的光谱吸收系数和散射系数[11]。这里的纯海水指的是最清澈的自然水体，这项工作忽略盐和其他溶解物质的吸收系数，假设了只有水分子和盐离子会产生散射，同时没有非弹性散射，测量得到的纯海水的吸收和散射系数曲线如图1-2所示。

浮游植物对可见光具有强烈的吸收作用，在自然水体吸收特性中扮演着至关重要的角色。浮游植物生产各种光合色素，叶绿素是其中最主要的，通常浮游植物对光的吸收可以使用叶绿素质量浓度来表征。在实际测量中，叶绿素质量浓度一般指在浮游植物细胞中主要叶绿素和相关脱镁叶绿素的质量浓度总和。不同水域的叶绿素质量浓度不同，在最清澈的开阔

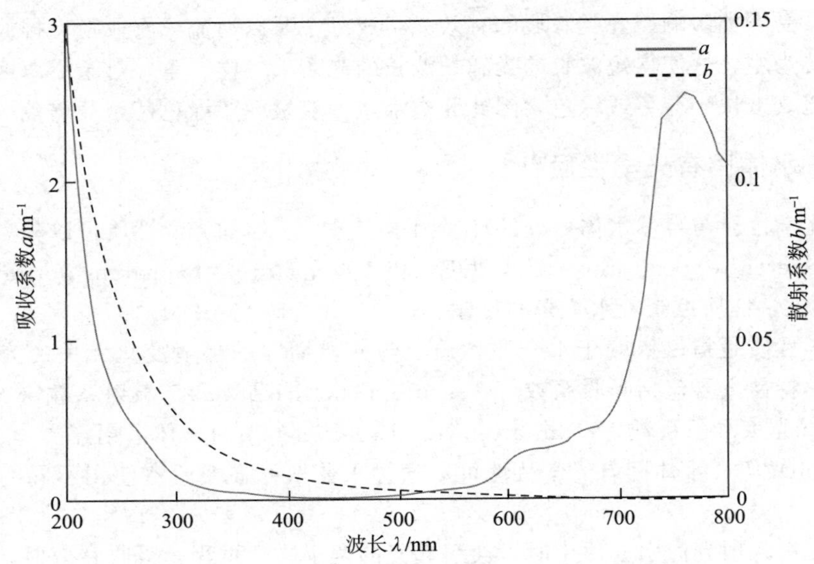

图 1-2　纯海水的吸收和散射系数（Smith 等，1981）

海域大约为 0.01 mg/m^3，在沿海地区一般为 10 mg/m^3，在富营养化水域为 100 mg/m^3。1988 年Morel[12] 给出了叶绿素质量浓度与 Jerlov 海水类型之间大致的对应关系，如表 1-1 所示：

表 1-1　叶绿素质量浓度与 Jerlov 海水类型的对应关系

叶绿素质量浓度/（mg/m^3）	Jerlov 海水类型
0～0.01	Ⅰ
0.05	ⅠA
0.1	ⅠB
0.5	Ⅱ
1.5～2.0	Ⅲ

Bricaud 等得出了浮游植物的光谱系数 $a_p(\lambda)$ 与叶绿素质量浓度 C 之间的经验关系式[13]：

$$a_p(\lambda) = O(\lambda)C^{P_p(\lambda)} \tag{1-4}$$

式 1-4 中，$O(\lambda)$ 与 $P_p(\lambda)$ 为波长函数。浮游植物的光吸收特征为：在波长 440 nm 和 675 nm 处有明显的吸收峰，由于辅助色素对蓝光吸收的贡献，蓝光波段的吸收峰值是红光波段吸收峰值的 1～3 倍；在波长 550～650 nm 对光吸收相对较少，大约在波长 600 nm 处吸收值最小，为波长 440 nm 处吸收峰值的 10%～30%。

Bricaud 等提出的模型很好地描述了黄色物质对光的吸收[14]：

$$a_y(\lambda) = a_y(\lambda_0)\exp[-s_y(\lambda - \lambda_0)] \tag{1-5}$$

式 1-5 中，λ_0 为参考波长，通常 $\lambda_0 = 440$ nm，$a_y(\lambda_0)$ 为在参考波长 λ_0 处的溶解有机物的吸收系数，$a_y(\lambda_0)$ 的值取决于黄色物质的浓度，s_y 为指数衰减常数，一般在 0.014～0.019。

非色素颗粒对光的吸收系数 $a_{nap}(\lambda)$ 可以用指数形式表示：

$$a_{nap}(\lambda) = a_{nap}(\lambda_0)\exp[-s_{nap}(\lambda-\lambda_0)] \tag{1-6}$$

式 1-6 中，λ_0 为参考波长，s_{nap} 为指数衰减常数，一般在 0.006～0.014。

2. 光在水中的散射特性[3,4]

当单色准直光在海水介质中传输路径为 Δr 时，散射而引起的辐射通量损失为 ΔF_b[10]，光的散射系数 $b(\lambda)$ 定义为：

$$b(\lambda) = -\frac{\Delta F_b}{F\Delta r} \tag{1-7}$$

体积散射函数 $\beta(\theta,\lambda)$ 是在一小体积元 dV 上的单位辐照度，是单位体积沿给定方向 θ 所发出的辐射强度，表示为：

$$\beta(\theta,\lambda) = \frac{\mathrm{d}I(\theta,\lambda)}{E(\lambda)\mathrm{d}V} \tag{1-8}$$

式 1-8 中，$\mathrm{d}I(\theta,\lambda)$ 为沿 θ 方向由体积元 dV 所散射的张度；$E(\lambda)$ 为体积元 dV 上的辐照度。

总散射系数 $b(\lambda)$ 是对体积散射函数在所有方向进行的积分，表示为：

$$b(\lambda) = 2\pi\int_0^{\pi}\beta(\theta,\lambda)\sin\theta\,\mathrm{d}\theta \tag{1-9}$$

总散射系数 $b(\lambda)$ 由两部分构成，分别为前向散射系数 $b_{\mathrm{f}}(\lambda)$ 和后向散射系数 $b_{\mathrm{b}}(\lambda)$，表示为：

$$b_{\mathrm{f}}(\lambda) = 2\pi\int_0^{\pi/2}\beta(\theta,\lambda)\sin\theta\,\mathrm{d}\theta \tag{1-10}$$

$$b_{\mathrm{b}}(\lambda) = 2\pi\int_{\pi/2}^{\pi}\beta(\theta,\lambda)\sin\theta\,\mathrm{d}\theta \tag{1-11}$$

光谱的散射相位函数 $\tilde{\beta}(\theta,\lambda)$ 是将体积散射函数用散射系数进行归一化，可以表示为：

$$\tilde{\beta}(\theta,\lambda) = \frac{\beta(\theta,\lambda)}{b(\lambda)} \tag{1-12}$$

光在水中的散射 $b(\lambda)$ 由纯海水本身引起的散射和悬浮粒子引起的散射叠加而成，散射系数表示为：

$$b(\lambda) = b_{\mathrm{w}}(\lambda) + b_{\mathrm{spm}}(\lambda) \tag{1-13}$$

式 1-13 中，下标 w，spm 分别表示纯海水（或纯水）、悬浮粒子。

1974 年 Morel 详细分析了纯水和纯海水散射的理论和观测结果，得到在纯水或纯海水的体积散射函数 $\beta_{\mathrm{w}}(\Theta;\lambda)$[15]：

$$\beta_{\mathrm{w}}(\Theta;\lambda) = \beta_{\mathrm{w}}(90^\circ;\lambda_0)\left(\frac{\lambda_0}{\lambda}\right)^{4.32}(1+0.835\cos^2\Theta) \tag{1-14}$$

式 1-14 中，$\lambda^{4.32}$ 是由折射率波长依赖性决定的，Θ 为散射面，因子 0.835 取决于水分子的各向异性。式 1-14 与式 1-15 瑞利散射体积散射函数十分相似，因此纯海水的散射常被认为是瑞利散射。但严格来说，两种散射并不相同，式 1-14 应该被称为 Einstein-Smoluchowski 散射，考虑的是小尺度的波动散射，而瑞利散射则考虑的是非常小的球形粒子的散射。

$$\beta_{\mathrm{Ray}}(\Theta;\lambda)=\beta_{\mathrm{Ray}}(90°;\lambda_0)\left(\frac{\lambda_0}{\lambda}\right)^4(1+\cos^2\Theta) \tag{1-15}$$

式 1-14 中对应的相位函数 $\beta_w(\psi)$ 为：

$$\beta_w(\psi)=0.062\ 25(1+0.835\cos^2\Theta) \tag{1-16}$$

纯水或纯海水的总散射系数 $b_w(\lambda)$ 为：

$$b_w(\lambda)=16.06\left(\frac{\lambda_0}{\lambda}\right)^{4.32}(90°;\lambda_0) \tag{1-17}$$

根据纯水和纯海水的散射系数绘制了两者的散射系数图，如图 1-3 所示。从图中可以看出无论是纯水还是纯海水的散射系数都随波长的增大而减小，同时对于所有波长，纯海水的散射系数 b_{sw} 总比纯水的散射系数 b_w 大 30%。根据 Shifrin 的研究表明，水体的散射与盐度、温度、压力有关，随温度的降低或压力的增大而减小[16]。

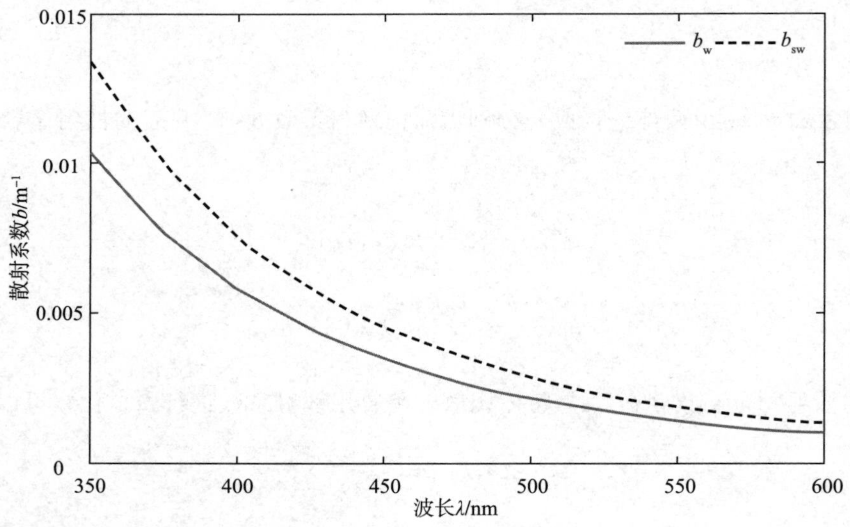

图 1-3　纯水与纯海水的散射系数（Shifrin 等，1988）

对于总的散射系数 $b(\lambda)$ 已经存在几种计算模型，其中一种常用的模型是 Gordon 和 Morel 在 1983 年提出的 bio-optical 模型[17]，该模型表示为：

$$b(\lambda)=\frac{550}{\lambda}0.3C^{0.62} \tag{1-18}$$

式 1-18 中，C 为叶绿素质量浓度。在该模型中包括纯水对总散射的贡献，但该贡献可以忽略不计。1991 年，Stramski 和 Kiefer[18] 在 1988 年 Moral[12] 提出的模型基础上，增加了纯水对散射贡献，估计了与 bio-optical 模型相关的后向散射模型，表示为：

$$b_b(\lambda) = [0.3C^{0.62} - b_w(550)][0.002 + 0.02(0.5 - 0.25\ln C)](\frac{550}{\lambda}) \tag{1-19}$$

在式 1-19 中包含了纯水和粒子的贡献，其中 0.002 为粒子后向散射的概率，0.02 为总散射的概率，$0.5-0.25\ln C$ 则是在非常清澈水中的粒子贡献依赖关系，在非常浑浊的水中没有波长依赖关系。根据经验推导的式 1-18 和式 1-19 只适用于Ⅰ类水体，在Ⅱ类水体中会产生较大的误差。

1983 年，Kopelevich[19] 提出了总的散射系数 $b(\lambda)$ 的另一个模型：

$$b(\lambda) = 0.0017\left(\frac{550}{\lambda}\right)^{4.3} + 1.34v_s\left(\frac{550}{\lambda}\right)^{1.7} + 0.312v_l\left(\frac{550}{\lambda}\right)^{0.3} \tag{1-20}$$

式 1-20 中，v_s 为小颗粒的体积分数；v_l 为大颗粒的体积分数。v_s 和 v_l 表示为：

$$v_s = -1.4\times10^{-4}\beta(1°;550) + 10.2\beta(45°;550) - 0.002 \tag{1-21}$$

$$v_l = 2.2\times10^{-2}\beta(1°;550) - 1.2\beta(45°;550) \tag{1-22}$$

1991 年 Haltrin 和 Kattawar[20] 扩展了 Kopelevich 提出的模型：

$$\begin{aligned} b(\lambda) &= b_w(\lambda) + b_{ps}(\lambda)P_s + b_{pl}(\lambda)P_l \\ &= 5.826\times10^{-3}\left(\frac{400}{\lambda}\right)^{4.322} + 1.1513\left(\frac{400}{\lambda}\right)^{1.7} + 0.3411\left(\frac{400}{\lambda}\right)^{0.3} \end{aligned} \tag{1-23}$$

式 1-23 中，$b_{ps}(\lambda)$ 为小颗粒的散射系数；$b_{pl}(\lambda)$ 为大颗粒的散射系数；P_s、P_l 分别为小颗粒和大颗粒的含量。

1.2.3　水体表观光学特性[3,4]

表观光学特性既依赖于水介质的特性又依赖于外部环境光场，是太阳辐射产生的水中光场的性质。表观光学特性与固有光学特性有密切的关系。表观光学特性包括平均余弦、辐照度反射率和各种扩散衰减系数等。与固有光学特性相比，表观光学特性更易于测量，有足够的规律性和稳定性，理想的表观光学特性并不会随着外部环境的变化而发生较大的改变。但是，表观光学特性依赖于水体本身的环境辐射分布，不能通过实验室水样测得。

平均余弦是指在该光场中一个无限小的水体部分各方向光线余弦的平均值[21]。其中光谱下行和上行平均余弦定义为：

$$\bar{u}_d(z;\lambda) = \frac{E_d(z;\lambda)}{E_{od}(z;\lambda)} \tag{1-24}$$

$$\bar{u}_u(z;\lambda) = \frac{E_u(z;\lambda)}{E_{ou}(z;\lambda)} \tag{1-25}$$

整个光场的平均余弦定义为：

$$\bar{u}(z;\lambda) = \frac{E_d(z;\lambda) - E_u(z;\lambda)}{E_o(z;\lambda)} \tag{1-26}$$

式 1-24 至式 1-26 中，E_d 和 E_u 为光谱下行和光谱上行辐照度；E_o为光谱辐照度。光谱下行辐照度是指以海平面为基准，法线向下的水平单位面积上接收的海水中向下的辐射通量；光谱上行辐照度是指以海平面为基准，法线向上的水平单位面积上接收的海水中向上的辐射通量[21]。E_{od} 和 E_{ou} 为下行和上行标量辐照度，下行标量辐照度是指以海平面为基准时法线向下的水平单位面积上接收的包括倾斜光在内的各个方向上的向下的辐射通量；上行标量辐照度是指以海平面为基准法线向上的水平单位面积上接收的包括倾斜光在内的各个方向上的海水向上的辐射通量[21]。

光谱辐照度反射率 $R(z;\lambda)$ 定义为光谱上行辐照度 E_u 与光谱下行辐照度 E_d 的比值：

$$R(z;\lambda) = \frac{E_u(z;\lambda)}{E_d(z;\lambda)} \tag{1-27}$$

式 1-27 中，z 为水体光学深度；$R(z;\lambda)$ 是在水面以下测量的。在典型的海域，辐照度随深度近似以指数形式衰减，因此可以将光谱下行和光谱上行辐照度表示为：

$$E_d(z;\lambda) = E_d(0;\lambda)\exp\left[\int_0^z K_d(z;\lambda)\mathrm{d}z\right] \tag{1-28}$$

$$E_u(z;\lambda) = E_u(0;\lambda)\exp\left[\int_0^z K_u(z;\lambda)\mathrm{d}z\right] \tag{1-29}$$

式 1-28 和式 1-29 中，$K_u(z;\lambda)$ 和 $K_d(z;\lambda)$ 分别为光谱上行和下行辐照度的漫射衰减系数，定义为：

$$K_u(z;\lambda) = -\frac{1}{E_u(z;\lambda)}\frac{\mathrm{d}E_u(z;\lambda)}{\mathrm{d}z} \tag{1-30}$$

$$K_d(z;\lambda) = -\frac{1}{E_d(z;\lambda)}\frac{\mathrm{d}E_d(z;\lambda)}{\mathrm{d}z} \tag{1-31}$$

其余扩散衰减系数的定义类似于式 1-28 和式 1-29，辐射率的漫射衰减系数定义为：

$$K(z;\theta;f;\lambda) = -\frac{1}{L(z;\theta;f;\lambda)}\frac{\mathrm{d}K(z;\theta;f;\lambda)}{\mathrm{d}z} \tag{1-32}$$

光束衰减系数和下行漫射衰减系数不同，光束衰减系数 $c(\lambda)$ 是根据单束、狭窄、准直的光子光束的辐射功率损失定义的，而下行漫射衰减系数 K_d 则是根据环境下行辐照度 $E_d(z;\lambda)$ 随深度下降而定义的，包括所有向下前进的光子。

1.3 水下图像成像理论

1.3.1 水下成像系统

水下成像系统如图 1-4 所示。进入海水的光由两部分构成：直射太阳光和大气散射光。这些光一部分折射到水中，一部分反射到大气中[22]。进入水中的光存在两个物理过程，分别是吸收和散射，一方面水对光的吸收使光能量衰减；另一方面光会由于水分子、水中悬浮颗粒发生散射，改变原来的传播方向。

光与物质相互作用的两种基本方式是吸收和散射。根据 Lambert-Beer 定律可知，当光在介质中传播时，其能量是呈指数衰减的。

$$E_r = E_0 \exp(-cd) \tag{1-33}$$

式 1-33 中，E_0 为原始光强；E_r 为在水中传输了距离 d 后的剩余光强；c 为介质的总衰减系数。总衰减系数 c 可以进一步分解为吸收系数 a 和散射系数 b 两个量的和：

$$c(\lambda) = a(\lambda) + b(\lambda) \tag{1-34}$$

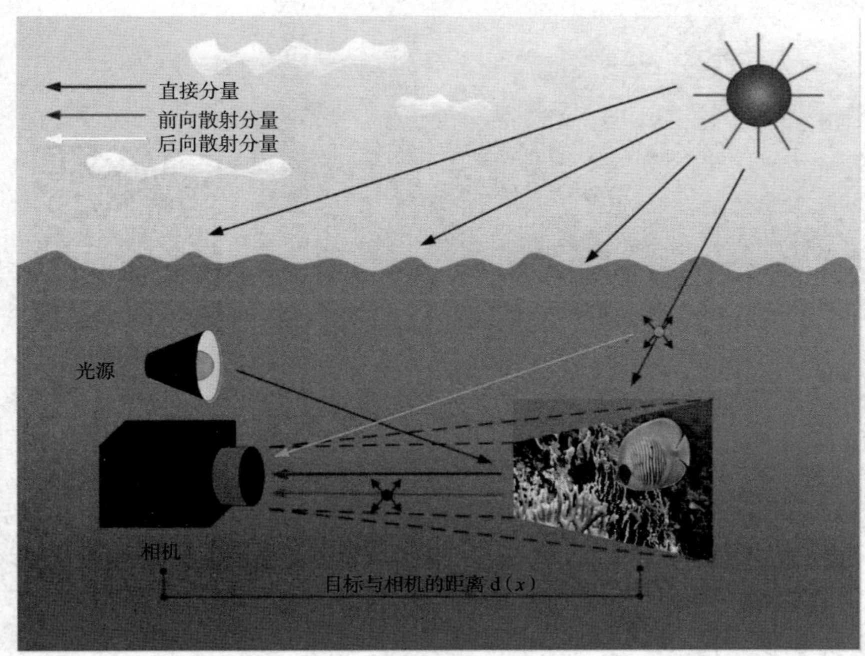

数字资源 1-1
水下成像系统彩色图

图 1-4　水下成像系统

光在水中传输距离 d 后剩余的能量被称为透射率 t_λ，表示为：

$$t_\lambda = \exp[-c(\lambda)d] \tag{1-35}$$

在不同的水体中，总衰减系数 c 是不同的，根据式 1-33 及图 1-1 给出的总衰减系数可以看出，在水下颜色的衰减取决于不同波长的光在水下传播时的不同衰减系数，同时也取决于光在水下的传播距离（图 1-5）。

水对光的吸收是有选择性的，光的波长越长，对应的频率就越低，因此携带的能量就越低。当光照入海水中时，不同波长的色光因为能量不同能够穿透到不同的海水深度。一般来说，对于大洋区域的可见光，红光的波长最长，因此红光在水下传输过程中被吸收得最多，衰减最强，传输距离最短，在水下 5 m 左右，红光基本消失；其次是橙光、黄光等较长波长的光衰减较强。较短波长的光可以进一步传输到更深的水域，比如绿光的传输距离大约在 30 m，而蓝光则可以传输到水下 60 m[23]。在纯海水中，光每传输 1 m，能量大约损失 4%，因此，在清澈的水中，水下能见距离大约在 20 m，在浑浊的水中则在 5 m 左右。

水对光的散射分为前向散射和后向散射，其中前向散射是目标物的反射光，经水中悬浮颗粒进行小角度散射后进入相机的光，前向散射包含目标场景信息，但前向散射向各个方向传输，导致成像系统获取的图像存在模糊现象；后向散射不包括目标场景信息，是部分环境光被水分子和水中悬浮粒子散射后进入相机的光，后向散射会给水下图像带来大量的噪声，造成图像雾化、对比度低等问题。后向散射也与水质有关，所处水域水质越浑浊，后向散射越严重，图像的背景噪声也越大。

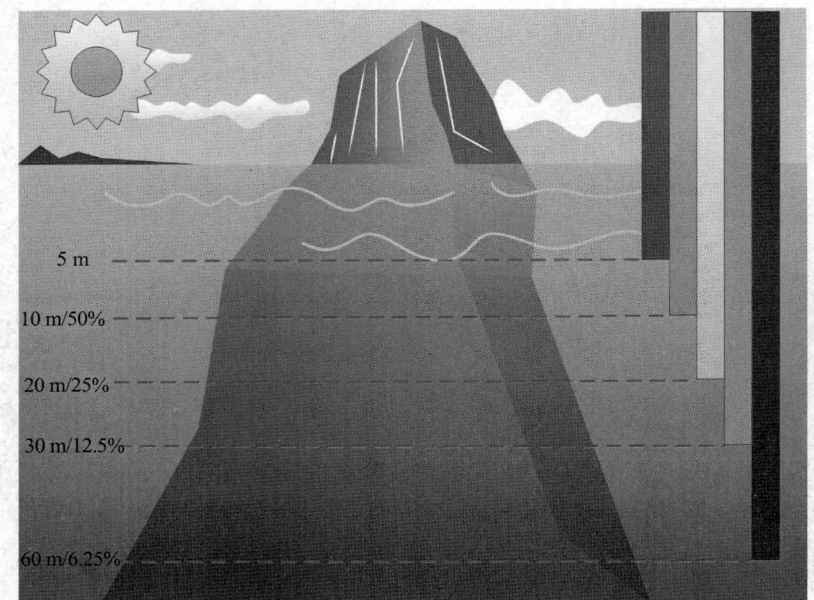

数字资源 1-2
光在水中的衰减
彩色图

图 1-5　光在水中的衰减

1.3.2　水下图像建模

为了更好地模拟光在水中的传输，假设光源是球面扩散并衰减的。Mobley 等在 20 世纪 60 年代到 90 年代间提出用辐射传输方程（radiative transfer equation，RTE）表示水下成像模型[24,25]。RTE 虽然不是最早的计算机成像模型，但是它为目前的水下成像模型奠定了基础[26]。Jaffe 等在计算机模型中将水体的固有光学参数与表观光学参数考虑在内[27]。该模型包括：直接辐射分量 E_d 即图像目标物的反射光直接照射到光电接收器的部分；前向散射分量 E_{fs} 即目标物的反射光沿小角度散射进光电接收器的部分；后向散射分量 E_{bs} 即环境光因悬浮颗粒发生大角度散射后被光电接收器接收的部分。总光强通常是这 3 个分量的叠加，如式 1-36 所示：

$$E_t(\text{total}) = E_d + E_{fs} + E_{bs} \tag{1-36}$$

1. 直接和前向散射分量

要计算相机最终从直接和前向散射作用下接收到的光强，要考虑两步：首先考虑光源到达目标物的辐照度，然后再计算相机可以接收到的目标物的辐照度。简单来说是两个过程，即光源→目标物→相机。

(1) 首先需要计算光源给予目标物的辐照度。这要计算入射到目标物（图 1-6 坐标系中用二维图片来表示）上的辐照强度。这种辐照度的来源是光源，它被认为是光束特征为 $BP(\theta_s, \varphi_s)$ 的点光源，其中 θ_s, φ_s 为极坐标角度。$BP(\theta_s, \varphi_s)$ 是在离光源 1 m 远的半球形壳体上的辐照度，其单位是 W/m^2。为了计算入射到目标物的辐照度，对这种光束模式进行了衰减和球面扩散。入射到目标物上的辐照度使用式 1-37 计算：

$$E'_{\mathrm{I}}(x',y',\theta_s,\varphi_s)=\mathrm{BP}(\theta_s,\varphi_s)\cos\gamma\frac{\mathrm{e}^{-cR_s}}{R_s^2} \tag{1-37}$$

式 1-37 中，x',y' 为相对于 $z=0$ 的平面反射图的固定坐标系；R_s 为从光源到反射图上一点的距离；γ 为在（x',y'）位置的反射图的垂线与（x',y'）和光源连线之间的夹角；c 为总衰减系数。Jaffe-McGlamery 用于计算机模型的坐标系如图 1-6 所示[28,29]。

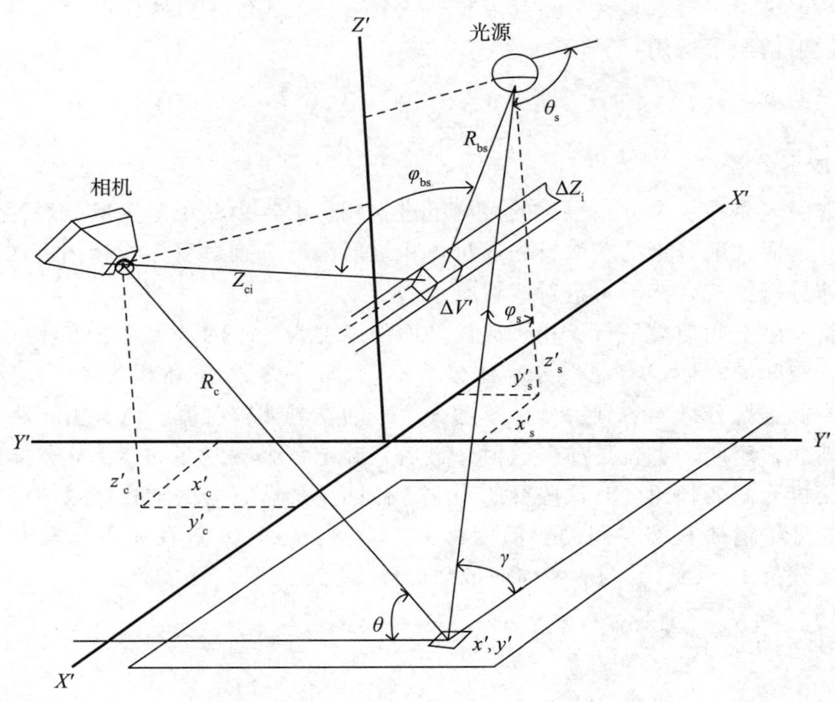

图 1-6 Jaffe-McGlamery 用于计算机模型的坐标系（Jaffe，1990）

为了更精确地表示入射辐照度 E_{I}，需要考虑到由于小角度前向散射分量而引起的光照扩散，以及由于小角度前向散射而引起的反射。近似值可以通过与点扩散函数 $g(\cdot)$ 的卷积得到（* 为卷积计算符号），$g(\cdot)$ 与水中杂质的含量和相机的距离有关。入射辐照度 E_{I} 可以表示为：

$$E_{\mathrm{I}}(x',y',0)=E'_{\mathrm{I}}(x',y',0)*g(x',y'|R_s,G,c,B)+E'_{\mathrm{I}}(x',y',0) \tag{1-38}$$

$$g(x',y'|R_s,G,c,B)=[\exp(-GR_s)-\exp(-cR_s)]F^{-1}\exp(-BR_sf) \tag{1-39}$$

式 1-38 和式 1-39 中，G 为经验因子，满足 $|G|<|c|$；F^{-1} 为傅里叶反变换；B 为经验阻尼因子；f 为辐射频率；$E_{\mathrm{I}}(x',y',0)$ 为表示场景表面点（x',y'）处的总辐照度；$E'_{\mathrm{I}}(x',y',0)$ 为入射到目标物上的辐照度；其中目标物的总辐照度等于光源入射到目标物上的辐照度加前向散射辐照度。

（2）从上面得到目标物上的总辐照度，下面需要进一步计算相机接收到的目标辐照度。在这里需要考虑相机的几何光学，目标物与相机之间的介质衰减以及反射波的球面传播，那么相机成像平面上入射的辐照度可以表示为：

$$E_{\mathrm{d}}(x,y)=E_{\mathrm{I}}(x',y',0)\exp(-cR_{\mathrm{c}})\frac{M(x',y')}{4F_n}\cos^4\theta T_1\left(\frac{R_{\mathrm{c}}-F_1}{R_{\mathrm{c}}}\right)^2 \tag{1-40}$$

式 1-40 中，$E_{\mathrm{d}}(x,y)$ 为直接分量；$E_{\mathrm{I}}(x',y',0)$ 为目标物总体辐照度；R_{c} 是从反射图上的 (x',y') 位置到摄像机的距离；$M(x',y')$ 为物体表面的反射率，其中 $M(x',y')<1$，海洋中物体反射率典型范围为 $0.02<M(x',y')<0.1$；θ 为点 (x',y') 与相机之间的连线与反射面的夹角；F_n,T_1,F_1 分别为相机的光圈数、镜头的透射率和焦距。

前向散射分量可以通过直接分量与点扩散函数 $g(\cdot)$ 进行卷积计算得到，但要注意该式仅在小角度散射情况下适用：

$$E_{\mathrm{fs}}(x,y)=E_{\mathrm{d}}(x,y,0)*g(x,y|R_{\mathrm{c}},G,c,B) \tag{1-41}$$

2. 后向散射分量

后向散射的光是在一个分布很广的角度下进入相机的，因此小角度散射理论无法在这种情况下成立。后向散射分量的获取首先通过体积散射函数分别对目标物和相机之间的水体所分成的小水体进行加权，然后再进行线性叠加。

首先，将三维空间切成平行于相机成像平面的厚度为 Δz_i 的若干小立方体（相当于目标物与相机三维空间的水体，将这部分水体分为 N 个厚度为 Δz_i，体积为 $\Delta V'$ 的小立方体）；其次，计算光源直接分量入射到每一个厚度为 Δz_i 的立方体辐照度，以及由于小角度散射的光会增加额外的辐照度，也就是前向散射。最后，确定每个被照亮的 Δz_i 立方体产生的辐照度，入射到相机光圈的辐照度时这些受照小立方体的叠加，它们的加权值是体积散射函数。

从光源向外传播的三维空间的辐照度为 $E_{\mathrm{s}}(x',y',z')$，入射在体积元素上的辐照度直接表示为直接分量 $E_{\mathrm{s,d}}(x',y',z')$ 和前向散射分量 $E_{\mathrm{s,fs}}(x',y',z')$ 的叠加。

$$E_{\mathrm{s}}(x',y',z')=E_{\mathrm{s,d}}(x',y',z')+E_{\mathrm{s,fs}}(x',y',z') \tag{1-42}$$

$$E_{\mathrm{s,d}}(x',y',z')=\mathrm{BP}(\theta,\varphi)\frac{\exp(-cR_{\mathrm{bs}})}{R_{\mathrm{bs}}^2} \tag{1-43}$$

$$E_{\mathrm{s,fs}}(x',y',z')=E_{\mathrm{s,d}}(x',y',z')*g(x',y',z'|R_{\mathrm{bs}},G,c,B) \tag{1-44}$$

式 1-44 中，R_{bs} 为三维空间体积元 $\Delta V'$ 与光源之间的距离。

现在对给定切片的强度进行加权叠加，就可以计算出由于体积 $\Delta V'$ 而散射到相机面上点 (x,y) 的辐射强度：

$$H_{\mathrm{bs}}(\varphi,x,y)=\beta(\varphi_{\mathrm{bs}})E_{\mathrm{s}}(x',y',z')\Delta V' \tag{1-45}$$

式 1-45 中，$\beta(\varphi_{\mathrm{bs}})$ 为体积散射函数；$\Delta V'$ 为三维空间的体积元；φ_{bs} 为体积元到光源的距离与体积元到相机的距离的夹角。

然后计算这部分体积的成像，这部分后向散射分量辐照度的直接分量为 $E_{\mathrm{bs,d}}(x,y)$：

$$E_{\mathrm{bs,d}}(x,y)=\sum_{i=1}^{N}\exp(-cZ_{\mathrm{ci}})\beta(\varphi_{\mathrm{bs}})E_{\mathrm{s}}(x',y',z')\cdot\frac{\pi\Delta z_{\mathrm{i}}}{4F_n^2}\cos^3\theta T_1\left(\frac{Z_{\mathrm{ci}}-F_1}{Z_{\mathrm{ci}}}\right)^2 \tag{1-46}$$

式 1-46 中，Z_{ci} 为相机中的一点到后向散射平面中心的距离，也就是薄片与相机的距离。

后向散射的总辐照度 $E_{bs}(x,y)$ 为：

$$E_{bs}(x,y)=E_{bs,d}(x,y)+E_{bs,d}(x,y)*g(x,y|R_c,G,c,B) \tag{1-47}$$

在得到直接分量、前向散射、后向散射的基础上，可以求得相机的总辐照度 E_t(total)[29]，见式 1-36。

1.3.3 模型简化

通过式 1-40 可以看出，在 Jaffe-McGlamery 模型中，属于直接分量的反射光从光线发出到被相机接收的过程中是介质衰减、相机的几何光学特性、反射光的球面扩散特性等共同决定的[30]。

为了简化问题，就只考虑光的介质衰减这一因素，直接分量可以表示为：

$$E_d(x,y,0)=E_d(x',y',0)\exp(-cR_c) \tag{1-48}$$

前向散射分量 $E_{fs}(x,y)$ 如式 1-41 所示，依旧由直接分量与点扩散函数 $g(\cdot)$ 卷积计算得到。

根据 Jaffe-McGlamery 模型，将相机与场景间的水体分割成接近于无限薄的体积元，距离为 1 的体积元对后向散射的影响可以表示为：

$$\mathrm{d}E_{bs,d}(x,y)=\beta(\varphi_{bs})E_s(x',y',z')\exp(-cZ_c)\cdot\frac{\pi}{4F_n^2}\cos^3\theta T_1\left(1-\frac{F_1}{Z_c}\right)^2\mathrm{d}z \tag{1-49}$$

式 1-49 中，φ_{bs} 为入射光与进入成像系统的光线的相对夹角；θ 为相机成像角；$E_s(x',y',z')$ 为环境光的强度；F_n 为相机的光圈；Z_c 为相机中一点与后向散射板中心的距离；T_1 为相机镜头的透射率；F_1 为焦距。在这里为了简化，忽略其前向散射等因素的影响，只考虑单个体积元散射光的衰减[31]。

当光在水下进行传播时，光强在几米之内的变化十分缓慢，所以上面的式子可以进行简化。假设水下环境光强是均匀的，那么 $E_s(x',y',z')$ 可以认为是一个常数，用 E_n 来表示。相机的焦距 F_1 相对于 Z_c 小得多[32]，因此 $1-F_1/Z_c\approx 1$，所以，上面体积元的后向散射可以简化为：

$$\mathrm{d}E_{bs,d}(x,y)=\beta(\varphi_{bs})E_n\exp(-cZ_c)k_1\mathrm{d}z \tag{1-50}$$

式 1-50 中，$k_1=\frac{\pi}{2}T_1$，表征相机的参数，对于同一幅图像上的所有像素点来说是固定值[33]。

计算背景光时需要把所有方向上产生的散射纳入考虑范围，因此，距离相机处 d 的背景光可以通过对式 1-50 进行积分得到：

$$\begin{aligned}E_{bs,d}(d)&=\iint_0^{R_c}\beta(\varphi_{bs})E_n\exp(-cZ_c)k_1\mathrm{d}z\,\mathrm{d}\varphi_{bs}\\&=\frac{k_1E_n}{c}\int\beta(\varphi_{bs})\mathrm{d}\varphi_{bs}[1-\exp(-cd)]=B_\infty[1-\exp(-cR_c)]\end{aligned} \tag{1-51}$$

式 1-51 中，B_∞ 为全局背景光：

$$B_{\infty} = \frac{k_1 E_n}{c} \int \beta(\varphi_{bs}) d\varphi_{bs} \tag{1-52}$$

通过上面的介绍，可以得到以下的水下成像模型公式：

$$\begin{aligned} E_t &= E_d + E_{fs} + E_{bs} \\ &= E_I(x', y', 0)\exp(-cR_c) \\ &\quad + E_I(x', y', 0)\exp(-cR_c) * g(x, y \mid R_c, G, c, B) \\ &\quad + B_{\infty}[1 - \exp(-cR_c)] \end{aligned} \tag{1-53}$$

将式 1-53 更直观地表示一下：$E_I(x', y', 0)$ 用 L_{object} 表示，其代表的是物体本身的辐照度，没有沿着视线的散射和吸收；R_c 用 $d(x)$ 来表示，代表目标物与相机的距离。

式 1-53 可以表示为：

$$\begin{aligned} E_t &= L_{object}\exp[-cd(x)] \\ &\quad + L_{object}\exp[-cd(x)] * g(x, y \mid R_c, G, c, B) \\ &\quad + B_{\infty}\{1 - \exp[-cd(x)]\} \end{aligned} \tag{1-54}$$

有效的辐照度 $L_{object}^{effective}$ 可以表示为：

$$L_{object}^{effective} = L_{object} + L_{object} * g(\cdot) \tag{1-55}$$

所以相机接收的总辐射照度可以表示为：

$$L_{object} = L_{object}^{effective}\exp[-cd(x)] + B_{\infty}\{1 - \exp[-cd(x)]\} \tag{1-56}$$

式 1-56 就是经常见到的简化模型，只不过很多时候由于前向散射比后向散射小很多，所以会忽略前向散射，认为 $L_{object}^{effective} \approx L_{object}$。

1.4 水下图像特点概述

1.4.1 水下图像的多样性

水下图像呈现多样性，水下图像的多样性表现在环境多样性和变化多样性。

1. 环境多样性

根据 Jerlov 海洋光学分类，将世界上的海洋分为 10 类，其中开阔的海洋及离岸较远的陆架区 5 类，近岸海口水域 5 类。图 1-7 模拟了在 1～20 m 深度 10 种不同水域中观察到的白色色块的颜色衰减。可以看出，不同类型的水域对光具有不同的选择特性。因此，光在不同的水域具有不同程度的衰减，在不同的水域拍摄的图像存在不同程度的颜色失真问题。

2. 变化多样性

在水下成像过程中的失真不仅与水域有关，也与拍摄过程中所处的深度、目标物与相机的距离有关。如图 1-7 中，在相同水域不同深度处白色色块表现出了不同的颜色失真情况；同时水体的衰减系数随水体中有机物和无机物浓度的变化表现出明显的时空变化特征，而水体中的有机物和无机物浓度变化往往与季节、天气、光照、水流等多种因素有复杂的关联，这些变化对水下成像有一定的影响[8]。

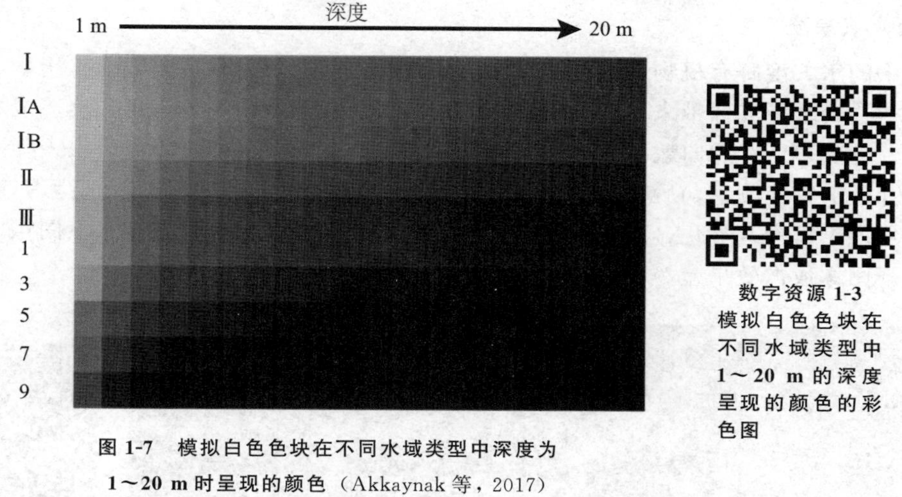

图 1-7　模拟白色色块在不同水域类型中深度为 1～20 m 时呈现的颜色（Akkaynak 等，2017）

数字资源 1-3
模拟白色色块在不同水域类型中 1～20 m 的深度呈现的颜色的彩色图

1.4.2　水下图像的退化问题

水下图像不仅具有多样性，同时也具有复杂性。因此，获取的水下图像存在不同的退化问题[2]。

1. 颜色失真

水对光的吸收造成光能量的损失，同时对光的吸收具有选择性，不同波长的光具有不同的衰减系数，且颜色的衰减与水下拍摄距离有关，因此水下拍摄的图像存在颜色失真的问题。图 1-8 展示了不同场景的水下图像，在一些水域水深较浅的情况下，水下图像颜色失真不明显；随着水域深度的增加，水下图像呈现蓝色、绿色或者蓝绿色；在浑浊水域中，水下图像会呈现出棕黄色。从这里也看出了水下图像与大气图像的本质区别就在于水下图像的颜色明显失真。

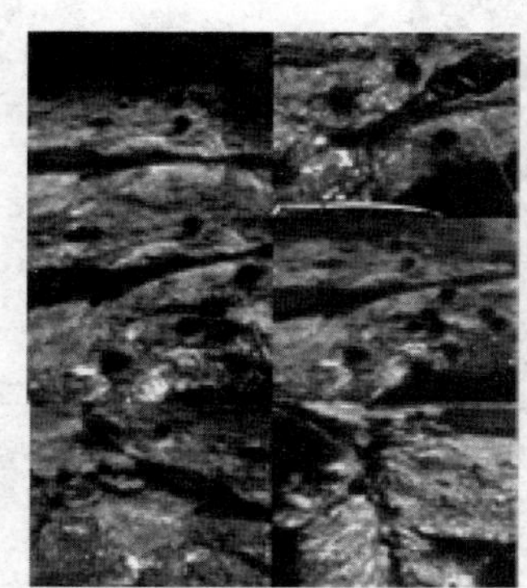
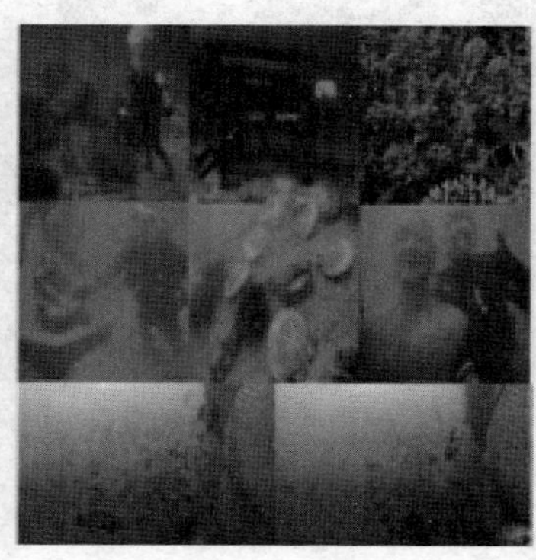
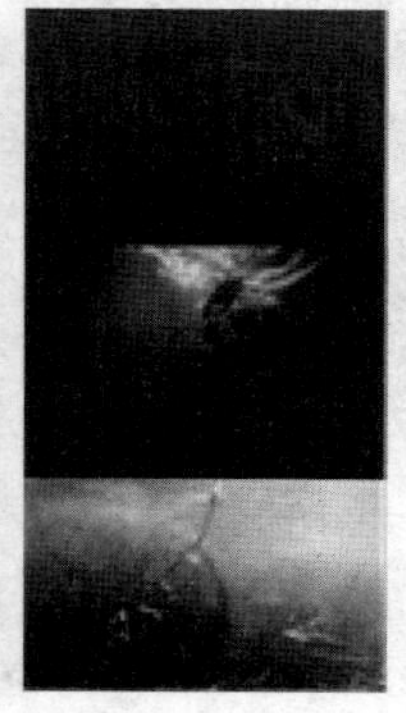

数字资源 1-4
不同场景的水下图像的彩色图

图 1-8　不同场景的水下图像

（左：失真不明显的水下图像；中：从上到下分别为蓝色、绿色、蓝绿色的水下图像；右：浑浊水体的水下图像）（Liu 等，2020；Li 等，2019）

2. 成像效果差

水体中的水、溶解有机物、悬浮颗粒等物质对光有前向散射和后向散射作用。前向散射和后向散射会给水下成像带来不同的问题。前向散射包括图像的场景信息，会造成水下拍摄图像模糊、分辨率低；后向散射不包括图像场景信息，在水下成像过程中，引入噪声，造成图像雾化并影响物体颜色，后向散射是引起图像退化的主要因素。如图 1-9 所示，散射作用使水下图像产生模糊、雾化、对比度低等问题，这些问题往往综合呈现在水下图像中，造成获取的水下图像成像效果差。

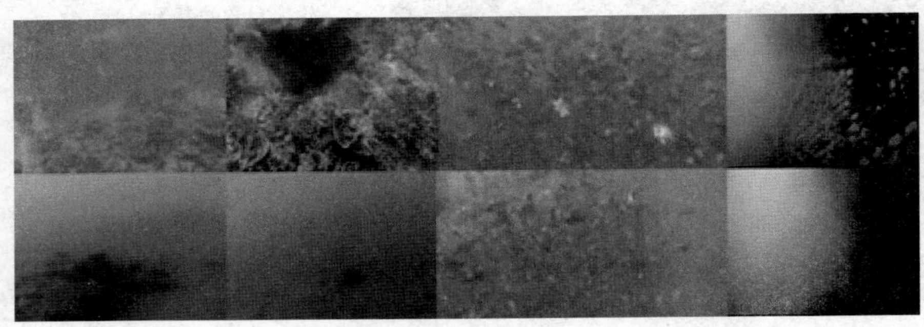

图 1-9　产生模糊、雾化、对比度低等问题的水下图像[34,35]

数字资源 1-5 呈现模糊、雾化、对比度等问题的水下图像的彩色图

3. 辅助光源问题

在水下成像过程中，随着目标物和相机距离的增大，水对光的吸收作用愈加明显，水中光透射率逐渐减小，所获取水下图像的亮度、对比度降低。通常可以使用辅助光源来减小水对光的吸收作用，提高成像质量，提高图像亮度和对比度，改善水下图像失真问题；但非均匀的照明光也会引起水下图像背景灰度不均匀，图像存在暗区、阴影、假细节等问题，同时水下辅助光源的增加会导致后向散射更加严重，使成像噪声增加，如图 1-10 所示[36]。

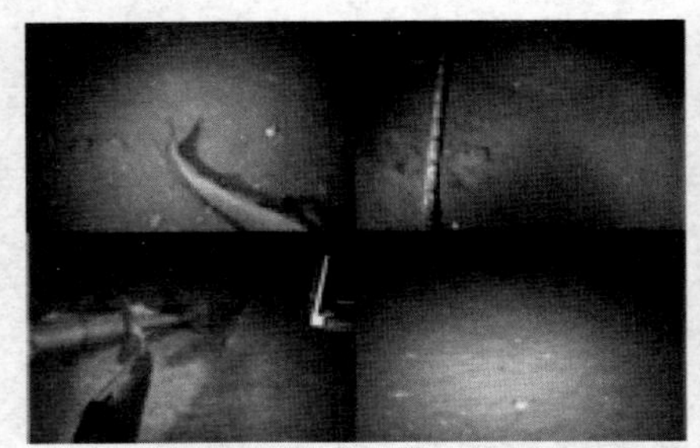

(a) 辅助光源在水下图像中的问题（Marques 等，2019）

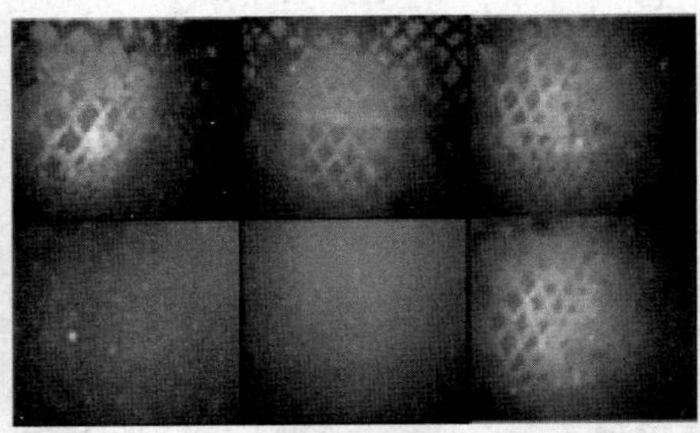

(b) 辅助光源在深海围网中的问题

数字资源 1-6 辅助光源在水下图像中的问题的彩色图

图 1-10　辅助光源在水下图像中的问题

1.5　水下图像质量评测常用指标

图像质量的含义主要包括两个方面：图像的逼真度和图像的可读性。水下采集到的图像受外界设备仪器的影响，会造成图像对比度低，纹理细节模糊不清，亮度不均，分辨率低等

问题。图像的评价方法主要针对经过图像处理前后的图像质量进行评价。图像质量评价从方法上可分为图像主观评价方法[37]和图像客观评价方法[38]。

1.5.1　主观评价标准

图像主观评价方法是观察者通过对原始图像和使用算法后的现有图像对比观察做出的主观评定。图像主观评价方法又可以分为绝对评价和相对评价两种类型。

绝对评价是直接将图像按照观察者的视觉感受进行分级评分，国际上规定的 5 级绝对评价尺度，包括质量尺度和妨碍尺度，如表 1-2 所示。

表 1-2　绝对评价尺度

分数	质量尺度	妨碍尺度
5 分	丝毫看不出图像质量变坏	非常好
4 分	能看出图像质量变坏但不妨碍观看	好
3 分	清楚看出图像质量变坏，对观看稍有妨碍	一般
2 分	对观看有妨碍	差
1 分	非常严重地妨碍观看	非常差

相对评价是由观察者将图像互相比较得出好坏，并给出相应的评分，如表 1-3 所示。

表 1-3　相对评价尺度与绝对评价尺度对照

分数	相对评价尺度	绝对评价尺度
5 分	一群中最好的	非常好
4 分	好于该群中平均水平的	好
3 分	该群中的平均水平	一般
2 分	差于该群中平均水平的	差
1 分	该群中最差的	非常差

1.5.2　客观评价标准

客观评价标准是根据选出的某个评价指标来评判一幅图像质量的好坏。主观评判标准在判断图像时费时费力，但主观评价图像质量的结果符合人类的视觉感知。图像客观质量评价方法是根据人眼的主观视觉系统建立模型，再通过公式计算出图像的质量指标，相对省时省力，但客观评价的结果往往与人眼感知图像的质量不同。由于水下图像的特性，很多在大气中的质量评价方法并不适用于水下图像。下面介绍 7 种适用于水下图像质量评价的通用方法。

1. 均方误差

均方误差（mean-square error，MSE）[39,40]法是首先计算原始图像和失真图像像素差值的均方值，再通过均方值的大小确定图像失真程度。MSE 的值越小，说明预测模型描述实验数据具有更好的精确度，两个像素为 $M \times N$ 的单色图像 I 和 K，如果一个为另外一个的噪声近似，那么均方误差定义为：

$$\mathrm{MSE}=\frac{1}{M\times N}\sum_{i=1}^{N}\sum_{j=1}^{M}\left[I(i,j)-K(i,j)\right]^{2} \tag{1-57}$$

式 1-57 中，$I(i,j)$ 和 $K(i,j)$ 为图像 I,K 在点 (i,j) 处的像素值；M 和 N 分别为图像的宽和高。

2. 均方根误差

均方根误差（root-mean-square error，RMSE）是均方误差的算术平方根，均方根误差越小，代表图像的处理效果越好，公式定义为：

$$\mathrm{RMSE}=\sqrt{\frac{1}{M\times N}\sum_{i=1}^{N}\sum_{j=1}^{M}\left[I(i,j)-K(i,j)\right]^{2}} \tag{1-58}$$

式 1-58 中，$I(i,j)$ 和 $K(i,j)$ 表示图像 I,K 在点 (i,j) 处的像素值；M 和 N 分别为图像的宽和高。

3. 峰值信噪比

峰值信噪比（peak signal-to-noise ratio，PSNR）[41] 是基于对应像素点间的误差。PSNR 计算量少，并且很容易实现，是目前使用最普遍的一种全参考的客观图像评价指标。峰值信噪比通常用均方误差进行定义：

$$\mathrm{PSNR}=10\log_{10}\left(\frac{\mathrm{MAX}_I^2}{\mathrm{MSE}}\right) \tag{1-59}$$

式 1-59 中，MAX_I^2 为图像最大灰度值，MSE 为均方误差。

PSNR 是一种用于图像去噪、图像质量恢复等领域中测评图像质量的方法，单位为 dB。MSE 和 PSNR 的使用有许多吸引人的特点：①简单；②所有规范都是有效的距离度量；③有明确的物理意义；④MSE 和 PSNR 都是优化背景下的优秀度量。

4. 亮度均值

亮度均值（MEAN）[2] 表示图像的平均亮度。图像过亮或过暗都会影响图像的视觉效果，甚至造成图像细节模糊不清。图像的平均亮度越大，表明图像清晰度越好。计算公式可表示为：

$$\mathrm{MEAN}=\frac{\sum_{i=1}^{M}\sum_{j=1}^{N}I(i,j)}{M\times N} \tag{1-60}$$

5. 标准差

标准差（standard deviation，STD）[2] 表示一个数据集上图像的灰度值相较于均值的离散程度。标准差越大，图像的灰度层次更丰富，图像清晰度越好。计算公式如下：

$$\mathrm{STD}=\sqrt{\frac{\sum_{i=1}^{M}\sum_{j=1}^{N}\left[I(i,j)-\mathrm{MEAN}\right]^{2}}{M\times N}} \tag{1-61}$$

式 1-61 中，MEAN 为图像亮度均值。

6. 平均梯度值

平均梯度值（average gradient，AVG）[42]可以很敏感地反映图像对微小细节反差表达的能力，可用来评价图像质量提升后的清晰度。其数学定义为：

$$\mathrm{AVG} = \frac{1}{N}\sum_{i}\sum_{j}\left[I(i+2,j) - I(i,j)\right]^2 \tag{1-62}$$

式 1-62 中，I 为输入的被评价图像。AVG 值越大，表明图像越清晰，融合效果越好。

7. 结构相似性

结构相似性（structural similarity，SSIM）[43,44]是测量两个图像之间相似性的新指标。SSIM 通常用在图像处理中，尤其用在图像去噪处理中，它的参数的取值范围是 $[0,1]$。SSIM 的取值越大越好。SSIM 的主要思想由 Wang 和 Bovik[45]提出，并进行了模拟[46]。与 SNR[40]和 PSNR 相比，SSIM 评价的效果更优，它是一种符合人类直觉的图像质量评价标准。人类视觉系统（HVS）[47]主要从视野区内获取结构信息，因此，可以通过探测结构信息的改变来判断图像失真的近似信息。SSIM 也是基于这个理论得来的。

SSIM 比基于 HVS 特性的其他方法更加优秀的原因是：SSIM 从对感知误差的度量转到了对感知结构失真的度量。SSIM 比 PSNR 和 SNR 更加优秀的原因是：PSNR 只能对比像素值，SSIM 不仅能对比图像的像素值，还能对比图像块的三种统计特征，即亮度（均值）、对比度（方差）和结构相似性（协方差）信息，并且从图像组成的角度出发来反映不同场景中物体结构的不同属性，从而达到实现结构相似性理论的目的。μ_x, μ_y 分别表示图像 x 和 y 的均值，可作为亮度的估计；δ_x, δ_y 分别表示图像 x 和 y 的方差，可作为对比度的估计：δ_{xy} 表示图像 x 和 y 的协方差，可作为结构相似性的估计[48]。即：

$$\mu_x = \frac{1}{H \times W}\sum_{i=1}^{H}\sum_{j=1}^{W} x(i,j) \tag{1-63}$$

$$\sigma_{xy} = \frac{1}{H \times W - 1}\sum_{i=1}^{H}\sum_{j=1}^{W}\left[x(i,j) - \mu_x\right]\left[y(i,j) - \mu_y\right] \tag{1-64}$$

SSIM 分别从均值 l、方差 c、协方差 s 这三方面来度量图像相似性。

$$l(x,y) = \frac{2\mu_x\mu_y + C_1}{\mu_x^2 + \mu_y^2 + C_1} \tag{1-65}$$

$$c(x,y) = \frac{2\sigma_x\sigma_y + C_2}{\sigma_x^2 + \sigma_y^2 + C_2} \tag{1-66}$$

$$s(x,y) = \frac{\sigma_{xy} + C_3}{\sigma_x\sigma_y + C_3} \tag{1-67}$$

式 1-65、式 1-66、式 1-67 中，C_1，C_2，C_3 为常数。为了避免分母为 0 的情况，通常取 $C_1 = (K_1 \times L)^2$，$C_2 = (K_2 \times L)^2$，$C_3 = C_2/2$。一般地 $K_1 = 0.01$，$K_2 = 0.03$，$L = 255$，则 SSIM 取值范围 $[0,1]$，值越小，表示图像失真越大。

$$\mathrm{SSIM}(x,y) = l(x,y) \times c(x,y) \times s(x,y) \tag{1-68}$$

SSIM 的特殊形式如下：

$$\mathrm{SSIM}(x,y)=\frac{(2\mu_x\mu_y+C_1)(2\sigma_{xy}+C_2)}{(\mu_x^2+\mu_y^2+C_1)(\sigma_x^2+\sigma_y^2+C_2)} \tag{1-69}$$

1.6 水下成像相关技术

目前，水下成像主要有两种探测方式：声呐成像和光电成像。下面将从这两种探测方式来介绍目前水下成像的新技术。

1.6.1 声波成像技术

声波是一种弹性波，在水中传输时比电磁波损耗小且传播距离更远，因而声波成像技术在水中具有一定的优势。声呐发出声音脉冲并通过对返回的回声进行分析解释来对目标物体进行数字成像。声呐成像探测技术在海洋探索中一直处于统治地位，被广泛用于海洋探测的各个方面。但是声呐探测也有非常明显的不足，因为声波的传播速度会受到海水的盐度、温度和水体压力等环境因素的影响，并且会被海洋的边界条件、动力因素和时空变化等因素约束。受海面波浪、海底地形以及海水中所含物质的不均匀分布的影响，声波在海水中传播时会出现反射、折射和变形等现象，使成像探测出现信号起伏不定，甚至畸变失真和传播路径改变等问题。声波在海水中传播特性的局限性会对声呐系统的作用距离和测量精度产生严重的影响。除了这些基本的传播特性，还有一个声波成像技术的难题亟须攻克，那就是海洋中除了声呐介质本身的声音外，还有各种不同的噪声。这些噪声的频段非常广，基本涵盖了整个声波频段，无法找出规律性，所以很难从接收的声波中分辨出声呐介质的发声。噪声对于水下声呐探测造成了严重干扰，使声呐无法得到精准的探测结果。尤其在海洋长距离传播时，声波容易受到各种噪声的干扰，给小目标的捕获和成像带来了巨大的困难[49]。

由于声波水下探测技术的缺点，水下光电探测技术得以发展。1963 年，Duntley 等在研究海水光学特性时发现海水中存在透光窗口，即海水对在 450～580 nm 光谱波段内的蓝绿光的衰减程度比其他波段要小得多。这个发现为水下光电探测技术提供了理论基础。光电探测技术在一定程度上克服了声波探测技术的缺点。虽然光波受海水介质散射影响，传播距离短，但在其他方面弥补了声波的不足[50,51]，比如，海水温度和盐度对光波的影响较小，所以光波目标探测定位比较准确。

1.6.2 水下激光成像技术

随着海洋能源开发和水产养殖等行业的发展，水下探测的准确率和效率更加受到重视。随着激光技术和光电传感器技术的不断发展，激光成像成为一种新兴的水下探测技术手段，在水下环境作业、目标探测等领域承担越来越重要的角色。激光成像利用海水中蓝绿激光独特的光谱、时间和空间特性对水下目标进行成像，大大削减了海水的吸收和散射效应的影响。水下激光成像以其高速、精确、大面积探测的应用效果获得了广阔的应用前景。

水下激光成像探测的主要技术包括距离选通技术、同步扫描技术、条纹管成像技术、结构光成像技术以及偏振区分技术。目前在激光成像探测系统中应用最普遍的两种技术是距离选通和同步扫描。

第一套激光海洋探测系统在 20 世纪 60 年代出现。多个国家和地区争先恐后地把机载海洋激光成像探测技术作为重点研究工作。随着高效能激光器的研发和高性能、高灵敏度增强型 CCD 技术的发展和应用，机载海洋激光成像探测技术受到广泛的重视。美国、澳大利亚、瑞典、意大利、日本和法国这些科技强国都纷纷开发了各自的水下激光探测系统。在这些国家中美国、瑞典和澳大利亚研究起步早，其研究技术水平及成果至今都位于世界前列[52]。

激光水下成像系统的发展往往伴随着主要物理器件技术的不断更新和突破，从而提高了其成像性能和探测距离。然而，与声波成像技术一样，激光水下成像系统也有一定的局限性，水体会吸收和散射激光，成像系统固件本身客观存在的衍射极限和探测传感器畸变等因素，使得成像系统采集的图像质量欠佳。

1.6.3 水下高光谱成像技术

光谱技术分为多光谱技术、高光谱技术与超光谱技术[53]。高光谱成像作为新兴的光电检测技术，发展起步较晚，所以目前的发展势头仍十分迅猛。多光谱和高光谱成像基于相同的原理，但是高光谱具有比多光谱更高的光谱分辨率，其光谱分辨率可以达到 1 nm，从而可以得到更丰富的信息[54]。

光谱成像技术主要在多个光谱通道上进行图像采集、显示以及处理分析。通过光谱图像序列来进行分析处理，可以得到光谱和图像信息，任何图像都可以用式 1-70 表示：

$$I = f(x, y, z, t, \lambda) \tag{1-70}$$

式 1-70 中，I 为光强；x, y, z 为空间三维坐标；t 为时间坐标；λ 为波长坐标。

依据图像采集方式进行分类，高光谱成像系统被分为三种方式，分别是摆扫式、推扫式与凝视式[55]。在摆扫式光谱成像仪中，线列探测器用于探测某一瞬时视场（即目标区域所对应的某一空间单元）内目标点的光谱分布。在推扫式光谱成像仪中，面阵探测器用于同时记录目标上排成一行的多个相邻像元的光谱，面阵探测的一个方向用于记录目标的空间信息，另一个方向用于记录目标的光谱信息。同样，空间第二维扫描既可由飞行器本身实现，也可使用扫描反射镜实现。在凝视式光谱成像中，通常采用单色器或者电调谐滤波器实现光谱通道的切换，伴随光谱通道的切换，探测器采集相应图像，通过这种方式实现系统的数字化与自动控制[56]。

虽然高光谱成像技术在飞机和卫星成像应用方面已经十分成熟，但在水下的应用还处于起步阶段。高光谱成像技术在水下成像的主要问题是海底光照不足，水体对光不同波长有差异的吸收和散射，传输距离短，难以长时间供电，需要手持且平台搭载困难，要求高压密封等[57]。水下高光谱成像技术还需要进一步发展和研究。

1.7 小结

本章主要围绕着水下图像成像基础，详细地阐述了水下光学性质、水下成像模型、水下图像特性和水下图像处理等方面的内容。本章首先从水体的光学特性入手，系统地介绍了水体的光学分类、水体的固有光学特性和表观光学特性，以及光在水中的传输特性、规律和水中物质的相互作用。在水下光学理论的基础上，介绍了水下成像系统及建模仿真过程，分析了水下成像形成的原理。将上述理论介绍与实际水下场景图像结合，总结说明了水下图像的成像特点，使读者更直观地理解水下成像过程。本章也详细阐述了水下图像常用的主观和客观评价方法，以便后续章节使用。在这里需要指出的是，水下图像处理中还有很多针对特有任务的评价指标，这些指标在后续章节中会做介绍。在本章的最后，简要介绍了一些水下成像相关技术，包括声波成像、激光成像以及高光谱成像等。这些成像技术各有优劣。在面对不同的水下场景，执行不同的水下任务时，应选择合适的成像设备使任务能够达到较好的效果。

思考题

1.1 简述水体固有光学性质和表观光学性质的区别与联系。

1.2 简述水下图像的特点和存在的问题，并分析水下成像效果差的原因。

1.3 简要阐述水下成像简化模型的推导过程。

1.4 目前水下成像都有哪些技术？说明这些技术相应的优缺点。

1.5 简述进行水下图像质量评价的目的，主观评价方法和客观评价方法有什么区别？

参考文献

[1] 白继嵩. 水下图像处理及目标分类关键技术研究［D］. 哈尔滨：哈尔滨工程大学，2017.

[2] 王文. 基于多尺度融合的水下图像增强方法研究［D］. 哈尔滨：哈尔滨工程大学，2019.

[3] C D Mobley. Light and water：Radiative transfer in natural waters［M］. San Diego：Acadermic Press，1994.

[4] 赵欣慰. 水下成像与图像增强及相关应用研究［D］. 杭州：浙江大学，2015.

[5] A Morel，L Prieur. Analysis of variations in ocean color［J］. Limnology and Oceanography，1977，22（4）：709-722.

[6] 王繁. 河口水体悬浮物固有光学性质及浓度遥感反演模式研究［D］. 杭州：浙江大学，2008.

[7] N Jerlov. Irradiance optical classification［M］. Elsevier，1968.

[8] D Akkaynak，T Treibitz，T Shlesinger，et al. What is the space of attenuation coefficients in underwater computer vision?［C］. The IEEE Conference on Computer Vision and Pattern Recognition，2017.

[9] M G Solonenko，C D Mobley. Inherent optical proper ties of Jerlov water types［J］. Applied Optics，2015，54（17）：5392-5401.

[10] 程藻. 基于自适应后向散射滤波技术的激光雷达水下目标探测研究［D］. 华中科技大学，2016.

[11] R C Smith，K S Baker. Optical properties of the clearest natural waters（200-800 nm）［J］. Applied Optics，1981，20（2）：177-184.

[12] A Morel. Optical modeling of the upper ocean in relation to its biogenous matter content（Case Ⅰ Waters）［J］. Journal of Geophysical Research，1988，93（C9）：10749-10768.

[13] A Bricaud, A Morel, M Babin, et al. Variations of light absorption by suspended particles with chlorophyll a concentration in oceanic (case 1) waters: Analysis and implications for bio-optical models [J]. Journal of Geophysical Research: Oceans, 1998, 103 (C13): 31033-31044.

[14] A Bricaud, A Morel, L Prieur. Absorption by dissolved organic matter of the sea (yellow substance) in the UV and visible domains [J]. Limnology & Oceanography, 1981, 26 (1): 43-53.

[15] A Morel. Optical properties of pure water and pure sea water [J]. Optical Aspects of Oceanography, 1974: 1-24.

[16] K S Shifrin. Physical optics of ocean water AIP translation series [M]. New York: American Institute of Physics. 1988.

[17] H R Gordon, A Morel. Remote assessment of ocean color for interpretation of satellite visible imagery: A review [M]. American Geophysical Union, 1983.

[18] D Stramski, D A Kiefer. Light scattering by microorganisms in the open ocean [J]. Progress in Oceanography, 1991, 28: 343-383.

[19] O V Kopelevich. Small-parameter model of optical properties of seawater [M]. Moscow: Nauka Puldication, 1983.

[20] V I Haltrin, G Kattawar. Light fields with Raman scattering and fluorescence in sea water [C]. Tech. Rept., Dept. of Physics, Texas A & M Univ., College Station, 1991: 74.

[21] 徐中伟. 垂直非均匀海洋的海洋光学特性 [D]. 青岛：中国海洋大学，2010.

[22] 王彬. 水下图像增强算法的研究 [D]. 青岛：中国海洋大学，2008.

[23] C Y Li, J C Guo, C L Guo, et al. A hybrid method for underwater image correction [J]. Pattern Recognition Letters, 2017, 94: 62-67.

[24] A Ishimaru. Wave propagation and scattering in random media [M]. Academic Press, New York, DBLP, 1978.

[25] R C Zimmerman, C D Mobley. Radiative transfer within seagrass canopies: impact on carbon budgets and light requirements [C]. International Society for Optics and Photonics, 1997, 2963: 331-336.

[26] 张莉云. 水下图像清晰化算法研究 [D]. 天津：天津大学，2017.

[27] A W Palowitch, J S Jaffe. Computer model for predicting underwater color images [C]. Proceedings of SPIE-The International Society for Optical Engineering, 1991.

[28] B. L. McGlamery. A computer model for underwater camera systems [J]. Proceedings of SPIE, 1979: 208 Ocean Optics VI: 221-231.

[29] J S Jaffe. Computer modeling and the design of optimal underwater imaging systems [J]. IEEE Journal of Oceanic Engineering, 1990, 15 (2): 101-111.

[30] 王晶. 水下图像增强与复原算法研究 [D]. 秦皇岛：燕山大学，2018.

[31] X Zhao, T Jin, S Qu. Deriving inherent optical properties from background color and underwater image enhancement [J]. Ocean Engineering, 2015, 94: 163-172.

[32] Y Y Schechner, N Karpel. Clear underwater vision [C]. IEEE Computer Society Con-

ference on Computer Vision and Pattern Recognition, 2004.

[33] Y Y Schechner, N Karpel. Recovery of underwater visibility and structure by polarization analysis [J]. IEEE Journal of Oceanic Engineering, 2005, 30 (3): 570-587.

[34] R Liu, X Fan, M Zhu, et al. Real-world underwater enhancement: Challenges, benchmarks, and solutions under natural light [J]. IEEE Transactions on Circuits and Systems for Video Technology, 2020, 30 (12): 4861-4875.

[35] H Y Li, J J Li, W Wang. A fusion adversarial underwater image enhancement network with a public test dataset [J]. arXiv: 1906.06819, 2019.

[36] T P Marques, A B Albu, M Hoeberechts. A contrast-guided approach for the enhancement of low-lighting underwater images [J]. Journal of Imaging. 2019, 5 (10): 79.

[37] 杨军，张延生. 图像质量主客观评价的相关性分析 [J]. 军械工程学院学报，2003，15 (1): 29-33.

[38] 杨琬，吴乐华，范晔. 数字图像客观质量评价方法研究 [J]. 通信技术，2008，41 (7): 244-246.

[39] S Anwar, C Y Li. Diving deeper into underwater image enhancement: A survey [J]. Signal Processing: Image Communication, 2020, 89: 115978.

[40] 黄小乔，石俊生，杨健. 基于色差的均方误差与峰值信噪比评价彩色图像质量研究 [J]. 光子学报，2007，36 (S1): 295-298.

[41] A Horé, D Ziou. Image quality metrics PSNR vs. SSIM [C] Proceedings of the International Conference on Pattern Recognition, 2010: 2366-2369.

[42] 凌梅. 基于卷积神经网络的水下图像质量提升方法 [D]. 厦门大学，2018.

[43] W Zhou, C B Alan, R S Hamd, et al. Image quality assessment from error visibility to structural similarity [J]. IEEE Trans Image Process, 2004, 13 (4): 600-612.

[44] Z Wang, E P Simoncelli, A C Bovik. Multiscale structural similarity for image quality assessment [C]. The Thrity-Seventh Asilomar Conference on Signals, Systems & Computers, 2003.

[45] Z Wang, A C Bovik. A universal image quality index [J]. IEEE Signal Processing Letters, 2002.

[46] Z Wang, A C Bovik. Modern image quality assessment [J]. Synthesis Lectures on Image, Video, and Multimedia Processing, 2006, 2 (1): 1-156.

[47] W Bo, Z Wang, Y Liao, et al. HVS-based structural similarity for image quality assessment [C]. Proceedings of the International Conference on Signal Processing, 2008, 1194-1197.

[48] 左庆. 基于卷积神经网络的单幅图像去雾算法的研究与应用 [D]. 重庆：重庆师范大学，2019.

[49] 章正宇，周寿桓. 水下目标探测中的激光技术 [J]. 西安电子科技大学学报，2001 (06): 797-801.

[50] 马兰. 机载激光测深的技术装备 [J]. 测绘技术装备，2003 (02): 39-42.

[51] 杨华勇，梁永辉．机载蓝绿激光水下目标探测技术的现状及前景［J］．光机电信息，2003（12）：6-10.
[52] 李宝．水下激光成像及其图像处理技术研究［D］．成都：电子科技大学，2015.
[53] 肖松山，范世福，李昀，等．光谱成像技术进展［J］．现代仪器与医疗，2003（5）：5-8.
[54] 宋宏，万启新，吴超鹏，等．基于LCTF的水下光谱成像系统研制［J］．红外与激光工程，2020，49（2）.
[55] 魏贺．基于轮转滤光片的水下光谱成像技术研究［D］．杭州：浙江大学，2018.
[56] A V Perchik. Spectral imaging AOTF spectrometer for World Ocean observation [J]. Proceedings of SPIE-The International Society for Optical Engineering, 2013, 8888: 1-6.
[57] 于磊，徐明明，陈结祥，等．水下环境与目标监测高光谱成像仪光学系统［J］．光子学报，2018，47（11）：108-115.

第 2 章　水下图像视频增强与复原

2.1　引言

图像信息处理是实现水下探测、水资源开发及水质保护等的重要手段。对于水下作业，特别是主要依靠视觉系统来判断周围环境信息的水下机器人的相关作业，水下图像视频领域有很广阔的发展与应用前景。水下图像视频增强与复原是水下作业过程的第一步，为后续目标的标定、跟踪、抓取等工作奠定基础。

受光在水下传播过程中衰减和散射的影响，纯水的水下能见度为 20 m，浑浊海水的能见度一般只有 5 m。水下图像与视频的质量经常受到水下环境的影响，存在可见度低、对比度低、光照不均匀、色偏、模糊与噪声等问题。在进行水下作业前，首先需要解决的就是以上这些问题。水下图像增强方法一般不依赖具体的模型，而是有目的地增强最重要、最有用、与当前任务最相关的感兴趣区域的信息，抑制不感兴趣区域的信息；而水下图像的复原方法一般依赖具体的物理模型，充分考虑图像质量下降的根本原因，并使其恢复到图像降质前的状态。水下图像视频增强技术是利用图像增强的技术来实现水下图像视频的清晰化。

传统的图像视频增强方法有很多种，主要分为两大部分：时域图像处理和频域图像处理。时域图像处理方法直接针对图像的像素点，以灰度映射为基础来改善灰度层级。例如直方图均衡化、限制对比度直方图均衡化、灰度世界假设；此外，还可以通过滤波的方式对图像视频去除噪声达到图像视频增强的目的，例如中值滤波、均值滤波等。频域图像处理方法则通过各种频域变换，如傅里叶变换、小波变换，可以间接地增强图像视频。水下图像视频增强与复原技术以此为基础，并得到进一步的研究与完善。

2.2　水下光学图像退化模型

在采集数据过程中，图像质量可能产生退化，典型表现为图像模糊、失真、有噪声等。图像复原的关键问题就是建立退化模型（图 2-1）。

在图 2-1 中，$f(x,y)$ 是输入图像函数，经过退化系统 $h(x,y)$ 函数，引入随机噪声函数 $n(x,y)$，输出图像函数可以表示为：

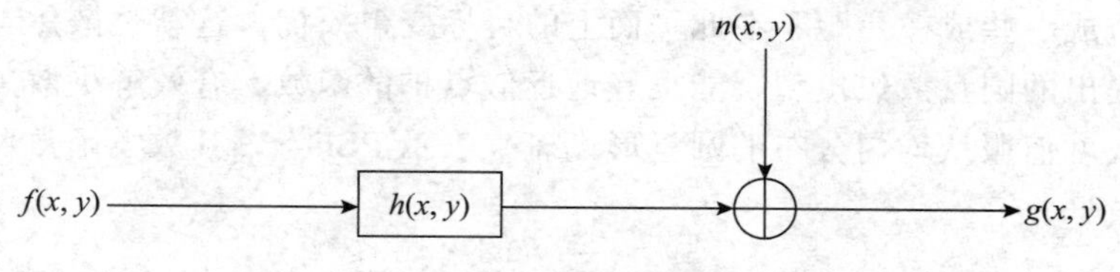

图 2-1　图像退化模型

$$g(x,y)=h(x,y)*f(x,y)+n(x,y) \tag{2-1}$$

式 2-1 中，* 表示卷积。

图像退化是一个物理过程。退化函数一般可以从物理知识和图像观测中辨识出来，概括为 4 种基本的模型：噪声干扰模型、运动模型、散焦模型和湍流模型（高斯模型）[1]。卷积退化可以出现在任何应用程序的图像采集中，如焦距、空气湍流和相机的运动。水下图像发生退化的原因主要可以分为：①水体或鱼群等运动造成的运动模糊；②水下光线的散射或相机镜头未能达到理想对焦的情况下造成的散焦模糊；③水下湍流造成的高斯模糊[2]。构造退化模型主要就是构造点扩散函数（point spread function，PSF）[3]。

2.2.1　运动模型

运动退化图像形成于目标的成像过程中。被拍摄物体在相机 CCD 积分时间内所形成的影像会随着相机和目标物体之间的相对运动在靶面上移动，图像会因此产生运动模糊[4,5]，其数学函数可表示为：

$$h(x,y)=\begin{cases}\dfrac{1}{L} & 0\leqslant x\leqslant L-1\\ 0 & \text{其他}\end{cases} \tag{2-2}$$

式 2-2 中，假设模糊方向是水平的；L 为像移量，且是不连续的。

当模糊为任意方向时，如果像移在 x 和 y 方向上的分量分别是 m 和 n，当 $m\geqslant n$ 时，PSF 可以表达为（[] 表示取整）：

$$h(x,y)=\begin{cases}\dfrac{1}{m} & 0\leqslant x\leqslant m-1;y=\left[\dfrac{n}{m}x\right]\\ 0 & \text{其他}\end{cases} \tag{2-3}$$

当 $m<n$ 时，PSF 可表达为：

$$h(x,y)=\begin{cases}\dfrac{1}{n} & 0\leqslant y\leqslant n-1;x=\left[\dfrac{m}{n}y\right]\\ 0 & \text{其他}\end{cases} \tag{2-4}$$

如果在曝光期间目标与成像设备之间做变速运动时，则应该更新使用相应的 PSF。

2.2.2　散焦模型

一般情况下，无论成像系统多么复杂，摄像镜头都可以被当成一个凸透镜。目标发出的光线经过凸透镜折射会聚焦到像平面，摄像机无法将三维空间的深度信息用二维成像平面表现出来，这就造成一些成像焦距不在此平面上的目标变得模糊，这就是散焦[6]。常采用的基于几何光学中提出的圆盘散焦模型，能很好地近似点扩散函数，有效解决散焦模糊的去模糊问题。用一个灰度值服从均匀分布的圆盘形光斑来表示 PSF[7]，其数学函数可表示为：

$$h(x,y)=\begin{cases}\dfrac{1}{\pi r^2} & x^2+y^2\leqslant r^2\\ 0 & \text{其他}\end{cases} \tag{2-5}$$

式 2-5 中，r 为圆盘形光斑的半径，反映模糊的程度。

2.2.3 高斯模型

高斯模型是最常见的退化模型。对成像系统和光学测量系统来说，许多因素共同决定了系统的退化函数，综合的结果就是使退化函数趋于高斯模型[8]。光学相机和 CCD 摄像机、显微光学系统、CT 机等都属于这类系统。大气湍流和水下湍流也一样都会近似为高斯函数[9]，其数学函数可表示为：

$$h(x,y)=K\exp\left(\frac{x^2+y^2}{2\sigma^2}\right) \tag{2-6}$$

式 2-6 中，K 为归一化常数，σ^2 为模糊程度[10]。

在遥感成像方面，PSF 也可以近似为：

$$h(x,y)=(F^{-1}\{A\mathrm{e}^{\mathrm{j}\varphi}\})^2 \tag{2-7}$$

式 2-7 中，$F^{-1}\{\}$ 为傅里叶逆变换函数；A 为建立模型的孔径函数；φ 为相位分布。

退化函数的先验信息越多，可以得到越好的复原视觉效果。在实际场景中，由于水质的复杂性和动态性，往往退化函数是未知的，是需要根据具体情况进行整体估计和建模的。

2.3 水下图像增强与复原

水下光学成像相对于声学成像，具有很多优势，例如可获取更加丰富的颜色和纹理信息。但同时在水下环境中随着传播距离的加长，光被吸收和散射的状况会随之加剧，因此光学成像距离一般较短、可观察距离明显减小。利用水下图像增强与复原技术可以突出水下图像中的关键特征与信息，并且解决颜色失真等问题。该技术主要是对降质图像利用不同的算法或模型进行处理，加强水下图像中重要信息的可识别性，解决图像模糊、对比度低、颜色衰退、图像扭曲等问题。

传统的水下图像增强分为时域图像增强和频域图像增强，这两种增强方法并不需要考虑水下图像成像的物理模型。时域图像增强通过直接调整像素的灰度值来增强图像；频域图像增强是通过变换技术，然后用数字滤波的方式增加图像的清晰度。在水下图像处理的早期研究中，一般用白平衡、灰度世界假设、灰度边缘假说等来调整水下图像的颜色；现在典型的增强水下图像对比度的方法还包括直方图均衡化、小波变换、Retinex 算法、图像融合算法等。基于物理模型的水下图像复原方法要针对水下图像建立合适的水下图像退化模型，然后通过反演水下图像的退化过程，从而恢复理想状态下未经退化的原始水下图像，其中最为经典的就是基于暗通道先验的复原。由于水上与水下条件不同，在移植水上图像增强与复原方法到水下图像的过程中，不可避免地要根据实际情况对所用的方法进行调整。

随着深度学习的快速发展，目前很多基于深度学习的水下图像增强与复原方法得到应用，下面我们将根据 3 个方面来对水下图像增强与复原方法进行介绍，包括基于成像模型、无模型以及深度学习的水下图像增强与复原技术。我们总结出的水下图像增强与复原方法为经典与常用的方法。随着时间的推移，有许多改进的传统图像增强算法在处理水下图像增强与复原上有更好的效果，但由于这些新颖的方法数量众多且都以传统与经典方法为基础，在本节中，不单独列举这些新颖的方法。

2.3.1　基于成像模型的水下图像复原方法

基于成像模型的水下图像复原方法是指针对水下图像退化过程搭建一个基于光学成像的数学模型，并采用适当方法估算出数学模型中的参数信息，利用相应的数学模型恢复水下图像。水下光学成像模型主要是将相机接收的光分为 3 个部分：直接分量、前向散射分量和后向散射分量。针对前向散射分量对成像模型影响的研究一般有两种说法，一种是前向散射分量与直接分量相比，对成像结果的影响较小，因此可忽略前向散射分量对成像模型的影响；另一种是将前向散射分量看作直接分量的小角度偏差造成的一部分分量，表示为直接分量函数与点扩展函数的卷积。

现有的水下成像模型是在大气散射模型的基础上改进的，主要是因为水体对 R、G、B 三通道的系数衰减的差异性很大，表示为：

$$I_i = J_i t_i + A_i(1 - t_i) \tag{2-8}$$

式 2-8 中，i 代表 3 个不同的颜色通道 R、G、B；I_i 为水下拍摄的图像；J_i 为使用复原算法处理后的清晰水下图像；$J_i t_i$ 为直接分量；A_i 为背景光（无穷远处测得的后向散射分量）；$A_i(1 - t_i)$ 为后向散射分量。

2.3.1.1　基于小波变换的水下图像自适应复原算法

基于小波变换的水下图像自适应复原算法可以解决水下图像对比度低、纹理细节模糊和人工照明设备以及摄像装备浮动等人为因素导致的图像亮度不均匀等问题。该方法主要流程[11]为：首先将输入的原始 RGB 图像转换为 YUV 彩色图像；其次通过分析光照模型得出介质散光导致的图像降质；然后对图像亮度进行小波变换，以此较为准确地获得估计介质散射光信息（干扰光信息），紧接着根据景深信息做出的估计得到复原后的 YUV 彩色图像；最后反变换 YUV 彩色图像为 RGB 彩色图像，最终达到水下图像复原的目的[11]。算法流程图如图 2-2 所示。

基于小波变换的水下图像自适应复原算法主要包括两部分：水下模糊图像的自适应复原与水下图像的非线性亮度调节。水下成像的物理模型公式为：

$$E(x) = I_\infty \rho(x) \mathrm{e}^{-\beta d(x)} + I_\infty \left[1 - \mathrm{e}^{-\beta d(x)}\right] \tag{2-9}$$

式 2-9 中，I_∞ 为光源的照射强度；β 为光线在水中的衰减系数；$d(x)$ 为成像设备到任意观测点的距离，x 代表经典的空间位置；$\rho(x)$ 为目标物体的辐射率，是目标物体对光线的反射比和成像设备光谱反射效应的函数；$E(x)$ 表示图像上任意像素点的亮度。将后向散射

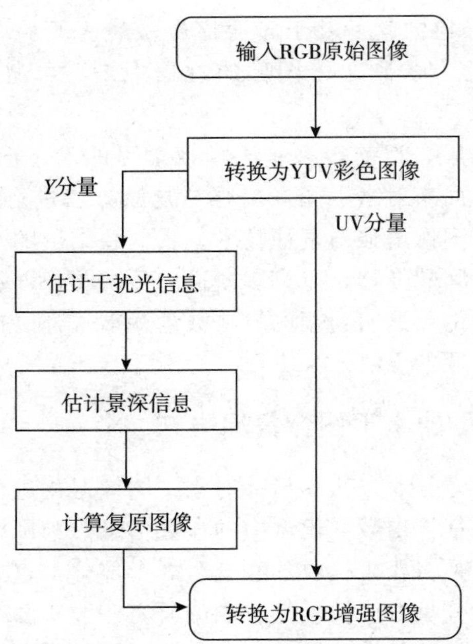

图 2-2　基于小波变换的水下图像自适应复原算法流程图（李庆忠等，2011）

光和前向散射光两者统称为介质散射光，表示为：

$$\lambda = I_{\infty}\left[1 - \mathrm{e}^{-\beta d(x)}\right] \tag{2-10}$$

将 RGB 空间的水下图像转换为 YUV 空间，将亮度分量 $Y(x,y)$ 进行三级小波分解，在保留了低频子带 LL3 后，再通过三级小波反变换得到重建图像 $Y'(x,y)$，继续将其进行平滑滤波得到低频亮度图像 $Y''(x,y)$。计算原始亮度图像的对比度 C，并自适应确定介质散射光在低频亮度图像中所占的比例系数 R，公式如下：

$$R = \begin{cases} 0.86 & C < 0.5 \\ 0.9 - 0.09C & 0.5 \leqslant C \leqslant 10 \\ 0 & C > 10 \end{cases} \tag{2-11}$$

式 2-11 中，$C = \sum_{\delta} \delta(i,j) P_{\delta}(i,j)$ 表示原始图像的对比度，$\delta(i,j)$ 是相邻像素间灰度差的绝对值，$P_{\delta}(i,j)$ 是灰度差绝对值为 δ 的像素点分布概率函数。对每个(x, y) 坐标的像素点，确定的介质散射光 λ 为 $\lambda(x,y) = RY''(x,y)$。估计的介质散射光 $\lambda(x,y)$ 得到每个像素点的景深信息，最后得到复原后的图像 $I(x,y)$。接下来就是水下图像的非线性亮度调节，对复原得到的图像 $I(x,y)$ 进行三级小波变换，然后只对代表图像亮度分布的低频子带 LL3 进行非线性亮度调节。

$$I'_n = \frac{I_n^{0.775} + (1 - I_n) \times 0.12 + I_n^{1.3}}{2} \times 255 \tag{2-12}$$

式 2-12 中，I_n 为归一化后 LL3 的每个系数；I'_n 为非线性调整后的对应值。由式 2-12 可知，在 0～1，I_n 越小，调节的力度越大，从而可以有效提高暗区的亮度值。根据调整后的 LL3′ 和所有未调整的高频子带进行三级小波变换，得到亮度调节后的图像。基于小波变换的水下图像自适应复原算法可以对水下图像进行有效的亮度调节和复原调整，见图 2-3。

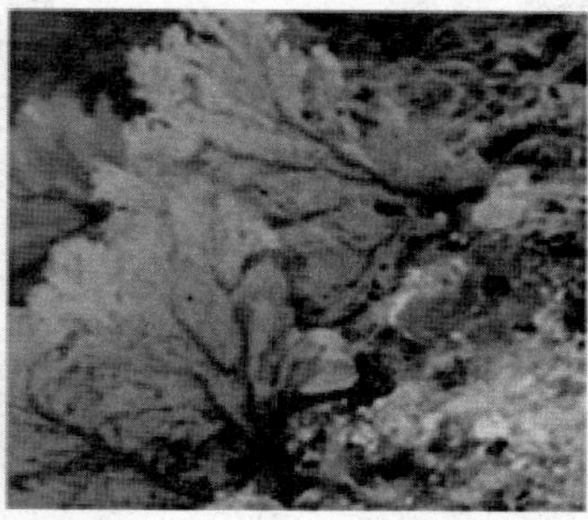

（a）原始图像

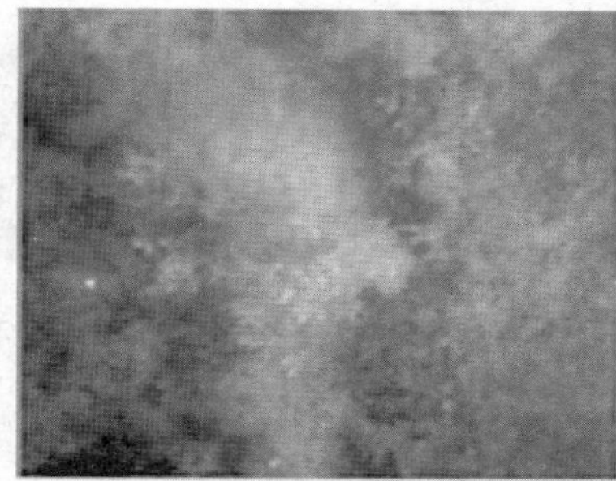

（b）传统方法增强后图像

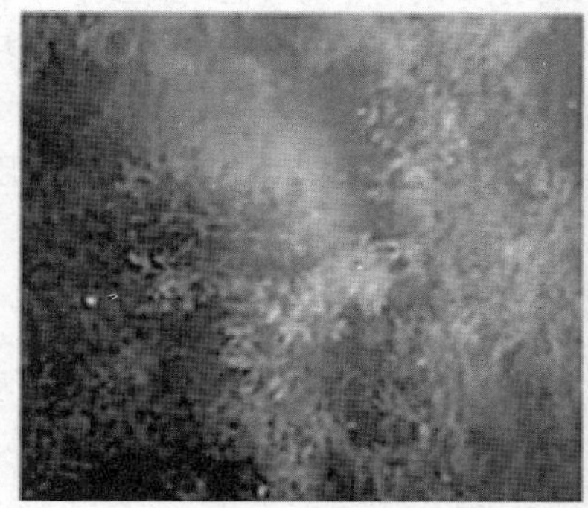
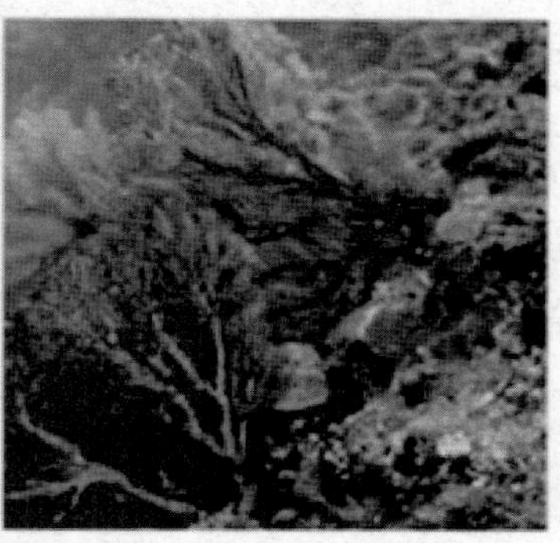

（c）使用基于小波变换的水下图像自适应复原算法增强后图像

图 2-3　水下图像小波变换自适应复原结果（李庆忠等，2011）

数字资源 2-1 水下图像小波变换自适应复原结果彩色图

使用的基于小波变换的水下图像自适应复原算法是在传统模型法的基础上进行的改进，实验结果可以明显看出，所用的方法在效果和自适应性上都明显优于传统的模型法[12]，在提高图像对比度的同时，更加明显地突出了图像的纹理细节，针对不同的水下图像也有一定的调整，增强效果比较显著。

2.3.1.2　基于双透射率水下成像模型的图像颜色校正算法

基于双透射率水下成像模型的图像颜色校正算法主要可以解决水下图像颜色失真的问题。此算法主要在水下成像模型的基础上，将透射率定义为直接分量透射率和后向散射分量透射率，其中后向散射分量是由红色暗通道先验获得的，同时获得较为精准的背景光估计值，而直接分量透射率是由无退化像素点获得的，将获得的直接分量透射率和后向散射分量透射率代入水下成像模型最终可获得复原的水下图像[13]。算法流程图如图 2-4 所示。

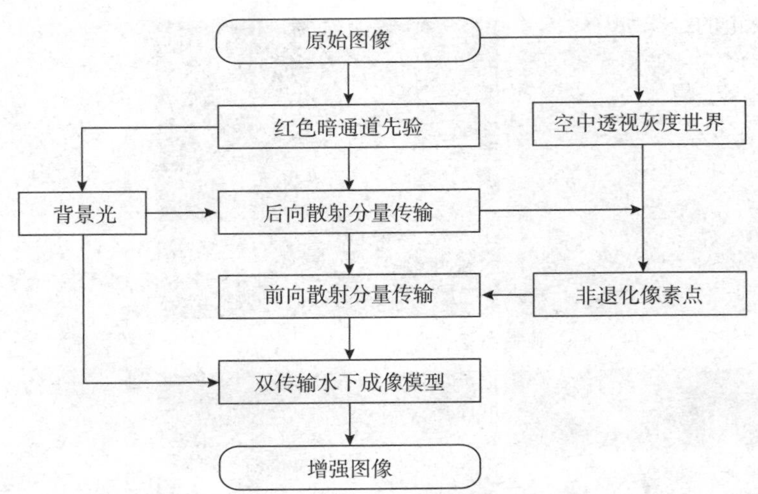

图 2-4　基于双透射率水下成像模型的图像颜色校正算法流程图（王国霖等，2019）

定义双透射率水下成像模型为：

$$I_c(x)=J_c(x)t_c^{(\mathrm{D})}(x)+A_c[1-t_c^{(\mathrm{B})}(x)] \tag{2-13}$$

式 2-13 中，$J_c(x)t_c^{(\mathrm{D})}(x)$ 为直接分量；$A_c[1-t_c^{(\mathrm{B})}(x)]$ 为后向散射分量；c 为颜色通道 R，G，B。

$t_c^{(\mathrm{D})}(x)\neq t_c^{(\mathrm{B})}(x)$，因此 $t_c^{(\mathrm{D})}(x)$ 和 $t_c^{(\mathrm{B})}(x)$ 不能统称为透射率。考虑到 $t_c^{(\mathrm{D})}(x)$ 控制着直接分量在成像模型中的比例，$t_c^{(\mathrm{B})}(x)$ 控制着后向散射分量在成像模型中的比例，同时这两项参数均属于透射率范围，故设 $t_c^{(\mathrm{D})}(x)$ 为直接分量透射率，$t_c^{(\mathrm{B})}(x)$ 命名为后向散射分量透射率。根据 Lambert-Beer 定律，[14] 水中光的传输透射率表达式为：

$$t_c(x)=\exp[-\sigma_c z(x)] \tag{2-14}$$

式 2-14 中，$z(x)$ 为像素点 x 到相机的光线传输距离；σ_c 为衰减系数。双透射率模型的直接分量透射率表达式为：

$$t_c^{(\mathrm{D})}(x)=\exp[-\sigma_c^{(\mathrm{D})}z(x)] \tag{2-15}$$

式 2-15 中，$\sigma_c^{(\mathrm{D})}$ 为直接分量的衰减系数，该系数与光线传输距离、光线波长相关，且忽略 $z(x)$ 对 $\sigma_c^{(\mathrm{D})}$ 的影响，仅考虑 $\sigma_c^{(\mathrm{D})}$ 随光线波长变化在 R、G、B 三通道的变化。双透射率模型的后向散射分量透射率表达式为：

$$t_c^{(\mathrm{B})}(x)=\exp[-\sigma_c^{(\mathrm{B})}z(x)] \tag{2-16}$$

式 2-16 中，$\sigma_c^{(\mathrm{B})}$ 为后向散射分量的衰减系数，该系数与光线波长弱相关。为了满足实际求解的需要，在不利于其他先验信息复原单幅水下图像的情况下，忽略此处的弱相关，得到的最终关系式为：

$$t_c^{(\mathrm{B})}(x)=t_{\mathrm{R}}^{(\mathrm{B})}(x)=t_{\mathrm{G}}^{(\mathrm{B})}(x)=t_{\mathrm{B}}^{(\mathrm{B})}(x) \tag{2-17}$$

使用基于双透射率水下成像模型的图像颜色校正算法复原不同水下图像的效果如图 2-5 和图 2-6 所示，同时使用红色暗通道（RDCP）复原算法[15] 进行对比试验，为了保证在算法比较上的公平性，加入包含锐化算法处理的试验作为对比项。

岩石颜色校正的结果如图 2-5 所示。基于双透射率水下成像模型的图像颜色校正算法恢复后的人造光照更加自然，且远景的岩石残留的绿色色偏较少，图像整体几乎无色偏。从珊瑚颜色校正的结果图 2-6 来看，珊瑚和远处植物颜色恢复得比较好。使用改进的传统算法的代表 RDCP 算法，对原始图像的增强与复原有一定效果，但是存在色偏与颜色恢复不足的问题。

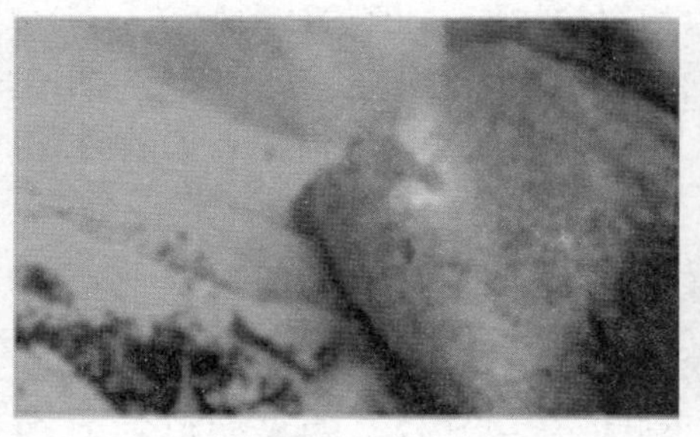

（a）原始图像

（b）RDCP 算法

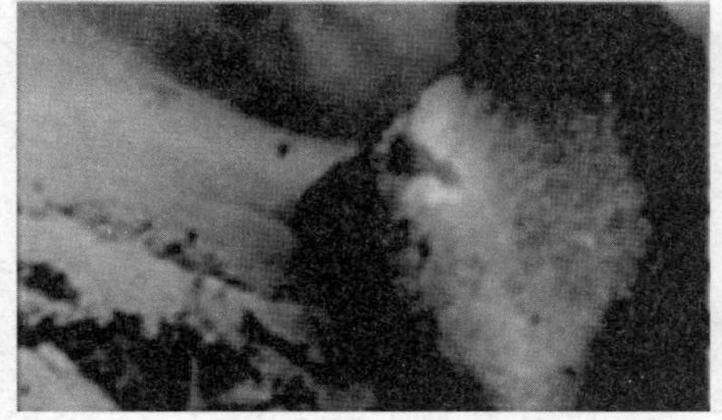

（c）基于双透射率水下成像模型的图像颜色校正算法

（d）基于双透射率水下成像模型的图像颜色校正算法加锐化算法

图 2-5　岩石颜色校正对比（王国霖等，2019）

数字资源 2-2 岩石颜色校正对比彩色图

（a）原始图像

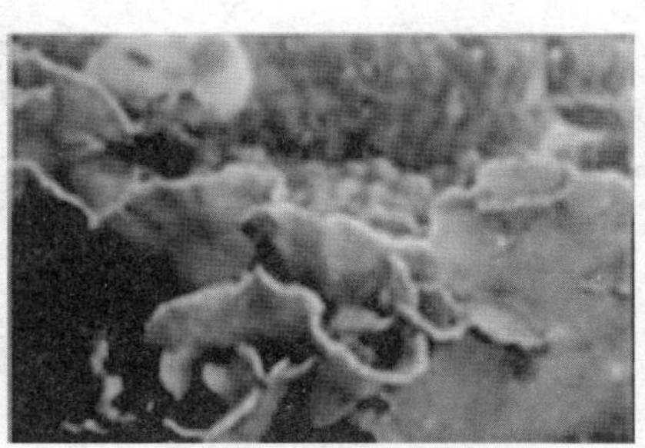

（b）RDCP 算法

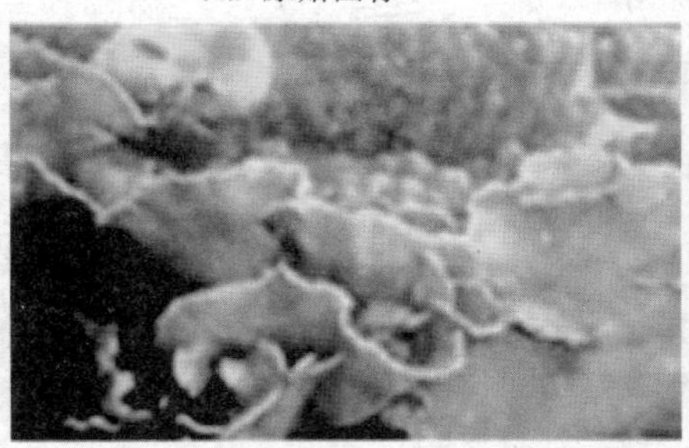

（c）基于双透射率水下成像模型的图像颜色校正算法

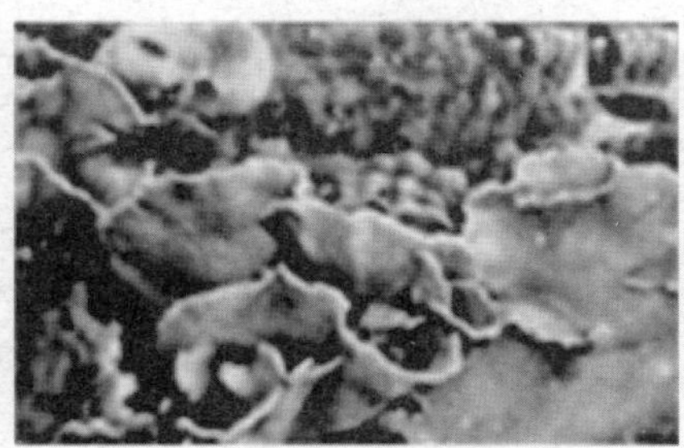

（d）基于双透射率水下成像模型的图像颜色校正算法加锐化算法

图 2-6　珊瑚颜色校正对比（王国霖等，2019）

数字资源 2-3 珊瑚颜色校正对比彩色图

2.3.1.3 基于退化模型的水下激光图像盲复原算法

除了基本的光学成像，还有其他光学成像方法，包括激光、红外线、热成像、多光谱、高光谱等新型成像方式。以激光水下图像为例，基于改进退化模型的图像盲复原算法[16]对水下图像的复原有一定的帮助。图像盲复原问题的处理过程是通过观测到的模糊图像 $g(i,j)$ 和相关原始图像与模糊的先验信息，以此来获得对原始图像 $f(i,j)$ 的估计图像 $f'(i,j)$，这个图像盲复原的过程如图 2-7 所示。

一般为了简化计算的过程，将噪声定为加性噪声，线性时不变系统来描述点扩散函数，水下图像退化模型的频域表达式为：

$$G(u,v)=F(u,v)H(u,v)+N(u,v) \tag{2-18}$$

式 2-18 中，$G(u,v)$ 为模糊图像 $g(i,j)$ 的二维傅里叶变换；$F(u,v)$ 为原始图像 $f(i,j)$ 的二维傅里叶变换；$H(u,v)$ 为点扩散函数 $h(i,j)$ 的二维傅里叶变换；$N(u,v)$ 为噪声 $n(x,y)$ 的二维傅里叶变换。

对于激光水下图像成像系统，由于难以确定系统噪声和点扩散函数，通过观测到的模糊图像 $g(i,j)$，利用上式求解估计图像 $f'(i,j)$ 是一个 NP 问题，交替迭代算法是当前使用较为普遍的方法（图 2-8）。

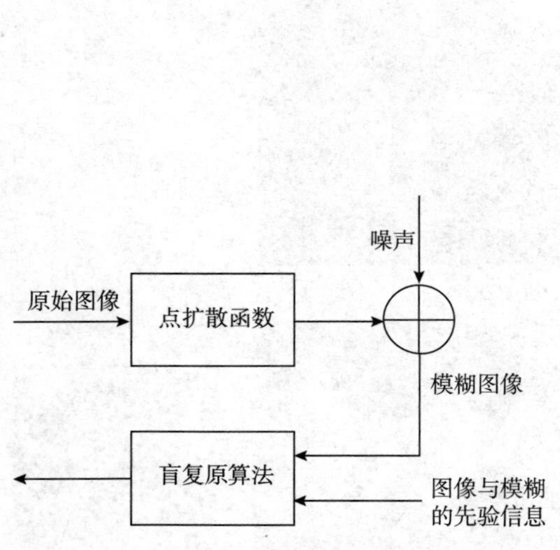

图 2-7 图像盲复原的过程（魏万银，2013）

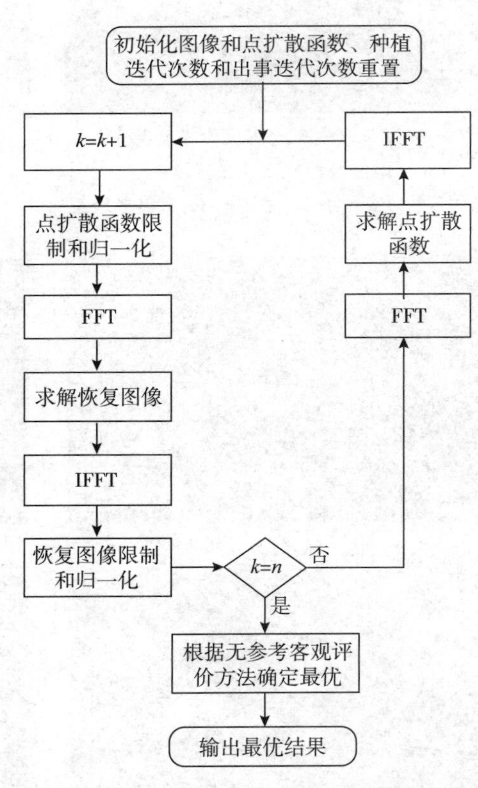

图 2-8 图像盲复原的交替迭代算法（魏万银，2013）

图 2-8 中，k 为图像盲复原的迭代次数；FFT、IFFT 分别为傅里叶变换和傅里叶反变换。主要的求解恢复图像过程为：假设已知 $h^k(i,j)$，利用有关算法求解恢复图像 $\tilde{f}^{k+1}(i,j)$；

求解点扩散函数过程为：假设已知 $\tilde{f}^{k}(i,j)$，利用有关算法求解点扩散函数 $h^{k+1}(i,j)$。在求解时，算法在频域中进行求解，进而利用傅里叶反变换 IFFT 转化为时域，可以节约计算时间。同时，为保证恢复图像和点扩散函数的统一，每次迭代后，需要对恢复图像和点扩散函数进行限制和归一化处理。

2.3.2　基于无模型的水下图像增强方法

无模型的水下图像增强方法不考虑水下图像成像的物理过程和退化模型，而是通过单纯的图像处理手段，也就是直接调整图像的像素值来提高水下图像质量，但是实现的过程会相对比较复杂。由于水下图像的采集环境与成像设备的差异，水下图像的色偏与图像丰富程度的不同，水下图像增强与复原方法也会采用不同的技术手段对图像进行综合处理，并没有统一的方法。

在早期的水下图像增强技术研究中，研究人员经常直接应用一些未改进的传统图像增强算法来对水下图像的进行处理。常被应用的水下图像传统增强算法有白平衡方法、直方图均衡化方法、傅里叶变换、小波变换等。由于水下环境的特殊性，目前的图像增强算法往往只针对特定环境下的水下图像有较好的增强效果，当移植算法到其他环境时，往往会出现增强效果不佳等问题。而水下图像复原，除了大部分效果与水下图像增强相关外，还存在一部分水体波动导致的水下图像扭曲的问题。水流运动以及水介质对光线折射率不同导致拍摄的水下图像产生扭曲变形，这种扭曲变形会随着空间与时间的变化而呈现出不同的变化[17]。

2.3.2.1　白平衡方法

不同的光源拥有不同的色温，这会造成目标物体的反射光线与原始颜色有一定偏差。例如，在观察同一白色目标物体时，当照射光源是低色温时，物体将呈现姜黄色；而当照射光源是高色温时，物体将会呈现蓝色。白平衡方法就是根据图像色温来校正图像色彩偏差的，此方法主要建立在朗伯特反射模型（Lambertian reflectance model）上。该模型表示影响反射光的因素主要有三点：光源光谱分布、目标物体表面反射率以及相机感光函数[18]。针对 RGB 彩色图像，其呈现的场景中的目标物体表面上的点的颜色根据朗伯特反射模型可以表示为：

$$f(x)=\int_{\omega} e(\lambda)s(x,\lambda)c(\lambda)\mathrm{d}\lambda \tag{2-19}$$

式 2-19 中，$f(x)=(R,G,B)^{\mathrm{T}}$；$x$ 为目标物体表面一点的坐标；λ 为光波波长；$e(\lambda)$ 为光源光谱分布；$s(x,\lambda)$ 为空间坐标点 x 处物体表面对光波 λ 的反射率；$c(\lambda)$ 为相机感光函数；ω 为可见光谱范围。对光照颜色 e 进行估计可以表示为：

$$e=\int_{\omega} e(\lambda)c(\lambda)\mathrm{d}\lambda \tag{2-20}$$

白平衡方法已经广泛应用于相机设备中，用于调节图像的色彩特性，在水下图像增强与复原的应用中也受到很多研究人员的关注。目前有多种白平衡的方法，比如灰度世界、完美反射法、Shades of Gray 和 Gray Edge 等。

1. 灰度世界

最初的白平衡是根据 Buchsbaum 提出的灰度世界假说设计的。这个假说的意思是在一幅色彩多样的图像中，最终三通道颜色的平均统计值应该是相同的，也就是灰色的。这个假说是由式 2-21 推导出的：

$$f = \int_{\omega} e(\lambda) s(\lambda) c(\lambda) \mathrm{d}\lambda \tag{2-21}$$

式 2-21 中，f 为图像；λ 为光波波长；$e(\lambda)$ 为入射光频谱；$s(\lambda)$ 为物体反射率；$c(\lambda)$ 为传感器的感光度。

$$e = \begin{pmatrix} R_e \\ G_e \\ B_e \end{pmatrix} = \int_{\omega} e(\lambda) c(\lambda) \mathrm{d}\lambda \tag{2-22}$$

式 2-22 中，e 为传感器对光源的响应函数，e 在特定光源情况下应该是一个常数。所以灰度世界可以表示为：

$$\frac{\int s(x,\lambda) \mathrm{d}x}{\int \mathrm{d}x} = k \tag{2-23}$$

式 2-23 中，k 是一个常数。将 f 代入式 2-23，可得出：

$$\frac{\int f(x) \mathrm{d}x}{\int \mathrm{d}x} = \frac{1}{\int \mathrm{d}x} \iint_{\omega} e(\lambda) s(x,\lambda) c(\lambda) \mathrm{d}\lambda \mathrm{d}x = k \int_{\omega} e(\lambda) c(\lambda) \mathrm{d}\lambda = ke \tag{2-24}$$

灰度世界算法比较简单和直观，是最经典和传统的算法，计算效率高，后续算法都是在此基础上衍生而来的；但是对图像场景色彩的丰富程度有要求，当图像中出现大面积单一颜色时，该算法就会导致严重的色差。

2. 完美反射法

完美反射法的原理是如果图像上有白色区域，经过光波照射，会在这个区域显示该色温条件下光源原本的颜色，也就是会落在普朗克曲线上。完美反射法很大程度上可以弥补灰度世界方法的不足，在高动态范围图像场景下效果很好，但是要求图像中必须要有白色区域，因此该方法有很大的限制因素。

3. Shades of Gray

Finlayson 等根据灰度世界算法，拓展出一种 Shades of Gray 算法，主要是将灰度世界中计算图像的平均值改为求图像的 Minkowskinorn 距离[19]，计算式为：

$$ke = \left\{ \frac{\int [f(x)]^p \mathrm{d}x}{\int \mathrm{d}x} \right\}^{1/p} \tag{2-25}$$

式 2-25 中，p 为可调节参数。当 $p=0$ 时，该算法就是灰度世界算法；当 $p \in (0,\infty)$，就是 Shades of Gray 算法。Finlayson 等的研究结果表明，在 $p=6$ 时该算法效果最佳。

4. Gray Edge

Gray Edge 算法是在所有图像场景表面的平均反射差分为定值这一假设的基础上进行的，该算法可以用式 2-26 表示：

$$\frac{\int \left| s'_x(x,\lambda) \right| \mathrm{d}x}{\int \mathrm{d}x} = k \tag{2-26}$$

式 2-26 中，s'_x 表示 s 对 x 的求导，可以推导出：

$$ke = \frac{\int \left| f'_x(x) \right| \mathrm{d}x}{\int \mathrm{d}x} \tag{2-27}$$

5. 几种方法的比较

为了展示不同算法对水下图像增强效果的差异，本节中在深海鱼群、深海网箱、工厂鱼群、深海围网网衣四种环境中各选取一张水下图像作为示例，使用 Matlab 软件编辑算法，将原始图像与增强后图像进行展示对比。

使用灰度世界、完美反射、Shades of Gray、Gray Edge 四种白平衡方法对不同环境和色偏的水下图像进行增强，结果如图 2-9 所示。灰度世界处理的深海鱼群图像偏红，但是在

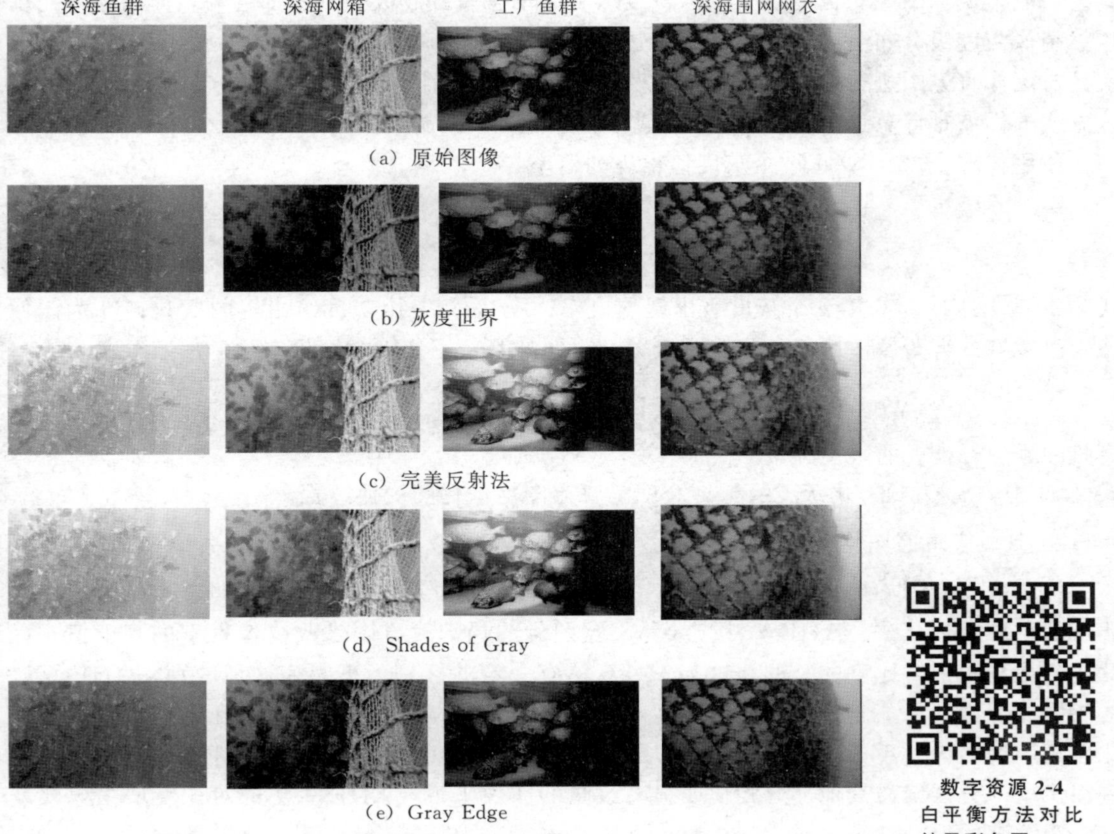

图 2-9　白平衡方法对比结果

数字资源 2-4
白平衡方法对比
结果彩色图

工厂鱼群图像中颜色校正效果相对较好，并且保留了水下图像的细节；完美反射法处理后的水下图像整体亮度更高，细节稍有增强，但颜色并没有校正；Shades of Gray 对深海鱼群、深海网箱、工厂鱼群图像都有颜色校正效果，并且突出了水下图像细节；Gray Edge 适当提亮了水下图像，保留了图像细节，处理效果并不明显。通过上述结果可以看出，不同白平衡方法在不同水下图像处理中的作用有一定差异，因此在实际应用中，应针对数据集的特点选择不同的水下图像增强算法。

这些白平衡方法对一般相机色彩的增强问题可以很好地解决，但当水下图像的颜色退化非常严重，在使用白平衡方法对水下图像进行增强与复原时，一般会将其他方法与改进的白平衡方法结合在一起，这样可以达到更好的增强与复原效果[20]。韩辉等将颜色衰减先验与改进的白平衡方法结合可以显著提升水下图像的细节清晰度与颜色保真度，视觉效果更加接近自然场景下的图像[21]。类似的，蔡晨东等将场景深度估计与改进的白平衡方法结合也可以更加有效地提高水下图像的细节清晰度、图像低照度和色彩保真度，恢复真实的视觉效果[22]。张薇等结合白平衡方法与相对全变分的算法在校正色偏和增强图像细节方面是有效的[23]。

2.3.2.2 直方图均衡化方法

1. 直方图均衡化

基于直方图的图像增强技术是图像处理领域应用较为成熟的技术之一[24]。图像的灰度直方图表示一幅图像的各个灰度级中所包含像素的个数，是图像处理中非常重要的分析工具。一般来说，图像对比度越大图像灰度级分布动态范围越大而且更加均匀，而图像对比度越小图像灰度级分布更加集中、动态范围小。直方图均衡化（histogram equalization，HE）就是对图像直方图进行拉伸，增加像素灰度值的动态范围，这样可以达到图像增强的效果。该方法的优点是计算速度快、原理简单并且效果比较直观。

使用如式 2-28 计算每一个灰度值出现的概率：

$$P_r(r_k)=\frac{N_k}{N},\quad k=0,1,2,\cdots,L-1 \tag{2-28}$$

式 2-28 中，$P_r(r_k)$ 为第 k 个灰度级出现的概率；N_k 为第 k 个灰度级出现的次数；N 为图像像素总数；L 为图像中可能的灰度总级数。由此计算，图像直方图均衡化的离散形式为：

$$S_k=T(r_k)=\sum_{i=0}^{k}\frac{N_i}{N}=\sum_{i=0}^{k}P_r(r_i),\quad 0\leqslant r_k\leqslant 1;k=0,1,\cdots,L-1 \tag{2-29}$$

式 2-29 中，S_k 为归一化灰度级，这个就是直方图均衡化的变换过程。

2. 自适应直方图均衡化

自适应直方图均衡化（adaptive histogram equalization，AHE）是能够有效提高图像对比度的一种处理算法。AHE 算法主要是根据图像的局部直方图来改变像素点的亮度值，以此达到提高图像对比度的目的，这与 HE 算法有一定的区别。正因为这种区别，AHE 算法对于提高图像的局部对比度和获取更多的图像细节信息有更大的优势。对于一些像素值分布比较均匀的图像，AHE 算法的对比度增强效果会弱于传统直方图均衡化算法，但是针对一些图像中部分区域与其他部分相比明显亮或暗的图像来说，AHE 算法的对比度增强效果就有较为显著的提升。

3. 限制对比度自适应直方图均衡化

针对传统直方图均衡化方法的缺点，研究者提出了一种更加灵活的限制对比度自适应直方图均衡化（contrast limited adaptive histogram equalization，CLAHE）。CLAHE 对局部直方图的高度进行限制，解决了图像局部对比度过度增强的问题，同时有效限制了噪声的过度放大。CLAHE 是在 AHE 的基础上的改进，限制了提高图像对比度的程度，以此达到图像增强的目的。针对直方图函数的斜度，可以表示图像像素周围邻域对比度的放大程度，函数的斜度和邻域的累积直方图的斜度是成比例的，因此使用根据实际要求而设定的阈值来对直方图进行剪裁，以此限制放大幅度，从而求算出累积直方图函数值。直方图被剪裁的值取决于直方图的分布，与邻域大小有关。如图 2-10 所示，CLAHE 一般不会直接忽略被裁减部分，而是将剪裁的部分均匀分布到其他部分，以此生成新的图像直方图。CLAHE 处理水下图像后，图像的灰度级会有明显增加，RGB 三通道的像素级分布范围更广，而且在对比度增加的同时不会出现 HE 方法那样过度增强的现象，整体效果更加自然。

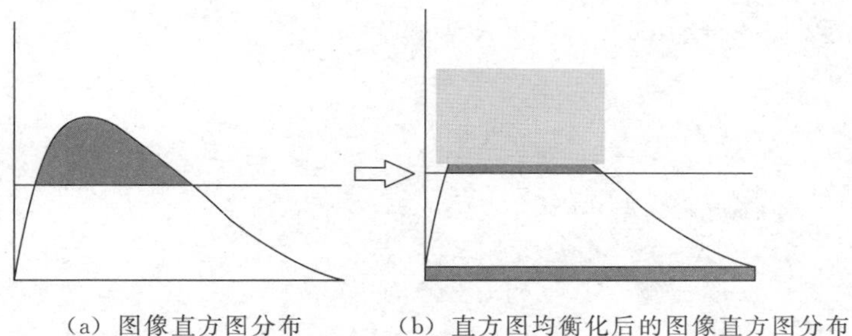

（a）图像直方图分布　（b）直方图均衡化后的图像直方图分布

图 2-10　CLAHE 剪切重分配原理

数字资源 2-5 CLAHE 剪切重分配原理彩色图

本节使用 HE 与 CLAHE 对水下图像进行增强处理，结果如图 2-11 所示。HE 方法整体呈现过增强效果，但是突出了水下图像的细节；CLAHE 方法比较适合水下图像的增强，并且突出了水下图像的细节。两种方法均没有对水下图像颜色进行校正。

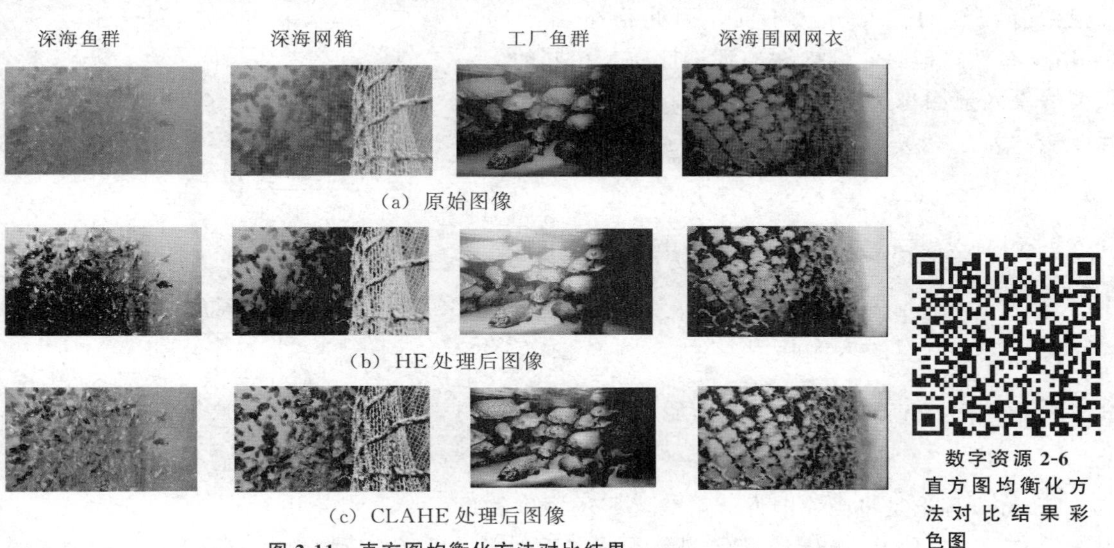

（a）原始图像

（b）HE 处理后图像

（c）CLAHE 处理后图像

图 2-11　直方图均衡化方法对比结果

数字资源 2-6 直方图均衡化方法对比结果彩色图

2.3.2.3 基于 Retinex 的方法

Retinex 理论主要用来解释人类视觉系统达到颜色恒常的原理，也就是在某一环境中光照发生了变化，但是人类经过自身的视觉系统会将感知到的物体表面颜色保持相对不变。Retinex 图像增强算法的基本思想是：通过某种方式将图像分解成入射分量与反射分量，将估计出的入射分量去除，得到的反射分量就是增强后的图像。因此 Retinex 算法的核心是对入射分量的估算。

一幅图像可以表示为：

$$L(x,y)=R(x,y)S(x,y) \tag{2-30}$$

式 2-30 中，$L(x,y)$ 为相机获取的原始图像函数；$S(x,y)$ 为自然光源或者人工光源下的入射图像函数，也就是入射分量；$R(x,y)$ 为包含图像本质特征的反射图像函数，也就是反射分量。

由式 2-30 可求出物体的反射分量 $R(x,y)$，在两边同时取对数：

$$\ln R(x,y)=\ln L(x,y)-\ln S(x,y) \tag{2-31}$$

若令

$$\begin{cases} l(x,y)=\ln L(x,y) \\ s(x,y)=\ln S(x,y) \\ r(x,y)=\ln R(x,y) \end{cases} \tag{2-32}$$

可将式 2-32 简化为：

$$r(x,y)=l(x,y)-s(x,y) \tag{2-33}$$

通过求出入射分量，可知 $r(x,y)$，并以此计算出反射分量 $R(x,y)$，也就是增强后的图像函数。一般的 Retinex 算法流程图如图 2-12 所示。

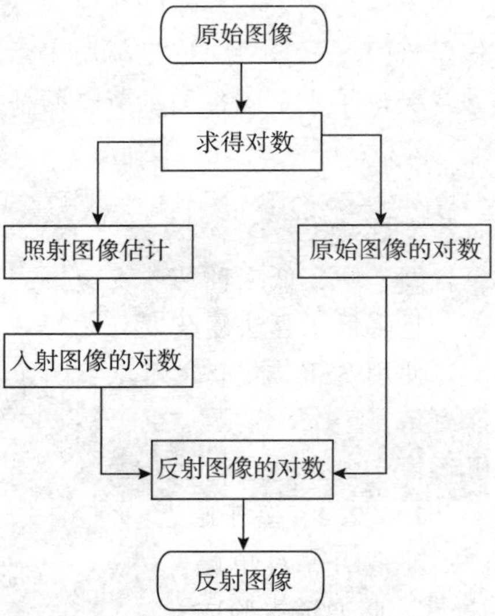

图 2-12　Retinex 算法流程图

入射分量的估算方法不同，因此衍生出不同的 Retinex 算法，但是它们内在的理论性质是相同的。一般要假设入射图像为空间平滑图像，可以求出入射分量，表示为：

$$S(x,y)=F(x,y)*L(x,y) \tag{2-34}$$

式 2-34 中，$*$ 表示卷积；$F(x,y)$ 为中心环绕函数，表示为：

$$F(x,y)=\lambda\exp[-(x^2+y^2)/c^2] \tag{2-35}$$

式 2-35 中，c 为高斯环绕尺度；λ 是满足 $\iint F(x,y)\mathrm{d}x\mathrm{d}y=1$ 的一个尺度。

Retinex 理论是将当前图像分解为光照的照度和反射率的乘积，各种 Retinex 模型[25]都需要将其反射图尽可能地反馈出来，从而在复杂的光照条件下恢复场景中物体的真实色彩，这给 Retinex 的应用提供了很大的空间。

1. 单尺度 Retinex

单尺度 Retinex（single-scale Retinex，SSR）算法是由 Jobson 等在 Land 理论的基础上进行改进的，主要是将原始图像函数减去原始图像函数与高斯函数进行卷积计算的结果，由此突出图像的细节信息。SSR 的数学表达式为：

$$r_i(x,y) = l_i(x,y) - \ln[F(x,y) * L(x,y)] \tag{2-36}$$

式 2-36 中，$*$ 表示卷积；$i \in \{R,G,B\}$ 为第 i 个颜色通道；$F(x,y)$ 为高斯环绕函数，进一步表示为：

$$F(x,y) = \frac{1}{\sqrt{2\prod}\sigma}\exp[-(x^2+y^2)/(2\sigma^2)] \tag{2-37}$$

式 2-37 中，σ 为高斯函数标准差，也就是尺度参数。当 σ 的取值较大时，图像的色彩损失严重但是图像边缘信息可以得到较好的保留；当 σ 的取值较小时，图像的色彩比较丰富但是图像边缘信息损失严重。

单尺度 Retinex 算法一定程度上加强了图像亮度，但是处理后的图像亮度偏高而且有一定色差，同时图像边缘有“光晕”现象，且图像噪声被放大。

2. 多尺度 Retinex

针对单尺度 Retinex 算法无法兼顾保留图像细节与颜色保真，Rahman 等提出了多尺度 Retinex（multi-scale Retinex，MSR）算法[26]。MSR 可以在维持图像的高保真的情况下大幅度压缩图像的动态范围。MSR 的数字表达式为：

$$r_i(x,y) = \sum_{k=1}^{3} W_k\{l_i(x,y) + \ln[F(x,y) * L(x,y)]\} \tag{2-38}$$

式 2-38 中，$*$ 表示卷积；k 为高斯函数的尺度数量；$F(x,y)$ 为上文提到的高斯函数；W_k 为加权系数。这里 $\sum_{i=1}^{k} W_k = 1$，当 $k=1$ 时，即为单尺度 Retinex 算法。k 一般取 3，当 $k \geqslant 4$ 时，处理效果并不会继续提高而且耗时增长。当 $k=3$ 时，处理效果可以获得较好的结果，包含高、中、低三种标准尺度，这个选择兼具单尺度 Retinex 的高、中、低三个尺度的理想点，且降低了算法复杂度，此时 $W_1 = W_2 = W_3 = 1/3$。

使用 SSR 与 MSR 对水下图像进行增强与复原处理，效果如图 2-13 所示。两种方法在深海鱼群中突出了图像细节，并一定程度提高了图像亮度，但是对工厂鱼群和网箱等其他水下环境中拍摄的图像，处理后会导致亮度过增强，使图像细节并不明显。

2.3.2.4 基于暗通道先验的方法

何恺明等对单幅雾像图像的去雾提出了暗通道先验（dark channel prior，DCP）方法[27]。暗通道先验成立的条件是场景中有阴影物体、彩色物体和暗物体。水中彩色图像通常是以蓝绿色为主、对比度较低、可见度低的图像，因此水下彩色图像满足暗通道先验的成立条件。但是光在水下会被吸收和散射，因此如果将暗通道先验直接用到水下图像增强与复原并不合理。因为红色光波衰减最严重，所以水下图像以蓝绿色为主。

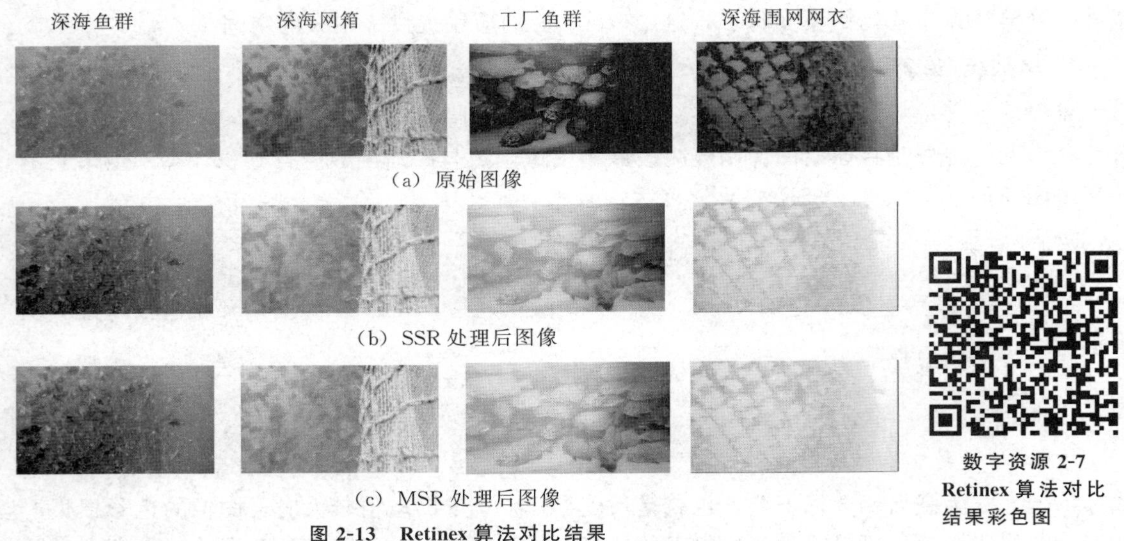

(a) 原始图像

(b) SSR 处理后图像

(c) MSR 处理后图像

图 2-13　Retinex 算法对比结果

数字资源 2-7
Retinex 算法对比结果彩色图

根据提出的暗通道的概念和特点，对于图像 J，其暗通道 $J^{\text{dark}}(x)$ 表示为：

$$J^{\text{dark}}(x)=\min_{y\in\Omega(x)}\left[\min_{c\in\{r,g,b\}}J^{i}(y)\right] \tag{2-39}$$

式 2-39 中，J^{i} 为图像 J 的 R、G、B 通道中的一个颜色通道；$\Omega(x)$ 为以 x 为中心的一个正方形局部块。式 2-39 表示在一幅输入图像中，取出每个像素三通道中灰度值最小的值构成一幅灰度图像，在新得的灰度图像中，以每个像素为中心取一个大小一定的矩形窗口，在此窗口中获取最小灰度值代替窗口中心的像素值，从而得到输入图像的暗通道图像。在一幅清晰的彩色图像内，某个矩形窗口内的光强度的最小值趋近于 0，也就是：

$$J^{\text{dark}}\rightarrow 0 \tag{2-40}$$

这个观测就是暗通道先验。水下暗通道先验（underwater dark channel prior，UDCP）是在 DCP 的基础上将大气成像模型改为水下成像模型，并且在背景光中加入水的散射，在水下成像模型 $I_i=J_it_i+A_i(1-t_i)$ 中，J_i、t_i 和 A_i 都是未知数，而要恢复真实的水下图像 J，首先要估计出传输率 t_i 以及背景光 A_i。使用暗通道先验算法的流程图如图 2-14 所示。

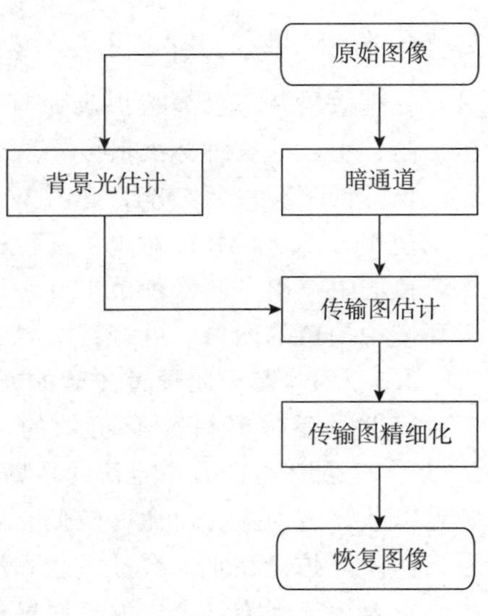

图 2-14　暗通道先验算法的流程图

何恺明等提出的暗通道先验下的背景光估计的计算流程如下：选取暗通道中亮度最大的前 0.1%的像素，并将这些点对应在原始图像中，其中像素值最大的点作为背景光估计值。但是在水下图像中，全局背景光的选取容易受到水中白色物体（如气泡、反光）的干扰，使背景光估计值过高。目前有效的方法之一可以通过计算求出的亮度最大的前 0.1%的像素的色饱和度，若其色饱和度值低于预先设定的背景光色饱和度，就认为选取的不是真实的背景光，并将其忽略与删除，同时重新选取暗通道中亮度最大的前 0.1%的像素，并重复上述步骤直至求出的背景光的色饱和度高于预先设定值，从而得到真实的背景光[27]。

全局背景光的理论可表达为式 2-41：

$$A_k = \frac{k(f) b_\lambda E_n}{c_\lambda} \tag{2-41}$$

式 2-41 中，$k(f)$ 为一个关于焦距的参数，$f=20$ mm 时对应 $k=1.06$；b_λ 为水的散射系数；E_n 为目标物表面上的光照强度且可以由图像最大灰度值表示；c 为衰减系数。

水的散射系数 b_λ 与波长 λ 的关系为：

$$b_\lambda = (-0.001\,13\lambda + 1.625\,17) b(\lambda_r) \tag{2-42}$$

式 2-42 中，$b(\lambda_r)$ 为参考波长的散射系数。通过式 2-42 以及求出的 B 通道的散射系数可得到其余两个通道的散射系数。并且利用散射系数的比值对其余两个通道的透射率进行重新估计，可得：

$$\begin{cases} t_{\mathrm{R}}(x) = [t_{\mathrm{B}}(x)]^{b_{\mathrm{R}}/b_{\mathrm{B}}} \\ t_{\mathrm{G}}(x) = [t_{\mathrm{B}}(x)]^{b_{\mathrm{G}}/b_{\mathrm{B}}} \end{cases} \tag{2-43}$$

利用估计出的 R、G 通道的传输函数，计算出各自的衰减系数。利用计算出的衰减系数和散射系数可估计出 R、G 通道的全局背景光强。

对比暗通道先验与水下暗通道先验算法（图 2-15），DCP 算法提高了水下图像的亮度，保留了图像细节；UDCP 则突出了图像细节，增加了图像对比度，使图像更加清晰。

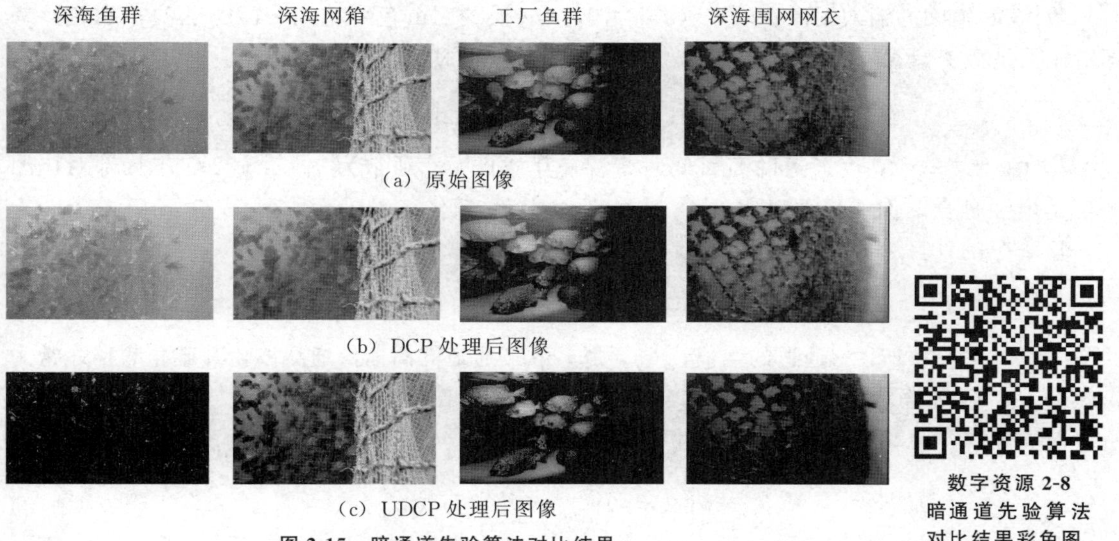

(a) 原始图像

(b) DCP 处理后图像

(c) UDCP 处理后图像

图 2-15 暗通道先验算法对比结果

数字资源 2-8
暗通道先验算法
对比结果彩色图

2.3.2.5 图像融合方法

图像融合是指从同一场景多幅图像中，将获取的场景基本特征和必要信息进行结合，达到图像有用信息增强的效果。融合过程主要分为三步：输入待融合图像、特征权重计算以及多尺度分解与融合[28]。融合结果的好坏与输入图像的特征选取和权重计算息息相关，优秀的融合输入图像应当拥有较好的全局对比度、局部对比度，并且图像整体亮度适中、前景物体显著[28]。

本节中提到的各种水下图像增强与复原算法将处理后的图像作为融合输入图像可以使得处理效果提升一个层次，这是因为可以结合各种算法的优点得到更好的增强与复原后的水下图像。

分别使用暗通道先验法、多尺度 Retinex 算法以及限制对比度自适应直方图均衡化算法对原始水下图像进行增强与复原[29]，将获得的三幅图像 $I_1(x)$、$I_2(x)$、$I_3(x)$ 作为融合输入图像，然后采用多尺度融合方法来获得处理后的清晰图像。这里定义四种权重图：亮度图、饱和图、局部对比图以及显著图。将 RGB 空间的输入图像 $I_i(x)(i=1,2,3)$ 转换到 HSV 空间，$I_i(x)$ 的亮度图定义为 RGB 三通道与亮度通道 V 的偏差的均方根：

$$W_{S,i} = \sqrt{1/3[(R_i - V_i)^2 + (G_i - V_i)^2 + (B_i - V_i)^2]} \tag{2-44}$$

图像某个区域的亮度图越大，表示区域亮度越均衡，可见度越高。亮度图可在一定程度上提高可见度区域在融合图像中的比例。

输入图像的饱和图定义为：

$$W_{D,i} = \exp[-(D_i - 1)^2/(2\sigma^2)] \tag{2-45}$$

$$D_i = 1 - \frac{3}{R_i + G_i + B_i}[\min(R_i, G_i, B_i)] \tag{2-46}$$

式 2-46 中，D_i 为 $I_i(x)$ 的饱和度；R_i、G_i、B_i 分别为 I 的彩色图像分量值；σ 为标准差，通常取为 0.25。图像某个区域饱和度越大，色彩越鲜艳。饱和图可选择图像中色彩相对更加丰富的区域加入融合图像中。

将 RGB 空间的输入图像 $I_i(x)$ $(i=1,2,3)$ 转换到 Lab 色彩空间，Lab_k 为亮度通道。局部对比图是每个像素的亮度与周围像素平均亮度的偏差，其计算公式为：

$$W_{LC,i} = |Lab_i - L_{\omega_{hc},i}| \tag{2-47}$$

式 2-47 中，$L_{\omega_{hc},i}$ 为亮度通道的高斯低通滤波，其截止频率通常为 $\omega_{hc} = \pi/2.75$。局部对比图主要是增强融合图像的局部对比度。

显著图的计算公式为：

$$W_{Sal,i} = |P_{\mu,i} - P_{\omega_{hc},i}| \tag{2-48}$$

式 2-48 中，$P_{\mu,i}$ 为 Lab 三通道的均值；$P_{\omega_{hc},i}$ 是 Lab 三通道的高斯低通滤波，其截止频率通常为 $\omega_{hc} = \pi/2.75$。显著图用于提高图像的全局对比度，可以增强显著性区域与相邻区域的对比度。

对亮度图、饱和图、局部对比度和显著图进行求和：

$$\widetilde{W}_i = W_{S,i} + W_{D,i} + W_{LC,i} + W_{Sal,i} \tag{2-49}$$

再对求和结果进行归一化处理，最终的值为输入图像的权重图，也就是图像融合的权值：

$$W_i = \widetilde{W}_i / \sum_{i=1}^{3} \widetilde{W}_i \tag{2-50}$$

水下图像融合方法主要分为金字塔分解和小波分解。其中，金字塔分解方法的复杂性低且计算效率高，像素级融合方法容易出现光晕现象，所以使用金字塔分解的多尺度融合方法。

对得到的权重图进行低通滤波和降采样，生成 i 层高斯金字塔，并将其第 j 层记为 $G_j[W_i(x)]$，不同分解层对应于不同的尺度。再对低尺度的高斯金字塔层进行低通滤波和上采样，与上一尺度的高斯金字塔层相减来得到拉普拉斯金字塔的分解层，第 j 层记为 $L_i[I_i(x)]$，不同分解层对应于不同尺度。对每个尺度的拉普拉斯金字塔层采用统一尺度的高斯金字塔层进行加权求和，获得多尺度的融合图像：

$$F_j(x) = \sum_{i=1}^{3} G_j[W_i(x)] L_i[I_i(x)] \tag{2-51}$$

对求出的拉普拉斯金字塔进行重构，即可获得融合图像 $F(x)$。

2.3.2.6　水下图像增强效果

无模型水下图像增强算法涵盖的方法众多，本节选取每个类型方法中相对较好的方法进行比较，使读者更加直观地了解不同方法的特点，便于读者选择最佳的处理方法。

几种方法对于水下图像的增强效果如图 2-16 所示，每种方法对于水下图像的细节突出

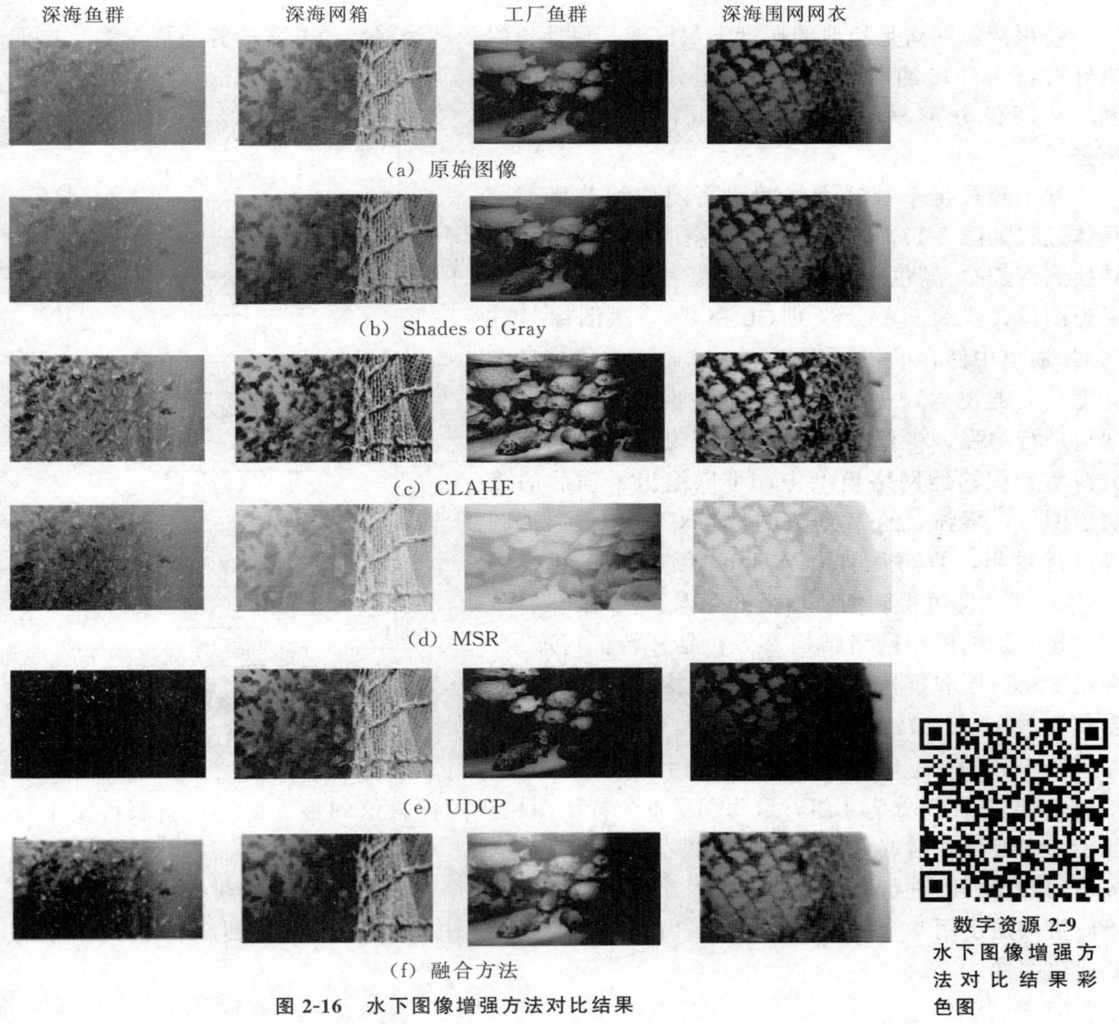

(a) 原始图像

(b) Shades of Gray

(c) CLAHE

(d) MSR

(e) UDCP

(f) 融合方法

图 2-16　水下图像增强方法对比结果

数字资源 2-9
水下图像增强方法对比结果彩色图

处理得都比较好。Shades of Gray 处理后的水下图像在深海鱼群中偏红，而在深海围网和工厂鱼群中颜色校正相对较好；CLAHE 处理对水下图像的对比度增强比较明显，图像更为清晰，不过在颜色校正方面还有提升空间；MSR 处理后的水下图像整体亮度过高，在图像整体颜色跨度不大的深海鱼群中提亮效果较为适中，而其他的图像亮度过高，导致细节虽然保留却不明显；UDCP 处理后图像整体颜色饱和度很高，处理效果很好，但是并没有很好地校正图像颜色；融合方法结合了以上几种方法的优点，较为适度地增强了图像的对比度，并且很好地校正了水下图像的颜色，突出了图像的细节。

2.3.3 基于深度学习的水下图像增强与复原方法

近年来，深度学习在各个领域发展迅速，带来了很多新的理论与方法。目前，深度学习已广泛应用于水下图像增强领域，相比于传统水下图像增强方法，深度学习方法避免了参数手动调节，节省时间。但在水下图像增强方面，用于训练数据的不足，水下场景的多变性及挑战性，使得深度学习方法在水下图像增强方面还存在很多局限性。

1. 基于超分辨率神经网络的水下图像细节增强算法

卷积神经网络是经典的深度学习框架，目前以卷积神经网络为基础的算法更为细致，拥有针对特定环境的网络。例如，超分辨率卷积神经网络从图像分辨率的角度对水下图像的细节进行增强[30]。

基于超分辨率神经网络的水下图像细节增强的具体过程如图 2-17 所示，将 RGB 空间下的水下图像转换到 YCbCr 颜色空间，并获得代表亮度分量的 Y 通道图像，代表颜色分量的 Cb 和 Cr 通道图像。Cb 与 Cr 通道中储存的信息为色差，Y 通道中的信息为亮度。人类视觉对亮度变化更加敏感，因此选择 Y 通道进行增强。将代表亮度的 Y 通道图像输入到超分辨率卷积神经网络模型中，可以输出增强后的 Y 通道图像，增强后的 Y 通道图像与 Cb 和 Cr 通道图像进行重组，再将图像从 YCbCr 颜色空间转换为 RGB 空间，即可得到细节增强的图像。

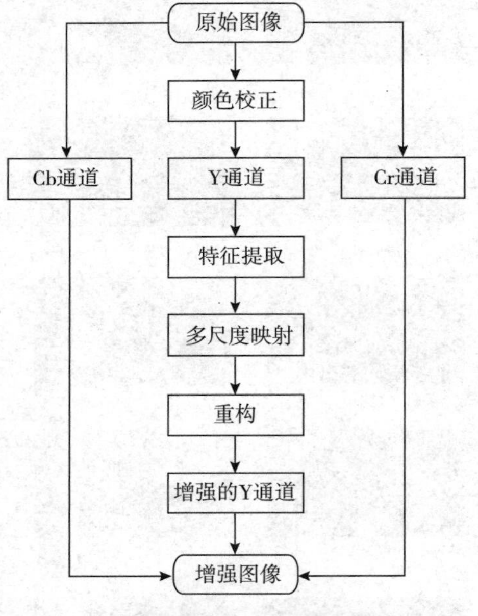

图 2-17 基于超分辨率神经网络的水下图像增强流程图（Ding 等，2017）

超分辨率模型网络结构[31,32]包括：特征提取层、多尺度映射层和重构层（图 2-18）。特征提取层包含卷积和 Maxout 激活函数，卷积核大小为 1×5×5，卷积核个数为 16。使用 Maxout 激活函数将卷积获得的 16 个特征图分为 4 组，取每组的4 个特征图相应的像素值的最大值，重新获得 4 个特征图。多尺度映射层采用 4 种不同的卷积核（4×1×1，4×3×3，4×5×5，4×7×7），对提取到的特征图进行多尺度映射，每组映射均采用 16 个卷积核，最终将获得 64 个特征图。最后重构层使用 1 个大小为 64×3×3 的卷积核对特征图进行处理，可得到 21×21 的增强的 Y 通道图像。

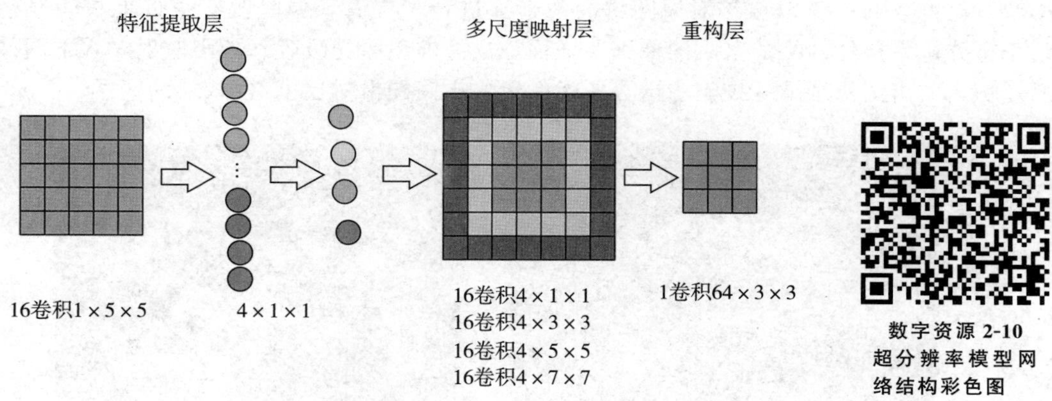

数字资源 2-10
超分辨率模型网络结构彩色图

图 2-18　超分辨率模型网络结构

特征提取层使用卷积和 Maxout 单元[33]对输入图像块进行特征提取，其表达式为：

$$F^{i}_{\mathrm{de\_1}}(x)=\max_{f\in[1,k]} f^{i,j}_{\mathrm{de\_1}}(x) \tag{2-52}$$

$$f^{i,j}_{\mathrm{de\_1}}(x)=W^{i,j}_{\mathrm{de\_1}} * Y_{\mathrm{dbp}}+B^{i,j}_{\mathrm{de\_1}} \tag{2-53}$$

式 2-52 和式 2-53 中，Y_{dbp} 为彩色校正图像的亮度分量；$f^{i,j}_{\mathrm{de\_1}}(x)$ 为卷积滤波器获得的特征图，$i\in[1,k\times n_1]$。$k\times n_1$ 表示总特征图个数，即卷积核个数，大小为 16，卷积核大小为 5×5。$W^{i,j}_{\mathrm{de\_1}}$ 和 $B^{i,j}_{\mathrm{de\_1}}$ 为卷积的权重和偏置，* 表示卷积计算。卷积后得到的 $k\times n_1$ 个特征图使用 Maxout 单元进行降维，这些特征图分为 $n_1=4$ 组，取出每组 k 个特征图对应的各个像素点的最大值，组成 1 张特征图。

多尺度映射层利用不同的卷积核提取多尺度的特征，其输出表示为：

$$F^{i}_{\mathrm{de\_2}}=W^{\lceil i/4\rceil,(i\backslash 4)}_{\mathrm{de\_2}} * F_{\mathrm{de\_1}}+B^{\lceil i/4\rceil,(i\backslash 4)}_{\mathrm{de\_2}} \tag{2-54}$$

式 2-54 中，$W^{\lceil i/4\rceil,(i\backslash 4)}_{\mathrm{de\_2}}$ 和 $B^{\lceil i/4\rceil,(i\backslash 4)}_{\mathrm{de\_2}}$ 表示本层卷积计算的权重和偏置，$\lceil\ \rceil$ 表示向上取整，$\backslash$ 表示取余数。本层使用 4 种不同大小的卷积核：4×1×1，4×3×3，4×5×5，4×7×7，$i\in[1,n_2]$，$n_2=64$ 表示本层输出特征图个数。$F_{\mathrm{de\_1}}$ 为特征提取层获得的大小为 23×23 的特征图。

重构层将上述特征图融合并输出增强 Y 通道的图像，表达式为：

$$Y^{F}=\max(0,W_{\mathrm{de\_3}} * F_{\mathrm{de\_2}}+B_{\mathrm{de\_3}}) \tag{2-55}$$

式 2-55 中，$F_{\mathrm{de\_2}}$ 为多尺度映射层获得的大小为 23×23 的特征图。$W_{\mathrm{de\_3}}$ 和 $B_{\mathrm{de\_3}}$ 表示本层卷积计算的权重和偏置，$W_{\mathrm{de\_3}}$ 的大小为 64×3×3，也就是使用 64×3×3 的卷积核对多尺度映射层输出的 64 个特征图进行卷积，最后输出一个特征图。最后的一个特征图经过 ReLU 激活函数可得到大小为 21×21 的增强的 Y 通道图像Y^{F}。

将 Y 通道图像分割出的图像块经过上述模型增强后，按序组合可得完整的增强后的 Y 通道图像。最后将增强后的 Y 通道图像与 Cb、Cr 通道图像组合，并由 YCbCr 颜色空间转换为 RGB 空间图像，也就是最终的增强后的水下图像。

将基于超分辨率神经网络的水下图像细节增强算法与一些经典的传统算法的增强与复原效果进行对比，可以明显地看到，CLAHE 算法对突出图像细节与增强对比度有一定帮助，但是颜色校正方面比较薄弱；MSR 算法对图像颜色进行了校正，也突出了图像细节，但是图像对比度较弱；DCP 算法对原图像的清晰度进行了提升，但是没有很好地校正颜色；而基于超分辨率神经网络的水下图像细节增强算法能够消除光吸收、减小散射对水下图像造成的影响，突出图像细节并校正一部分图像颜色，提高图像对比度（图 2-19）。

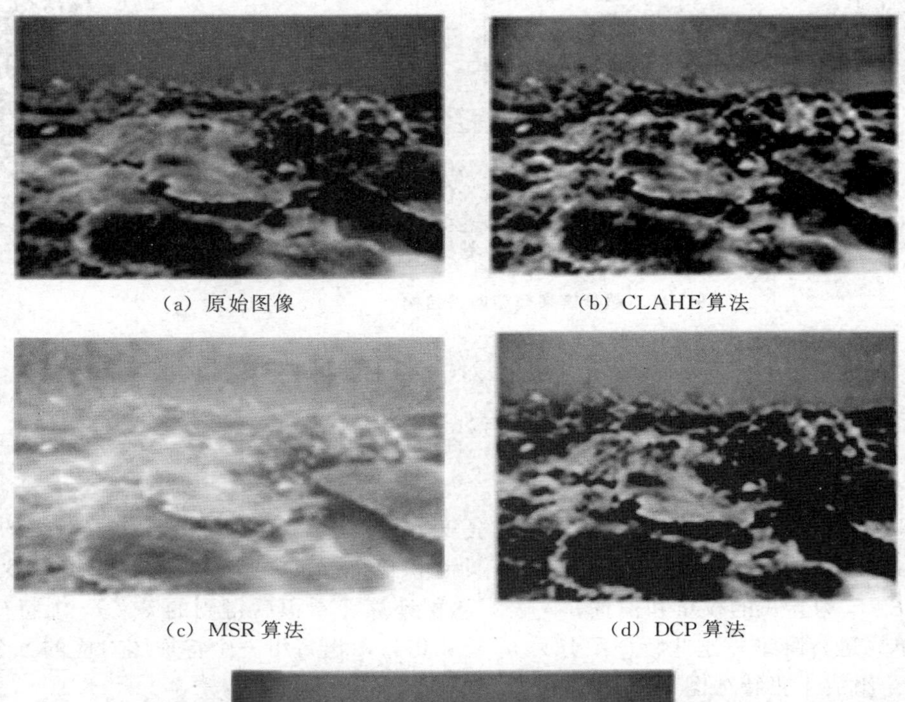

（a）原始图像　（b）CLAHE 算法

（c）MSR 算法　（d）DCP 算法

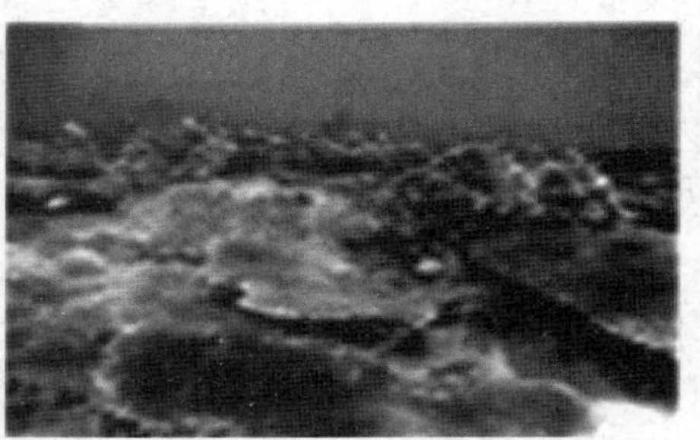

（e）基于超分辨率神经网络的水下图像细节增强算法

图 2-19　水下图像增强结果（丁雪妍，2018）

数字资源 2-11 水下图像增强结果彩色图

2. 基于生成对抗网络的水下图像颜色校正算法

基于深度学习的方法一般需要大量的训练数据，但是水下数据难以采集，因此可以利用生成的图像作为训练数据集。生成对抗网络（generative adversarial networks，GAN）可通过框架中（至少）两个模块，生成模型和判别模型的互相博弈学习产生相当好的输出。生成对抗网络可以生成图像来做数据增强以解决水下图像数量不足的问题，同时对于不同的数据集可以生成对应的数据，加强网络的学习与识别。StarGAN[34] 是一种条件生成对抗网络，可利用不同图像域的信息，实现多域图像之间的转换。以 StarGAN 为基础，对网络深度和损失函数进行修改可更加有效地增强水下图像，去除颜色失真，增强对比度，提升水下图像的视觉效果[35]。

生成对抗网络算法流程图如图 2-20 所示。

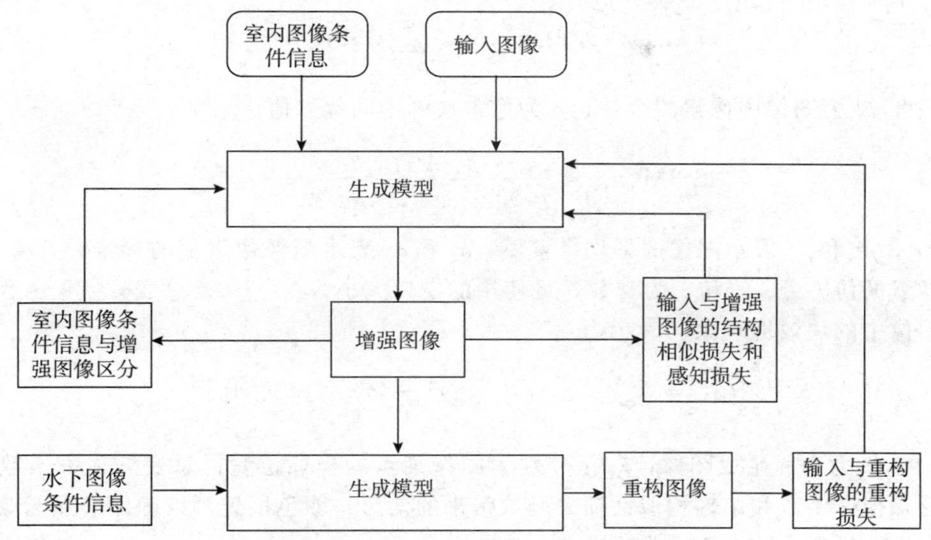

图 2-20　生成对抗网络算法流程图

使用的 StarGAN 的生成模型由编码模块、RRDB 模块以及解码模块组成。输入的水下图像经过编码模块进行下采样，输出 64×64×256 的特征图，再经过 6 个 RRDB 模块对特征进行重组，最后经过解码模块对图像进行上采样得到大小为 256×256×3 的生成图像。引入的 RRDB 模块增加了网络深度，可以提取更多有用信息，以便于增强效果。生成模型的损失函数表示为：

$$L = L_{\mathrm{adv\_}G} + \lambda_1 L_{\mathrm{VGG}} + \lambda_2 L_{\mathrm{SSIM}} + \lambda_3 L_{\mathrm{TV}} + L_{\mathrm{color\_}G} + \lambda_4 L_{\mathrm{rec}} \tag{2-56}$$

式 2-56 中，$L_{\mathrm{adv\_}G}$ 表示对抗损失函数；L_{VGG} 表示感知损失函数；L_{SSIM} 表示结构相似性损失函数；L_{TV} 表示总变分损失函数；$L_{\mathrm{color\_}G}$ 表示颜色损失函数；L_{rec} 表示重构损失函数；$\lambda_1 = 7$，$\lambda_2 = 3$，$\lambda_3 = le - 4$，$\lambda_4 = 10$[34,36,37]。对抗损失函数是生成模型学习目标样本的数据分布，可表示为：

$$L_{\mathrm{adv\_}G} = -E_{\tilde{x}}[D(\tilde{x})] \tag{2-57}$$

式 2-57 中，$\tilde{x}$ 表示在条件信息为 c 的情况下，将图像 z 输入生成模型 G 后生成的增强图像；$D(\tilde{x})$ 表示判别模型判断增强图像 $\tilde{x}$ 为真实的概率。生成模型 G 需尽可能地生成符合真实数据分布的图像，并且尽可能使判别模型 D 将其判别为真实数据。感知损失函数用以增强图像的视觉效果，使其更加真实，表示为：

$$L_{\mathrm{VGG}} = \frac{1}{N}\sum_{i=1}^{N} \| \varphi_j(z) - \varphi_j(\tilde{x}) \|^2 \tag{2-58}$$

式 2-58 中，φ_j 表示第 j 个卷积层的激活值，N 表示图像经过 VGG19 后得到的特征图个数。感知损失函数可以约束增强图像和输入图像的高维特征相似性，使图像更符合人眼视觉特性，适当解决缺少成对水下图像数据集的问题。结构相似性损失函数用来约束生成模型训练，使训练过程更加稳定，表示为：

$$L_{\mathrm{SSIM}}(z,\tilde{x}) = 1 - \frac{1}{N}\sum_{p=1}^{p}\mathrm{SSIM}(p) \tag{2-59}$$

式 2-59 中，N 为图像中像素的个数，p 为像素块的中间像素值。

$$\mathrm{SSIM}(p) = \frac{2\mu_z + \mu_{\tilde{x}} + c_1}{\mu_z^2 + \mu_{\tilde{x}}^2 + c_1}\,\frac{2\sigma_{z\tilde{x}} + c_2}{\sigma_z^2 + \sigma_{\tilde{x}}^2 + c_2} \tag{2-60}$$

式 2-60 中，μ_z 和 $\mu_{\tilde{x}}$ 表示图像的平均像素值；σ_z 和 $\sigma_{\tilde{x}}$ 表示图像像素值的标准差；$\sigma_{z\tilde{x}}$ 表示两个图像像素的协方差；c_1 和 c_2 为常数，且使用的窗口大小为 10×10。总变分损失函数用于降低生成图像中的块效应现象，表示为：

$$L_{\mathrm{TV}} = \sum_{i,j}\left[(\tilde{x}_{i,j+1} - \tilde{x}_{i,j})^2 + (\tilde{x}_{i+1,j} - \tilde{x}_{i,j})^2\right] \tag{2-61}$$

式 2-61 中，$\tilde{x}$ 为当前生成图像；i、j 分别为图像某点的坐标位置；总变分损失函数可以去除由于感知损失函数和结构相似性损失函数带来的伪影。颜色损失可以确保增强图像的颜色与目标图像的颜色一致，表示为：

$$L_{\mathrm{color\_}G} = E_{\tilde{x},c}\left[-\log D_{\mathrm{color}}(c\,|\,\tilde{x})\right] \tag{2-62}$$

式 2-62 中，$D_{\mathrm{color}}(c\,|\,\tilde{x})$ 表示颜色判别模型 D_{color} 判断生成图像的颜色信息是目标颜色信息 c 的概率。重构损失函数用于约束重构的图像，使重构图像与输入图像一致，表示为：

$$L_{\mathrm{rec}} = E_{\tilde{x},c'}\left[\left\| z - G(\tilde{x},c') \right\|_1\right] \tag{2-63}$$

式 2-63 中，$G(\tilde{x},c')$ 表示生成图像 $\tilde{x}$ 与输入图像的颜色条件信息 c' 一起放入生成模型 G 得到的重构图像。$\left\| z - G(\tilde{x},c') \right\|_1$ 表示输入图像 z 与重构图像 $G(\tilde{x},c')$ 之间的差距。

针对 StarGAN 的判别模型，使用的两个判别模型 D_{color} 和 D_G 都是由 8 个卷积层组成的。为了减少网络的参数和运算量，前 7 层卷积进行权值共享，并且前 7 层卷积层后都使用带泄露线性整流函数（LeakyReLU）[38] 提升网络的非线性度，第 8 层 D_{color} 输出图像的颜色类别概率，D_G 输出图像的真假概率。判别模型的损失函数表示为：

$$L_2 = L_{\mathrm{adv\_}D} + L_{\mathrm{color\_}D} \tag{2-64}$$

式 2-64 中，$L_{\mathrm{adv\_}D}$ 表示对抗损失函数；$L_{\mathrm{color\_}D}$ 表示颜色损失函数。对抗损失函数是使判别模型准确区分真实数据与生成数据的函数，表示为：

$$L_{\mathrm{adv\_}D} = E_{\tilde{x}}[D(\tilde{x})] - E_x[D(x)] + \lambda_{\mathrm{gp}}E_{\hat{x}}\left[\left(\left\|\nabla_{\hat{x}}D(\hat{x})\right\| - 1\right)^2\right] \tag{2-65}$$

式 2-65 中，$D(x)$ 为判别模型判断输入图像 x 为真实数据的概率；$\lambda_{\mathrm{gp}}E_{\hat{x}}\left[\left(\left\|\nabla_{\hat{x}}D(\hat{x})\right\| - 1\right)^2\right]$ 表示梯度惩罚项[39]，λ_{gp} 为系数项，$\hat{x} = \varepsilon x + (1-\varepsilon)\tilde{x}$ 表示在真实数据样本 x 和生成数据样本 $\tilde{x}$ 的连线上均匀采样得到的样本，ε 服从［0，1］的均匀分布。梯度惩罚项缓解了网络训练中可能出现的梯度爆炸或者梯度消失问题，在提高网络训练的稳定性上很重要。颜色损失函

数是颜色判别模型在 3 种类型的水下图像中，匹配的对应颜色条件信息，表示为：

$$L_{\mathrm{color\_}D} = E_{z,c'}[-\log D_{\mathrm{color}}(c'|z)] \tag{2-66}$$

式 2-66 中，$D_{\mathrm{color}}(c'|z)$ 表示颜色判别模型判断输出图像 z 的颜色信息与目标颜色条件信息 c' 一致的概率。当判别模型判断输出图像为真实图像时，输出图像为成功增强后的水下图像。

3. 基于盲反卷积法的水下激光图像复原

针对水下激光图像的复原，使用盲反卷积方法[40]可以有效地抑制背景噪声、突出目标细节、提高对比度，对水下激光图像增强十分有效。理论上来说，如果成像系统具备线性和空间位移不变性，具备劣化过程的成像模型可描述为：

$$g(x,y) = h(x,y) * o(x,y) + n(x,y) \tag{2-67}$$

式 2-67 中，$g(x,y)$ 为得到的二维图像；$h(x,y)$ 表示整个成像系统的点扩散函数，代表系统对点源的冲击响应；$*$ 表示点扩散函数和物体 $o(x,y)$ 的二维卷积，代表图像的劣化过程；$n(x,y)$ 表示系统的附加噪声。系统响应包括水体对激光传输的衰减因素和成像系统本身的因素。在频域中，成像模型可表述为：

$$G(u,v) = H(u,v)O(u,v) + N(u,v) \tag{2-68}$$

式 2-68 中，u,v 为空间频率；G,H,O,N 分别为 g,h,o,n 的傅里叶变换。频域中的系统响应函数 H 也可以理解为系统的光学传递函数（OTF），其大小即为 MTF。同时，系统的总频率响应 $H(u,v)$ 具备级联性，因此系统的 MTF 可以表示成系统各个单元中的频率响应之积的形式：

$$H(u,v) = H_{\mathrm{system}}(u,v)H_{\mathrm{medium}}(u,v) \tag{2-69}$$

对式 2-69 进行傅里叶反变换，成像系统总的 PSF 表示为：

$$h(x,y) = h_{\mathrm{system}}(x,y) * h_{\mathrm{medium}}(x,y) \tag{2-70}$$

将成像系统的视场角近似为小于 10°，同时将 $\sin\theta$ 近似等于 θ，$\cos\theta$ 近似等于 1，θ 为激光光轴方向上的偏离角。在威尔斯的理论中，假设成像系统具备圆柱对称性，则介质中的 PSF$h_{\mathrm{medium}}(\theta,R)$ 和 MTF$H_{\mathrm{medium}}(\varphi,R)$ 可通过 Hankel 变换建立联系：

$$h_{\mathrm{medium}}(\theta,R) = 2\pi\int J_0(2\pi\theta\varphi)H_{\mathrm{medium}}(\varphi,R)\varphi\mathrm{d}\varphi \tag{2-71}$$

$$H_{\mathrm{medium}}(\varphi,R) = 2\pi\int J_0(2\pi\theta\varphi)h_{\mathrm{medium}}(\theta,R)\theta\,\mathrm{d}\theta \tag{2-72}$$

式 2-71、式 2-72 中，φ 为空间频率，R 为成像距离。威尔斯计算出的水体 MTF 解析表达式为：

$$H_{\mathrm{medium}}(\varphi,R) = \exp\{-\tau + \omega\tau[\frac{1-\exp(-2\pi\theta_0\varphi)}{2\pi\theta_0\varphi}]\} \tag{2-73}$$

式 2-73 中，θ_0 表示多次散射的平均散射角；τ 为光学长度，等于 c 与 R 的乘积，由此可以求出 PSF。使用盲反卷积方法对水下图像进行复原处理，当劣化过程不可知或者部分可知的情况时，可以使用极大似然估计，如果附加噪声为泊松分布，则可利用迭代加速衰减 Lucy-

Richardson 算法对图像和点扩散函数进行同时复原：

$$h_{i+1}^{k}(x,y)=\left\{\left[\frac{g(x,y)}{h_{i}^{k}(x,y)*o^{k-1}(x,y)}\right]*o^{k-1}(-x,-y)\right\}h_{i}^{k}(x,y) \tag{2-74}$$

$$o_{i+1}^{k}(x,y)=\left\{\left[\frac{g(x,y)}{o_{i}^{k}(x,y)*h^{k}(x,y)}\right]*h^{k}(-x,-y)\right\}o_{i}^{k}(x,y) \tag{2-75}$$

以上，每一次盲反卷积运算进行两次 Lucy-Richardson 迭代，分别得到理想图像和实际 PSF 估计（图 2-21）。

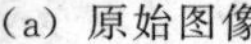
（a）原始图像

（b）水下图像

（c）边缘图像

（d）复原后图像

图 2-21　基于盲反卷积法的水下激光图像复原（范泛等，2010）

在经过水下图像复原处理后，增强了图像的细节和对比度，但同时原始图像没有进行降噪处理，因此在图像复原的过程中噪声被一定程度放大了。

2.4　水下视频增强与复原

目前，水下视频处理技术是海洋勘探的关键技术之一。在采集过程会中，水下视频图像受悬浮颗粒及离子等的严重影响，造成在水下采集到的视频图像存在对比度低，纹理细节模糊不清，亮度不均，分辨率低的问题。水下视频图像的增强与复原是为了得到清晰度高，连续性好的视频图像，以满足视频图像后期分析处理的需要。

视频图像增强是图像增强技术的一种，与图像处理的区别在于处理过程中需要先将视频分帧，然后对帧进行处理。分解的帧数越多，画面的保真性、流畅性越好，但工作量就会越大，因此视频图像增强算法要尽量简单。下面将介绍 4 种水下视频增强与复原的算法。

1. 基于动态范围扩展的水下视频图像增强算法[41]

图像增强有多种传统算法，频域增强算法利用图像变换方法，将输入图像变换到频域空间，设计转移函数利用空间特有性质方便地进行图形处理，最后再转换回原来的图像空间中，得到增强后的图像。但这种方法的普适性差，在图像增强算法中可能会出现过增强或欠增强的现象，因而通常不建议使用。空域增强中的直方图均衡化利用直方图统计的结果，通过把原始图像的直方图变换成均匀分布的形式，增加像素灰度值的动态范围。空域增强因算法简洁、处理速度快得到广泛应用，但经空域增强算法处理后的图像会丢失细节。

图像增强算法中直接针对曝光问题（曝光不足和曝光过度）修复的相关研究目前很稀缺。早期 Zhang 等提出利用不同颜色通道的比率实现恢复曝光过度的图像增强方法[42]，显然，所提出的方法在现实中是不适用的。Masood 等是利用空间不变率来估算曝光过度通道的像素值[43]，但这种方法也具有局限性。Rempel 等则专注于增强在高动态范围设备上显示的低动态范围图像的形象化，通过一个光滑的亮度增强函数来改变图像的动态范围[44]，但这种方法没有考虑像素的颜色修正。简而言之，这些方法对新图像的曝光过度现象会有很好的处理效果，对现存图片存在的曝光过度现象无法做到修复。在曝光不足的修复中也存在部分对比度降低和细节缺失的现象。Wang 等提出一种亮通道优先方法[45]，利用亮通道来估算曝光值，并利用空间变异性去噪算法减少曝光修复中出现的噪声现象。

综上所述，所提到的算法都是针对某一单独的曝光现象（曝光过度或曝光不足）处理的。于是，一种基于动态范围扩展的图像增强算法被提出[41]，该方法可以同时处理曝光过度和不足的问题，使图像细节得到改善。

基于动态范围扩展的图像增强算法的具体步骤如下：

（1）构造映射函数判断图像曝光的区域；

（2）计算图像的动态范围，利用图像的“闲置空间”对图像曝光过度和曝光不足区域同时进行动态扩展；

（3）最后将图像转换到 YCbCr 空间对扩展后的图像进行亮度通道的直方图均衡化。基于动态范围扩展的水下视频图像增强算法流程如图 2-22 所示。

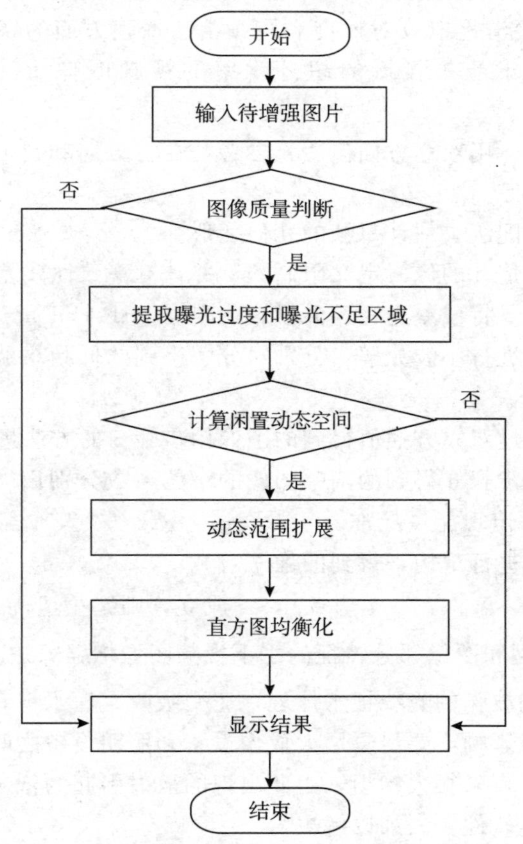

图 2-22 基于动态范围扩展的水下视频图像增强算法流程

（王华等，2015）

2. 基于凸集投影的超分辨率的视频图像重建与增强算法

视频图像处理是一种重要的水下图像探测手段，但是水体对光的散射和吸收造成水下视频图像的噪声严重、模糊不清、分辨率低等问题，这为水下视频图像的应用带来了诸多困扰。因此，通过水下视频图像的超分辨率增强算法来解决这些问题是一个很好的途径。

视频图像的超分辨率重建算法能可以提取多帧图像中的互补信息和先验信息，来重建高分辨率的图像。由 Stark 和 Oskoui 提出的基于凸集投影（projection onto convex set，POCS）超分辨率图像重建算法[46]，利用投影至凸集的原理进行图像重构，因模型灵活，便于引入先验性凸集约束条件，在超分辨领域得到广泛运用。但是 POCS 算法中的图像修正过程是基于点扩散函数（PSF）的，重建后的图像会产生边缘震荡效应和噪声放大[47]，导致水下视频图像的处理效果不佳。

小波变换通过变换能够充分突出问题某些方面的特征，能对时间（空间）频率的局部化分析，通过伸缩平移运算对信号（函数）逐步进行多尺度细化，最终达到高频处时间细分，低频处频率细分，在抑制噪声的同时增强高频细节。超分辨率方法结合小波变换对传统的 POCS 超分辨率重建算法进行改进，在迭代约束的过程中，用小波非线性函数抑制噪声并突出细节，然后用能量非递减性约束集进行修正。实验表明，该方法较好地克服了经典 POCS 算法在平滑性以及对比度和高频信息增强方面的缺点，对水下视频图像具有较好的增强效果。基于凸集投影的超分辨率的视频图像重建与增强算法具体步骤如下[48]。

步骤 1：选定参考帧，用双立方插值法将参考帧在行方向和列方向上均放大两倍，再将插值图像作为初始估算值。

步骤 2：用块运动匹配法去估计每帧的几何变形。

步骤 3：对存在运动估计的像素定义限制集，并计算一致性残差。

步骤 4：根据投影算子将残差进行后向投影，根据 PSF 修正重建图像的估计值。

步骤 5：将重建图像进行小波分解，分别对分解得到的低频小波系数和高频小波系数用非线性函数进行增强处理。

步骤 6：将参考帧经过双立方插值得到的图像用步骤 5 的方法进行非线性增强。

步骤 7：将步骤 5 和步骤 6 得到的两幅图像的小波系数分别用能量非递减性约束集进行对比约束，防止重建图像出现能量异常。

步骤 8：对小波系数进行重构，得到图像 $f_i(c)$。

步骤 9：若 $\| f_i(c) - f_i^{(-1)}(c) \| f_i^{(-1)}(c) \leqslant \varepsilon$ 成立，则终止迭代，否则返回步骤 3。

3. 基于光照反射模型和图像邻域特征的水下视频图像增强算法

受水深的影响，不同波长的光线被水体逐一完全吸收。深水视频图像采集时为了尽量避免介质散射光对图像造成影响，要尽量增大成像设备和照明设备之间的距离。这给水下视频图像采集硬件结构的布局带来很大麻烦，由此出现的散射引起的低对比度、亮度不均、纹理细节模糊等问题都要通过软件算法加以解决[49]。

根据近距离深水视频图像的成像特点，李长顺提出了一套完整的基于光照反射模型和图像邻域特征的水下视频图像增强算法[49]，步骤如下。

步骤 1：首先将输入的原始 RGB 图像转换为 YUV 彩色图像；

步骤 2：对亮度分量 Y 进行光照补偿；

步骤 3：用基于邻域特征的对比度增强方法对图像增强；

步骤 4：将 YUV 分量反变换为 RGB 彩色图像。基于光照反射模型和图像邻域特征的水下视频图像增强算法流程如图 2-23 所示。

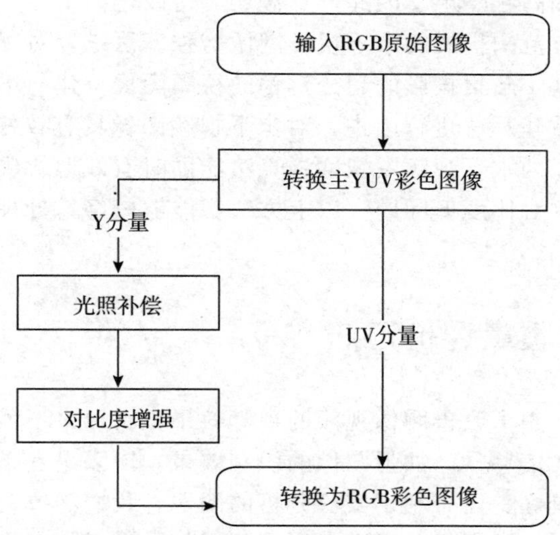

图 2-23　水下视频图像增强算法流程（李长顺，2011）

(1) 光照补偿算法

光照反射模型认为图像 $S(x,y)$ 是由入射到被测物体的光源总量 $L(x,y)$ 与物体反射光源的总量 $R(x,y)$ 的乘积得到的。$S(x,y)$ 的频谱是低频区域，它变化缓慢且幅度大。$R(x,y)$ 的频谱是高频区域（反射分量），它反映物体的细节特征，需要增强。光照反射模型如下：

$$S(x,y) = R(x,y) \times L(x,y) \tag{2-76}$$

照射分量又称低频分量，它是连续平滑的，一般通过对既得图像进行低通滤波得到。在深水视频图像采集过程中，水质问题导致的散射现象，严重影响光场的分布，再加上成像设备的不稳定导致景深不断变换，从而成像特点为亮度不均。我们理想中的照射分量不但需要连续性好，而且亮度要均匀分布。光照补偿算法就是以理想的照射分量为标准对原始亮度图像的入射分量进行补偿。

为了方便计算，一般对以上公式两边求对数将入射分量和反射分量分离开，最后公式变形为：

$$\ln S(x,y) = \ln R(x,y) + \ln L(x,y) \tag{2-77}$$

(2) 基于邻域特征的对比度增强算法

基于邻域特征的对比度增强算法根据邻域像素的特性对中心像素点进行适当的放大或者缩小，具有很强的邻域特性，使相同灰度值的像素点得到不同处理结果，图像纹理细节突出，达到增强图像对比度的目的。

综上所述，光照补偿算法在对图像对比度和纹理细节不造成影响的前提下，可以有效解决水下视频图像的亮度不均问题；对比度增强算法刚好可以与光照补偿算法互补，可以有效解决对比度低、纹理细节模糊问题。两算法结合能很好地解决人为光照下深水视频图像中同时存在的图像对比度低和亮度不均匀的问题。

但该算法的不足之处有以下两点：①最终结果有轻微的颜色失真；②对比度增强方法同时增强了图像纹理细节和高频噪声。因此，算法还有待改进。

综上所述，基于动态范围扩展的水下视频图像增强算法是针对曝光过度和曝光不足现象同时进行增强处理的；基于凸集投影的超分辨率的视频图像重建与增强算法结合小波变换对传统的POCS超分辨率重建算法进行改进，对水下视频图像具有较好的增强效果；基于光照反射模型和图像邻域特征的水下视频图像增强算法能同时有效地解决水下视频图像的亮度不均以及水下散射光引起的对比度低问题。以上方法都能够较好地处理水下视频图像，达到视频图像增强和复原的效果。

2.5 水下图像质量评价方法

水下图像增强主要是为了改善图像视频的视觉效果，将原来不清晰的图像变得清晰，改善图像质量，丰富图像的信息量，加强图像的识别效果，以满足水下图像后期某些特殊分析的需求。为了得到品质更好、更有利于实验分析的图像，我们需要对图像增强环节进行合理评估，对图像质量评价指标进行相关研究，得到更好的图像增强结果。图像质量评价从方法上可分为主观评价方法和客观评价方法。主观评价是观察者通过对增强前后的图像进行对比观察，根据自己的感受对图像的增强效果做出主观的评定；客观评价方法是在研究过程中使用的图像质量效果评价方法，通过对图像视频中的各种参数经过计算、比较后得出评定结果。

目前，对水下图像质量的评价指标研究甚少，除第1章提到的通用评价指标，下面还选择了8种适合水下图像增强与复原的质量评价方法。

1. 图像可见性测量（IVM）

在没有任何帮助的情况下，人眼识别物体的最大距离被定义为当前的可见距离。但是如何估计人类视觉系统对图像的识别能力呢？于晓亮等提出了图像可见性的概念：人眼可以识别图像中有多少物体。在雾霾中，人眼的识别图像能力会比在正常天气时下降，并且人眼对亮度信息比颜色信息更敏感。因此，图像可见性的测量主要集中在图像亮度和边缘信息上[50]。

图像可见性测量：图像边缘信息代表整个图像，根据可见边缘图像，可以得到每个可见边缘像素的对比度值和可见边缘像素数量 $N_{\text{view-edge}}$，并且可见边缘点集被表示为 $\wp$，然后对同一图像执行相同的过程，提取所有边缘像素并将其表示为 $N_{\text{all-edge}}$（所有边缘像素数量），最后，图像的可见性定义为：

$$E = \lambda \ln \sum_{x \in \wp} C(x) \tag{2-78}$$

式2-78中，$\lambda = N_{\text{view-edge}} / N_{\text{all-edge}}$；$C(x)$ 为平均对比度。

2. 彩色信息熵（CIE）[50]

目前，信息熵的研究比较成熟。最开始熵是在信息论中出现的，用来表示信息量的大小，在 1978 年才开始作为一种评判图像好坏的指标。我们在对彩色图像的质量评价中应用信息熵评判图像的方法，需要充分考虑图像的色彩情况，因为人眼对于颜色的敏感程度要远远大于灰度，并且图像的色彩也包含了颇多信息。

因此，水下图像可用彩色信息熵的质量评价方法。选用 RGB 颜色空间，分别在 3 个通道上求取信息熵，然后再作平均。信息熵的公式如下：

$$H=-\sum_{i=0}^{255} p(i)\log_2 P(i) \tag{2-79}$$

式 2-79 中，i 表示 $[0,255]$ 的灰度值；$P(i)$ 表示灰度值为 i 的像素点在图像所有像素中所占的比例。

3. 色差（CD）

色差是指实例颜色与标准颜色之间存在的差异。CIELab 色差理论定义色差公式为：

$$\Delta L = L_e - L_s \tag{2-80}$$

$$\Delta a = a_e - a_s \tag{2-81}$$

$$\Delta b = b_e - b_s \tag{2-82}$$

式 2-80 中 ΔL 表示亮度差异，式 2-81 中 Δa 表示红/绿差异，式 2-82 中 Δb 表示黄/蓝差异。下标 e 表示实例颜色，下标 s 表示标准颜色。

根据 CIELab 色差理论，将 ΔL、Δa、Δb 分别取绝对值，相加绝对值再求取均值，得到实例图像颜色与标准颜色图像之间的色差。数学表达式如下[51]：

$$\mathrm{CD}=\frac{1}{N}\sum_{i=1}^{N}(\mid \Delta Li \mid + \mid \Delta ai \mid + \mid \Delta bi \mid) \tag{2-83}$$

式 2-83 中，色差值（CD）越小，代表实例与标准色差异越小，即颜色失真度越小。

4. 图像对比度（IC）[50]

在通常情况下，清晰图像的对比度要比模糊图像高得多，所以图像对比度可以用于比较不同算法对图像增强与复原的效果。水下图像对比度越高，说明增强与复原算法效果越好。Tripathi 等利用对比增益比较不同的图像增强算法的性能。对比度增益表示水下增强图像与原始模糊图像的平均对比度差，可用下式表示：

$$C_{\text{gain}} = \overline{C_J} - \overline{C_I} \tag{2-84}$$

式 2-84 中，$\overline{C_J}$ 和 $\overline{C_I}$ 分别为增强图像和原始模糊图像的平均对比度，对于一个大小为 $M\times N$ 的图像，它的平均对比度为：

$$\overline{C}=\frac{1}{M\times N}\sum_{y=1}^{N}\sum_{x=1}^{M} C(x,y) \tag{2-85}$$

式 2-85 中，C 是图像在小窗口中的局部对比度，并可由式 2-86 表示：

$$C(x,y)=\frac{S(x,y)}{m(x,y)} \tag{2-86}$$

$$S(x,y)=\frac{1}{(2r+1)^2}\sum_{j=-r}^{r}\sum_{i=-r}^{r}[I(x+i,y+j)-m(x,y)]^2 \tag{2-87}$$

$$m(x,y)=\frac{1}{(2r+1)^2}\sum_{j=-r}^{r}\sum_{i=-r}^{r}I(x+i,y+j) \tag{2-88}$$

式 2-86、式 2-87、式 2-88 中，r 为小窗口的半径。

5. 水下彩色图像质量评估（UCIQE）

UCIQE 是杨森等提出的一种新的彩色图像质量评价指标[52]，该方法具体计算步骤为：

（1）将 RGB 彩色图形转换到 CIELab 颜色空间；

（2）分别计算图像的色度、饱和度和对比度这 3 个测量分量；

（3）最后进行线性组合。最终的公式可以表示为：

$$\mathrm{UCIQE}=c_1\times\sigma_c+c_2\times\mathrm{con}_1+c_3\times\mu_s \tag{2-89}$$

式 2-89 中，σ_c为色度的标准差；con_1为亮度对比度；μ_s为饱和度的平均值；c_1，c_2，c_3是加权系数。

6. 水下图像质量测量（UIQM）

UIQM 是由 Karen 等提出的一种针对水下图像评价指标[53]。Karen 根据水下图像退化原理和特点，以图像的色彩、清晰度和对比度 3 个分量作为评价依据。采用的是与 UCIQE 相似的计算方法作为一个水下图像质量评价指标。该方法的计算公式为：

$$\mathrm{UIQM}=c_1\mathrm{UICM}+c_2\mathrm{UISM}+c_3\mathrm{UIConM} \tag{2-90}$$

式 2-90 中，UICM 表示图像的色彩测量；UISM 为清晰度测量；UIConM 为对比度测量；c_1、c_2和 c_3是常数，为线性组合的权重因子[53]。

7. 基于块的对比度质量指数（PCQI）

PCQI[51,54]是基于图像块的质量评价方法，将任一图像块分解成平均强度、信号强度和信号结构 3 部分，然后根据不同方式评估它们的感知失真。

若假设 x 和 y 是原始图像和测试图像中一对同一位置的图像块。PCQI 被定义为：

$$\mathrm{PCQI}(x,y)=q_i(x,y)\times q_c(x,y)\times q_s(x,y) \tag{2-91}$$

式 2-91 中，$q_i(x,y)$、$q_c(x,y)$、$q_s(x,y)$ 分别为图像块平均强度、信号强度和信号结构的质量评价。

整幅图像的 PCQI 值是图像分成的所有块的 PCQI 的均值。PCQI 是用来评价水下图像对比度的指标，当对比度增大时，图像也会更加清晰。因此，当图像质量提升时，PCQI 值大于 1。但是 PCQI=1 不代表原始图像和测试图像完全一致，有可能是对比度增强，同时也引入了某些结构或平均强度失真。

8. 亮度顺序误差（LOE）

凌梅、Wang 等所提出的一项客观评价指标[51,55]：

$$\mathrm{LOE}=\frac{1}{m\times n}\sum_{i=1}^{m}\sum_{j=1}^{n}\mathrm{RD}(i,j) \tag{2-92}$$

式 2-92 中，m 和 n 分别为图像的行与列，$\mathrm{RD}(i,j)$ 表示坐标为 (i,j) 处的亮度的相对差值，$\mathrm{RD}(i,j)$ 的具体数学表达式为：

$$\mathrm{RD}(x,y)=\sum_{i=1}^{m}\sum_{j=1}^{n}\{U[L(x,y),L(i,j)]\oplus U[L_e(x,y),L_e(i,j)]\} \tag{2-93}$$

$$U(x,y)=\begin{cases}1, x>y\\ 0,\text{其他情况}\end{cases} \tag{2-94}$$

式 2-93 中，L 和 L_e 分别表示输入图像和增强后的图像；$\oplus$ 为异或运算。LOE 值越小表示增强后图像自然性越好。

2.6　小结

本章介绍了水下光学图像的退化模型，包括退化模型的形成原因和形成方式。以具体公式的形式，详细地展示了退化模型的形成过程，更加清晰地让人了解水下图像对比度低、颜色失真、细节模糊等问题的原因。正是因为水下环境中光的衰减严重，所以水下图像视频增强与复原技术的应用是很有必要的，可以帮助研究人员更加轻松地了解水下环境并且处理水下问题。水下图像视频增强与复原的各种算法，包括基于成像模型、无模型和深度学习的各种算法，可以有效地对水下图像对比度低、颜色失真、细节损失等问题进行修正。由于不同采集环境与设备采集出的水下图像特征各异，不同方法也会有各种参数与函数的调整，增强与复原效果也有差异。整体来说，深度学习的方法优于传统算法，同时深度学习的使用条件也比较苛刻，数据集的获取就是比较困难的一点，在训练模型时一般选用同一实验环境下的同一设备采集的数据。传统水下图像增强与复原算法一般可应用于单张水下图像，不需要大量数据集，并且可针对不同图像对算法参数进行快速微调。因此增强与复原技术由图像转移到视频上也有显著的处理效果。不论是传统水下图像视频增强与复原算法还是基于深度学习的水下图像视频增强与复原算法，都有其各自的优缺点，需要根据实际情况进行选择与调整，以达到最佳的处理效果。

水下图像增强与复原为水下视频增强与复原奠定了基础，对于水下视频的处理可以借鉴水下图像的处理方法，但同时也要保障视频处理的实时性或其他因素。水下图像视频增强与复原为水下目标检测与识别提供了帮助，使目标物体的细节更加明显，更方便区分背景、干扰物与目标的特征，也更加方便水下目标跟踪的实现。除此以外，水下机器人在水下的工作也离不开水下图像视频的增强与复原。

思考题

2.1　水下图像增强与复原方法主要分为基于成像模型、无模型以及深度学习的水下图像增强与复原技术，请说明以上三类方法在处理水下图像中的优缺点。

2.2　水下图像和视频增强与复原的目的是什么？水下图像增强与复原常用方法通常包括哪些？

2.3　对比本章列举的水下图像增强与复原方法，在不同场景下的增强与复原效果有什么差异？

2.4　对于任意一幅水下图像，选择 3 种以上水下图像增强与复原方法进行处理，使用本章提到的评价指标对处理后的图像进行评价，并分析哪种方法最适合。

2.5 视频增强与复原与图像增强与复原的异同点都有哪些?

参考文献

[1] 陈琳. 水下图像复原处理方法的研究 [D]. 青岛：中国海洋大学，2015.

[2] 王婷. 水下图像复原方法研究 [D]. 郑州：郑州大学，2017.

[3] 王彬. 水下图像增强算法的研究 [D]. 青岛：中国海洋大学，2008.

[4] 于亦凡，丁田夫. 水下模糊图像维纳滤波和卡尔曼滤波恢复算法研究 [J]. 青岛海洋大学学报：自然科学版，2002 (03)：482-488.

[5] J P Oliveira，M AT Figueiredo，J M Bioucas-Dias. Parametric blur estimation for blind restoration of natural images：Linear motion and out-of-focus [J]. IEEE Transactions on Image Processing，2014，23 (1)：466-477.

[6] 吴振宇. 模糊图像复原方法研究 [D]. 长沙：国防科学技术大学，2009.

[7] R C Smith，K S Baker. Optical properties of the clearest natural waters (200-800 nm) [J]. Applied Optics，1981，20 (2)：177-184.

[8] T H Dixon，T J Pivirotto，R F Chapman，et al. A range-gated laser system for ocean floor imaging [J]. Marine Technology Society Journal，2006，40 (2)：126-133.

[9] D Li，S Simske. Atmospheric turbulence degraded-image restoration by kurtosis minimization [J]. IEEE Geoscience& Remote Sensing Letters，2009，6 (2)：244-247.

[10] D Kundur，D Hatzinakos. A novel blind deconvolution scheme for image restoration using recursive filtering [J]. IEEE Transactions on Signal Processing，1998，46 (2)：375-390.

[11] 李庆忠，李长顺，王中琦. 基于小波变换的水下降质图像复原算法 [J]. 计算机工程，2011，37 (22)：202-203，206.

[12] M Wilscy，J Jisha. A novel wavelet fusion method for contrast correction and visibility enhancement of color image [C]. Proceedings of the World Congress on Engineering，2008.

[13] 王国霖，田建东，李鹏越. 基于双透射率水下成像模型的图像颜色校正 [J]. 光学学报，2019，39 (09)：16-25.

[14] H R Gordon. Can the Lambert-Beer law be applied to the diffuse attenuation coefficient of ocean water? [J]. Limnology and Oceanography，1989，34 (8)：1389-1409.

[15] A Galdran，D Pardo，A Picon，et al. Automatic red-channel underwater image restoration [J]. Journal of Visual Communication and Image Representation，2015，26：132-145.

[16] 魏万银. 基于模型法的激光水下降质图像复原算法研究 [D]. 长沙：中南大学，2013.

[17] J Li，J M Bioucas-Dias，A Plaza. Spectral-spatial classification of hyperspectraldata using loopy belief propagation and active learning [J]. IEEE Transactions on Geoscience & Remote Sensing，2013，51 (2)，844-856.

[18] G D Finlayson，S D Hordley. Color constancy at a pixel [J]. Journal of the Optical

Society of America，2001，18（2），253-261.

[19] G D Finlayson，E Trezzi. Shades of gray and colour constancy [C]. Color and Imaging Conference，2004：37-41.

[20] 丁雪妍. 基于卷积神经网络的水下图像增强算法研究 [D]. 大连：大连海事大学，2018.

[21] 韩辉，周妍，蔡晨东. 基于颜色衰减先验和白平衡的水下图像复原 [J]. 计算机与现代化，2018（04）：42-47，55.

[22] 蔡晨东，霍冠英，周妍等. 基于场景深度估计和白平衡的水下图像复原 [J]. 激光与光电子学进展，2019，56（03）：137-144.

[23] 张薇，郭继昌. 基于白平衡和相对全变分的低照度水下图像增强 [J]. 激光与光电子学进展. 2019：1-15.

[24] 王永鑫，刁鸣，韩闯. 基于迭代直方图均衡化的常规光源下水下成像增强算法 [J]. 光子学报，2018，47（11）：97-107.

[25] 石磊，奚茂龙，孙俊. 基于可控核双边滤波 Retinex 水下图像增强算法 [J]. 量子电子学报，2018，35（1）：7-12.

[26] Z Rahman，D J Jobson，G A Woodell. Retinex processing for automatic image enhancement [J]. Journal of Electronic Imaging，2004，13（1）：100-110.

[27] K M He，J Sun，X O Tang. Single image haze removal using dark channel prior [J]. IEEE Transactions on Pattern Analysis and Machine Intelligence，2011，33（12）：2341-2353.

[28] 王文. 基于多尺度融合的水下图像增强方法研究 [D]. 哈尔滨：哈尔滨工程大学，2019.

[29] 孙杰. 基于图像融合的水下图像清晰化方法 [J]. 兵器装备工程学报，2019，40（9）：193-197.

[30] X Ding，Y Wang，Z Liang，et al. Towards underwater image enhancement using super-resolution convolutional neural network [C]. International Conference on Internet Multimedia Computing and Service，2017：479-486.

[31] B Cai，X Xu，K Jia，et al. DehazeNet：An end-to-end system for single image haze removal [J]. IEEE Transactions on Image Processing，2016，25（11）：5187-5198.

[32] C Dong，C C Loy，K He，et al. Image Super-Resolution Using Deep Convolutional Networks [J]. IEEE Transactions on Pattern Analysis and Machine Intelligence，2016，38（2）：295-307.

[33] I J Goodfellow，D Warde-Farley，M Mirza，et al. Maxout networks [J]. International Conference on Machine Learning，2013，28（3）：1319-1327.

[34] Y Choi，M Choi，M Kim，et al. StarGAN：Unified generative adversarial networks for multi-domain image-to-image translation [C]. IEEE Conference on Computer Vision and Pattern Recognition，2018：8789-8797.

[35] 晋玮佩，郭继昌，祁清. 基于条件生成对抗网络的水下图像增强 [J/OL]. 激光与光电子学进展，2020，57（14）：25-36

[36] C Li，J Guo，C Guo. Emerging from water：Underwater image color correction based on weakly supervised color transfer [J]. IEEE Signal Processing Letters，2017，25

(3): 323-327.
[37] J Justin, A Alexandre, F Li. Perceptual losses for real-time style transfer and super-resolution [C]. The European Conference on Computer Vision, 2016, 9906: 694-711.
[38] S H Wang, P Phillips, Y X Sui, et al. Classification of Alzheimer's disease based on eight layer convolutional neural network with leaky rectified linear unit and max pooling [J]. Journal of Medical Systems, 2018, 42 (5): 85.
[39] I Gulrajani, F Ahmed, M Arjovsky, et al. Improved Training of Wasserstein GANs [C]. Proceedings of the Advances in Neural Information Processing Systems, 2017, 30: 5769-5779.
[40] 范泛，杨克成，夏珉等. 盲反卷积方法在水下激光图像复原中的应用 [J]. 光学与光电技术，2010，8 (03): 13-17.
[41] 王华，周巧娣，李竹. 基于动态范围扩展的海底视频图像增强算法 [J]. 计算机应用，2015，35 (S1): 258-261.
[42] X M Zhang, D H Brainard. Estimation of saturated pixel values in digital color imaging [J]. Journal of the Optical Society of America, 2004, 21 (12): 2301-2310.
[43] S Z Masood, J J Zhu, M F Tappen. Automatic correction of saturated regions in photographs using cross-channel correlation [J]. International Journal of Eurographic Association, 2009, 28 (7): 1861-1869.
[44] A G Rempel, M Trentacoste, H Seetzen, et al. Ldr2Hdr: on-the-fly reverse tone mapping of legacy video and photographs [J]. ACM Transactions on Graphics, 2007, 26 (3): 391-396.
[45] Y T Wang, S J Zhuo. D P Tao, et al. Automatic local exposure correction using bright channel prior for under-exposed images [J]. Elsevier Signal Processing, 2013, 93 (11): 3227-3238.
[46] H Stark, P Oskoui. High-resolution image recovery from image-plane arrays, using convex projections [J]. Journal of the Optical Society of America, 1989, 6 (11): 1715-1726.
[47] 李慧芳，杜明辉. 基于改进的 POCS 算法的超分辨率图像恢复 [J]. 华南理工大学学报：自然科学版，2003，31 (10): 24-27.
[48] 李庆武，王丹. 水下视频图像的超分辨率重建与增强 [J]. 信息技术，2011，(9): 42-44.
[49] 李长顺. 水下视频观测图像清晰化方法研究 [D]. 青岛：中国海洋大学，2011.
[50] 王晶. 水下图像增强与复原算法研究 [D]. 秦皇岛：燕山大学，2018.
[51] 凌梅. 基于卷积神经网络的水下图像质量提升方法 [D]. 厦门：厦门大学，2018.
[52] M Yang, A Sowmya. An underwater color image quality evaluation metric [J]. IEEE Transactions on Image Processing, 2015, 24 (12): 6062-6071.
[53] K Panetta, C Gao, S Agaian. Human-visual-system-inspired underwater image quality measures [J]. IEEE Journal of Oceanic Engineering, 2016, 41 (3): 541-551.
[54] S Wang, K Ma, H Yeganeh, et al. A patch-structure representation method for quali-

ty assessment of contrast changed images [J]. IEEE Signal Processing Letters, 22 (12), 2387-2390.

[55] S Wang, J Zheng, H M Hu, et al. Naturalness preserved enhancement algorithm for non-uniform illumination images [J]. IEEE Transactions on Image Processing, 2013, 22 (9): 3538-3548.

第 3 章 水下图像视频去噪

3.1 引言

在水下图像视频处理过程中，由于水下图像视频成像相较于水上成像的特殊性，水下图像视频噪声也略有不同。水下噪声的产生原因可以分为以下两种：

(1) 水体中存在可溶性的有机物和大颗粒的悬浮物，使得水体对光线的吸收和散射作用非常明显，导致相机获取的信息相对于原始信息会有一定的偏移。水下照明系统普遍采用大功率强光，在强光的照明下，水中溶解物和颗粒物增强了水的散射效应，加重了水对光的散射现象，造成水下图像的光线照度不均匀，成像对比度低、分辨率低且细节相对较少，这对获得清晰的水下图像视频造成很大的影响。

(2) 电子元器件，如电阻引起的热噪声、真空器件引起的散粒噪声以及闪烁噪声；光电管的光量子和电子波动噪声等。由这些元器件组成各种电子线路会使这些噪声产生不同的变换，进而在设备的输出信号中产生噪声。这一类噪声来源于成像技术，包括相机的电路设计以及编解码方式，也是数字图像中较为常见的噪声来源[1]。

为了能够降低噪声给图像视频处理带来的影响，相关研究人员做了大量工作研究噪声的特性，发现噪声本身具有不可预测性，只有通过概率统计的方法来识别，因此可以将它作为一种随机误差。图像噪声也因此可以视为一种多维随机过程，使用随机过程的概率分布函数和概率密度函数来对图像噪声进行描述。在水下图像视频的有关研究中，常见的噪声模型有高斯噪声、脉冲噪声以及散斑噪声等。而相关的水下图像视频噪声去除方法也多种多样，包括中值滤波、小波变换等。本章将对噪声模型及去噪算法进行介绍，并按照算法理论与实验相结合的方式，帮助读者更直观地理解水下图像视频去噪过程。

3.2 噪声模型

根据噪声信号的概率分布可以将噪声分为高斯噪声（Gaussian noise）、脉冲噪声（impulsive noise）、瑞利噪声（Rayleigh noise）、伽马噪声（Gamma noise）、指数噪声（exponential noise）和均匀噪声（uniform noise）等各种形式。对于水下图像视频，常见的为高斯噪声、脉冲噪声和散斑噪声（speckle noise）。

在数字图像处理领域中，根据噪声和信号的相关关系还可大致将噪声分为加性噪声和乘性噪声两类[2]。加性噪声与信号的关系是相互叠加的，噪声不依赖于原始信号，不管原始信号如何变化，噪声都以固定的形式存在。在水下图像视频中，常见的加性噪声有高斯噪声（3.2.1 节）和脉冲噪声（3.2.2 节）。乘性噪声一般由信道不理想引起，噪声与信号是相互关联的，常见的乘性噪声有散斑噪声（3.2.3 节）。

3.2.1 高斯噪声

相机中的传感器工作时会产生热量，即使在水下环境，也避免不了电子器件温度的产生，及其对工作性能造成的影响。这种从电子电路中产生的噪声即为常见的高斯噪声，其概率密度函数符合高斯分布（即正态分布）。高斯噪声的概率密度函数如式 3-1 所示。

$$p(z)=\frac{1}{\sqrt{2\pi}\sigma}\mathrm{e}^{-(z-\mu)^2/(2\sigma^2)} \tag{3-1}$$

式 3-1 中，z 为灰度值；μ 为灰度的期望值；σ 为灰度的标准差。高斯噪声的概率密度函数如图 3-1 所示。

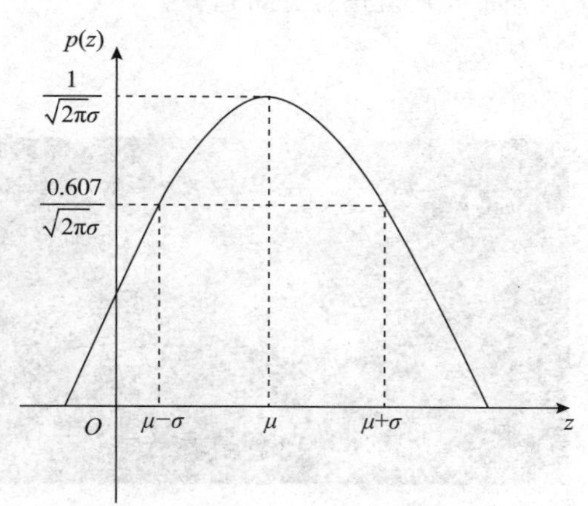

图 3-1 高斯噪声的概率密度函数

从高斯噪声的概率密度函数可以看出，噪声影响的程度受标准差 σ 的影响，σ 越大，噪声的灰度值越小。当噪声符合高斯分布时，其灰度值有 95%落在 $[\mu-2\sigma,\mu+2\sigma]$[3]。

为了说明水下图像噪声的不同之处，在本节中以同一张水下鱼类图像作为示例，使用 Matlab 软件为图片添加噪声，对原图和噪声图像进行对比。原始清晰图像如图 3-2 所示。原始图像的灰度分布直方图如图 3-3 所示。

通过 Matlab 软件为原始图像添加高斯噪声①，添加噪声后的图像如图 3-4 所示。其灰度

图 3-2 原始清晰图像

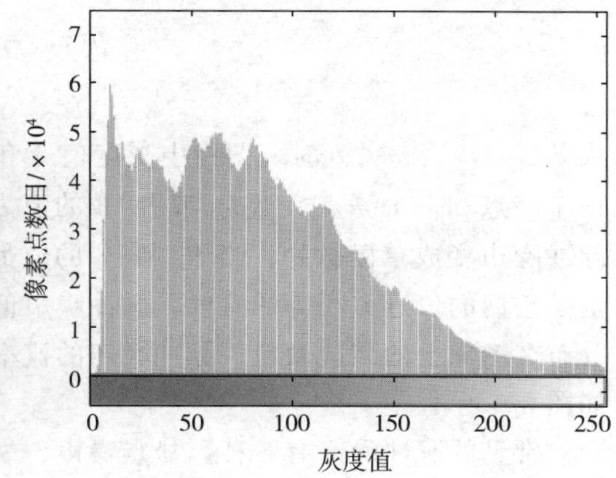

图 3-3 原始图像的灰度分布直方图

① 使用 Matlab 函数 imnoise（img，'gaussian'，0.1）。

分布直方图如图 3-5 所示。

从图 3-2 和图 3-4 水下图像中可以看出，含有高斯噪声的图像与原图像相比，像是蒙上了一层薄纱，其特点是图像所有位置的像素点的带噪概率是相同的。从灰度分布直方图也可以看出，高斯噪声会使得图像的灰度分布直方图有较大的改变，含有高斯噪声的图像，其灰度分布大致呈正态分布趋势。

图 3-4　含有高斯噪声的图像

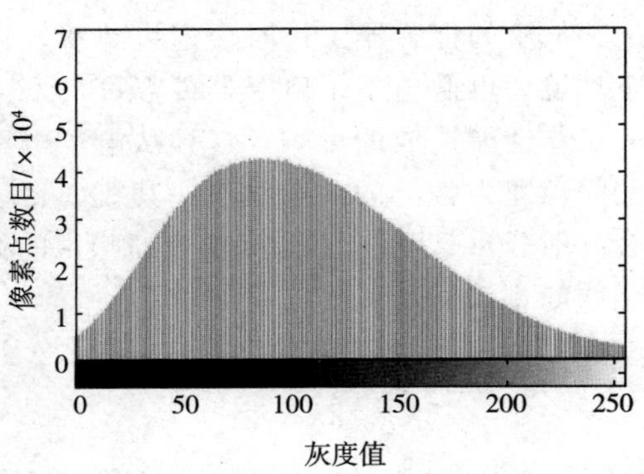

图 3-5　高斯噪声图像灰度分布直方图

3.2.2　脉冲噪声

任何电子器件都难免会遇上相机或其传感器单元发生故障的时候，在相机中，常见的故障信号表现为图像上散落的“斑点”，这也是相机元件将模拟信号转换为数字信号时出现故障，最终生成图像上散落的斑点状噪声。

脉冲噪声的概率密度函数可以表示为式 3-2：

$$p(z)=\begin{cases}P_a, & z=a\\ P_b, & z=b\\ 0, & \text{其他}\end{cases} \tag{3-2}$$

式 3-2 中，当 $a<b$ 时，图像中灰度值 a 和 b 分别显示为一个暗点和一个亮点。当 P_a 或者 P_b 的值为零时，此时的脉冲噪声变成单极脉冲。当 P_a 和 P_b 的值都不为零时，特别是它们的值近似相等的时候，脉冲噪声值将类似于随机分布在图像上的椒盐微粒。脉冲噪声的概率密度函数分布如图 3-6 所示。

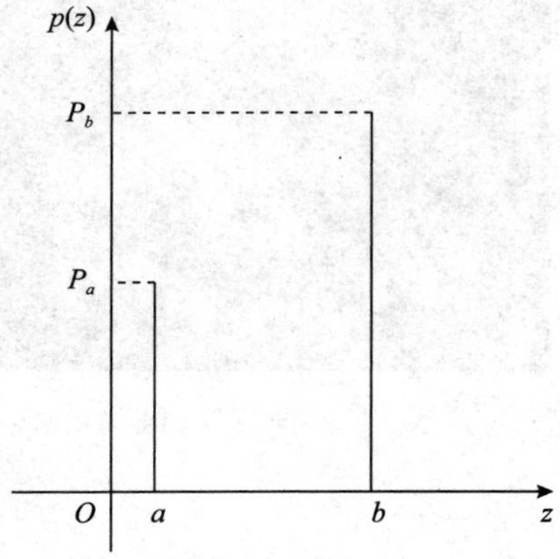

图 3-6　脉冲噪声的概率密度函数分布

常见的脉冲噪声有 3 种，盐点噪声、胡椒噪声和椒盐噪声：

(1) 盐点噪声（salt noise）：图像上随机位置添加的亮像素点（像素值为 255 的点）噪声；

(2) 胡椒噪声（pepper noise）：图像上随机位置添加的暗像素点（像素值为 0 的点）噪声；

(3) 椒盐噪声 (salt and pepper noise)：在图像上随机位置随机出现盐点噪声或胡椒噪声。

同样的，使用 Matlab 软件，对原始图像图 3-2 添加椒盐噪声①，添加噪声后图像如图 3-7 所示。其灰度分布直方图如图 3-8 所示。

图 3-7　含有椒盐噪声的图像

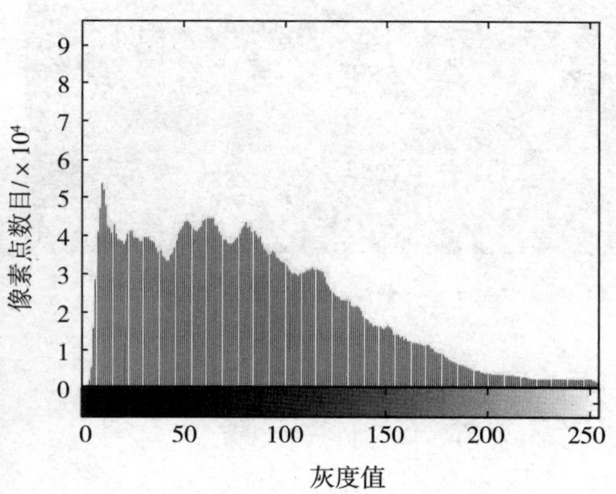

图 3-8　椒盐噪声图像灰度分布直方图

观察原始图像图 3-2 和椒盐噪声图像图 3-7，可以看出，椒盐噪声图像中散落着明显差异的噪声点，这是因为椒盐噪声会在图像的随机位置叠加一定灰度噪声。从图 3-3 和图 3-8 可以看出，不同于高斯噪声，椒盐噪声的灰度分布对原始图像并没有明显的影响，只是某些灰度值的数量会有一定的变化。

3.2.3　散斑噪声

散斑噪声常出现在水下激光成像过程中。在激光水下图像中，存在由水的后向散射引起的散斑噪声，其性质类似于乘性噪声，具有负指数分布的统计特性（式 3-3 和式 3-4)。

$$P_{I_{SN}}(I_{SN}) = \frac{1}{< I_{SN} >} e^{-\frac{I_{SN}}{< I_{SN} >}} \tag{3-3}$$

$$I = I_0 \cdot I_{SN} \tag{3-4}$$

式 3-3 中，I_{SN} 为散斑噪声作用系数，$<.>$ 表示求平均值。式 3-4 中，I 为接收到的信号强度，由图像的灰度值直接体现出来；I_0 为无噪信号强度，反映的是目标的真实反射强度[4]；$P_{ISN}(I_{SW})$ 为接收信号的概率密度。

含有散斑噪声的图像如图 3-9 所示。其灰度分布直方图如图 3-10 所示②。

在这 3 种噪声中，散斑噪声对图像影响最大。从图 3-9 中可以看出，整幅图污染严重，难以获取有效的细节信息。其灰度分布直方图同样变化较大。结合式 3-3 可以看出，灰度整体呈指数下降趋势，较难通过灰度分布分析出原图的灰度特征。

---

① 利用 Matlab 函数 imnoise (img，'salt & pepper'，0.01)。

② Matlab 函数 imnoise (img，'speckle'，0.5)。

图 3-9　含有散斑噪声的图像

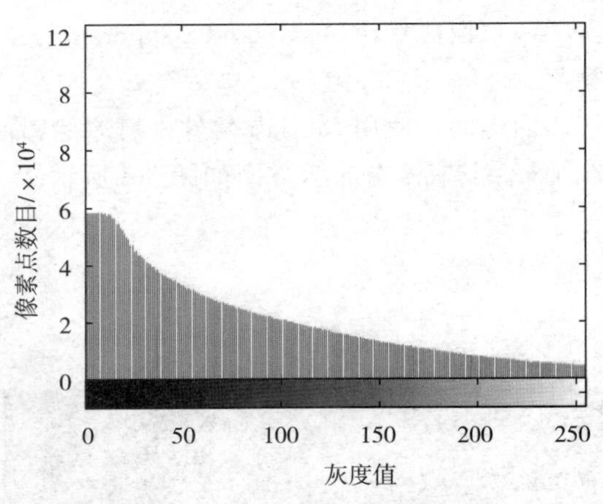

图 3-10　散斑噪声图像灰度分布直方图

3.3　水下图像去噪

当进行水下课题的研究时，通常需要采集水下图像，受水下环境复杂性的影响，所采集的图像往往会包含各种各样的噪声。这些噪声的来源包括：水中的湍流现象、光照的影响、摄像机成像质量的好坏以及人为操作失误等[5]。图像去噪方法也逐渐在水下图像中有所应用，在方法使用上，需要根据实际水下场景噪声的不同进行选择，需要基于噪声的特性和去噪效果对算法参数进行改进。以处理水下图像噪声为目的，依据各种算法之间所使用的信号特性的区别，能够将常用方法分为基于空间域算法和基于变换域算法[5,6]。

3.3.1　空间域滤波去噪

空间域滤波去噪方法实现的基本原理是以灰度映射变换作为基础。该方法提出较早，能够在图像空间内直接对图像像素点进行处理，直接作用于原图像完成去噪过程[7]。对于空间信息和噪声成因两者之间是否相关进行探讨，并对于相关噪声可以使用其空间信息作为先验知识，进而对图像进行去噪处理，该方法适合应用于已知噪声类型的图像[5]。图像平滑的处理方法通常包括“平滑”或者“平均”的方法，对突变噪声分量进行处理使其分散到周围像素中，进而达到降低噪声影响的目的[8]。空间域滤波去噪典型方法包括均值滤波去噪、高斯滤波去噪、中值滤波去噪、维纳滤波去噪和非局部均值滤波去噪等。

1. 均值滤波去噪

均值滤波是线性滤波方法中最典型的一种。均值滤波去噪法对局部空间域进行处理，也称为邻域平均法[9]。其基本原理是通过某一固定的滑动窗口对图像中所有的像素点进行遍历，进而对图像中的噪声进行处理。在遍历过程中，滑动窗口中心处的像素灰度值被该窗口内所有像素灰度的算数平均值来替换，对于采用了邻域平均法的均值滤波器，能够通过对图像像素点进行平移达到图像去噪的目的[8]。

假定有一幅 $M \times N$ 个像素的图像 $f(x,y)$，平滑处理后得到一幅图像 $g(x,y)$，$g(x,y)$ 可以表示为式 3-5[10]：

$$g(x,y)=\frac{1}{K}\sum_{i=1}^{M}\sum_{j=1}^{N}f(x,y) \tag{3-5}$$

式 3-5 中，$x=1,2,\cdots,M,y=1,2,\cdots,N$。$M,N\in S$，$S$ 表示点 (x,y) 的邻域点的坐标集合，但其中不包括点 (x,y)，K 是集合内坐标点的总数。

设噪声为 $e(x,y)$，其均值为 0，方差为 σ^2，且噪声与图像 $f(x,y)$ 互不相干。受到噪声干扰的图像为式 3-6：

$$g(x,y)=f(x,y)+e(x,y) \tag{3-6}$$

经均值滤波处理后的图像 $g(x,y)$ 为式 3-7：

$$g(x,y)=\frac{1}{K}\sum_{i=1}^{M}\sum_{j=1}^{N}f(x,y)+\frac{1}{K}\sum_{i=1}^{M}\sum_{j=1}^{N}e(x,y) \tag{3-7}$$

处理后残余噪声的平均值 E 为式 3-8：

$$E\left[\frac{1}{K}\sum_{i=1}^{M}\sum_{j=1}^{N}e(x,y)\right]=0 \tag{3-8}$$

方差 D 为式 3-9：

$$D\left[\frac{1}{K}\sum_{i=1}^{M}\sum_{j=1}^{N}e(x,y)\right]=\frac{1}{K}\sigma^2 \tag{3-9}$$

$g(x,y)$ 为经过平滑处理之后的图像[10]。图 3-11 为均值滤波算法对水下图像去噪处理的实际应用，显示了对含有噪声的图像和经过算法处理之后的效果图对比。

(a) 含噪声的图像

(b) 去噪后的图像

图 3-11　均值滤波进行去噪处理前后图像对比

均值滤波去噪算法的优点是计算速度快、实现的原理简单且计算量小，比较适合于处理高斯噪声。缺点是均值滤波在对图像中的噪声进行平滑处理的同时，也会使图像中的细节模糊化，对细节部分造成破坏，使得图像中的高频细节成分缺失，可能导致水下图像的去噪效果不太理想[11]。此外，滤波尺寸大小的设置会在一定程度上影响该方法的去噪效果。对于邻域半径，若设置太小，噪声不能得到有效滤除；若设置过大，会增加图像的模糊程度[12]。因此，需要合理设置滤波尺寸大小。

2. 高斯滤波去噪

高斯滤波去噪方法是线性平滑滤波方法中的一种，能够依据高斯函数的形状获取权值[13]。该方法的基本原理是使用卷积操作，将当前像素作为核中心，使用经过卷积核对周围邻域像素加权平均值作为当前像素的新值。给出脉冲响应的一维高斯滤波器函数为式3-10[14]：

$$G(x)=\frac{1}{\sqrt{2\pi}\sigma}\mathrm{e}^{-\frac{x^2}{2\sigma^2}} \tag{3-10}$$

常被应用于滤波器中映射函数的二维零均值离散高斯函数为式 3-11[11]：

$$G[i,j]=\frac{1}{\sqrt{2\pi}\sigma^2}\mathrm{e}^{-\frac{(i^2+j^2)}{2\sigma^2}} \tag{3-11}$$

式 3-10 和式 3-11 中，σ 为高斯分布中的标准差，σ 值的大小能够反映出使用了高斯滤波去噪算法之后图像的平滑程度。图 3-12 为高斯滤波算法对水下图像去噪处理的实际应用，显示了对含有噪声的图像和经过算法处理之后的效果图对比。

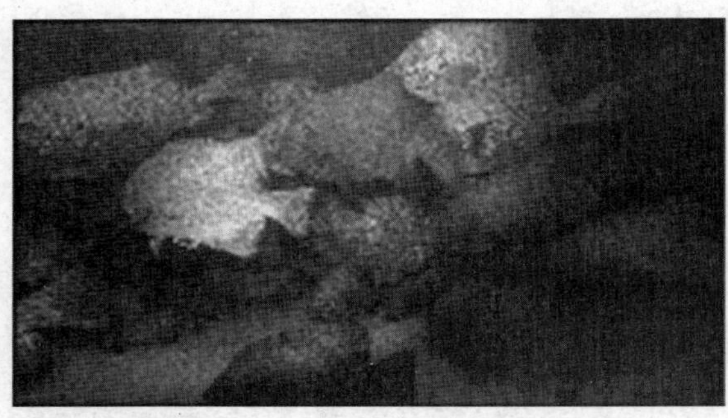
(a) 含噪声的图像

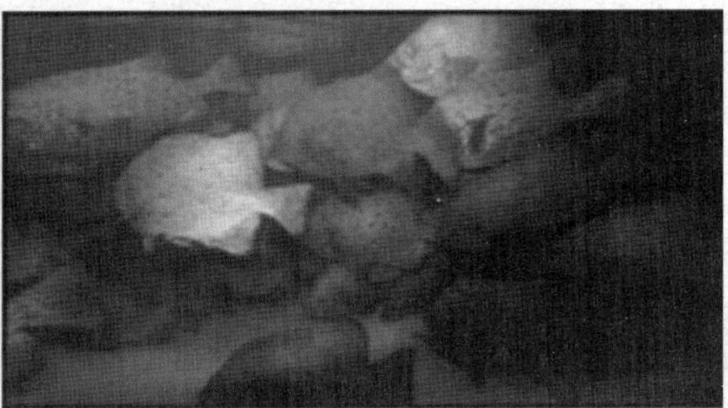
(b) 去噪后的图像

图 3-12 高斯滤波去噪处理前后的图像对比

高斯滤波去噪方法建立在高斯函数的基础上，因此针对存在服从正态密度分布噪声的图像具有较好的噪声去除效果。该方法的优点是方法实现快速且简单，具有傅里叶变换不变性、单值性和旋转对称性等特点。缺点是对非高斯噪声的滤除性能不够理想，经过该方法进行滤波噪声去除后，易丢失图像的边缘信息以及部分区域的纹理细节信息。

3. 中值滤波去噪

中值滤波去噪方法是由 J. W. Jukey 在 1971 年提出的。该方法依据排序统计理论，最早应用在一维的信号分析里。在后续的发展中，图像处理也有了该方法的扩展应用。作为非线性滤波去噪算法中典型的方法，中值滤波去噪能够在一定范围内有效地抑制非线性噪声，因此，在水下图像去噪中也有着非常广泛的应用。其基本原理是对图像滑动窗口内所有的像素值按照一定顺序进行排序，对某点的像素值使用该点的邻域像素中所有的灰度中值进行替换，使得该点像素值能够有效抑制孤立和离散的噪声点，进而更加接近真实值[11]。

用 $\{x_{ij}(i,j)\in I^2\}$ 表示水下含噪声图像中各点的灰度值，将滤波窗口大小用 A 表示，二维中值滤波的输出为式 3-12[10]：

$$y_{ij}=M_A\{x_{ij}\}=\mathrm{Med}\{x(i+r)(j+s),(r,s)\in A,(i,j)\in I^2\} \tag{3-12}$$

式 3-12 中，x_{ij} 为原始图像各点的灰度值；y_{ij} 为经过处理和图像各点的灰度值；A 为滤波窗口（二维滤波模板）；Med 为中值。

图 3-13 为中值滤波算法对水下图像去噪处理的实际应用，显示了对含有噪声的图像和经过算法处理之后的效果图对比。

(a) 含噪声的图像

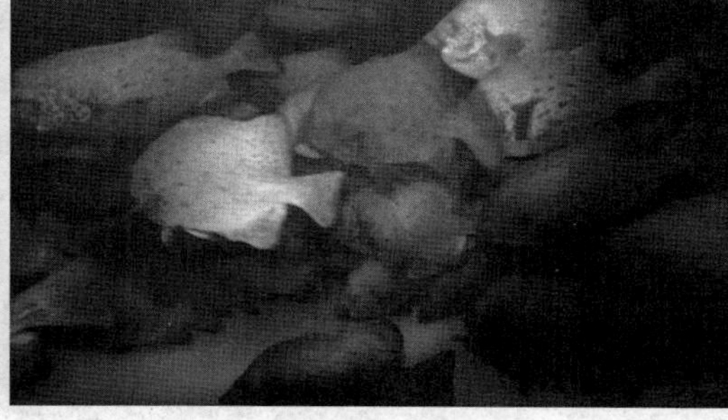

(b) 去噪后的图像

图 3-13　中值滤波去噪处理前后的图像对比

中值滤波去噪方法的优点：方法实现简单且运算速度较快，水下图像在去噪的过程中，滤波窗口内数据序列的顺序能够较好被识别，图像的统计特性也不需要被计算。其次，中值滤波去噪方法的输出信号呈一致性，能对水下图像中的有用信息进行最大限度保留，采用非线性滤波方法进行对应映射函数的选择，使得图像边缘能够较好被保护，对椒盐噪声的抑制、脉冲干扰和图像扫描噪声的去除较为有效[13,15]，其中混合中值滤波能够对含散斑噪声图像进行较好的处理。缺点：在中值滤波实现的过程中，窗口大小的不同和形状的改变都会对最终的去噪效果有所影响，不适合应用于含有较多点、线、尖等细节的图像，同时会在一定程度上破坏图像的空间邻域信息和图像结构，对于高斯噪声效果并不佳[8]。

在后续的发展中，结合中值滤波方法的优点，改进中值滤波去噪实现的不足，在该方法的基础上许多新的方法也不断被提出，如开关中值滤波[16]、自适应模糊多级中值滤波(AFMMF)、基于脉冲长度的自适应中值滤波（SAMF)、加权中值滤波（WMF)[17]。

4. 维纳滤波去噪

维纳滤波去噪方法的基本原理：依据最小均方误差准则和二阶统计特性来进行滤波处理，输入广义平稳过程的噪声信号和原信号，通过线性系统计算得到原信号的最佳估计和线性滤波器的最佳参数。该方法的优点是具有自适应特性，能够较好地保护图像的边缘信息。这是空间滤波法中去噪效果较好的方法，不会因平滑模糊造成图像信息的损失[18]。缺点是对于待去噪图像和干扰噪声信号要求为频谱特性已知且平稳随机，因此该方法受到现实情况的局限。使用维纳滤波方法对水下图像进行去噪过程中的滤波示意图如图 3-14 所示[19]。

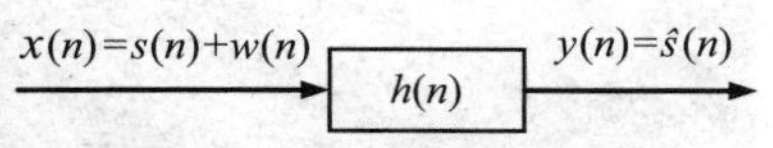

图 3-14　维纳滤波在水下图像去噪过程中的滤波示意图

图 3-14 中 $w(n)$ 表示水下图像中含有的噪声信号，$s(n)$ 表示水下图像中含有的有用信号，$x(n)$ 是被加了噪声之后的信号，其作为维纳滤波器的输入。$h(n)$ 为维纳滤波器，所得到的 $y(n)$ 为 $s(n)$ 的最佳估量值。使用该方法对水下图像进行去噪的最终目标是输出 $y(n)$ 和 $s(n)$ 之间的最小差值[19]。图 3-15 为维纳滤波算法对水下图像去噪处理的实际应用，显示了

对含有噪声的图像和经过算法处理之后的效果图对比。

针对维纳滤波方法在图像去噪中的不足，后续研究者在该方法的基础上结合了自适应滤波器相关原理，提出了改进的自适应维纳滤波去噪方法。改进方法的基本原理是利用滤波器来处理图像中的噪声，依据待去噪图像的局部方差对滤波器的输出进行调整，最终去噪效果与局部方差呈正相关。目标是能够使得去噪之后图像 $f'(x,y)$ 和原始输入图像 $f(x,y)$ 之间的均方误差 $\varepsilon^2 = E[f(x,y) - f'(x,y)]$ 达到最小。该方法的优点是利用自适应的特点，较好地保留图像中的高频信息和边缘信息，并达到去噪的目的。缺点是去噪过程可能会丢失图像中的部分细节信息，因而会对图像的清晰程度造成一定的影响，并不能实现理想中的去噪效果[15]。

（a）原始图像　　（b）转换为灰度图像

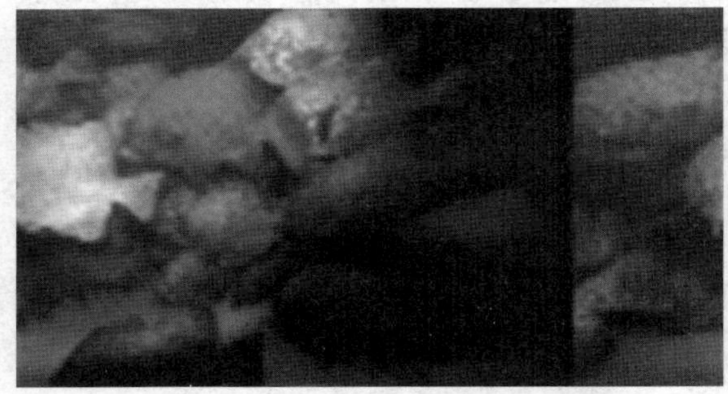

（c）加入运动模糊后的图像

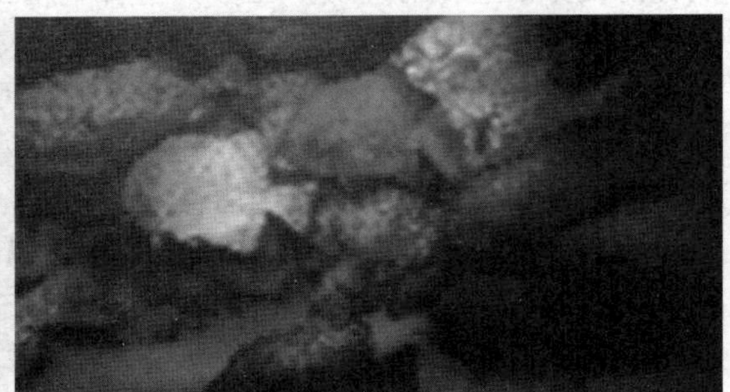

（d）使用维纳滤波去噪方法后的效果图

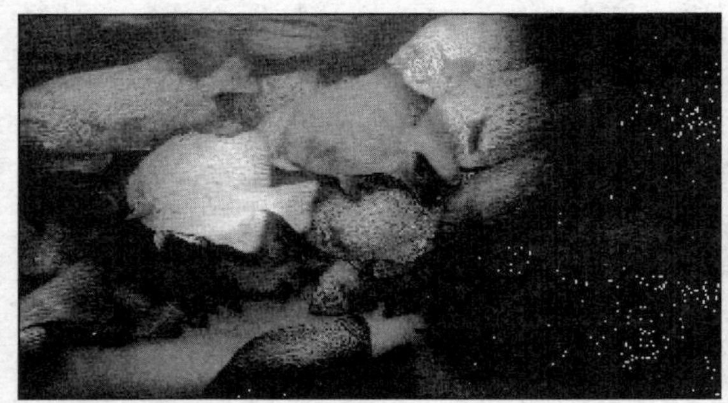

（e）加入噪声后的图像

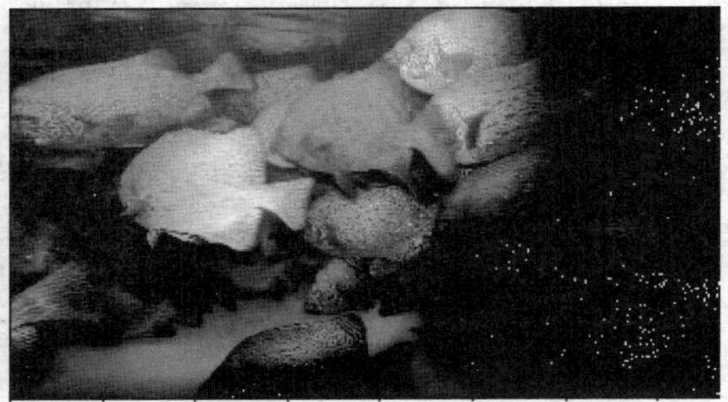

（f）维纳滤波去噪方法使用后的效果图

图 3-15　维纳滤波进行去噪处理前后的图像对比

5. 非局部均值滤波去噪

基于双边滤波的思想，Buades 等[20]在 2005 年提出了非局部均值（Non-Local Means，NLM）的去噪方法。该方法使用了非局部的邻域平均去噪思想，同时考虑了以目标像素为中心和以目标像素相似的像素为中心的固定大小相同的邻域图像块，把握了图像中位于不同区域的像素点之间所存在的强相关性。

该方法实现的原理为[21]：假设存在离散的含噪图像 v，对于图像中的某个像素点 i［对应像素值为 $v(i)$］，非局部均值去噪算法对所有像素加权平均，从而得到该点的像素估计值 $NLv(i)$，其计算公式为：

$$NLv(i) = \sum_{i=0}^{n}\sum_{j=0}^{n} w(i,j)v(i) \tag{3-13}$$

权值 $\{w(i,j)\}_j$ 决定像素 i 与 j 之间的相似性，且满足 $0 \leqslant w(i,j) \leqslant 1$；$\sum_{i=0}^{n}\sum_{j=0}^{n} w(i,j) = 1$。$n$ 表示窗口邻域的尺寸。

图 3-16 为非局部均值算法对水下图像去噪处理的实际应用，显示了对含有噪声的图像和经过算法处理之后的效果图对比。

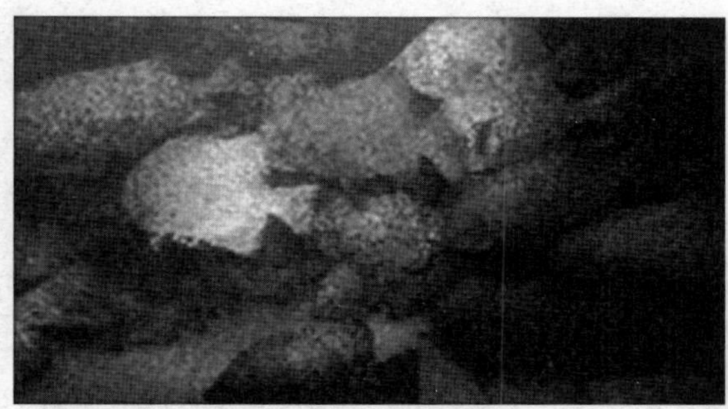

(a) 含噪声的图像　　(b) 去噪后的图像

图 3-16　非局部均值滤波去噪处理前后的图像对比

非局部均值方法的优点是算法原理简单且易于改进，对于像素之间相似性能够较好地测量，对于图像中的细节信息能够有效保存。缺点是相似性度量鲁棒性不足，运算的复杂度高且还没有准确选取计算权值中参数取值的方式，不适合应用于椒盐噪声的去噪[22]。

3.3.2　变换域滤波去噪

变换域滤波对图像进行去噪的基本思想是：依据噪声和信号在变换域中不具有相似性的特点，利用某种变换方法能够把原始带噪图像实现空间域到变换域的转换；经过转换之后再采用合适的滤波方法实现两者分离；最后把经过分离之后的图像信息通过反转换回到原始空间域，实现去噪的目的。经过变换域滤波方法处理，图像得到了降噪。变换域滤波去噪方法依据变换方法的差异，进一步可以划分为频率域滤波去噪方法和小波域滤波去噪方法。常用的变换域去噪方法包括：傅里叶变换去噪、小波变换去噪等[6,23]。

3.3.2.1　傅里叶变换去噪

傅里叶变换是频率域滤波去噪中经常使用的去噪变换方法，其利用信号频谱分布在有限区间，噪声集中于高频，两者分布频带不同的特点。方法实现的流程为：首先对含噪图像进行傅里叶变换，实现将图像转换到频率域；然后使用特定的滤波方法（如低通滤波方法）来修正图像的频谱，对噪声所在频段进行滤除；最后对图像逆变换至空间域，实现对图像的去噪[12]。采用傅里叶变换进行频率滤波的方法流程如图 3-17 所示[23]：

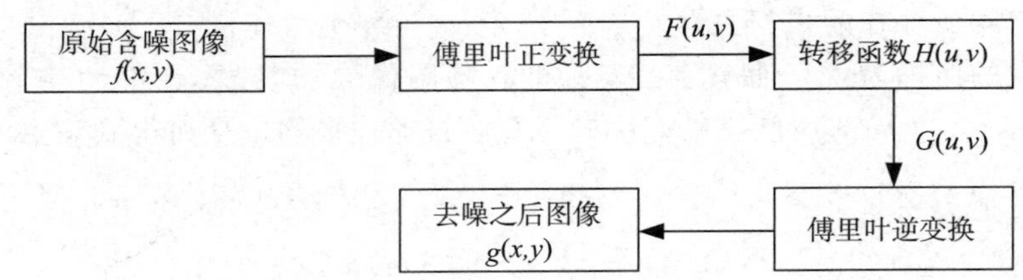

图 3-17 傅里叶变换过程的滤波流程

其数学表达式为：

$$G(u,v) = F(u,v)H(u,v) \tag{3-14}$$

式 3-14 中，$F(u,v)$ 为傅里叶变换后的结果；$H(u,v)$ 为滤波器中使用的转移函数；$G(u,v)$ 为去噪后的图像的傅里叶变换。图 3-17 中，$f(x,y)$ 和 $g(x,y)$ 分别表示原始含噪图像和去噪后的图像[23]。

图 3-18 为傅里叶变换对水下图像去噪处理的实际应用，显示了对含有噪声的图像和经过处理之后的效果图对比。

对于图像中的信号和噪声，若两者的频带相互分离则该方法比较有效。该方法的缺点是

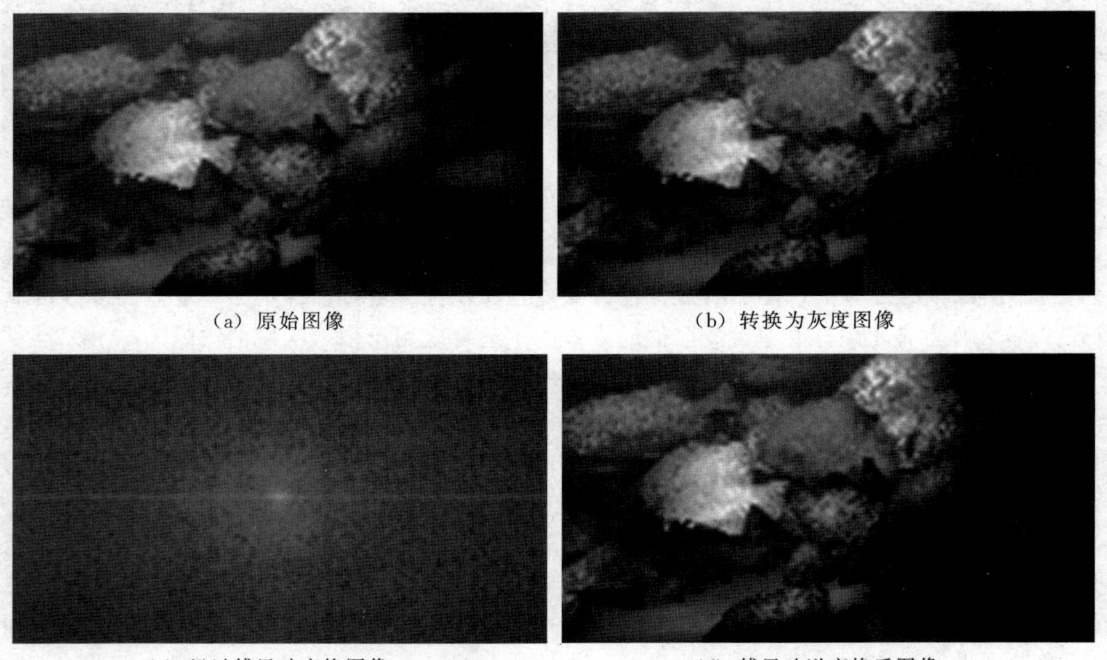

(a) 原始图像　　(b) 转换为灰度图像

(c) 经过傅里叶变换图像　　(d) 傅里叶逆变换后图像

图 3-18 傅里叶变换去噪处理后前的图像对比

对于时域的处理不能局部化，对于局域存在的突变信号较难监测到，因此存在保护信号局部性和抑制噪声之间的矛盾，在去除噪声的同时也损失了图像的边缘信息[24]。

3.3.2.2 小波变换去噪

小波变换在 1980—1989 年逐渐发展起来，Mallat 是最早研究小波变换在图像处理中应用的学者之一。1992 年他提出了应用于信号分解与重构的小波变换快速算法，与此同时也提出了利用利普希茨（Lipschitz）指数对图像信号和噪声的特性进行分析，描述了通过小波变换进行奇异性检测的原理[25]。以短时傅里叶变换为基础，小波变换继承了其局部化思想，通过时域、频域局部分析和局部变换，以及伸缩和平移变换对函数进行多尺度分析，进而达到抑制图像中的噪声和从信号中提取有效信息的目的[5]。

小波变换方法通过使用小波分析来实现对图像的小波变换，对图像进行处理之前先进行频率域的转换。小波去噪处理流程如图 3-19 所示。该算法的优点是：能够较好地保护图像的边缘信息和图像细节，可以通过运算功能实现图像的多尺度细化分析[8]。作为一种时频结合的分析方法，该方法能够有效处理傅里叶变换中所存在的对噪声的抑制和对局部特征的保护两者之间的矛盾。除此之外，小波变换还有去除相关性、小波基的选择多样性、多分辨率以及低熵性等优点[11]。

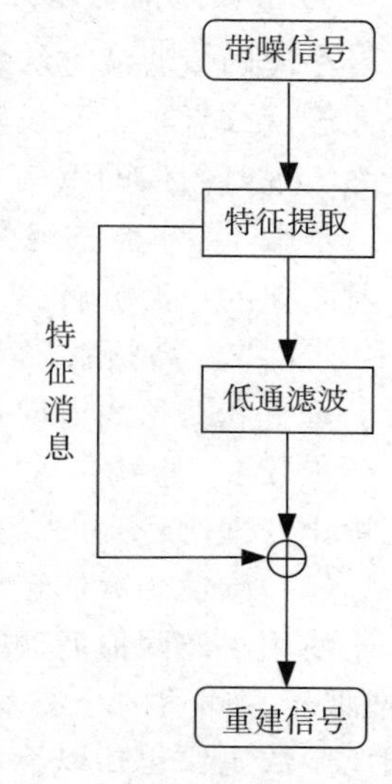

图 3-19 小波去噪处理流程

目前使用小波变换对含噪图像进行去噪存在 3 种经典方法：第一种为由 Mallat 提出的小波变换模极大值重构滤波去噪；第二种为由 Xu 提出的基于小波系数的空域相关滤波去噪[26]；第三种为由 Donoho 提出的小波阈值滤波去噪[27]。

1. 小波变换模极大值重构滤波去噪

该方法最早是由 Mallat 提出来的小波变换方法，其去噪的基本原理是：信号的利普希茨指数大于 0，噪声的利普希茨指数 $\sigma = 1/4 - \varepsilon$（其中 $\varepsilon > 0$），可能小于 0。因为小波变换的传播特性在信号和噪声中有所差异，且噪声和有用信号对应的小波系数也不同。信号和噪声在经过不同分解尺度的小波变换后，会呈现出不同的变化规律。利用这一性质，在使用该方法对图像进行去噪时，可以通过去除噪声所产生的模极大值点，进一步将信号所产生的模极大值点进行保留，再使用所余模极大值点重构小波系数，从而恢复信号滤除噪声。

模极大值重构滤波方法的优点是具有较强的理论基础，对噪声的依赖程度较小，滤波性能较为稳定，适合应用于低信噪比信号的去噪。缺点是在去噪流程中需要用模极大值对小波系数进行重构，因此该方法的计算量相应增大且实际去噪不能达到理想的效果[28]。

2. 基于小波系数的空域相关滤波去噪

1994 年，一种新的小波域图像去噪方法被 Xu 等所提出[26]，其基础是尺度空间相关性。方法的基本原理是经过小波变换处理后的含噪信号中的噪声和有效信号所对应的小波系数的表现不同，噪声的小波系数在各个尺度上表现出较弱的相关性，而有效信号则反之。因此，根据小波变换处理后噪声和信号分量的系数相关性不同进行取舍，运用相邻尺度之间的相关性实现滤波去噪的目的[12]。

该方法实现基于空域相关性原理，其优点是算法较为稳定，实现的思想较为简单且易于实现，对噪声的去除具有较好的效果。缺点是实现过程需要进行迭代，因此计算量较大，适合于高信噪比的信号滤波去噪[28]。

3. 小波阈值滤波去噪

小波阈值滤波方法实现去噪是当前研究及使用中最广泛的方法。该方法通过对小波分解后大于（或者小于）设定好阈值的系数进行处理，再对处理后的小波系数进行小波逆变换，最终实现对图像的重构并降噪。其实现的具体步骤如下。

步骤 1：小波分解变换。先选择合适的小波基，再选择合适的分解层数和小波函数，实现对图像的小波分解。

步骤 2：高频系数阈值化处理。选择一个适当大小的阈值，经过小波分解后，各层的水平、垂直和对角线方向都会有高频系数，对这些系数进行阈值量化处理。

步骤 3：重构图像。使用小波逆变换，分别作用于经过分解所得到的低频系数和经过阈值量化处理所得到的高频系数，最终重构得到去噪后图像[29]。

（1）阈值函数的选取

使用小波阈值滤波方法对含噪图像做去噪处理时，采用不同的阈值函数能够展现出超过（或低于）阈值的小波系数模不同的估计方法和不同的处理方式。现阶段应用于图像去噪的阈值函数主要包括以下 3 个：硬阈值函数、软阈值函数和半软阈值函数[30]。

使用硬阈值函数处理图像的优点是可以较好地对图像边缘细节信息进行保留，缺点是硬阈值函数在阈值处不是连续的，因此振铃与伪吉布斯效应等现象会在函数使用过程中出现。硬阈值函数公式为：

$$\overline{W}_{j,k} = \begin{cases} W, & |W| \geqslant \lambda \\ 0, & |W| < \lambda \end{cases} \tag{3-15}$$

式 3-15 中，W 为原始小波系数值；$\overline{W}_{j,k}$ 为经过阈值化后的小波系数值；λ 为设定的阈值大小。

使用软阈值函数处理图像的优点是采用软阈值函数处理小波系数后，小波系数拥有了较好的整体连续性，能够得到较为平滑的图像。缺点是处理之后的图像容易产生边缘模糊等现象。软阈值函数公式为：

$$\overline{W}_{j,k} = \begin{cases} \mathrm{sgn}[(|W|)(|W-\lambda|)], & |W| \geqslant \lambda \\ 0, & |W| < \lambda \end{cases} \tag{3-16}$$

式 3-16 中，W 为原始小波系数值；$\overline{W}_{j,k}$ 为经过阈值化后的小波系数值；λ 为设定的阈值大小。$\mathrm{sgn}(\cdot)$ 为符号函数，即式 3-17[28]：

$$\mathrm{sgn}(x) = \begin{cases} 1, & x > 0 \\ 0, & x = 0 \\ -1, & x < 0 \end{cases} \tag{3-17}$$

半软阈值函数公式为：

$$\overline{W}_{j,k} = \begin{cases} W, & |W| > \lambda_2 \\ \mathrm{sgn}(W)\dfrac{\lambda_2(|W|-\lambda_1)}{\lambda_2-\lambda_1}, & \lambda_1 \leqslant |W| \leqslant \lambda_2 \\ 0, & |W| < \lambda_1 \end{cases} \tag{3-18}$$

式 3-18 中，W 为原始小波系数值；$\overline{W}_{j,k}$ 为经过阈值化后的小波系数值；λ_1，λ_2 为设定的阈值大小。sgn(•) 为符号函数（见式 3-17）。

（2）阈值估计方法

不同的阈值函数对小波阈值的去噪效果不同，是确定阈值大小的一个重要因素，其选取依赖于噪声方差，且选择的好坏是图像去噪能否达到理想效果的关键。若阈值过大，在实现图像去噪的同时也会丢失很多重要的图像特征，容易引起偏差，造成图像的失真；若阈值过小，去噪可能达不到理想的效果，不能实现去噪的目的[29]。

当前应用较多的阈值估计方法包括以下 4 种[28]：

第一种：VisuShrink 阈值（通用阈值或 Universal Thresholding）

作为小波阈值领域最早被提出的阈值估计方法，该方法于 1994 被 Donoho 所提出。针对多维独立正态变量联合分布，基于最大最小估计得到的最优阈值，维数趋于无穷时得到该方法，其选择的计算公式为[27]：

$$T = \sigma_n \sqrt{21\mathrm{n}N} \tag{3-19}$$

式 3-19 中，N 为信号的长度；σ_n 为噪声标准方差。该方法在 N 取值较大的情况下，阈值选择会趋向于 0，此时小波滤波器会变为低通滤波器，容易造成图像模糊且重建误差增大等问题。该方法在理论方面具有较强的支撑，但在实际应用中可能达不到理想的效果。

第二种：Minimax 阈值

该方法依据极大极小值准则选取一个固定阈值，用于产生一个具有最小均方误差的极值。其具体的阈值选取规则为式 3-20[28]：

$$T = \begin{cases} \sigma(0.393\,6 + 0.182\,9 \cdot \log_2 n), & n \geqslant 32 \\ 0, & n < 32 \end{cases} \tag{3-20}$$

式 3-20 中，n 为小波系数的个数；σ 为噪声的标准差。

该方法对于当信号中只有少量的高频信息在噪声的范围之内时有效，真实信号成分不易丢失且弱小信号能够被提取。该方法对于阈值的选取更为方便、保守。

第三种：贝叶斯收缩阈值（Bayesshrink）[31]

该阈值方法是依据 Bayes 准则的软阈值估计方法，基于无噪图像小波系数服从广义高斯分布的模型假设得到的[29]。

Bayes 风险函数为式 3-21：

$$r_{\mathrm{Bayes}}(t) = \int_{-\infty}^{\infty}\int_{-\infty}^{\infty} [\eta_t(Y) - X]^2 p(Y \mid X) p(X) \mathrm{d}Y \mathrm{d}X \tag{3-21}$$

式 3-21 中，$Y \mid X$ 服从 N（$Y-X$，σ^2）分布；X 服从 $G_{\beta,\sigma_x}(x)$ 分布。该方法能够在贝叶斯风险最低的情况下，得到所期望的理想阈值，计算公式为：

$$t^* = \underset{t>0}{arg} \min r_{\mathrm{Bayes}}(t) \tag{3-22}$$

第四种：广义交叉确认（generalized cross validation，GCV）阈值

该方法是依据 GCV 准则，基于软阈值函数，不需要估计噪声方差的去噪方法[28]。其中 GCV 函数公式为：

$$\mathrm{GCV}(\sigma)=\frac{1}{N}\cdot\frac{\sum_{i=1}^{N}(y_i-y_{\sigma i})^2}{\left[\sum_{i=1}^{N}(1-\frac{\partial y_{\sigma i}}{\partial y_i})/N\right]^2} \tag{3-23}$$

通过最小化 GCV(σ) 得到 GCV 阈值，进而得到所需要的最优阈值。该方法的优点是在计算过程中噪声的方差不需要估计，得到的阈值与理想阈值较为接近，能够取得较好的去噪效果。

小波阈值滤波方法在图像的去噪应用中较为广泛，相比较而言，该方法的实现最简单且计算量最小。图像的信噪比在一定程度上影响该方法的稳定性。该方法在应用中能够取得较好的去噪效果，一般适合对低信噪比的信号进行滤波去噪[28]。

水下图像受到所处环境的限制，水体对光造成前向或后向的散射现象，对光的吸收作用以及水下噪声等问题，共同造成水下复杂的光照条件和成像环境。想要完全解决水下图像的退化问题，仅使用变换域的相关技术可能无法满足[7]。深度学习方法在近些年得到快速发展，应用到水下图像去噪的深度学习方法也陆续被提出且取得较好的效果。Jain[32]等首次提出应用在图像去噪中的卷积神经网络（CNN）方法，该方法能够对于端到端的非线性映射进行直接学习，将低质量图像转换到干净图像且达到较好效果；张清博[33]等提出了包含一维并行卷积和子像素卷积的深度卷积神经网络，实现了对水下图像的去噪，相比于使用传统方法进行去噪，该方法具有更佳的结果；张文武[34]提出了生成式对抗网络结合亚像素卷积和残差网络的方法来对水下图像进行去噪处理，该方法相比于传统方法降低了计算的复杂度且去噪效果更好。

3.4 水下视频去噪

在对水下视频进行采集的过程中，受到水对光的选择性吸收以及水中所存在的悬浮颗粒会对光线产生不同程度散射等影响，再加上光在水中的传输衰减严重，传输性能较差，水下采集的视频图像存在噪声的干扰，质量与清晰度较低[35]。为了解决水下视频采集所出现的问题，需要对视频进行清晰化操作。

视频中的噪声与图像中的噪声类型和维度是不同的。视频图像是三维信号，由多个单幅图像按照一定的时间顺序排列组成，包含不相关的噪声（加性噪声）信号和视频信号。

设 $f(i,j,k)$ 为理想的不含噪声的视频信号，$n(i,j,k)$ 为产生的噪声信号，$y(i,j,k)$ 为含有噪声的视频信号，则视频中的加性噪声模型可以表示为[36]：

$$y(i,j,k)=f(i,j,k)+n(i,j,k) \tag{3-24}$$

视频去噪要遵循的原则是尽可能保留图像的细节和边缘信息。针对视频去噪的方法包括：①空域去噪，对视频序列单帧图像（像素点）直接进行处理；②时域去噪，利用视频序列中多帧图像在时间域上的相关性与图像之间的冗余信息进行处理；③变换域去噪，将视频图像进行转换，利用原始信息与噪声在变换域中不同的属性，来抑制噪声并增强原始信息[20]；④时空联合滤波去噪，主要是将时域滤波和空域滤波进行结合，以实现视频去噪。

1. 空域去噪

视频空域滤波去噪与图像空域滤波去噪在原理上相似。视频序列的空域滤波去噪可看作对单帧图像的去噪，因此已有的水下图像去噪的空间域滤波算法都可以应用到水下视频去噪。其直接作用于视频中单帧图像的像素点值，对像素点以及相邻像素值进行处理，进而达到去噪的目的[23]（具体方法可参考图像空域滤波去噪内容），其噪声类型主要为加性噪声[17]。

因为视频中邻域的像素具有很强相关性，因此可以根据空间域中其局部特性对视频进行空域滤波去噪[38]。用简单的空域滤波对视频进行去噪时，视频的时域信息没有纳入考虑范围，空域相关性不能够使视频信号和噪声信号得到完全区分，且帧与帧之间对于处在同一个位置的噪声存在一定的随机性，致使经过滤波去噪后的视频相邻帧之间会有较为明显的闪烁现象发生[37]。

2. 时域去噪

应用时域滤波对视频进行去噪的方法主要使用视频中帧与帧之间的相关性进行降噪处理，进而起到抑制噪声的作用[38]。通常视频时域滤波去噪方法主要包括两类：运动补偿方法和非运动补偿方法。

运动补偿方法根据视频中帧与帧之间的位移变化，进行运动估计，找出前后帧图像之间所有的相似部分，再在其运动方向上进行滤波处理以达到去除视频中噪声的目的。该方法利用时域上多帧图像之间的相关信息进行处理，通过运动补偿技术和运动估计能够沿着像素的运动轨迹进行滤波去噪，是当前视频去噪算法中的主流算法。

非运动补偿方法大多适合静止的视频图像序列或者视频中运动较为缓慢的视频序列，对于视频中的平稳区域有较好的噪声抑制能力，对于非平稳区域易出现残影和降质的现象。通过运动自适应调整来避免视频中运动部分产生的失真现象，自适应递归滤波器是常用的方法之一[36]。

时域滤波的两种算法相比较而言，运动补偿方法能够在一定程度上提高滤波的性能，但同时去噪过程中计算量的增加使得其在信噪比较高或对实时性要求较高的视频去噪中效果较差。反之，针对此类视频，采用非运动补偿的方法能够取得较好的去噪效果[23]。

时域和空域滤波去噪的缺点：针对多种噪声的视频去噪效果不佳；采用运动估计的方法会受到噪声的影响降低其准确度；容易产生时域降质和过平滑等空域降质问题[38]。

3. 变换域去噪

视频图像相比于单纯的图像数据量大，直接在空间域上对其进行去噪操作，处理的过程计算量会很大。因此通过将视频图像进行某种变换，采取变换域去噪处理的方法，往往会获得较好的去噪效果。变换域视频去噪的实现是分别对视频各帧图像在选取的变换域中采用某种特定的方法进行变换，再根据变换后各帧图像的性质及噪声频率范围的不同进行去噪以及对去噪之后的数据进行反转换，进而实现对视频的去噪[37]。其中常见的变换域去噪方法包括：双树复小波变化、Wedgelet 变换、Bandelet 变换、Curvelet 变换、Wavelet 变换、Brushlet 变换、Ridgelet 变换、Beamlet 变换、Contourlet 变换和非下采样 Contourlet 变换（NSCT）等[36]。变换域滤波中的频率域滤波方法，针对视频图像经常采用的变换方法为 Fourier 变换[23]（该变换方法可参考图像去噪部分）。

其中以小波变换为代表的变换域去噪方法是当前视频变换域滤波去噪方法中的研究热点。小波变换能够有效抑制高斯白噪声，使用其对视频图像进行去噪的基本思想为：小波变换具有较好的能量集中性和空频局域化的能力，对于具有高相关性的内容和较强连续性的视频图像，能够将其的频域空间划分为多个子带。其中随机噪声散开随机分布，高频子带集中了视频图像细节，因此可以针对两者的不同在子带中进行区分。该方法的优点：依据其独特的时-频域多尺度分析技术，能够有效保留原有视频图像的边缘和细节信息。当前基于小波变换的视频图像降噪算法主要包括两类，分别为基于二维小波变换的空时滤波降噪算法和基于三维小波变换处理的算法[38]。

Kostadin Dabov[39]等提出针对视频图像进行 3D 稀疏变换之后的滤波去噪方法（video block-matching and 3-D filtering，VBM3D）。该方法是在 BM3D 算法基础上做的改进，应用到视频序列去噪中。其基本原理是借助块匹配能够对图像块实现分组，再通过联合变换域和硬阈值滤波进而达到对噪声抑制的目的，对含噪的视频图像能够达到不错的去噪效果。

算法包括基本估计和最终估计两部分，两个部分均包含 3 个步骤，其具体为[39]：

步骤 1：块匹配分组。对于所给定的参考块，考虑时间相关性在当前与相邻帧之间搜索与参考块相似的图像块，最后得到匹配块集合。

步骤 2：变换域协同滤波。对匹配块构成的三维数据进行变换域协同滤波，将三维数组进行三维变换，其中对变换系数进行收缩处理，再经过逆转换得到处理之后的图像块组。其中基本估计部分使用硬阈值对变换系数进行收缩处理；最终估计部分通过经验维纳滤波对变换系数进行收缩处理。

步骤 3：整合估计结果。对于同一个图像块所得到的多个估计与重叠的参考块存在，需要对估计结果进行聚集整合处理。

随后 Maggioni[40]等对基于 VBM3D 的视频去噪算法做出了改进，提出了能够将时域和空域上相关性更加紧密结合的 VBM4D 视频去噪算法。在一定程度上增强了对视频的去噪效果，与此同时，在算法实现过程中的计算量也有所增加。

4. 时空联合滤波去噪

在实际中，对视频的去噪通常不会只使用一种方法，而是会将上述所介绍的不同去噪方法进行交叉与融合，使得去噪的效果能够根据实际应用场景的不同取得较好的表现效果。因此出现了时空联合滤波去噪方法，该视频去噪方法能够看为图像去噪方法的三维推广。时空联合滤波视频去噪的研究主要包括 3 个方面，分别为运动估计、空域滤波和时域滤波的结合以及使用的滤波方法。常用的时空域滤波结合的方式也有 3 种，分别为先进行空域滤波再进行时域滤波、先进行时域滤波再进行空域滤波以及将二维滤波器扩展到三维空间[32]。对于时空滤波视频去噪，可依据视频去噪是否使用运动补偿，进一步分为非运动补偿的时空滤波和运动补偿的时空滤波。

（1）非运动补偿的时空滤波[41]

非运动补偿的时空滤波视频去噪方法的基本思想是：对于视频的相邻帧之间，对待滤波点不进行显式运动跟踪，但是会在由二维空域和一维时域所组成的三维滤波窗口中通过对参与滤波的相关点自适应确定权值的方式来进行滤波去噪。当前较为常用的非运动补偿的时空滤波去噪方法大多都为从 2D 滤波在时域上对其扩展所得。

（2）运动补偿的时空滤波

运动补偿的时空滤波视频去噪方法的基本思想是：对于视频的相邻帧，先对待滤波点进行显式运动跟踪，再利用所获得的时域轨迹上信息和空域上相关信息对当前帧中的待滤波点进行滤波去噪。

时空联合滤波去噪的方法能够较好地结合视频帧与帧之间的时域相关性和空域相关性，

不仅考虑了本帧图像内相似像素点的信息，同时也考虑了相邻帧之间图像的相似像素点信息[37]。使用该方法进行视频去噪的结果要比单独的空域滤波去噪和时域滤波去噪效果更好，但同时也在一定程度上增加了计算量。该方法成为当前视频去噪所采用的主要去噪方法。

3.5　小结

本章主要以水下图像视频为对象，介绍了水下图像视频所包含的噪声类型，包括高斯噪声、脉冲噪声和散斑噪声 3 种常见的噪声模型。从噪声形成的原因及存在的场景展开，对噪声原理和含噪图像前后进行了对比。随后分别介绍了水下图像去噪和水下视频去噪，其中图像去噪可分为空间域滤波去噪和变换域滤波去噪两种类型。内容包括传统基本方法的原理、实现的具体公式、应用的具体场合、适用的噪声类型和方法各自的优缺点等。图像的去噪为视频的去噪奠定了基础。在实际的水下图像和视频噪声的处理中，针对不同的噪声以及不同的应用场合应选择合适的去噪方法使其能够达到较好的去噪效果。水下图像和视频的去噪作为数据预处理中的关键一环，为水下图像视频研究的后续开展做好了铺垫，经过去噪之后的图像及视频能够更好地应用到水下目标识别、跟踪与检测中。在海洋及水产的科学研究与水下机器人的应用中，较好的图像及视频的去噪效果有重要的意义。

思考题

3.1　简述带有高斯噪声和椒盐噪声的图像特点，并分析两种噪声对灰度分布直方图的影响。

3.2　对一副图像采用平滑滤波方法进行处理，观察处理前后图像灰度分布直方图的变化并分析。

3.3　对一副含有椒盐噪声的图像使用高斯滤波处理，观察处理前后图像灰度分布直方图的变化并分析。

3.4　进行水下图像和视频去噪的目的是什么？去噪常用方法通常包括哪些？

3.5　均值滤波和中值滤波的区别有哪些？简述使用均值滤波处理水下含噪图像的基本原理。

3.6　简述水下视频去噪，时域和空域去噪的优缺点及不同。

参考文献

[1] 雷飞，朱林，王雪丽. 改进小波软硬折衷法在水下图像去噪中的应用 [J]. 计算机技术与发展，2017，27 (11)：150-153＋158.

[2] 张俊. 水下强噪声图像目标分割方法研究 [D]. 大连：大连海事大学，2013.

[3] 江唯奕. 数字图像去噪算法原理及应用 [J]. 电子制作，2019 (06)：26-28.

[4] 蒋洁. 激光水下成像噪声分析及图像处理方法研究 [D]. 秦皇岛：燕山大学，2010.

[5] 沈雁斌. 水下视频图像复原算法的研究 [D]. 武汉：华中科技大学，2017.

[6] 李煊. 基于双目视觉的水下目标图像处理与定位技术研究 [D]. 哈尔滨：哈尔滨工程大学，2018.

[7] 郭继昌，李重仪，郭春乐，等. 水下图像增强和复原方法研究进展 [J]. 中国图像图形

学报，2017，22（03）：273-287.
[8] 陈彦. 基于图像去噪方法的研究 [J]. 数字技术与应用，2017，(5)：131-132，135.
[9] 徐义. 水下图像预处理技术研究 [D]. 南京：南京理工大学，2013.
[10] 黄子吉，肖杰，陆安江，等. 几种图像去噪方法的比较研究 [J]. 通信技术，2017，50（11）：2465-2471.
[11] 王莹莹. 泳池水下视频监控系统的设计与实现 [D]. 北京：北京工业大学，2014.
[12] 胡娟. 基于小波变换和中值滤波的图像去噪方法研究 [D]. 成都：成都理工大学，2017.
[13] 徐义. 水下图像预处理技术研究 [D]. 南京：南京理工大学，2013.
[14] 李明杰，刘小飞. 高斯滤波在水下声呐图像去噪中的应用 [J]. 黑龙江科技信息，2015（19）：29.
[15] 李富栋. 水下图像预处理技术研究 [D]. 哈尔滨：哈尔滨工程大学，2012.
[16] S Zhang，M A Karim. A new impulse detector for switching median filters [J]. IEEE Signal processing letters，2002，9（11）：360-363.
[17] D R K Brownrigg. The weighted median filter [J]. Communications of the ACM，1984，27（8）：807-818.
[18] 林东升. 三种空间域图像去噪方法的比较与研究 [J]. 科技广场，2013（01）：17-20.
[19] 张东，覃凤清，曹磊，等. 基于维纳滤波的高斯含噪图像去噪 [J]. 宜宾学院学报，2013，13（12）：60-63.
[20] A Buades，B Coll，J M Morel. A non-local algorithm for image denoising [C]. Proceedings of IEEE Conference on Computer Vision and Pattern Recognition，2005，2：60-65.
[21] 黄令帅. 基于变换域的非局部均值图像去噪方法研究 [D]. 西安：西安理工大学，2014.
[22] 李玲. 基于非局部均值的图像去噪方法研究 [D]. 淮南：安徽理工大学，2018.
[23] 刘亚欣. 基于时空域的视频去噪算法研究 [D]. 天津：天津大学，2010.
[24] 刘美丽. 基于小波变换的图像去噪方法的研究 [D]. 长春：长春工业大学，2010.
[25] 程艳芬，姚丽娟，袁巧，等. 水下视频图像清晰化方法 [J]. 吉林大学学报：工学版，2020，50（02）：668-677.
[26] Y Xu，J B Weaver，D M Healy，et al. Wavelet transform domain filters：A spatially selective noise filtration technique [J]. IEEE Transactions on Image Processing，1994，3（6）：747-758.
[27] DL Donoho，I M Johnstone. Adapting to unknown smoothness via wavelet shrinkage [J]. Journal of the American Statistical Association，1995，90（432）：1200-1224.
[28] 戴昊. 基于小波的水下图像去噪研究 [D]. 青岛：中国海洋大学，2008.
[29] 梁利利，高楠，李建军. 基于小波变换和均值滤波的图像去噪方法 [J]. 计算机与数字工程，2019，47（05）：1229-1232.
[30] 彭姝姝. 基于均值滤波和小波变换的图像去噪 [J]. 现代计算机，2019（12）：62-67.
[31] S M Hashemi，S Beheshti. Adaptive image denoising by rigorous Bayesshrink thresh-

olding [C]. 2011 IEEE Statistical Signal Processing Workshop (SSP). IEEE, 2011: 713-716.

[32] V Jain, H S Seung. Natural image denoising with convolutional networks [C]. 21st International Conference on Neural Information Processing Systems. 2008: 769-776.

[33] 张清博，张晓晖，韩宏伟. 一种基于深度卷积神经网络的水下光电图像质量优化方法 [J]. 光学学报，2018，38 (11): 88-96.

[34] 张文武. 基于生成式对抗网络的声呐和雷达图像增强方法 [D]. 哈尔滨：哈尔滨工程大学，2019.

[35] 李长顺. 水下视频观测图像清晰化方法研究 [D]. 青岛：中国海洋大学，2011.

[36] 苏恺骏. 基于变换域的视频去噪算法研究 [D]. 西安：西安理工大学，2017.

[37] 孙艳霞. 图像和视频去噪技术研究 [D]. 北京：华北电力大学，2010.

[38] 谭洪涛. 视频图像降噪关键技术研究 [D]. 重庆：重庆大学，2010.

[39] K Dabov, A Foi, V Katkovnik, et al. Image denoising by sparse 3-D transform-domain collaborative filtering [J]. IEEE Transactions on Image Processing, 2007, 16 (8): 2080-2095.

[40] M Maggioni, G Boracchi, A Foi, et al. Video denoising, deblocking, and enhancement through separable 4-D nonlocal spatiotemporal transforms [J]. IEEE Transactions on Image Processing, 2012, 21 (9): 3952-3966.

[41] 涂扬. 视频序列中高斯噪声的去除算法研究 [D]. 武汉：华中科技大学，2013.

第 4 章　水下图像视频分割

4.1　引言

近年来，图像处理技术的落地应用场景越来越多，简单的目标识别任务已经不能满足人们的需求。为了从图像视频中提取更加丰富的信息，衍生出了图像分割技术。该技术是根据图像的灰度、彩色、纹理、几何形状等特征，在像素级别将目标物体与背景分离。相对于图像目标检测，图像分割作为一种粒度更小，提取信息更多的方法，受到研究者广泛的关注。尤其是近 20 年来，随着各类图像特征提取模型的出现，水下图像分割任务的精度不断提升，水下图像处理技术取得了极大的进展。

与其他类型图片不同的是，悬浮物的存在和光的吸收、散射等作用，导致水下光线存在严重的衰减和散射效应，使水下图像出现模糊、对比度低、噪声明显等特征。图像的灰度、彩色、纹理、几何形状等特征受到巨大的干扰，图像处理技术对模型提取图像特征的能力提出较高的要求。在水下图像分割任务中，按照分割算法的应用技术，可以分为传统图像分割方法和基于深度学习的图像分割算法。传统图像分割的算法包括：阈值分割、基于区域增长分割、基于边缘检测分割、形态学分水岭分割等；基于深度学习的图像分割算法则可以按照分类方式分为语义分割与实例分割。

4.2　常用图像分割方法

目前，国内外众多学者对水下目标分割方法进行了相应的研究。常用于图像分割的方法有阈值分割、基于区域增长分割、基于边缘检测分割、形态学分水岭分割等，下面对此类算法流程做一个简述。

4.2.1　阈值分割

图像阈值化分割在本质上是对图片像素进行分类，具体思想是将图像灰度化后，图像上各个区域内部具有一致属性，而相邻区域不具有这种一致属性，因此通过选取一个或者多个阈值可以实现对图像的灰度分割，在此基础上选取一个或多个分割阈值，按照一定的灰度等级对图像像素值按区间进行划分，而划分的结果在图像中对应着不同的目标区域。该方法特别适用于灰度化后目标和背景差距较大的图像，具有计算速度快，计算性能稳定，实现简单等优点，从而被广泛应用于图像视频数据预处理步骤中。根据阈值选取方式的不同，阈值分割又可分为单阈值分割、多阈值分割以及局部阈值分割。对于水下图像阈值分割，阈值的选取与普通图像阈值分割的阈值选取方法一致。

1. 单阈值分割与多阈值分割

单阈值分割方法将图片中的像素分为目标类和背景类，选取介于二者之间的一个值作为分割阈值，当像素值大于等于该值时，则认为是目标物体像素，否则认为是背景像素。其如式 4-1 所示：

$$g(i,j)=\begin{cases}1, & f(i,j)\geqslant T\\0, & f(i,j)<T\end{cases} \tag{4-1}$$

式 4-1 中，f 为输入图像；g 为输出图像；i,j 为像素的行列索引值。当像素值大于等于阈值 T 时，该像素属于目标物体，$g(i,j)=1$；否则该像素属于背景，$g(i,j)=0$。依此类推，当图像中存在多个目标需要提取时，需要指定多个阈值将每个目标分割开，此可称为多阈值分割。其中，单阈值分割算法在鱼体分割的效果如图 4-1 所示。

(a) 原始图像

(b) 单阈值分割效果图

图 4-1　单阈值分割

2. 局部阈值分割

单阈值与多阈值的分割方法作用对象为图像中的所有像素，对于光照分布不均匀的图像而言，使用相同的阈值对图像各个部分进行分割，难免使得分割结果出现偏差。因此，引入了局部阈值分割的概念。局部阈值分割是用一个中心像素 $c(x,y)$ 的邻域的一些属性计算出一个或多个阈值的判别式，根据判别式结果实现目标图像的分割。假设中心像素 c 的邻域为 R，根据邻域 R 计算出的阈值向量 $\boldsymbol{T}=(T_1,T_2,T_3,\cdots,T_n)$，在此基础上设计合适的真值判别式 $Q(\boldsymbol{T},x)$，其中 x 的值代表中心像素 $c(x,y)$ 的灰度值，根据判别式的返回值设置输出图像的像素。

3. 阈值的选取

在通常情况下，图像阈值的选取方法可按照目标图像具有的特征或准则分为直方图峰谷法、迭代法、基于方差的方法、大津法阈值分割法、最小错误概率分割法、最大类空间方差法等。下面选几个典型的算法作为示例。

(1) 直方图峰谷法

利用直方图进行分析，并根据直方图的波峰和波谷之间的关系，选择出一个较好的阈值。此方法准确性较高，但却有一定限制，要求图像只存在一个目标和一个背景且两者对比明显，要求图像直方图一般为双峰型，如图 4-2 所示。

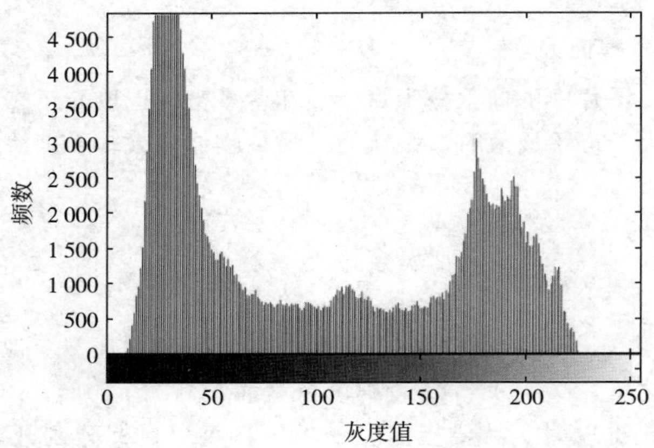

图 4-2 灰度直方图

（2）迭代法

设置初始阈值为图像灰度均值，利用阈值将图像分割成两部分，分别使用 R_1 和 R_2 代表，计算 R_1 和 R_2 的均值 μ_1 和 μ_2，选取新的阈值 $T=(\mu_1+\mu_2)/2$，再将图像按照新的阈值重新分割图像，重复上述步骤，直至其均值不再变化为止。

（3）基于方差的方法

在图像分割中，像素值的方差是度量灰度分布均匀性的一种常用指标，方差值越大，说明构成图像的两部分差别越大，反之则说明构成图像的两部分差别较小。

（4）大津法阈值分割法

大津法（OSTU）阈值分割是寻找能够使得不同类间方差最大的值作为阈值的方法。其具体步骤为：假设按照阈值 T 可将图片分为前景和背景两部分，则前景的平均灰度为 μ_0，其对应像素数量占图像像素数量的比例为 w_0；背景的平均灰度为 μ_1，其对应像素数量占图像像素数量的比例为 w_1，则总均值为 $u=w_0\times u_0+w_1\times u_1$。通过寻优算法，当错分概率最小即类间方差最大时，所求优化结果即为阈值。

与 OSTU 阈值分割法不同的是，类内最小方差法则是求像素值 x 的同类间方差最小的值作为阈值 σ，如式 4-2 所示：

$$\sigma=\sqrt{\sum_{x<T}(x-\mu_0)^2}+\sqrt{\sum_{x\geqslant T}(x-\mu_1)^2} \tag{4-2}$$

（5）最小错误概率分割法

假设图片背景与前景的灰度分布如图 4-3 所示，满足正态分布，则当分布参数已知时，通过计算可以得出最小错误概率的门限值。假设图像中前景点的灰度值概率分布是 $p_1(z)$，背景点的概率分布为 $p_2(z)$，阈值 T 为分割点。

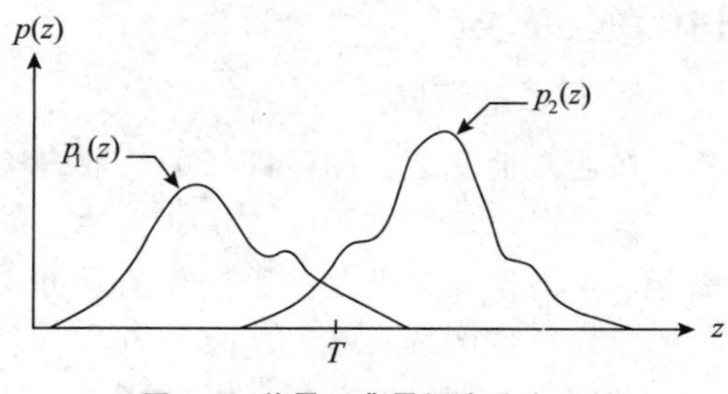

图 4-3 前景、背景概率分布

假设背景判为前景的错误期望为：

$$E_1(T)=\int_{-\infty}^{T}p_2(z)\mathrm{d}z \tag{4-3}$$

前景判为背景的错误期望为：

$$E_2(T)=\int_{T}^{+\infty}p_1(z)\mathrm{d}z \tag{4-4}$$

总错误率为 $E(T)=E_1(T)+E_2(T)$。要使总错误率最小，对 T 导数为零，可知 $p_1(T)=p_2(T)$。又因前景、背景均服从正态分布（式 4-5)：

$$\frac{P_1}{\sqrt{2\pi}\sigma_1}\exp\left[\frac{(T-\mu_1)^2}{2\sigma_1^2}\right]=\frac{P_2}{\sqrt{2\pi}\sigma_2}\exp\left[\frac{(T-\mu_2)^2}{2\sigma_2^2}\right] \tag{4-5}$$

在式 4-5 中，当前景与背景点数量的比例以及方差相同时，满足 $T=(\mu_1+\mu_2)/2$。

4.2.2　基于区域增长分割

阈值分割技术虽然具有实现简单，效果稳定的优点，但仅适用于灰度图，对于灰度渐变或以某种纹理划分的不同区域的复杂图像而言，分割效果并不理想。因此，基于区域增长分割的图像分割方法应运而生。该方法既可以通过灰度与局部特征值信息进行聚类，也可以使用统计均匀性检验对图像进行处理。大致思路可概括如下。

首先将图像分成许多小区域，这些区域既可以是小的邻域也可以是单个像素；然后在每个区域中，选择平均灰度值、纹理或者颜色信息等能够反映一个物体内像素一致性的特征，作为区域合并的判断标准；并以此标准将相似的区域进行合并，合并特征值差异不明显的区域；每次合并完成后，均需要重新计算合并区域内各像素特征，直至区域无法进行合并。

区域增长又可分为单连接区域增长、混合连接区域增长、中心连接区域增长以及混合连接组合技术。

1. 单连接区域增长

该方法将两个像素看成连接图中的结点，把单个像素同空间与相邻像素的特性如灰度级进行比较，用一条弧将特性足够相似的像素连接起来，从而进行区域的增长。如何衡量两个相邻像素是否在特性上“足够相似”，是实现这种方法的关键。通常最简单的方法是直接计算两相邻像素的灰度值之差，对于有矢量值的像素，则要用像素间矢量差的模。单连续区域增长法的步骤如下。

步骤 1：对图像进行光栅扫描，求出不属于任何区域的像素；

步骤 2：将该像素的灰度值与其邻域或邻域内不属于任何一个区域的像素灰度值相比较，如果其差的绝对值小于某个设定的阈值，就把它们合并为同一区域；

步骤 3：对于那些新合并的像素，重复步骤 2 的操作；

步骤 4：反复进行步骤 2、步骤 3 操作，直到区域不能再增长为止；

步骤 5：返回步骤 1，重新寻找能成为新区域出发点的像素。

这种方法虽然简单，但仅考虑从一个像素到另一个像素的特性是否相似，因此对于有噪声的或复杂的图像，此方法会引起不希望的区域出现，在合并过程中导致精度下降。

2. 混合连接区域增长

该方法与单连接区域增长法类似，在其基础上使用统计学中的假设检验方法对两个邻域之间差异进行比较。具体区别在于对每一个结点，该方法用该结点对应的像素周围邻域特性判断相邻像素是否相似，因此增加了抗干扰性。

3. 中心连接区域增长

中心连接区域增长的方法是从满足某种相似性检测的点开始，在各个方向上增长区域。该方法考虑同一物体中各区域对应的像素灰度级差异性较小。根据该原理，对某一小块区域的全部邻点进行检查，并把满足设定的相似性检测准则的任何邻点并入上述的小块区域中，从而得到新的划分区域，重复上述过程直至没有可接受的邻点时，增长过程就终止。区域增长分割示例如图 4-4 所示。

(a) 原始图像

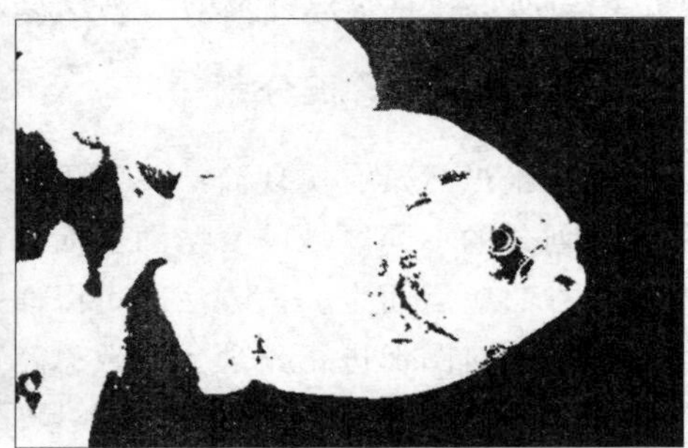

(b) 区域增长分割图

图 4-4　区域增长分割

4.2.3　基于边缘检测分割

对于图像中的不同目标，目标与目标的边缘往往存在像素的突变情况。因此决定某个像素点是否是边缘只需要图片的局部信息。通常可以把边缘检测技术分成两类：串行技术和并行技术。串行技术用于判断当前点是否是边缘，此方法依赖于边缘检测算子对前一点判断的结果。而并行技术用于决定当前点是否是边缘，这只依赖于当前点及其邻域点。并行运算的优势在于可以同时作用于该图像的每一个像素。

常见的边缘检测方法有差分法和模板匹配法。差分法是指数学上用离散函数的数值计算方法对连续函数微分运算的一种近似，结果一般体现为阶梯状或者脉冲状。边缘与差分值的关系可以归纳为两种情况：一是边缘发生在差分最大值或者最小值处；二是边缘发生在过零处。对于阶梯状边缘可以用梯度下降算子、一阶差分算子得到差分值，这些不同的算子可以检测出图像灰度值或者平均灰度值的变化。对于脉冲状边缘，可用二阶差分算子得到差分值。算子特点是对于灰度值变化呈阶梯状。因此，对于角点、线、孤立点的检测效果很好。但是如果图像存在较严重的噪声，则效果不是十分理想。不同算子示例对比如表 4-1 所示，示例如图 4-5 所示。

表 4-1　不同算子示例对比

算子	最佳情况
Roberts	Roberts 算子对具有陡峭的低噪声的图像处理效果较好。但提取边缘的结果是边缘比较粗糙，因此边缘定位不是很准确
Sobel	Sobel 算子对灰度渐变和噪声较多的图像处理效果较好，对边缘定位比较准确
Prewitt	Prewitt 算子对灰度渐变和噪声较多的图像处理效果较好
Log	拉普拉斯高斯算子（Log 算子）经常出现双像素边界，并且该检测方法对噪声比较敏感；所以，拉普拉斯高斯算子很少用于边缘检测，而是用来判断边缘像素是位于图像的明区还是暗区
Canndy	Canndy 算子不容易受噪声的干扰，能够检测真正的弱边缘。该方法的优点在于，使用两种不同的阈值分别检测强边缘和弱边缘，并且仅当弱边缘和强边缘相连时，才将弱边缘包含在输出图像中。因此，这种方法不容易被噪声“填充”，更容易检测出真正的弱边缘

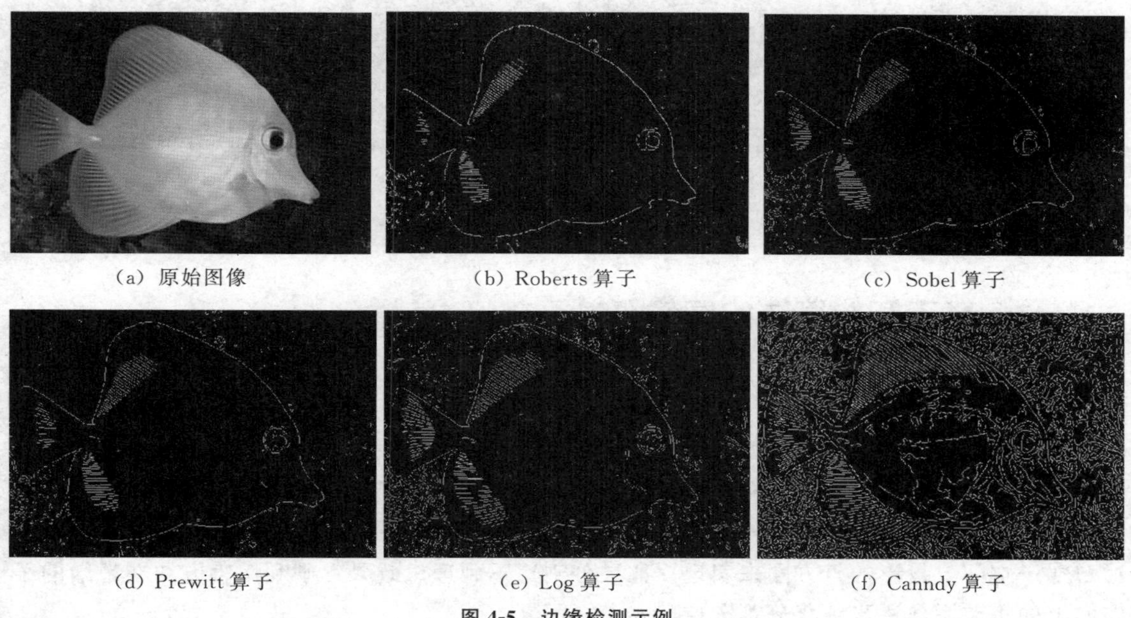

(a) 原始图像　(b) Roberts 算子　(c) Sobel 算子

(d) Prewitt 算子　(e) Log 算子　(f) Canndy 算子

图 4-5　边缘检测示例

4.2.4　形态学分水岭分割

分水岭分割是一种基于拓扑理论的数学形态学的分割方法，其基本思想是把图像看作测地学上的拓扑地貌，图像中每一点像素的灰度值表示该点的海拔高度，每一个局部极小值及其影响区域称为集水盆，而集水盆的边界则形成分水岭。分水岭的概念和形成可以通过模拟浸入过程来说明，在每一个局部极小值表面，刺穿一个小孔，然后把整个模型慢慢浸入水中，随着浸入的加深，每一个局部极小值的影响域慢慢向外扩展，在两个集水盆汇合处构筑大坝，即形成分水岭。分水岭变换可以保证分割区域的连续性和封闭性。

分水岭变换是从局部极小点开始的，即只能在梯度图中用，原始图转换后才能用于分水岭变换。一般图像中存在多个极小值点，通常会存在过分割现象，可以采用梯度阈值分割改进或者采用标记分水岭算法将多个极小值区域连在一起。

算法步骤如下。

步骤 1：读取图像；

步骤 2：求取图像的边界，在此基础上可直接应用分水岭分割算法，但效果不佳；

步骤 3：对图像的前景和背景进行标记，其中每个对象内部的前景像素都是相连的，背景里面的每个像素值都不属于任何目标物体；

步骤 4：计算分割函数，应用分水岭分割算法实现分割。

使用分水岭算法分割图像如图 4-6 所示。

（a）原始图像　（b）分水岭分割效果图

图 4-6　分水岭分割前后图像对比

4.3　基于智能算法的图像分割

4.3.1　基于小波变换的图像分割

基于小波变换的阈值法图像分割的基本思想：首先将图像的直方图进行多分辨率的小波变换，其次按给定的分割准则和小波系数选择阈值门限，最终利用阈值标出图像分割区域。这是一个由粗到精的多分辨率分析的分割过程，由尺度变化来控制，用起始分割出粗略的 $L^2(R)$ 子空间上投影的直方图来实现。如果分割达不到理想效果，则利用直方图在精细的子空间上的小波系数逐步细化分割图像[1]。

在对其直方图进行多分辨率的小波变换前，需先对其直方图分布情况进行统计分析，然后再对其进行直方图多分辨率分析。在多分辨率分析过程中，不同的分辨率可定义为：任何一个整数 $j \in \mathbf{Z}$（$\mathbf{Z}$ 为整数集合），$d_j = \{k/2^j ; k \in \mathbf{Z}\}$ 为 j 在分辨率下的二进制有理数。对于任何 $j \in \mathbf{Z}$，d_j 为一组在实数轴上等间隔采样点集合，如果存在任意有理数 i，有 $i < j$，则 d_j 为低分辨率的采样点；反之，$i > j$，则 d_j 为高分辨率的采样点。

假定 f 表示一幅图像，g 是图像 f 中的最大灰度，则直方图函数为：

$$h_f(k) = |\{(x,y) : f(x,y) = k\}| ; k \in [o,g] \tag{4-6}$$

在式 4-6 中，“$|\cdots|$”为计数操作；$h_f(k)$ 是离散函数。令 $h_f(x) = h_f(k)$，$x \in [k, k+1]$。其中离散函数 $h_f(k)$ 为连续函数 $h_f(x)$，$h_f(x)$ 可看作由多个分段常数函数组成。对于 $j \in \mathbf{Z}$，$h_f(x)$ 按采样点 $\{d_j\}$ 采样，则 h_f^j 为在 j 分辨率下的直方图。h_f^j 为尺度函数 R（t）的平移与伸

缩。连续函数 $h_f(x)$ 由多个分段常数函数组成，因此存在阶梯现象，可用平滑处理函数 $h_f(x)$，去掉高频成分。$h_f(x)$ 可表示为：

$$h_f(x) = \sum_{k \in \mathbf{Z}} a_k R_{j,k} \tag{4-7}$$

式 4-7 中，$a_k = \langle h_f, R_{j,k} \rangle$；$R_{j,k} = 2^{j/2} R(2^j x - k)$ 。

在此基础上，可对图像直方图曲线进行多分辨率分解，通过分解系数，找出图像分割阈值。具体分解步骤如下。

步骤 1：设 M 个分割区域，分解级数为 $j = \log_2(L)$，L 为图像灰度最大值；

步骤 2：按直方图曲线 h_f 进行分解，得到 $\{a_k\}_j = \{\langle h_f, R_{j,k} \rangle\}_{k \in \mathbf{Z}}$；

步骤 3：在分解系数 $\{a_k\}_j$ 中，找到满足 $a_{l-1} > a_l$ 与 $a_l < a_{l+1}$ 条件标号 l，并统计标号 l 的个数 n；

步骤 4：若 $n < M$，则 $j = j + 1$，当 $j > 0$，转向步骤 2；

步骤 5：从系数 $\{a_k\}_j$ 找出多阈值；

步骤 6：像素值与灰度阈值相比较，并标出其所在区域，完成图像分割。

4.3.2　基于马尔科夫随机场模型的图像分割

马尔科夫随机场（Markov random field，MRF）模型在统计学方法中为最常用的一种，因其可以表达图像像素间的空间信息，受众多学者青睐，他们将 MRF 模型应用于不同的图像分割邻域，并提出了针对不同的应用环境对 MRF 模型进行改进的多种算法[2]。

在图像处理中，可以把图像分割问题看作标号问题。而 MRF 则是一个有效解决标号问题的数学框架。

设 X 和 Y 为二维平面随机场，输入图像 $X = \{x_i \mid i = 1,2,3,\cdots,M \times N\}$，标号场

$$Y = \{y_i \mid i = 1,2,3,\cdots,M \times N\}$$

M 和 N 分别为图像行数和列数。

分像素类别 $L = \{\lambda_i \mid i = 1,2,3,\cdots,k\}$，$k$ 为拟分割区域总数。

位置集合 $S = \{s = (i,j) \mid 1 \leqslant i \leqslant H, 1 \leqslant j \leqslant W, i,j,H,W \in I\}$ 中的元素通过邻域系统相互产生影响；H 为图像高；W 为图像宽。

邻域系统 $N = \{N_s, s \in S\}$，N_s 为 s 的邻域系统。一阶邻域系统、二阶邻域系统与二阶邻域系统所有基团类型，分别如图 4-7(a)、图 4-7(b)、图 4-7(c)所示。通常使用 (S,N) 就可表示一幅图像。

在对图像建模时，一般把输入图像 X 看成 MRF，图像分割问题就转化为在已知 Y 的条件下，依照某种最优准则产生 X 的过程。根据 Bayes 规则[3]，后验概率分布为：

$$P = (X = x \mid Y = y) = \frac{P(Y = y \mid X = x) P(X = x)}{P(Y = y)} \tag{4-8}$$

在 y 给定的前提下，式 4-8 中 $P(Y = y)$ 通常为一个常数；$P(Y = y \mid X = x)$ 为似然函数，又称条件概率密度函数。

由 Hammersley-Cliford 定理，$P(X = x)$ 为先验的 Gibbs 分布，如式 4-9 所示：

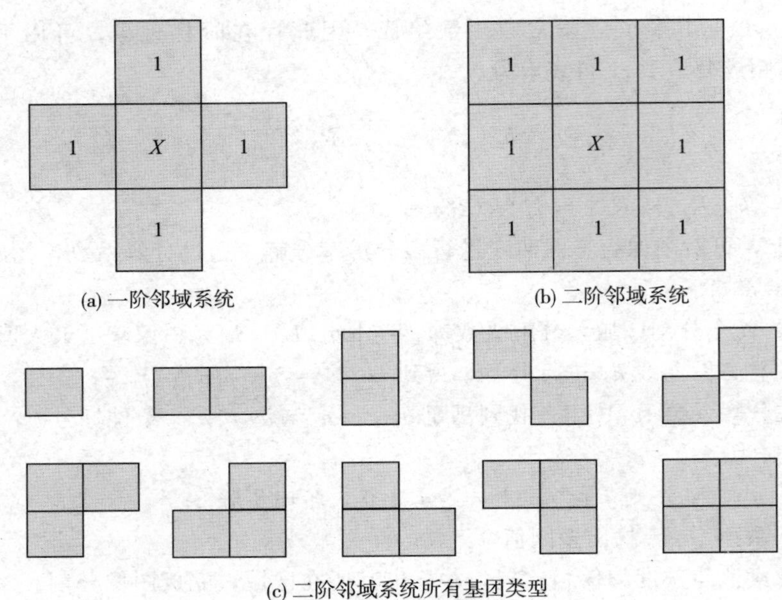

(a) 一阶邻域系统　　(b) 二阶邻域系统

(c) 二阶邻域系统所有基团类型

图 4-7　邻域系统

$$P(X=x)=\frac{1}{Z}\exp\left[-\frac{E(x)}{T}\right] \tag{4-9}$$

式 4-9 中，$Z=\sum_{x\in\Omega}\exp\left[-\frac{E(X)}{T}\right]$ 称为划分函数，是一个归一化常量；$E(x)=\sum_{c\in S}V_c(x)$ 是能量函数；$V_c(x)$ 是势函数；T 是温度参数。

当图像分割时，通常利用最大化后验概率获取图像的最优标记，如式 4-10 所示：

$$\hat{x}=\operatorname{argmax}P(X=x\mid Y=y) \tag{4-10}$$

4.3.3　基于遗传算法的图像分割

遗传算法通过借鉴自然进化的过程实现寻优，当将其与图像分割技术结合时，以传统图像分割算法的函数作为适应度函数，利用遗传算法具有高并行性和较为优秀的全局寻优能力，可在描述图像特征的参数空间中找到关键阈值，达到区分目标与背景的目的[4]。下面简要介绍基于遗传算法的 OTSU。

假设一幅图像中的灰度值范围为 $0\sim(n-1)$，灰度值为 i 的像素共计 x_i 个，且其直方图被阈值 T 分为两部分：G_0 和 G_1，其中 G_0 的灰度值的范围是 $0\sim T$，G_1 的灰度值的范围为 $(T+1)\sim(n-1)$，基于此：

整幅图像的像素数目为：

$$X=\sum_{i=0}^{n-1}x_i \tag{4-11}$$

各灰度值出现的概率为：

$$p_i=\frac{x_i}{x} \tag{4-12}$$

G_0 产生的概率为：

$$q_0 = \sum_{i=1}^{n} P_i = q(T) \tag{4-13}$$

G_1 产生的概率为：

$$q_1 = \sum_{i=T+1}^{n-1} P_i = 1 - q(0) \tag{4-14}$$

G_0 的平均值为：

$$\mu_0 = \sum_{i=0}^{T} \frac{iP_i}{w_0} = \frac{\mu(T)}{w(T)} \tag{4-15}$$

G_1 的平均值为：

$$\mu_1 = \sum_{i=T+1}^{n-1} \frac{iP_i}{w_1} = \frac{\mu - \mu(T)}{1 - w(T)} \tag{4-16}$$

式 4-11 中 X 是整幅图像的灰度平均值，当阈值为 T 时，灰度平均值是 $\sum_{i=0}^{T} iP_i$，由此可得总灰度平均值为：

$$\mu = q_0\mu_0 + q_1\mu_1 \tag{4-17}$$

于是 G_0 和 G_1 两组间的方差如式 4-18 所示：

$$\delta^2(T) = q_0(\mu_0 - \mu)^2 + q_1(\mu_1 - \mu)^2 \tag{4-18}$$

令 T 在 0 到 $n-1$ 的范围内取值，当 $\delta^2(T)$ 为最大值时，T 为所求。此时，便可将OTSU算法中的组间方差视作为适应度函数，利用遗传算法进行全局寻优和迭代式计算，并在可行解空间寻找阈值 T，使得最优解 T 的值满足最大类间方差的要求，即目标与背景间具有最大的分离性，以此来分割图像。

4.3.4　基于聚类的图像分割

聚类作为一种自适应的非监督算法，具体过程就是依据数据对象间的相似性，把数据对象集合划分为若干个子簇。而图像分割具体目标就是依据某个准则，把图像划分成若干个具有独立性质的区域，使得每个区域自成一体。所以，聚类与图像分割具有共同的特征，最终的共同目标都是把具有相似性的数据对象分割到同一区域中，而把具有相异性的数据对象分割到不同区域中。

基于聚类的图像分割算法，与其他图像分割算法比起来，其最大优点是灵活性好且不需要训练集。只需要把图像转化为图，然后迭代地提取特征值并对图像进行分割，即可完成对原有图像的分割。上述原因，基于聚类的图像分割算法已经被广泛地应用到图像处理中。传统的分割算法不断被学者改进和结合，如均值偏移算法，K 均值算法、Fuzzy C-means 算法、SLIC 算法等。

1. 均值偏移算法

均值偏移（mean shift）算法是一种基于梯度的无参数密度估计的算法[5]。基本思想是：

首先在历史帧或初始帧中设定一个目标模型，并计算这个目标模型中每个特征值的概率密度。之后，在候选帧的图像中设定多个候选模型并计算候选区域中目标的各个特征值。根据相似性函数可以求取一个均值偏移向量，即目标从初始位置向真实位置转移的向量。而无参数的密度估计算法能够收敛，因此不断迭代计算均值偏移向量，最终可以收敛到当前帧中的唯一位置，此位置就是目标的真实位置[6]，基本形式如式 4-19 所示。

$$M_h(x)=\frac{1}{k}\sum_{x_i\in s_h}(\boldsymbol{x}_i-x) \tag{4-19}$$

式 4-19 中，$\boldsymbol{x}_i\in R^d$ 为 n 个样本点，$i=1,2,\cdots,n$；s_h 为以 x 为中心的半径为 h 的高维球体，其中包括 k 个样本点。

首先建立目标模型。设 $\{x_i\}_{i=1,2,\cdots,m}$ 是目标模型区域的像素位置，模型的中心坐标为 x_0，则目标模型中第 u 个特征值的概率密度 $\hat{q}_u$ 为：

$$\hat{q}_u=C\sum_{i=1}^{m}k\left(\left\|\frac{x_0-x_i}{h}\right\|^2\right)\delta[b(x_i^*)-u] \tag{4-20}$$

其中 u 的值可以取 $1,2,3,\cdots,m$，是目标区域中包含的特征值。$k(\cdot)$ 为核函数，δ 函数在卡尔曼滤波中已介绍过定义。由概率之和的归一性 $\sum_{i=1}^{m}\hat{q}_i=1$，可以求解归一化常数 C，如式 4-21 所示。

$$C=\frac{1}{\sum_{i=1}^{m}k\left(\|x_i^*\|^2\right)} \tag{4-21}$$

其次设置候选模型。设 $\{x_i^*\}_{i=1,2,\cdots,m}$ 为候选目标区域的像素位置，且目标模型中心坐标为 y。以图像灰度特征 u 的候选目标为基础，其颜色概率函数可以通过计算得出，其中 C_h 为归一化常数，如式 4-22 与式 4-23 所示。

$$\hat{p}_u(y)=C_h\sum_{i=1}^{n_k}k\left(\left\|\frac{y-x_i}{h}\right\|^2\right)\delta[b(x_i)-u] \tag{4-22}$$

$$C_h=\frac{1}{\sum_{i=1}^{n_k}k\left(\left\|\frac{y-x_i}{h}\right\|^2\right)} \tag{4-23}$$

然后构建相似性函数。为了找到与目标模型相匹配的最优候选模型，需要设置合适的相似性函数进行判断。首先需要计算两个离散分布 $\hat{q}$ 和 $\hat{p}$ 的距离：$d(y)=\sqrt{1-\rho[\hat{p}(y)\cdot\hat{q}]}$，定义 ρ 为 $\hat{p}(y)$，$\hat{q}$ 之间的 Bhattacharyya 的采样估计，$\rho(y)=\sum_{u=1}^{m}\sqrt{\hat{p}_u(y)\cdot\hat{q}_u}$，$\rho(y)$ 越大，$d(y)$ 越小，则候选模型和目标模型的相似性越高；若 $\rho(y)=1$，目标模型和候选模型是完全匹配的。

最后进行目标定位。在当前帧中以前一帧搜索窗口的位置作为当前帧搜索窗口的位置，设窗口中心为 y_0。需要计算前一帧 y_0 处候选目标的概率密度 $\{\hat{p}_u(\hat{y}_0)\}_{u=1,\cdots,m}$。因此，对系数 $\rho(y)$ 在 $\hat{p}_u(\hat{y}_0)$ 处进行泰勒展开，得到它的一阶近似公式，见式 4-24 与式 4-25。

$$\rho[\hat{p}(\hat{y}),\hat{q}] \approx \frac{1}{2}\sum_{u=1}^{m}\sqrt{\hat{p}_u(\hat{y}_0)\hat{q}_u} + \frac{C_h}{2}\sum_{i=1}^{n_k}\omega_i k[b(x_i)-u] \tag{4-24}$$

$$\omega_i = \sum_{u=1}^{m}\sqrt{\frac{\hat{q}_u}{\hat{p}_u(\hat{y}_0)}}\delta[b(x_i)-u] \tag{4-25}$$

式 4-24 中可以得到，等式右边的第一项与目标模型位置 y 无关，若使得第二项最大，需要使得函数 $d(y)$ 最小，进而得到最佳的候选模型。同时，该式的第二项是在当前帧中由核函数 $k(x)$ 和图像像素的加权值计算得到的概率密度估计，因此可以从 y_0 处递归计算新的目标位置 y_1，如式 4-26 所示。

$$y_1 = \frac{\sum_{i=1}^{n_k} x_i\omega_i g\left(\left\|\frac{\hat{y}_0 - x_i}{h}\right\|^2\right)}{\sum_{i=1}^{n_k}\omega_i g\left(\left\|\frac{\hat{y}_0 - x_i}{h}\right\|^2\right)} \tag{4-26}$$

式 4-26 中，$g(x) = -k'(x)$。Mean shift 算法如式 4-27 所示。

$$m(\hat{y}_0) = \hat{y}_1 - \hat{y}_0 = \frac{\sum_{i=1}^{n_k} x_i\omega_i g\left(\left\|\frac{\hat{y}_0 - x_i}{h}\right\|^2\right)}{\sum_{i=1}^{n_k}\omega_i g\left(\left\|\frac{\hat{y}_0 - x_i}{h}\right\|^2\right)} - \hat{y}_0 \tag{4-27}$$

Mean shift 算法虽然具有稳定性和鲁棒性好的优点，但不能充分利用图像语义信息，且计算开销过大，导致分割速度慢。

2. K 均值算法

K 均值（K-means）算法高效简单，在实际应用和理论研究中应用十分广泛。该算法具体思想是通过计算样本中的每个聚类中所有像素点的平均值进而得出聚类中心点。该算法需要根据先验知识指定图像将分成 K 个组，把输入的 K 个点作为要收敛的聚类中心。计算簇中其他采样点到 K 个收敛中心点的欧氏距离，并对比全部采样点和收敛中心点之间的距离。通过对比最小的欧氏距离进行归类，然后经重复迭代，逐次得到 K 个聚类的均值。直到聚类的性能准则函数最优，整体误差最小，获得最佳的聚类效果。基于 K-means 算法聚类分割图像示例如图 4-8 所示。

（a）原始图像

（b）K-means 算法聚类分割后的图像

图 4-8　K-means 算法聚类分割前后图像对比

4.3.5 基于深度学习的图像分割

4.3.5.1 语义分割

图像语义分割（image semantic segmentation，ISS）是一门综合计算机视觉、模式识别与人工智能等学科的数字图像处理技术，在虚拟现实、工业自动化、视频检测等领域有着广泛的应用[7]。该技术由 Ohta 于 2011 年提出，其定义是为图像中的每一个像素分配一个预先定义好的表示其语义类别的标签[8]。在图像中的目标或者前景中加入了一定的语义信息，使得模型在学习过程中能够充分地提取图像数据中的纹理、场景以及其他语义特征，语义分割大大提升了实用价值。

相对于普通图像，水下图像本身存在细节模糊、颜色失真以及对比度低等成像质量差的问题，除此之外，水下图像数据集相对较小，加上成像内容中不可避免地存在漂浮颗粒物、气泡等与目标物无关的噪声信息，这些问题使得水下图像语义分割更具有挑战性。

若要提高水下图像分割的精度，可从数据处理、模型选择两方面考虑。在数据处理方面，可先使用水下图像增强、去雾等技术突出图像中的关键特征信息，解决颜色劣化等成像质量较差的问题（具体技术细节详见本书第 2 章）；若数据集较少，可借助迁移学习的思想，利用在 Pascal Visual Object Classes[9]、Microsoft Common Object in Context[10] 等数据集上训练好的深度学习模型，在保留原本模型提取特征能力的基础上，通过修改部分网络结构后再将其用于训练水下图像数据。在模型的选择上，由于水下环境的独特性，可充分利用目标在不同尺度下的特征、目标所处的特殊背景等信息，优先选用考虑背景特征的语义分割模型。下面介绍几个提取图像特征效果较好的模型。

1. SegNet

SegNet[11] 是通过全卷积网络（fully convolutional networks，FCN）[12] 改进而来的一种编码器-解码器网络架构的深度学习模型。模型的训练样本为人工精确加工的像素级图片，然后利用深度神经网络进行训练，从中提取图像特征和语义信息，根据提取得到的特征信息来学习、推理原始图像中各个像素的类别。

具体网络结构可分成 3 个部分：编码器、解码器、像素级分类网络。其中，编码器以 VGG-16 网络结构[13] 为基础网络，VGG-16 网络在经过大型数据集上训练后，删除其中的全连接层并选取前 13 层卷积层并保留其权重作为编码器网络权重的初始值，在编码器网络中，每一层都对应着解码器的相应层，因此解码器同编码器层数一样，最后像素级分类的网络选择多分类的 softmax 分类器。其模型结构如图 4-9 所示。

在编码器网络中每一个编码器都能够通过一组卷积核得到对应的特征图，其后接一个 BatchNormal 层并使用 ReLU 激活函数，再使用一个卷积核大小为 2×2，步幅长度为 2 的 max pooling。

在编码器中使用了 max pooling 层，导致分辨率上有一定损失，而此类损失会导致边界界定模糊，不利于像素级别的图像分割，因此，解码器网络对相应编码器中的特征图进行上采样，产生系数的特征图后，将其作为一系列可训练卷积核的输入，输出密集的特征图，然后使用 BatchNormal 层规范正则化处理，用以减弱过拟合，最后将解码器输出的高维度特征表示送入一个 softmax 多分类器，对每个像素进行单独分类。

除了编码器解码器架构外，在 SegNet 中的卷积化、上采样也值得关注。

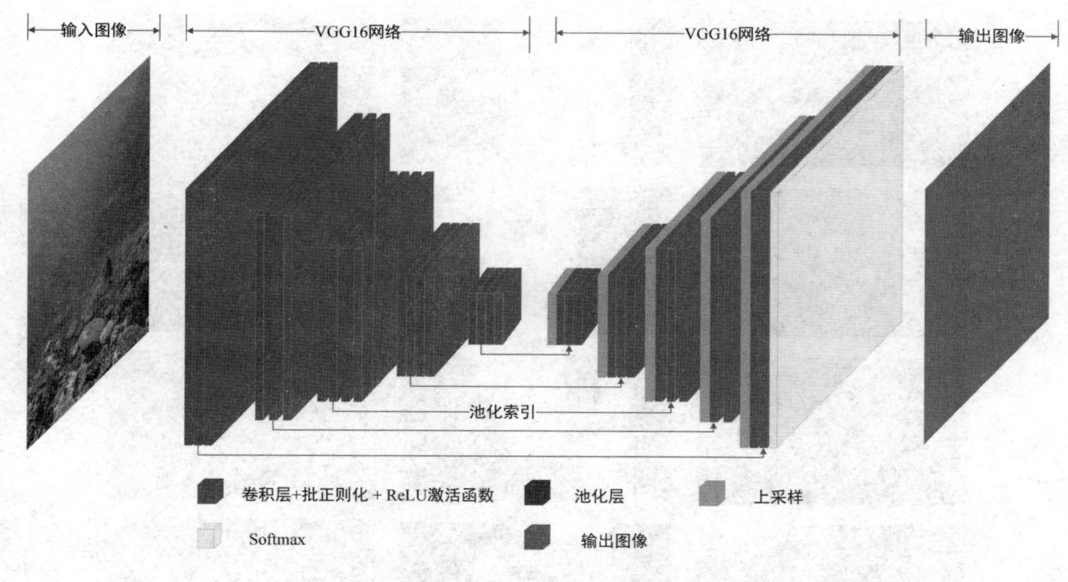

图 4-9 SegNet 模型结构

(1) 卷积化

SegNet 沿用了 FCN 网络的思想，摒弃了全连接层（dense layer）。之前用于语义分割的深度学习模型不可避免地都使用了全连接层，而在语义分割模型中使用全连接层主要有两个缺点：①计算效率低，每次分类时做了大量的重复计算，导致训练时间过长；②难以提取有用的特征，若抽取特征的网络层较少，则还原时受限于局部特征，若抽取特征的网络层较多，则会对分割的目标造成干扰，导致分割结果不够精细。因此，SegNet 的网络组成只有卷积层和池化层，这样卷积在训练的过程中不仅可以弱化与目标无关区域的权重，而且卷积块共享权重，不仅有效降低了计算量，减少了重复计算过程，也降低了模型的复杂度。

(2) 上采样

由于在图像的语义分割任务中，输出数据为与输入数据同样大小的图片，但在使用卷积层和池化层提取图像数据特征的过程中，不可避免地会使得特征图的宽、高小于输入图像的宽和高，该方法主要用于将小尺寸的高维特征图大小调整为输入图片的大小。通常采用的方法有双线性差值法、反卷积。

实验证明，SegNet 可以捕获更加丰富的图像特征，提高模型学习效率，有效提升分割准确率。其在水下图像处理中取得了较好的效果，Michael 将其与支持向量机（support vector machine，SVM）相结合，对水下场景图像进行了测试，效果如图 4-10 所示[14]。

SegNet 的不足之处在于，虽然实现了像素级别的目标分割，但是在分割结果中，仍然存在某些局限性，导致上采样的图像过于模糊或者平滑，没有较好地体现出图像中目标的细节；在模型设计上，虽然将全连接层替换为卷积层，但仍然没有考虑到各个像素之间的相互作用关系，导致模型存在一定的欠缺。

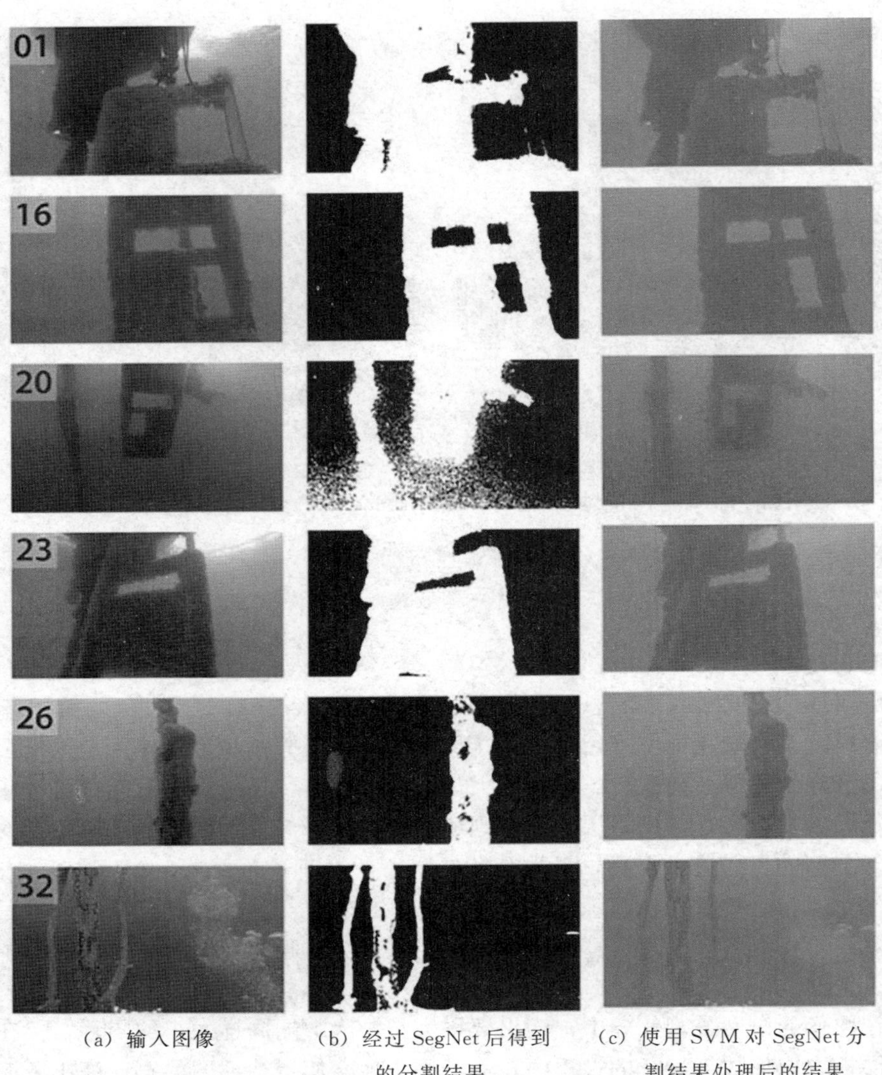

（a）输入图像　（b）经过 SegNet 后得到的分割结果　（c）使用 SVM 对 SegNet 分割结果处理后的结果

图 4-10　水下物体分割效果（Michael 等，2018）

2. DeepLab-V1 网络和 DeepLab-V2 网络

由于语义分割是像素级别的分类，直接使用经过多次卷积操作之后得到的具有高度抽象特征的特征图会损失大量的细节信息。FCN 网络虽然在一定程度上提高了特征分辨率，但仍存在一定缺陷。DeepLab 网络是 Google 公司开源的一种深度学习网络结构，作为提高特征分辨率的模型代表，目前已经有 4 个改进版本。在此，本书按照时间脉络梳理 DeepLab 及其改进版本网络结构。DeepLab-V1 网络与 DeepLab-V2 网络结构大致相同，仅在关键技术上略有差别，故而将两个版本一并说明。

DeepLab-V1 网络[15]是在目标检测算法的基础上进行改进的。首先输入图像数据，通过使用空洞卷积改进后的深度卷积神经网络得到特征图，并使用双线性插值的方法将特征图大小扩充为原图大小，然后使用条件随机场进行细节上的调整，最后输出结果，具体流程如图

4-11 所示。

DeepLab-V2 网络与 DeepLab-V1 网络结构相似，仅在卷积部分引入了空间金字塔池化方法[16]，将该方法与空洞卷积串联结合，提升了分割精度。

DeepLab-V1 网络与 DeepLab-V2 网络涉及的关键技术主要有 3 个：带孔卷积（atrous convolution）、空洞空间金字塔池化方法（atrous spatial pyramid pooling，ASPP）和全连接条件随机场（dense conditional random field，Dense CRF）。

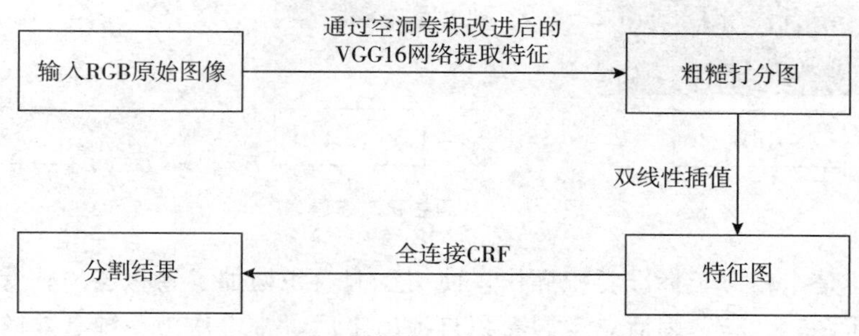

图 4-11　DeepLab-V1 网络流程

（1）带孔卷积

带孔卷积也称为空洞卷积[17]，二维卷积如式 4-28 所示。

$$y_{i,j} = \sum_{m=1}^{K}\sum_{n=1}^{K} x_{i+r\cdot m,j+r\cdot n} w_{m,n} + w_b \tag{4-28}$$

式 4-28 中各参数含义如下：假设 $x_{i,j}$ 为图像的第 i 行第 j 列个元素，$w_{m,n}$ 为一个 $K \times K$ 大小卷积核的第 m 行第 n 列权重，w_b 为偏置项，对特征图的每个元素进行编号，$y_{i,j}$ 为特征图的第 i 行第 j 列，r 称为空洞因子或者膨胀因子。下面以一个具体例子说明二者的区别。

假设原始图像大小为 7×7，最外层不设置填充层，使用卷积核大小为 3×3，卷积步幅设置为 1，则当式 4-28 中的 $r = 1$ 时，为标准的卷积计算公式，计算流程如图 4-12 所示；当式 4-28 中的 $r > 1$ 时，则可认为是带孔的卷积操作，本例中设置 $r = 2$，其工作原理如图 4-13 所示。

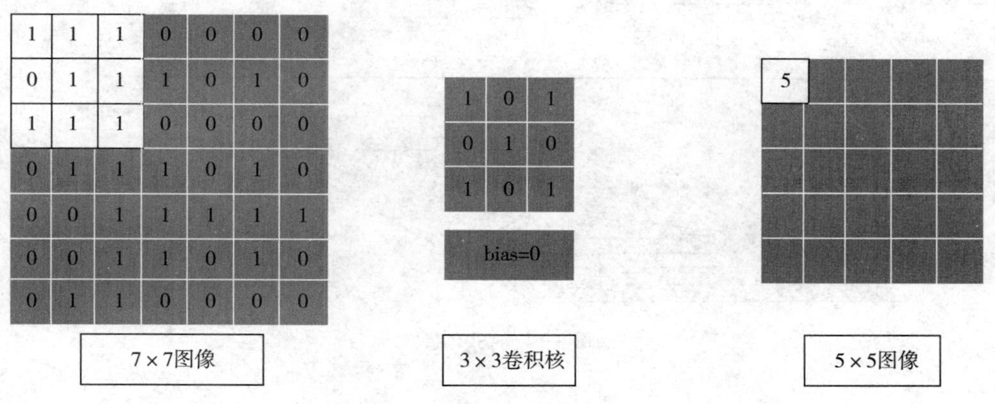

图 4-12　卷积计算原理

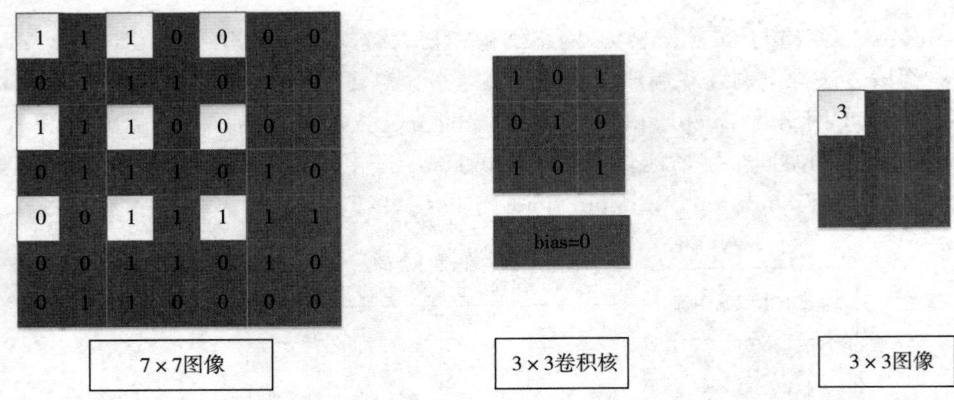

图 4-13　空洞卷积工作原理

显而易见的是，相对于标准卷积操作，使用空洞卷积增加了卷积核的感受野（在本例中从 3×3 提升到了 5×5），因此，空洞卷积自提出之后，常常作为一种有效的机制来控制感受野的大小，以此寻找经过卷积前后修复的细节和精确定位之间的最佳平衡。

(2) 空洞空间金字塔池化方法

卷积神经网络能够高效地抽取图像数据的特征信息，其最大的特点在于卷积神经网络对于局部图像转换的内在不变性，但这个优点也妨碍了语义分割这类的密集型预测任务。因此，这一关键技术主要是为了解决物体在多尺度下图像状态的问题。通过调整式 4-28 中空洞因子的大小，构建不同感受野的卷积核，通过不同比例捕捉对象以及图像上下文获取多尺度物体信息，得到更加强健的分割结果，作者设计的结构如图 4-14 所示。

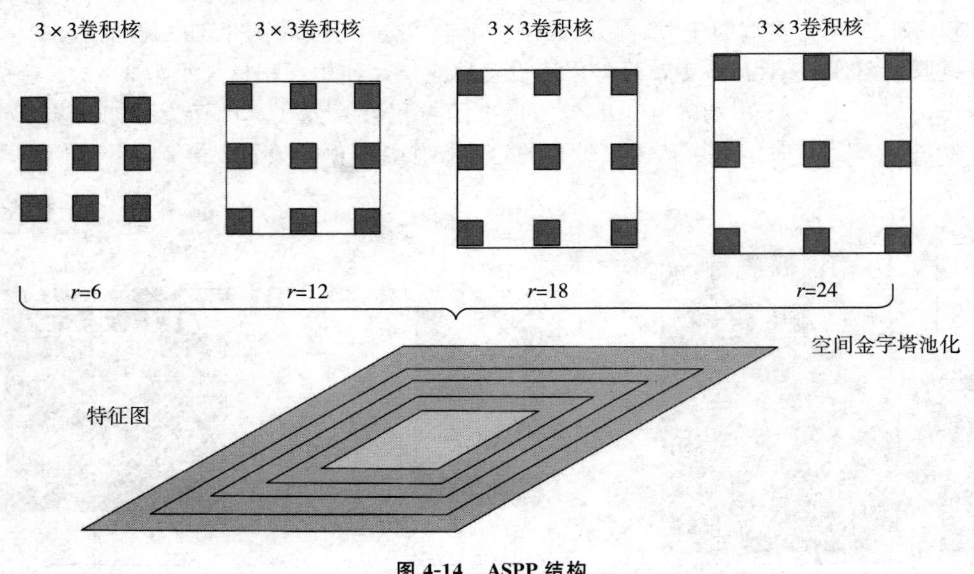

图 4-14　ASPP 结构

(3) 条件随机场

条件随机场的具体算法细节请参考本书相关章节内容，在这里仅简要说明其功能。在经过空洞卷积以及双线性插值算法后，得到的结果相对来说已经非常光滑了，此时条件随机场的主要功能是修复一些更加精细的细节。其能量函数为：

$$E(x) = \sum_i \theta_i(x_i) + \sum_{i,j}\theta_{i,j}(x_i, x_j) \tag{4-29}$$

式 4-29 中，x 代表每个像素所属的类别；$\theta_i(x_i) = -\ln P(x_i)$，其中 $P(x_i)$ 是 DCNN 对于每个像素概率的计算结果，通过减少 $\theta_i(x_i)$ 的值，保证像素分类的准确性。

在式 4-29 中，$\theta_{i,j}(x_i, x_j)$ 的计算公式为 $\mu(x_i, x_j)\sum_{m=1}^{K} w_m \cdot k^m(f_i, f_j)$，其中 $\mu(x_i, x_j)$ 值在 $x_i \neq x_j$ 时为 1，否则为 0。但 $\theta_{i,j}(x_i, x_j)$ 仅考虑了类别上的差异，并没有考虑各像素点位置间的差异，所以 x_i, x_j 可能是特征图中的任意位置的点；$\sum_{m=1}^{K} w_m \cdot k^m(f_i, f_j)$ 则是一种高斯核函数的线性组合，如式 4-30 所示。

$$w_1 \times \exp\left(-\frac{\| p_i - p_j \|^2}{2\sigma_\alpha^2} - \frac{\| I_i - I_j \|^2}{2\sigma_\beta^2}\right) + w_2 \times \exp\left(-\frac{\| p_i - p_j \|^2}{2\sigma_\gamma^2}\right) \tag{4-30}$$

式 4-30 中，p_i、I_i、p_j、I_j 分别代表第 i、j 个像素的位置和颜色，其他均为超参数。

实验证明，DeepLab-V1 模型与当时提出的所有模型相比，分类精度最高，速度最快。然而，DeepLab-V1 网络在特征分辨率降低过程中，以及 DCNN 的平移不变性都会导致图像数据细节信息丢失，而 DeepLab-V2 模型将空洞卷积应用到密集的特征提取，提出了空洞卷积金字塔池化结构，并将 DCNN 和 CRF 融合用于细化分割结果。实验表明，这两个模型在多个数据集上表现优异，都有不错的分割性能。

3. DeepLab-V3 网络

V1、V2 版本的网络结构已经能够较好地捕捉多尺度的图像目标以及上下文信息，V3[18] 版本的 DeepLab 则是重点关注更加精细的目标边界划分问题。其主要创新点在于：移除了 Dense CRF，从串行、并行两个角度改进 ASPP 的连接方式，以便获取更多的上下文信息。下面详细介绍一下串行和并行网络结构及其优势。

在 V2 版本的网络模型中，采用的 ResNet 结构如图 4-15(a)所示，除了最后一个块之外，其他的 3 块中都有一个 3×3 的卷积块（Block5、Block6、Block7），它们对应的步幅大小均为 2，这样的做法虽然能够很好地捕捉较长范围的信息，但随着网络深度的增加，块大小逐渐缩减，不适用于语义分割这种像素级分类任务。因此，在 V3 版本的网络中，则把 Block4 拷贝 3 份，每一块中空洞卷积的空洞因子都不同，分别对应 4、8、16。一方面保证了块的大小，另一方面也保证了特征提取的效果，其网络结构如图 4-15(b)所示。

在并行方面，通过借鉴空间金字塔池化方法（spatial pyramid pooling，SPP）[16]，采用 4 个并行的不同空洞因子的空洞卷积对特征图进行处理，结构如图 4-16 所示。

实验结果表明，DeepLab-V3 网络模型比以前的 DeepLab 版本有了明显的改进，具有与其他先进模型相当的性能。

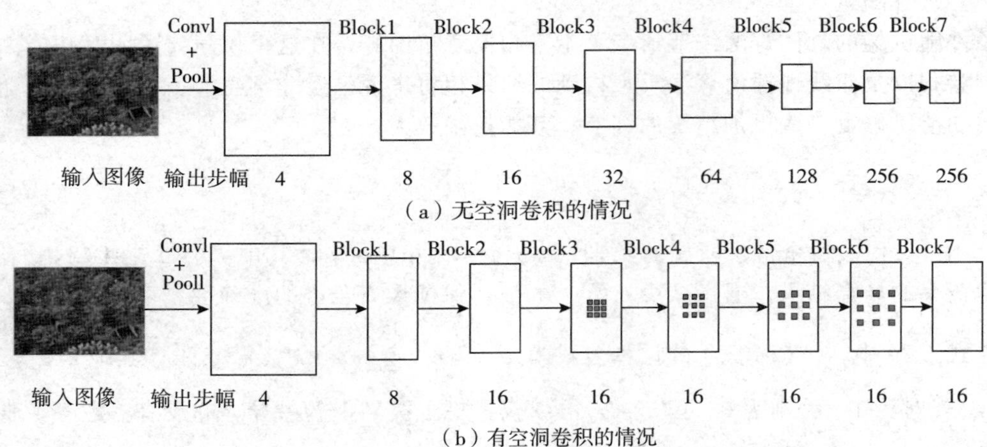

（a）无空洞卷积的情况

（b）有空洞卷积的情况

图 4-15 级联结构中有无空洞卷积结构对比

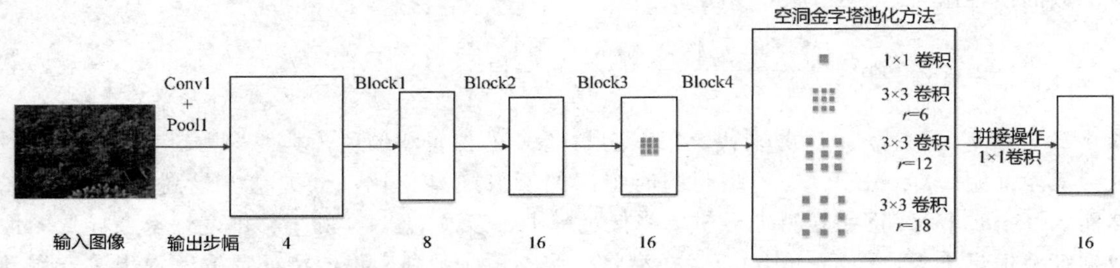

图 4-16 DeepLab-V3 并行层面网络结构

4.3.5.2 实例分割

实例级图像语义分割，也称为实例分割（instance segmentation，IS）。其结合了目标检测和语义分割的任务，除了需要模型输出每个实例的边界框外，还需要精确的像素级分割掩码。通俗地说，如果图像中有两条鱼，实力分割不仅需要区别出鱼对应的像素与背景像素，还需要区分像素属于这两条鱼的哪一条。

1. Mask R-CNN

Mask R-CNN[19] 主要通过改进 Faster R-CNN 网络，实现了图像数据的像素级分类，也就意味着将其扩展为实例分割框架。总体来说，Mask R-CNN 主要分成两个阶段，第一阶段扫描图像并生成提议区域（proposal regions），第二阶段对提议区域进行分类并生成边界和掩码。其网络结构如图 4-17 所示。

在 Mask R-CNN 网络中，用到的关键技术有以下 3 点：区域提议网络（region proposal network，RPN）、从感兴趣区域池化（RoIPooling）改进而来的感兴趣区域对齐（RoIAlign）、特征金字塔网络（feature pyramid networks，FPN）。其中，RPN 和 RoIPooling 具体细节请参考本书其他章节，本节主要介绍 RoIAlign 和 FPN。

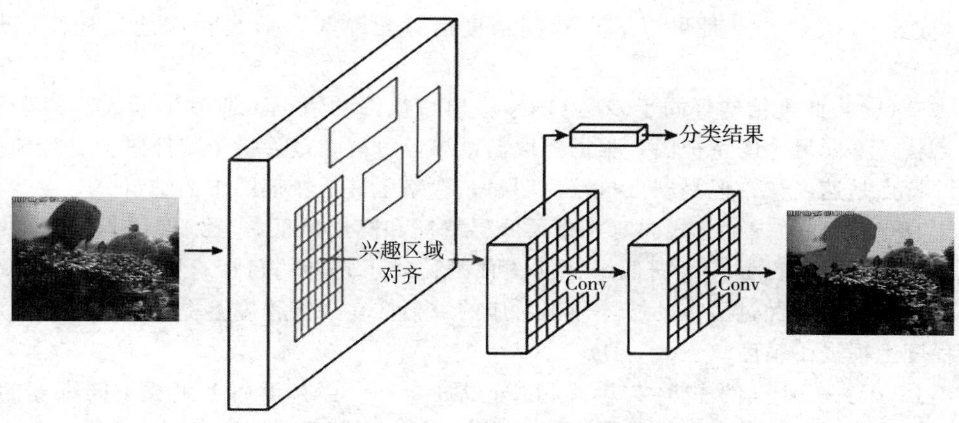

图 4-17　Mask R-CNN 网络结构

(1) RoIAlign

首先回顾一下 RoIPooling 在 Faster R-CNN 中的基本功能：不同数据经 RPN 处理后输出的大小均不相同，因此通过 RoIPooling 的映射操作，使其大小与特征图保持一致，然后综合二者结果，送入后续网络。然而，提议区域的边界框在通常情况下为小数表示的，在 RoIPooling 中方便起见，将其整数化，此时损失了一部分精度；在整数化的边界区域内平均分割成多个单元，又对其进行整数化。两次操作使得 RoIPooling 存在区域不匹配的问题。RoIAlign 并没有像 RoIPooling 一样采取取整的方式，而是选择浮点数存储提议区的边界，然后在 RoI 区域均分成 $k \times k$ 大小的子区域过程中，使用最近邻的特征图的值通过双线性差值从而避免了第二次整数化带来的误差。

(2) FPN

FPN[20] 的应用场景主要为多尺度检测，整个过程与人眼看目标类似，远大近小。FPN 通常有 4 使用方法，如图 4-18 所示。

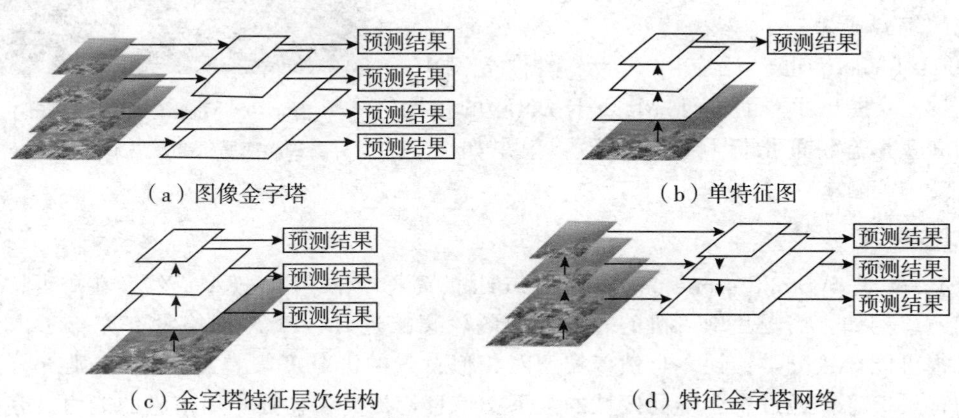

(a) 图像金字塔　(b) 单特征图

(c) 金字塔特征层次结构　(d) 特征金字塔网络

图 4-18　FPN 常用网络架构

图 4-18(a)：对输入图片数据构造图像金字塔（图中为 4 层），将每一层均输入不同尺度的图像，经过图像金字塔得到不同大小的特征图，根据特征图进行预测。易知，图像金字塔层次越高，对应输出的特征全局性越强；图像金字塔层次越低，对应输出的特征局部性越

强。这类连接方法的特点是可以获得较高精度的输出结果，但是相应地，其计算开销也较大。

图 4-18(b)：此类结构等同于多层 CNN 输出特征图的情况。通过不同大小的卷积和池化操作，获得不同尺寸的特征图，根据提取出结果，可以在最后一个特征图上进行预测。此类方法的特点是速度快，但是缺点也较为明显，忽略了其他特征图中的细节。

图 4-18(c)：此类设计方式同时兼顾了低层特征和高层特征，分别使用不同的特征图进行预测。对于简单的目标，根据低层特征图预测；对于复杂的目标，则通过高层特征图预测。其优点为不需要经过所有的层才输出对应的目标，在一定程度上提高了运算效率，但也在一定程度上损失了精度。

图 4-18(d) 为 FPN 的主要结构，可以分成 3 个部分：自下而上生成不同维度的特征，从上至下对特征进行细节补充和增强，从左到右的各个特征关联表达。其具体工作流程为：输入图像，自下而上经过深度卷积网络之后得到特征图，然后构建自上而下的网络，即对自上而下的第一层进行上采样，再用 1×1 对自下而上的第二层做卷积操作，将二者按元素相加，得到的结果即为特征信息补全后的结果。因此，不难看出，FPN 的网络结构能够较好地捕捉上下文信息，对于小目标而言，FPN 增加了特征映射的分辨率，获得了更多小目标的信息。因此，这也是 Mask R-CNN 能用于实例分割的重要依据。

Mask R-CNN 算法将 FCN 和 Faster R-CNN 算法合并，通过构建一个三任务的损失函数来优化模型。具体结构为：使用 FPN 作为骨干架构，使用残差网络（ResNet）作为提取特征的卷积结构，精细化了图像数据的特征，将 Fast R-CNN 模型中的 RoIPooling 改变成 RoIAlign 层，在边界框识别的基础上添加了 mask 层，通过 RPN 生成目标候选框，然后对每个目标候选框分类判断和边框回归，同时利用全卷积网络对每个目标候选框预测分割。可以说，Mask R-CNN 是此前优秀研究的综合成果。

图 4-19　Mask R-CNN 模型用于鱼类形态特征测量（Yu 等，2020）

Mask R-CNN 也广泛应用于水下图像分割中，ChuangYu 等提出了一种基于 Mask R-CNN 的鱼图像分割和鱼形态特征指标测量方案[21]，效果如图 4-19 所示。

2. PSPNet

PSPNet 是 pyramid scene parsing network 的简称[22]。FCN 模型仍然存在分类精度低等许多问题。例如，当图片中飞机的轮廓与船的轮廓接近时，FCN 网络没有充分考虑到图片的背景很可能导致分类错误，自然该模型对相似背景的区分度较差。PSPNet 则充分考虑了全局的背景信息，通过聚合不同区域的上下文信息，提高了捕捉全局信息的能力。其网络结构如图 4-20 所示。

图像数据首先经过深度卷积神经网络得到特征图，紧接着在池化层中调整步幅大小得到不同大小的特征图，送入金字塔池化模块，得到包含不同尺度信息的结果，再通过上采样并与池化操作生成的特征图做拼接操作，最后通过一个卷积层得到输出。PSPNet 中用到的关键技术为金字塔池化模块。

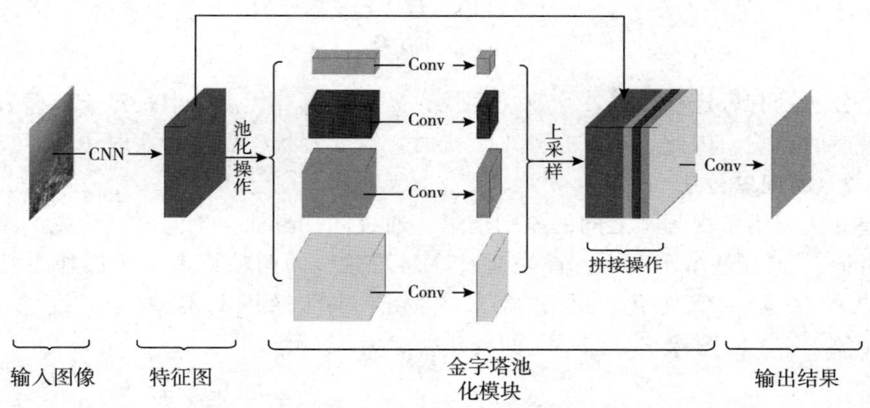

图 4-20　PSPNet 网络结构

金字塔池化模块（pyramid pooling module）包含了 4 种不同金字塔尺度特征，在论文[22]中共 4 层，相同的特征图通过不同尺度的池化操作得到不同的信息，从上到下提取的特征全局化逐渐提高，最顶层提取的是细节特征，最底层提取的是全局特征。另外值得注意的一点是，为了保证全局特征的权重，在高度为 N 的结构中，每一级后均要使用 1×1 的卷积将其通道数降为原来的 $1/N$，这也就解释为池化模块特征图通道数减少的情况。最后使用双线性插值使之与未池化前的特征图大小保持一致，便于后面的拼接操作。

PSPNet 在不同层次上融合特征，达到语义和细节的融合。这也是为什么 PSPNet 模型的性能表现很好的一个重要原因。

4.4　视频分割方法

相对于图像，视频所记录的信息更加丰富、全面，而作为视频处理中的关键技术，视频分割也成为目前一个主要的研究方向。视频对象分割的定义是在给定的一段视频序列的各帧图像中，找出属于特点前景（目标）对象的所有像素点位置[23]。下面主要从两个角度对水下视频分割方法进行介绍：传统的视频分割方法以及基于深度学习的视频分割方法。

4.4.1　传统的视频分割方法

4.4.1.1　背景差分法

背景差分法除了可以用于目标跟踪之外，也可以用于视频目标分割。它是利用目标物体的图像与只留有背景的图像做减法检测目标物体的，是一种建立在背景模型基础上的算法。若设当前帧运动物体图像为 $f_k(x,y)$，获取背景图像为 $B_k(x,y)$，则两帧图像相减差分结果记为 $D_k(x,y)$，具体公式为：

$$D_k(x,y)=\left|f_k(x,y)-B_k(x,y)\right| \tag{4-31}$$

水下视频场景噪声较多，导致背景相减的结果均不为 0，因此，大多采用阈值化的方法对差分结果进行处理，若 $D_k(x,y)$ 大于阈值即判断该点是运动目标区域，如式 4-32 所示。

$$D_k(x,y)=\begin{cases}1, & D_k(x,y)>TH \\ 0, & \text{其他}\end{cases} \tag{4-32}$$

背景差分法具有可迁移性强、切割速度快、模型简单等优点，但是过于依赖背景模型的获取以及噪声的影响。因此，当存在外来干扰时，需要背景模型进行实时更新[24]。

4.4.1.2 帧间差分法

帧间差分法利用了视频帧之间的差别信息，通过同一目标在不同时刻位置的不同信息来分割运动目标[24]。其基本步骤为：首先通过序列图像中的两帧或者多帧图像做差，然后比较差分结果的像素差值变化，并用恰当的阈值对目标进行切割。假设第 k 帧图像 $f_k(x,y)$ 和第 $k+1$ 帧图像 $f_{k+1}(x,y)$ 的变化公式为：

$$D_f(x,y)=\begin{cases}1, & |f_{k+1}(x,y)-f_k(x,y)|>T \\ 0, & \text{其他}\end{cases} \tag{4-33}$$

式 4-33 中，(x,y) 为第 k 帧图像中目标的位置，T 为阈值。

帧间差分法虽然有效地利用了视频序列中的时序信息，对场景中的光照变化有较好的抗干扰性，且算法较为简单，分割速度快，但是当目标运动速度较快时，会出现较大的精度损失；另外，当目标区域的灰度值呈均匀分布时，在计算过程中，目标重叠区域会有大量的空洞，导致位置信息损失过于严重。

4.4.2 基于深度学习的视频分割方法

一般来说，基于深度学习的视频对象分割可以划分为半监督、非监督学习方法[23]。半监督学习方法：人为详细且精准地在视频的第一帧图像对感兴趣目标进行标注，然后建立模型，由模型自动地分割出剩下所有视频序列图像中的感兴趣对象；非监督学习方法：在没有任何人工标注信息的情况下，由模型自动识别并分割出视频中的目标对象。

下面简要介绍一下这两类中的经典算法。

4.4.2.1 半监督的视频对象分割

基于半监督的视频对象分割方法大致可以概括为以下几个步骤：首先使用图像数据训练特征提取模型，此模型作为基础模型；然后使用通用的视频数据集对基础模型再次进行训练；最后针对目标数据集，对模型进行微调。常见的模型有：FEELVOS[25]、SegFlow[26]、基于 RNN 改进的方法[27]。下面以 FEELVOS 为例介绍基于半监督的视频对象分割流程。

FEELOVS 是 2019 年 Paul 等提出的一个基于端到端的多目标分割的深度学习网络。其网络结构流程如图 4-21 所示。

记视频数据中人工标注帧所在的时刻为 t_0，分割帧所在的时刻为 t，分割帧的上一帧所在时刻记为 $t-1$。FFELOVS 模型的基本思路为：首先选取 t_0 时刻的图像帧，使用语义分割的基础网络框架（DeepLab-V3+）提取目标数据的特征信息，然后在特征图上增加一个嵌入层对特征信息进行编码，将编码后的结果结合 $t-1$ 时刻的图像，分别做全局匹配和局部匹配得到距离映射，将两个距离映射和语义分割的特征以及 $t-1$ 时刻的预测结果，一起输入到动态分割头结构，得到预测结果。

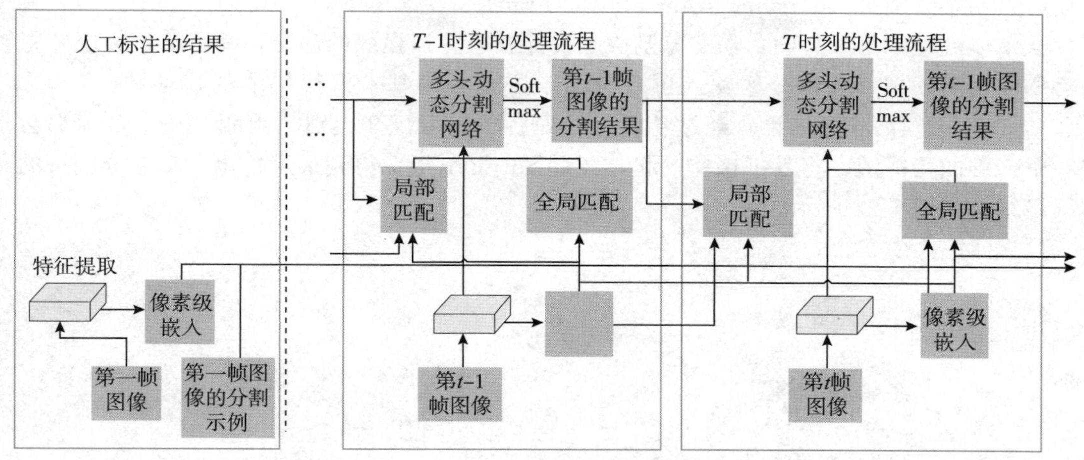

图 4-21　FEELOVS 网络结构流程

其中的关键技术为：分割嵌入技术、全局匹配与局部前帧匹配、动态分割头。

（1）分割嵌入技术（semantic embedding）

该技术主要借鉴自然语言处理过程中词嵌入的思想，先使用移除了输出层的语义分割框架（DeepLab-V3＋）对 t_0 时刻的图像帧进行特征提取，将特征提取的结果施加嵌入层，通过嵌入向量对特征图的像素进行描述。如果特征图中像素属于同一类，则两个像素之间的嵌入向量距离较近，否则较远。

（2）全局匹配（global matching）与局部前帧匹配（local previous frame matching）

定义图像数据中像素 p 和像素 q 在经过分割嵌入层后的向量为 e_p 与 e_q，且它们之间的距离公式为：

$$d(p,q)=1-\frac{2}{1+\exp(\|e_p-e_q\|^2)} \tag{4-34}$$

在全局匹配中，假设 P_t 为 t 时刻图像的所有像素点，$P_{t,o}$ 是 t 时刻分割目标 o 的所有像素点，将分割目标 o 与 P_t 中所有像素之间的全局匹配距离映射（global matching distance map）记为 $G_{t,o}(p)$，而 $G_{t,o}(p)$ 的值为 t_0 帧中切割目标 o 所有像素点与 t 帧中切割目标 o 所有像素点的最近距离，如式 4-35 所示：

$$G_{t,o}(p)=\min_{q\in P_{t,o}} d(p,q) \tag{4-35}$$

在局部匹配中，在视频数据中连续的两帧之间目标的移动距离很小，因此定义 t_0 帧中切割目标 o 所有像素点与 t 帧中切割目标 o 所有像素点的最近距离如式 4-36 所示：

$$L_{t,o}(p)=\begin{cases}\min\limits_{q\in P^p_{t-1,o}} d(p,q), & \text{当 } P^p_{t-1,o}\neq 0 \text{ 时}\\ 1, & \text{其他}\end{cases} \tag{4-36}$$

式 4-36 中，$P^p_{t-1,o}=P_{t-1,o}\cap \mathbf{N}(p)$，$\mathbf{N}(p)$ 为在 x,y 方向上距离像素 p 最近的 k 个像素的集合。

(3) 动态分割头(dynamic segmentation head)

从整体流程中可以看到，动态分割头是贯穿整个特征提取的部分，除了第一帧之外每帧均需要使用其处理，该部分的输入可以分为：语义分割基本框架提取的特征图、$G_{t,o}(\cdot)$、$L_{t,o}(\cdot)$、上一帧的预测结果。经过卷积层处理后映射为目标类别的预测，每个目标都会得到一个一维的特征图，将其拼接在一起，经过 Softmax 层，得到最后输出。动态分割头的具体网络结构如图 4-22 所示。

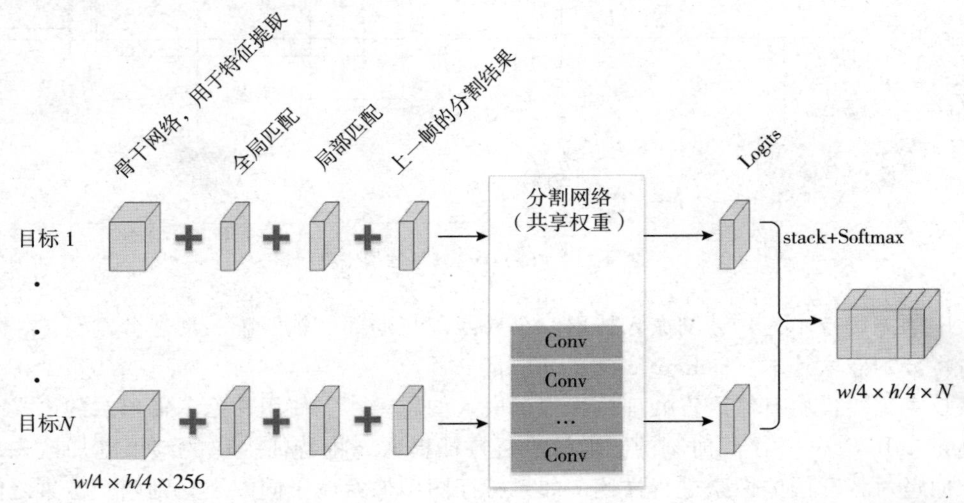

图 4-22 动态分割头网络结构

总的来说，FEELOVS 网络综合考虑的时序性，兼顾了视频分割的效率与性能，但采用 DeepLab-V3＋提取目标特征时所耗费的时间过多，与同时期的其他模型相比效率没有明显的提升。

4.4.2.2 非监督的视频对象分割

虽然半监督方法在视频对象分割的任务中取得了良好的效果，但是由于在建立模型过程中需要使用第一帧中先验的目标信息，半监督方法有一定的局限性。而非监督模型能够不借助任何先验信息，由算法自动发现分割的目标，在后续帧中全自动化地对视频对象进行分割。目前效果较好的模型有：RVOS[28]、基于编码器解码器的视频分割方法[29]。下面以 RVOS 为例介绍非监督的视频对象分割方法。

RVOS(Recurrent network for multiple object Video Object Segmentation)是第一个端到端的非监督视频多目标分割架构，其网络结构如图 4-23 所示。

RVOS 网络结构是典型的编码器-解码器结构，在编码器阶段首先获取上下文的运动信息和对象的外观模型等目标特征，然后通过结合卷积 LSTM(ConvLSTM)预测分割目标的掩码对图像数据进行实例分割；在解码阶段，使用编码器得到的特征，融合并恢复图像分辨率，最后输出分割结果。

编码器采用在 ImageNet 数据集[30]上训练好的 ResNet101 网络[31]参数，使用该网络结构预测视频序列目标对象的掩码，其输入为 t 时刻的 RGB 图像，输出为 k 个不同尺度大小的特征以及目标对应的预测结果，记为 $f_t=\{f_{t,1},f_{t,2},\cdots,f_{t,k}\}$，其中 $f_{t,k}$ 是视频序列第 t 帧对应第 k 层的特征，在图中共 4 层。编码器网络结构如图 4-24 所示。

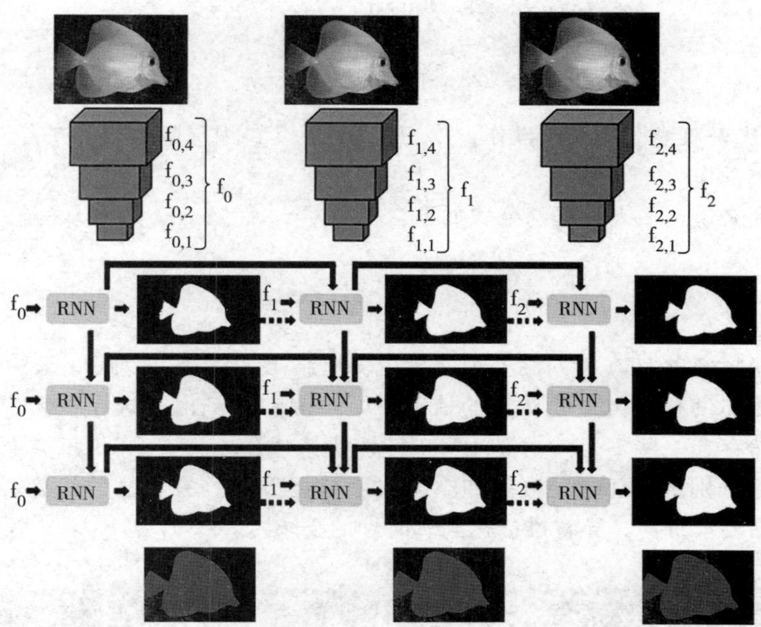

图 4-23　RVOS 网络结构

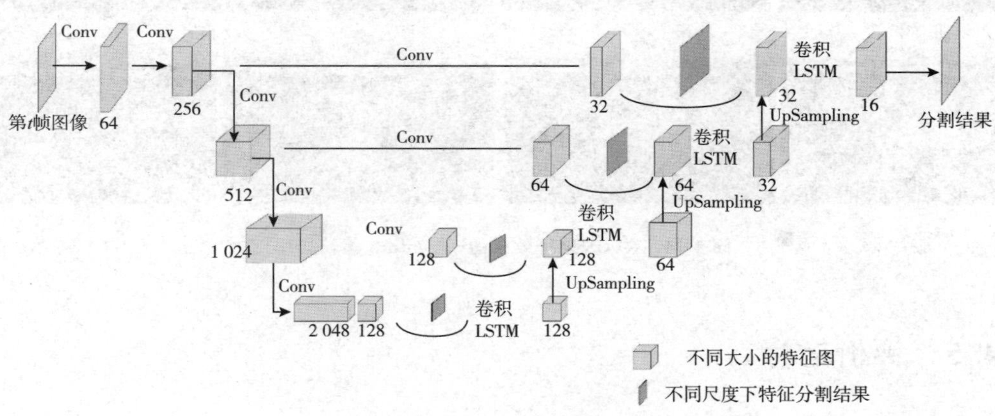

图 4-24　编码器网络结构

在解码器中，在空间循环网络的结构上进行改进，提出时空循环网络结构。使用卷积 LSTM 网络层[32]可以有效地处理编码器的输出特征 $f_t = \{f_{t,1}, f_{t,2}, \cdots, f_{t,k}\}$ 。解码器的输出是目标分割的预测序列，记为 $\{S_{t,1}, \cdots, S_{t,i}, \cdots, S_{t,N}\}$ ，其中 $S_{t,i}$ 代表第 t 帧中目标 i 的分割结果。

对于非初始帧来说，第 t 帧中第 i 个目标在第 k 层卷积 LSTM 输出记为 $h_{t,i,k}$ ，其值取决于：①编码器在第 t 帧的输出结果 f_t ；②第 $k-1$ 层卷积 LSTM 的输出结果；③第 t 帧中第 $i-1$ 目标对应的输出值 $h_{t,i-1,k}$ ；④第 $t-1$ 帧中第 i 目标对应的输出值 $h_{t-1,i,k}$ ；⑤第 $t-1$ 帧中第 i 目标对应的掩码 $S_{t-1,i}$ 。$h_{t,i,k}$ 的计算如式 4-37、式 4-38 与式 4-39 所示。

$$h_{\text{input}} = [B_2(h_{t,i,k-1}) \mid f'_{t,k} \mid S_{t-1,i}] \tag{4-37}$$

$$h_{\text{state}} = [h_{t,i-1,k} \mid h_{t-1,i,k}] \tag{4-38}$$

$$h_{t,i,k} = \text{ConvLSTM}_{\text{k}}(h_{\text{input}}, h_{\text{state}}) \tag{4-39}$$

式 4-37 中，B_2 代表双线性上采样操作；$f'_{t,k}$ 是 $f_{t,k}$ 通过卷积层降维之后的结果；符号“|”代表矩阵的拼接操作。

对于初始帧来说，输入数据的公式如下：

$$h_{\text{input}} = [f'_{t,0} \mid S_{t-1,i}] \tag{4-40}$$

$$h_{\text{state}} = [\mathbf{0} \mid h_{t-1,i,k}] \tag{4-41}$$

鱼类活动视频经过 RVOS 网络处理之后的输出结果如图 4-25 所示。RVOS 深度学习网络模型基本上能在没有提供先验知识的情况下，检测和分割出初选在视频中的目标，但是 RVOS 网络仍然存在一些不足，这是 RNN 特性所造成的。RNN（回归神经网络）和卷积 LSTM 神经网络分别在处理时序数据和空间时序数据方面具有明显的优势，但是计算过程对计算机的存储要求过高，导致难以达到实时性的要求。

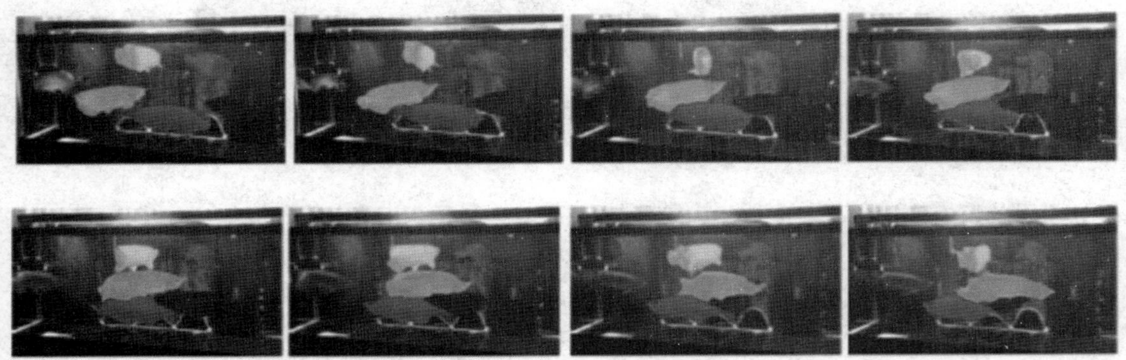

图 4-25　RVOS 运行效果图（Ventura 等，2019）

4.5　评价指标

4.5.1　图像分割评价指标

评价图像分割效果好坏的方法有很多，在此仅列举一些常用的评价指标[7]。

1. 像素准确率（pixel accuracy，PA）

其意义为标记正确的像素占总像素的比例，计算公式如下。

$$\text{PA} = \sum_{i=0}^{N} X_{ii} \Big/ \sum_{i=0}^{N} T_i \tag{4-42}$$

2. 平均准确率（mean accuracy，MA）

其具体意义为所有类别目标对应像素准确率的平均值，如式 4-43 所示。

$$\mathrm{MA}=\frac{\sum_{i=0}^{N}X_{ii}}{T_i}\Bigg/N \tag{4-43}$$

3. 平均交并比（mean intersection over union，mIoU）

表示分割结果与原始图像真值的重合程度，公式表达为式 4-44。

$$\mathrm{mIoU}=\left(\sum_{i=1}^{N}\frac{X_{ii}}{T_i+\sum_{j=1}^{N}(X_{ji}-X_{ii})}\right)\Bigg/N \tag{4-44}$$

式 4-44 中，N 代表图像像素的类别数量，即目标共有多少类；T_i 代表第 i 类像素的总数；X_{ii} 代表真正例的数目，即实际类型为 i，预测类型为 i 的像素总数；X_{ji} 代表假正例的数目，即实际类型为 i，预测类型为 j 的像素总数。

4.5.2　视频对象分割评价指标

在视频分割领域，已经有学者提出了较为通用的指标作为评估标准来评判分割结果的优劣。

1. 区域相似性[33]

区域相似性的大致思想是借助雅克比相似性来度量分割区域与人工标注区域的相似性，刻画了分割结果与真实标记之间的像素重叠程度，如式 4-45 所示。

$$\mathrm{IoU}=\frac{X_{ii}}{T_i+\sum_{j=1}^{N}(X_{ji}-X_{ii})} \tag{4-45}$$

式 4-45 中，N 代表图像像素的类别数量，即目标共有多少类；T_i 代表第 i 类像素的总数；X_{ii} 代表真正例的数目，即实际类型为 i，预测类型为 i 的像素总数；X_{ji} 代表假正例的数目，即实际类型为 i，预测类型为 j 的像素总数。

2. 轮廓精确度[34]

视频对象分割的结果可以看作封闭轮廓的集合，通过计算分割结果 $c(G)$ 与真实标记 $c(M)$ 之间的准确率 P_c 和召回率 R_c，从而确定分割边界的准确率，记为 F。分割边界的准确率能够较好地体现对象边界的准确度和精细程度[24]。计算公式为：

$$F=\frac{2P_cR_c}{P_c+R_c} \tag{4-46}$$

4.6　小结

本章围绕水下图像分割的特点，提出了基于传统方法、智能算法以及基于深度学习方法的水下图像分割方法。传统分割方法具有图像处理速度快，但分割效果依赖人工阈值设定。相对于传统分割方法，智能算法分割的优点在于能够取得相对较优的全局分割精度，但图像处理时间较长，难以达到实时处理的要求。基于深度学习的分割方法虽然在图像处理时间和精度上都能够取得较为理想的效果，但是前期制作数据集则需要花费研究者大量的时间和精力。

目前深度学习技术已经广泛应用到图像分割领域，相对于传统算法，深度学习技术取得了令人瞩目的成绩。然而，在水下图像或水下视频分割场景中，依然存在严峻的挑战。首先，水下图像视频数据集相对于其他场景来说较为稀少；其次，水下环境中复杂的水况导致目标分割难度增加，影响模型精度；最后，由于水下环境的特殊性，在视频分割方面要求较高的实时性能。虽然大量的研究者们从各个角度提出了解决方法，例如结合背景信息、历史信息、精细化特征等方法，但是在模型的鲁棒性、实时性以及训练时间方面仍有待优化。总的来说，水下图像视频分割任务依然是未来计算机视觉领域研究的热点所在。

思考题

4.1 假设一幅图像 $f(x,y)$ 的灰度范围在 $[0,1]$ 内，并且阈值 T 成功地将该图像分为物体和背景。证明阈值 $T'=1-T$ 将成功地把图像 $f(x,y)$ 的负图像 $f'(x,y)=1-f(x,y)$ 分割为相同的区域。

4.2 通过边缘检测实现图像分割的原理是什么？

4.3 使用聚类算法分割图像时，聚类的类数如何确定？聚类中心的位置和特性事先不清楚时，如何设置初始值？

4.4 基于深度学习的视频分割方法与传统机器学习分割方法相比，为何有较为显著的效果提升？

4.5 半监督与非监督视频对象分割方法各自的优缺点是什么？

4.6 视频分割与图像分割的异同点都有哪些？

参考文献

[1] 毛安定. 基于小波变换的图像分割技术 [D]. 昆明：昆明理工大学，2009.

[2] 李慧. 基于图割的马尔科夫随机场图像分割方法研究 [D]. 太原：太原科技大学，2018.

[3] S Geman, D Geman. Stochastic relaxation, Gibbs distributions, and the Bayesian restoration of images [M]. Transaction in Pattern Analysis and Machine Intelligence, 1984, 6 (6): 721-741.

[4] 宋凯. 基于遗传算法的图像分割技术研究 [D]. 西安：西安电子科技大学，2014.

[5] D Comaniciu, P Meer. Mean shift: a robust approach toward feature space analysis [J]. IEEE Transactions on Pattern Analysis & Machine Intelligence, 2002, 24 (5): 603-619.

[6] K Hostetler. The estimation of the gradient of a density function, with applications in pattern recognition [J]. IEEE Transactions on Information Theory, 1975, 1 (21): 32-40.

[7] 田萱，王亮，丁琪. 基于深度学习的图像语义分割方法综述 [J]. 软件学报，2019，30 (02)：440-468.

[8] G Csurka, F Perronnin. An efficient approach to semantic segmentation [J]. International Journal of Computer Vision, 2011, 95: 198-212.

[9] M Everingham, S M A Eslami, L Van Gool, et al. The pascal visual object classes challenge: A retrospective [J]. International Journal of Computer Vision, 2015, 111 (1): 98-136.

[10] T Y Lin, M Maire, S Belongie, et al. Microsoft COCO: Common objects in context [C]. European Conference on Computer Vision, 2014: 740-755.

[11] V Badrinarayanan, A Kendall, R Cipolla. SegNet: A deep convolutional encoder-decoder architecture for scene segmentation [J]. IEEE Transactions on Pattern Analysis & Machine Intelligence, 2017, 39 (12): 2481-2495.

[12] J Long, E Shelhamer, T Darrell. Fully convolutional networks for semantic segmentation [C]. IEEE Transaction on Pattern Analysis and Machine Intelligence, 2014, 39 (4): 640-651.

[13] K Simonyan, A Zisserman. Very deep convolutional networks for large-scale image recognition [J]. arXiv: 1409.1556, 2014.

[14] O B Michael, P Vikram, S Franck, et al. Semantic segmentation of underwater imagery using deep networks trained on synthetic imagery [J]. Journal of Marine Science & Engineering, 2018, 6 (3): 93.

[15] L C Chen, G Papandreou, I Kokkinos, et al. Semantic image segmentation with deep convolutional nets and fully connected CRFs [J]. Computer Science, 2014 (4): 357-361.

[16] K He, X Zhang, S Ren, et al. Spatial pyramid pooling in deep convolutional networks for visual recognition [J]. IEEE Transactions on Pattern Analysis & Machine Intelligence, 2014, 37 (9): 1904-1916.

[17] L Chen, G Papandreou, F Schroff, et al. Rethinking atrous convolution for semantic image segmentation [J]. arXiv: 1706.05587, 2017.

[18] L Chen, G Papandreou, I Kokkinos, et al. DeepLab: Semantic image segmentation with deep convolutional nets, atrous convolution, and fully connected CRFs [J]. IEEE Transactions on Pattern Analysis & Machine Intelligence, 2016, 40 (4): 834-848.

[19] K He, G Georgia, D Piotr, et al. Mask R-CNN [J]. IEEE Transactions on Pattern Analysis & Machine Intelligence, 2018, 42 (2): 386-397.

[20] T Y Lin, P Dollár, R Girshick, et al. Feature pyramid networks for object detection [C]. Computer Vision and Pattern Recognition, 2016.

[21] C Yu, X Fan, Z Hu, et al. Segmentation and measurement scheme for fish morphological features based on Mask R-CNN [J]. Information Processing in Agriculture, 2020, 7 (4): 523-534.

[22] H Zhao, J Shi, X Qi, et al. Pyramid scene parsing network [J]. IEEE Conference on Computer Vision and Pattern Recognition (CVPR), 2017, 6230-6239.

[23] 陈加，陈亚松，李伟浩，等. 深度学习在视频对象分割中的应用与展望［J］. 计算机学报，2020：1-25.

[24] 果佳良. 基于计算机视觉的鱼类三维行为监测研究及应用［D］. 燕山大学，2015.

[25] P Voigtlaender，Y Chai，F Schroff，et al. FEELVOS：Fast End-to-end embedding learning for video object segmentation［C］. Computer Vision and Pattern Recognition，2019：9481-9490.

[26] J Cheng，Y H Tsai，S Wang，et al. SegFlow：Joint learning for video object segmentation and optical flow［C］. IEEE International Conference on Computer Vision，2017：686-695.

[27] N Xu，L Yang，Y Fan，et al. YouTube-VOS：Sequence-to-sequence video object segmentation［C］. European Conference on Computer Vision，2018.

[28] C Ventura，M Bellver，A Girbau，et al. RVOS：end-to-end recurrent network for video object segmentation［J］. arXiv：1903.05612，2019.

[29] S D Jain，X Bo，K Grauman. FusionSeg：Learning to combine motion and appearance for fully automatic segmentation of generic objects in videos［C］. IEEE Conference on Computer Vision and Pattern Recognition，2017：2117-2126.

[30] O Russakovsky，J Deng，H Su，et al. ImageNet large scale visual recognition challenge［J］. International Journal of Computer Vision，2015，115（3）：211-252.

[31] K He，X Zhang，S Ren，et al. Deep residual learning for image recognition［C］. IEEE Conference on Computer Vision and Pattern Recognition，2016：770-778.

[32] H Song，W Wang，S Zhao，et al. Pyramid dilated deeper ConvLSTM for video salient object detection［C］. European Conference on Computer Vision，2018.

[33] F Perazzi，J Pont-Tuset，B Mcwilliams，et al. A benchmark dataset and evaluation methodology for video object segmentation［C］. IEEE Conference on Computer Vision and Pattern Recognition，2016：724-732.

[34] F Galasso，N S Nagaraja，T J Cardenas，et al. A unified video segmentation benchmark：annotation，metrics and analysis［C］. International Conference on Computer Vision，2013：3527-3534.

第 5 章 水下目标检测

5.1 引言

近些年来，伴随着人工智能的蓬勃发展，计算机视觉领域的相关研究也取得非常大的进步。目标检测技术从属于计算机视觉领域，是机器学习的重要分支，具有重大的科研价值和商业价值。计算机视觉领域中的许多任务，如实例分割、目标跟踪等都建立在目标检测技术的基础之上。水下目标检测是计算机视觉领域的重要技术之一，也是计算机视觉领域的基础任务之一。从 Viola-Jones 检测器[1]、HOG 行人检测器[2]等冷兵器时代的智慧到当今 R-CNN[3-5]系列、YOLO[6]等在深度学习中孕育出来的 GPU 暴力美学，水下目标检测技术的发展速度势不可挡。

目标检测技术是复杂计算机视觉任务的前提，水下物体检测的结果与后面的分析处理及应用紧密相关，其对生物多样性、资源可持续利用等有着重要的意义。什么是目标检测呢？简单地讲，就是识别并定位图像中的特定目标。目标检测技术能够确定图像中所有感兴趣的目标，确定它们的位置和类别。可以简单地将目标检测定义为分类与定位的结合。目标检测融合了图像处理、模式识别、深度学习等诸多前沿技术，在智慧交通、安全监控、身份认证等多个领域有着广泛的应用。然而，由于水下环境比陆地上要复杂得多，水下目标检测面临着比陆地目标检测更多的问题。水下并无光源，因此当进行视频信息采集时，不得不人为添加光源来实现照明。有的水下生物具有群居性，彼此相互间隔较小，存在重叠或遮挡等现象，这给目标检测技术带来诸多困难和挑战。除此之外，水下可能会存在吸收光、反射光的现象，因此拍摄到的水下图像视频可能会出现图像对比度低、模糊不清、光照不均匀、噪声以及色彩失真等现象。这些问题的存在限制了水下目标检测的发展，为目标的检测增添了许多新的挑战。

水下目标检测技术往往需要结合水下图像增强、复原、去噪等任务，这些任务在本书前几章已经做了介绍。接下来，本章将在介绍水下图像视频目标检测基本知识的基础上，从基于特征描述的目标检测、基于深度学习的目标检测以及水下视频目标检测 3 个方面阐述目标检测相关算法及评价指标。

5.2 基于特征描述的目标检测

纵观自然图像目标检测算法的发展历程，目标检测算法经历了从 Viola-Jones 算法、HOG＋SVM 算法和 DPM（deformable part model）等传统的目标检测算法到 R-CNN 系列[3-5]、YOLO[6]（you only look once）、SSD[7]（single shot MultiBox detector）等深度学习的检测算法的变迁。当今，虽然基于深度学习的目标检测算法已经展现出其更为显著的优势，但是一些传统的目标检测算法思想的学习也是有必要的，其会为日后使用深度学习进行目标检测奠定基础。将深度学习的思想应用到目标检测领域之前，传统的目标检测方法大部分都需要进行手工特征的提取。在基于特征提取的目标检测算法中，目标检测流程大致包括学习阶段与检测阶段。在学习阶段，主要是对获得的样本数据集进行处理，通过采用不同的特征描述子来获取样本的特征信息，然后将这些特征信息导入分类器中进行训练，从而生成目标分类器。在检测阶段，需要使用上面得到的分类器，通过扫描窗口依次对比输入图像，对检测窗口进行分类，并用矩形框标识判定为正的窗口。本节在介绍 Haar 和 HOG 特征描述符的基础之上，将这两个特征与不同的分类器结合在一起，为读者介绍两种经典的目标检测算法。

5.2.1 基于 Haar 特征的目标检测方法

5.2.1.1 Haar 特征

1. Haar 特征原理

Oren 等首次提出了 Haar 特征[8]，在此基础上，Messom 等在 Haar 特征计算方法中使用积分图来提高目标检测速度[9]，之后 Maydt 等又提出了 Haar 特征的多个模板种类。Haar 特征简单高效的优势和特色逐渐体现出来，因此，Haar 特征也成为研究人员进行特征提取时的首要选择。Haar 特征在目标检测领域有着广泛的应用。值得一提的是，Viola 和 Jones 将 Haar 特征和 Adaboost 结合在一起，提出了经典的目标检测算法，该算法在人脸检测领域取得了很大的成就。

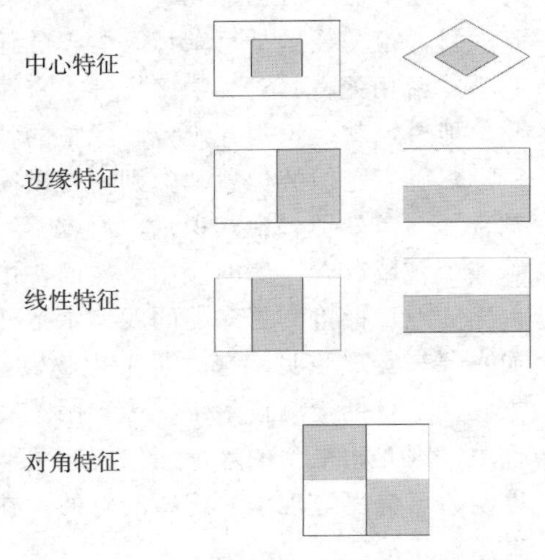

图 5-1 四类矩形特征示意图[10]

Haar 特征用黑、白两色的矩形模板表示，白色区域像素和减去黑色区域像素和得到 Haar 特征值。Haar-like 特征由以下四类组成：中心特征、边缘特征、线性特征和对角特征，如图 5-1 所示。

Haar-like 特征可以有效地提取图像的纹理特征，通过改变矩形特征的位置、尺度等可以提取到不同的特征值。因此，可以通过平移、缩放等手段在很小的局部区域产生许许多多的矩形特征。例如：24×24 的图像内可以得到近 16 万个矩形特征。这样有两个关键问题就产生了：如何高效、快速地计算出这么多的矩形特征？哪些矩形特征才是对于分类器进行分类最有效的？针对这两个问题，目前已经有了较好的解决办法。积分图和 Adaboost 算法就是分别针对这两个问题提出来的。下面将对积分图的计算过程做一个介绍，Adaboost 算法的具体讲解放在本章 5.2.1.2 小节。

2. Haar 特征计算

提取到矩形特征之后需要计算矩形特征值，目前，积分图是一种计算矩形特征值最常用的方法。积分图只需要遍历一次图像就可以快速、高效地求出图像中所有区域的像素和，在 Haar 特征计算中引入积分图的思想大大提高了图像特征值的计算效率。

积分图算法的主要思想是：首先在图像中选取一个初始点，然后将选定点到检测点的矩形区域的像素做积分，并将其作为一个元素保存，在后续的计算中如果需要用到这个区域的像素和时，只需直接索引内存中这个元素对应的值即可，此举提升了运算速度，节省了运行算法所需的时间。不论图像大小如何，积分图使用相同的常数时间就可以计算出图像不同位置不同目标的特征，极大程度地减少了检测所需时间。积分图的思想如图 5-2 所示。

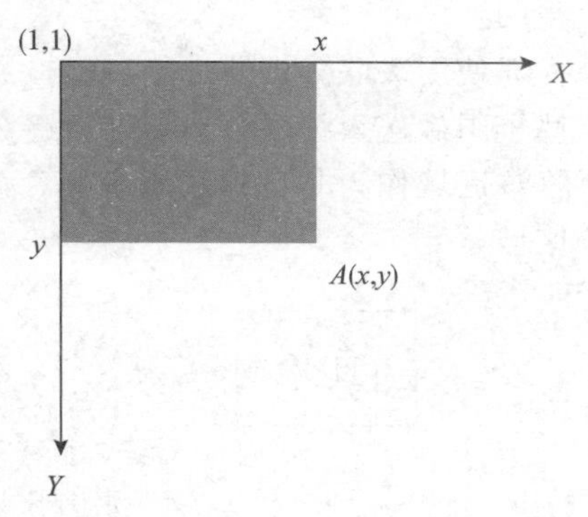

图 5-2 积分图的思想

图 5-2 中，坐标 $A(x,y)$ 的积分图是其左上角的所有像素之和（图中灰色部分），积分图的计算公式为：

$$II(x,y)=\sum_{i=1}^{X}\sum_{j=1}^{Y}I(x_i,y_j) \tag{5-1}$$

式 5-1 中，目标点 $I(x,y)$ 处的积分值 $II(x,y)$ 是图像中 $I(x,y)$ 左上方所有像素的总和。

5.2.1.2 Haar 特征结合 Adaboost 算法

1. Adaboost 算法原理

在 Haar 特征和 Adaboost 算法结合实现目标检测（更多的是人脸检测）时用到了 Adaboost 分类器，该分类器在算法中的作用主要是通过 Adaboost 学习算法从大量 Haar-like 特征中挑选出少量至关重要的特征信息。Adaboost 算法是集成学习中一种常用的方法，该算法通过组合多个弱分类器达到一个强分类器的分类效果。那么问题来了，如何得到一个个弱分类器呢？得到弱分类器之后以何种规则组合成强分类器呢？下面，将详细介绍 Adaboost 算法原理[1]。

弱分类器的训练过程其实就是确定特征的最优阈值，该阈值使得弱分类器产生最小分类误差，也就是说，所有弱分类器中分类误差最小的那个弱分类器就是最佳弱分类器。弱分类器训练的过程可描述为：

（1）对于每一个 Haar 特征，计算其在训练样本中的特征值。

（2）对特征值从小到大进行排序。

（3）对排好序的每个元素，计算全部正例样本的权重和，全部负例样本的权重和，其中，权重用来表示每一个训练样本的重要程度。

（4）将当前元素的特征值和前一个元素的特征值之间的数作为阈值。通过遍历排好序的表就可以选择出那个对所有训练样本的分类误差最小的阈值，也就选出了最佳弱分类器。

弱分类器采用加权多数表决的组合方式形成强分类器。具体来讲，就是增加分类误差率小的弱分类器的组合权重，使其在表决中产生较大影响，同时减小分类误差率大的弱分类器的组合权重。因此，根据每个弱分类器的分类误差率，就可以将这些关注不同特征的弱分类器加权组合成一个性能更优的强分类器。

2. 级联分类器

在实际应用场景中使用一个强分类器并不能解决复杂的分类问题，因此需要将这些强分类器进行级联来解决这一问题。级联分类器的核心思想是：根据从简单到复杂的顺序将若干强分类器进行排列形成级联分类器。其中每一级的强分类器都是由 Adaboost 算法训练而产生的。

使用级联分类器进行目标检测如图 5-3 所示，从待检测图像中提取大量的子图像，将这些子图像送入级联分类器进行逐级筛选，当检出为非负区域时才能进入下一级的检测，否则将该区域作为非目标区域舍弃，最终那些通过了层层筛选并判定为正区域的部分就是目标区域。

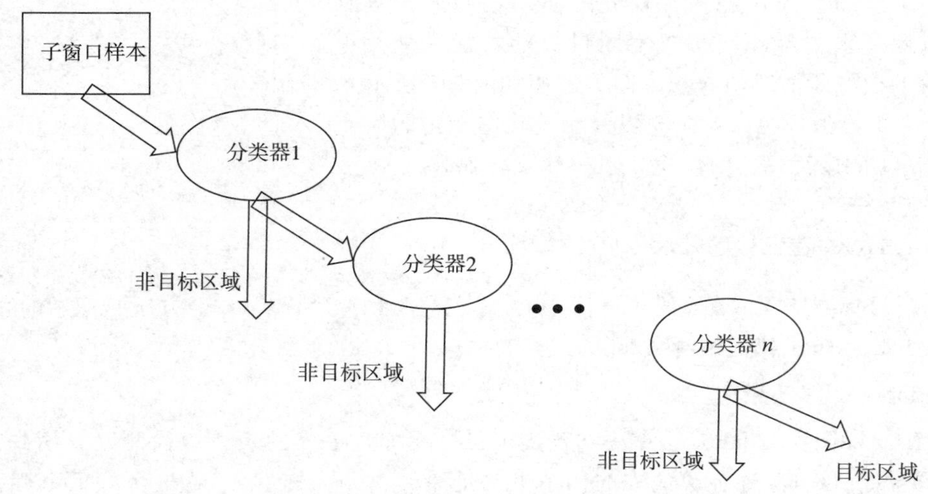

图 5-3　级联分类器目标检测

3. 算法检测流程

Haar＋Adaboost 实现目标检测算法大致包括 4 部分：①使用 Haar-like 进行特征提取；②用积分图的思想快速计算出 Haar-like 特征值；③使用 Adaboost 算法选出多个弱分类器并组合成强分类器；④将多个强分类器级联在一起形成级联分类器进行目标的检测。该算法实现流程如图 5-4 所示。

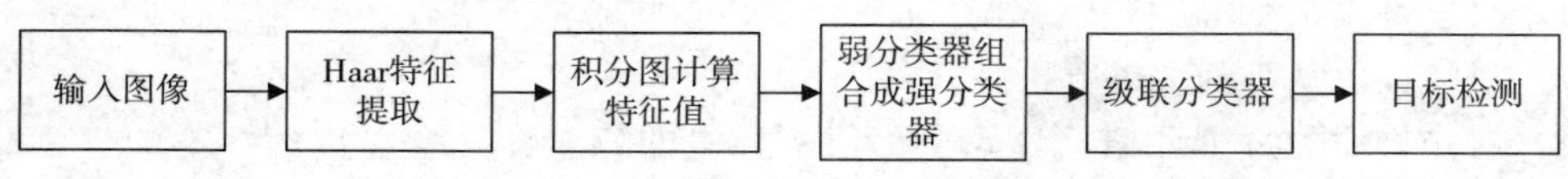

图 5-4　Haar＋Adaboost 算法实现流程

需要注意的是，在对输入图像进行检测的过程中，一般输入图像的尺寸会大于 20×20，因此在 Adaboost 算法中采用扩大检测窗口的方法，而不是缩小图像本身。为什么扩大检测窗口而不是缩小图像呢？因为采用图像缩放的方式不能达到 Adaboost 的实时处理要求，并且检测效率会大大降低。除此之外，需要根据实际检测场景选择适当的扫描方式，即调整缩放比例和步长等参数，对缩放比例和步长的选择会影响目标检测速度和精度。一般而言，较小的缩放比例和步长能够获得更高的检测率，但同时计算量会大大增加，从而降低检测速度。

5.2.2　基于 HOG 特征的目标检测方法

在 2005 年的 CVPR 上，来自法国的研究人员 Navneet Dalal 和 Bill Triggs 提出了利用 HOG 特征描述子进行特征提取，并结合 SVM 分类器实现行人检测。HOG＋SVM 目标检测算法无论在速度还是检测效果上都占有一定的优势。后来不少研究人员也相继提出了很多改进的算法，但基本上都以此算法为基础框架。本小节将对 HOG 和 SVM 实现目标检测的基本原理和检测流程等进行解释。

5.2.2.1　HOG 特征

1. 主要思想

HOG 特征[11]，即梯度方向直方图（histogram of oriented gradient），顾名思义，该特征使用梯度方向的直方图来描述图像的特征，是图像处理中一种重要的特征描述子。HOG 基于图像中的梯度信息来计算直方图，它通过统计待检测区域的梯度方向直方图来表示图像的边缘特征。HOG 特征和其他基于前景检测、尺度不变特征转换的算法有很多相同之处，区别在于：HOG 特征描述子[12]将图像分成一个个很小的且规格统一的区域，这些区域称为细胞单元（cell）。此外，该算法还借鉴了块（block）的归一化技术来提高 HOG 特征算法的诸多性能。HOG 特征提取算法的应用也十分广泛，比如，HOG 特征提取结合 SVM 分类器在行人检测[6]中获得了很大的成功。

HOG 特征算法的理论基础是：在图像中边缘方向密度或梯度的信息可以对检测目标的表象和形状进行描述。算法的大致步骤如下：首先计算图像中所有像素点的梯度大小，将图像分成一个个很小的且大小规格统一的细胞单元；其次提取这些细胞单元中每个像素点的方向梯度直方图信息；最后整合这些直方图信息构成 HOG 特征描述符。

2. HOG 特征提取流程

HOG 特征的提取[2]大致包括：Gamma 空间和颜色空间标准化、图像梯度计算、计算每个细胞单元的特征向量、归一化和整合直方图信息生成最终的 HOG 特征向量。其具体提取流程如图 5-5 所示。

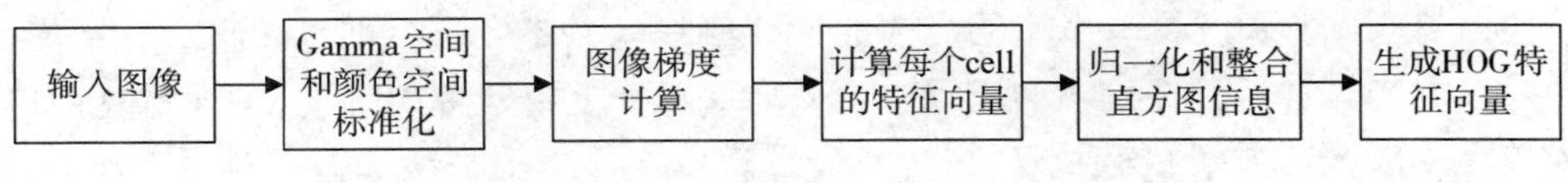

图 5-5　HOG 特征提取流程

（1）Gamma 空间和颜色空间标准化

图像中可能存在光照强度不均匀的情况，所以为了消除亮度强弱变化等不利影响并降低其对检测效果的影响，首先，需要对整个图像进行一致的标准化处理；其次，因为颜色信息对检测结果作用不大，通常直接将彩色图像转换为灰度图像，此举不仅节省内存空间，而且降低了计算量；最后，使用Gamma校正法来降低图像局部阴影和图像失真带来的影响。

（2）图像梯度计算

对于图像 $H(x,y)$，图像在点 (x,y) 处的水平方向梯度分量、竖直方向梯度分量和最终的梯度大小分别由式5-2、式5-3和式5-4表示：

$$G_x(x,y)=H(x+1,y)-H(x-1,y) \tag{5-2}$$

$$G_y(x,y)=H(x,y+1)-H(x,y-1) \tag{5-3}$$

$$G(x,y)=\sqrt{G_x(x,y)^2+G_y(x,y)^2} \tag{5-4}$$

梯度方向由式5-5表示：

$$\alpha=\arctan\frac{G_y(x,y)}{G_x(x,y)} \tag{5-5}$$

由式5-2、式5-3、式5-4和式5-5可知，某像素点的梯度大小就是该像素点左、右两侧像素点灰度值做差后求平方，再加上、下两侧像素点灰度值差值的平方，最后做开平方运算所得的结果。但在实际操作中，通常是利用[-1,0,1]和[1,0,-1]两个梯度算子做卷积运算，从而得到水平和竖直两个方向上的梯度分量，将它们代入上述公式求得最终各个像素点处的梯度。

（3）计算每个细胞单元的特征向量

将图像窗口划分成大小统一的连通区域，这些区域叫作细胞单元（cell），把每个细胞单元中像素点的梯度信息投影到一定的方向上。一般将细胞单元的角度均分成9部分，此时可以得到最优的结果。将每个细胞单元中像素点的梯度信息在9个方向上进行加权投影，依据9个方向将所有属于同一细胞单元的像素点的投影进行累加求和运算，最终得到该细胞单元在9个方向上的9个特征值，即一个9维的特征向量。

根据不同的场景，需要设置合适的细胞单元，细胞单元的大小会对块（block）以及检测窗口的滑动步长有所影响。例如，可以将图像划分为8×8像素大小的细胞单元，2×2个细胞单元组成一个块，滑动步长的大小和细胞单元大小一致。

（4）归一化和整合直方图信息

得到的每个细胞单元的梯度直方图可能会受到光照变化、阴影等因素的影响，导致相邻细胞单元的梯度变化范围很大，因此需要归一化处理图像的梯度强度。在介绍归一化之前，首先介绍一下块（block）的概念。简单地讲，块由几个相邻连续的细胞单元构成。归一化的过程大致就是：首先计算每个块的特征值，即块内所有的细胞单元的特征值之和；然后将同一个块内每个细胞单元的9个不同方向的特征值除以上述得到的块的特征值。

在对水下物体进行目标检测的过程中，假设设置一个块包含16×16个像素点，由2×2个细胞单元组成，每个细胞单元包含8×8个像素点，每个细胞单元有9部分，因此一个块的特征向量长度为2×2×9，即36维。

（5）生成HOG特征向量

将每个块的特征向量组合在一起，得到图像最终的HOG特征向量。那么一副图像可以提取多少维的特征向量呢？例如，在对水下鱼类进行目标检测的过程中，对于40×32大小的检测窗口，每个块由2×2个细胞单元组成，每个细胞单元由8×8个像素点组成，每个细胞单元包含9部分，检测窗口滑动步长为8×8，那么水平方向会有40/8-1=4个扫描窗口，垂直方向有 32/8－1＝3 个扫描窗口，从而得到最终的特征向量维数是 4×3×2×2×9＝432。

3. HOG 特征优缺点

HOG 特征的本质思想是待检测物体的局部区域可以通过梯度信息来描述，因此 HOG 可以对待检测图像的局部区域产生良好的解释。除此之外，HOG 特征有着良好的几何不变性和光学不变性。然而，HOG 特征很难处理遮挡问题并且不具备尺度不变性，需要借助图像金字塔等技术放大缩小待检测图像来实现尺度不变性。除此之外，由于梯度信息本身的缘故，HOG 特征对噪点也比较敏感。这些问题的存在限制了 HOG 特征在目标检测任务中的发展。

5.2.2.2　HOG＋SVM 目标检测算法

1. 支持向量机

前面已经从 HOG 特征主要思想和提取流程等方面详细介绍了 HOG 特征描述子，接下来，我们简单谈一谈什么是支持向量机。支持向量机[13]（support vector machine，SVM）是一种线性分类器，它通过对有标签的数据训练，进而产生出一个可以分类数据的优化超平面。SVM 的最优超平面能够很好地判断输入数据的类别，对于目标检测来说，即为区分出哪些区域是目标，哪些区域不是目标，因此支持向量机作为分类器在计算机视觉领域得到了广泛的应用。SVM 有 4 种类型的内核：线性内核（linear）、多项式内核（poly）、基于径向的（RBF）、Sigmoid。除此之外，SVM 还有很多其他参数，比如 degree、gamma，惩罚系数 c、p 值等，在实验中需要针对不同的应用场合设置合适的参数，从而达到最优的检测效果。由于 SVM 算法理论较为复杂，对于初学者只需要理解其核心思想即可，SVM 详细介绍见第 7 章，此处不再赘述。

2. 滑动窗口和图像金字塔

通过 HOG 特征描述子提取出待检测图像特征之后，想要实现物体的目标检测有如下两个问题待解决：

• 位置问题：要检测的目标可能位于图像上的任何地方，所以需要扫描图像中的各个部分，从而找到感兴趣的区域，那么如何进行图像的扫描呢？检测窗口的大小、步长应当如何设置呢？

• 尺度问题：如果待检测的物体在整幅图像中大小不一样，当存在大小差异很大的情况时，如何较好地提取物体特征并对其进行检测？

为了解决这些问题，需要熟悉滑动窗口[14]和图像金字塔[15]这两个概念。

（1）滑动窗口

滑动窗口是一种经典的物体检测技术，目前很多区域扫描技术都是基于滑动窗口的改进，因此，对滑动窗口基本思想的学习很有必要。

滑动窗口通过扫描较大图像的较小区域来解决定位问题，结合图像金字塔技术实现在同一图像的不同区域不同尺度下的重复扫描。滑动窗口技术首先需要确定一个卷积区域，然后通过卷积核在图像上按照规定的步长进行上、下、左、右滑动，对每次滑动到的区域进行预测，通过训练好的分类器最终判断区域中是否存在目标。

（2）图像金字塔

图像金字塔是图像多尺度表示的一种方式，其本质是许多以金字塔形状排列的分辨率自下而上逐层递减的同一张原始图的图像集合。图像金字塔底层为高分辨率的图像，高层是低分辨率的图像。常见的两种图像金字塔是高斯金字塔和拉普拉斯金字塔，其中最主要的是高斯金字塔。在计算机视觉和图像处理相关任务中，高斯金字塔可以通过对一张图像逐级向下采样获得该图像不同尺寸的子图。拉普拉斯金字塔可以认为是残差金字塔，用来存储下采样后图像与原始图像的差异，从而能够完整地恢复出每一层级下采样前的图像。图像金字塔不仅有助于解决在不同尺度下的目标检测问题，而且在图像分割、压缩、匹配等方向都有良好的应用。图像金字塔如图 5-6 所示。

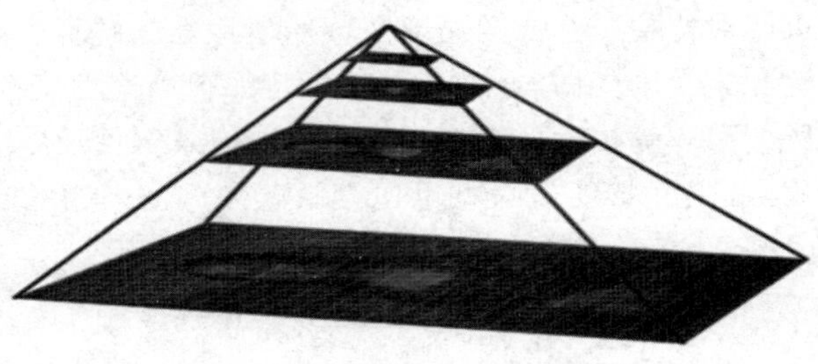

图 5-6 图像金字塔

3. HOG＋SVM 目标检测算法实现

前面已经介绍了 HOG 特征和 SVM 的相关知识点，接下来将二者结合在一起，为读者详细介绍此算法的实现流程（图 5-7）。

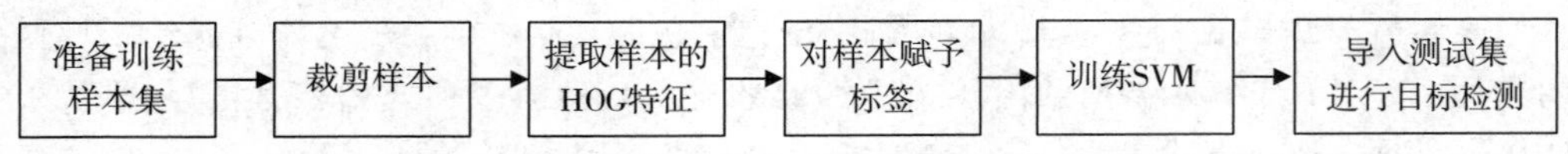

图 5-7 HOG＋SVM 目标检测算法实现流程

（1）准备训练样本集：其中包括正样本集和负样本集，正样本集中包含待检测的目标，负样本集不包括待检测目标。训练样本的获取途径有很多，比如通过公司或机构内部获取、通过网络检索获取、通过视频分解获取等。

（2）裁剪样本：收集到足够多的训练样本后，需要对样本进行手动裁剪。比如，在使用 HOG＋SVM 目标检测算法进行水下鱼类目标检测时，手动裁剪图像中的鱼作为正样本，负样本就是不包括鱼的部分（背景中的岩石、绿植、蓝色的海水等）。

（3）提取所有正样本的 HOG 特征；

（4）提取所有负样本的 HOG 特征；

（5）对所有正、负样本赋予样本标签。例如，将正样本全部标记为 1，负样本标记为－1。

（6）输入所有正负样本的 HOG 特征和标签到 SVM 中的训练模型；

（7）SVM 训练完成，将训练所得模型结果保存在文本文件中；

（8）导入测试集，用训练好的 SVM 模型进行测试，得到检测结果。

4. 检测结果

参照上述算法流程检测，实验平台为 python3.7＋OpenCV4.1，设置参数如下：

检测窗口 winSize＝（40，32），blockSize＝（16，16），blockStride＝（8，8），cellSize＝（8，8），nBins＝9，检测结果如图 5-8 所示。

在使用 HOG 特征和 SVM 分类器实现鱼类目标检测算法中，HOG 这个特征描述子本身存在一些弊端，比如很难处理遮挡、漏检等问题。除此之外，算法自身的缺陷与局限也会使检测结果产生一些问题，比如，因为算法中检测框是手动设置并非自适应的，所以难以检测出姿态怪异或者图片中很小的鱼；检测步长固定导致某些检测框中框住了两条鱼等。

图 5-8　HOG＋SVM 目标检测结果

5.3　基于深度学习的目标检测

近年来，在深度学习快速发展的前提下，基于卷积神经网络的目标检测算法也达到了较高的检测精度和检测速度。除此之外，基于深度学习的目标检测算法，解决了以背景减除法为代表的算法对运动信息或手工特征过分依赖的局限性。在水下生态监测和生物多样性监测日益增长的需求推动下，基于深度学习的水下目标检测方法在海洋生物、渔业、地质和物理调查等领域有了广泛的应用。目前，从检测原理上可以将基于深度学习的水下目标检测方法分为一阶段目标检测方法和二阶段目标检测方法。在对目标检测算法进行介绍之前，首先要了解一些骨干网络（backbone network）结构。在通常情况下，骨干网络往往是各种卷积神经网络的共享结构，是基于深度学习的目标检测、图像分割、目标跟踪等任务的前导性任务。下面将依次针对深度学习骨干网络结构、二阶段（two-stage）目标检测方法和一阶段（one-stage）目标检测方法进行介绍。

5.3.1　深度学习骨干网络结构

常用的深度学习骨干网络结构如表 5-1 所示。下面将以 AlexNet 为起点，对一些经典的基础网络结构进行介绍。

表 5-1　深度学习骨干网络结构

骨干网络	AlexNet[16]	VGG[17]	GoogLeNet[18]	Compact Bilinear[19]	ResNet[20]
骨干网络	Inception[21]	Wide ResNet[22]	FractalNet[23]	DenseNet[24]	ResNet[25]

1. AlexNet

2012 年，由 Alex Krizhevsky 等提出的关于 AlexNet 的论文被称为计算机视觉领域最具有影响力的论文之一，截至 2019 年，其引用量约为 47 000 次。AlexNet 是在 LeNet 的基础上加深了网络的结构，能够学习更丰富、更高维的图像特征，并且借助于 Dropout 和数据增强的方式来抑制过拟合，同时使用 ReLU 作为激活函数来代替 Sigmoid。该网络在当年的 ImageNet 大赛上以远超第二名的成绩夺冠，其网络结构如图 5-9 所示。网络包含 8 个带权重的网络层，其中，前 5 层是卷积层，每一个卷积层中包含了 ReLU、局部响应归一化(LRN)，之后经过池化层进行下采样，剩下的 3 层为全连接层。针对图像分类的任务，最后一个全连接层输出的 1 000 维特征将会输入 softmax 中，进一步，softmax 会得到 1 000 类标签的分布，从而实现图像的分类。

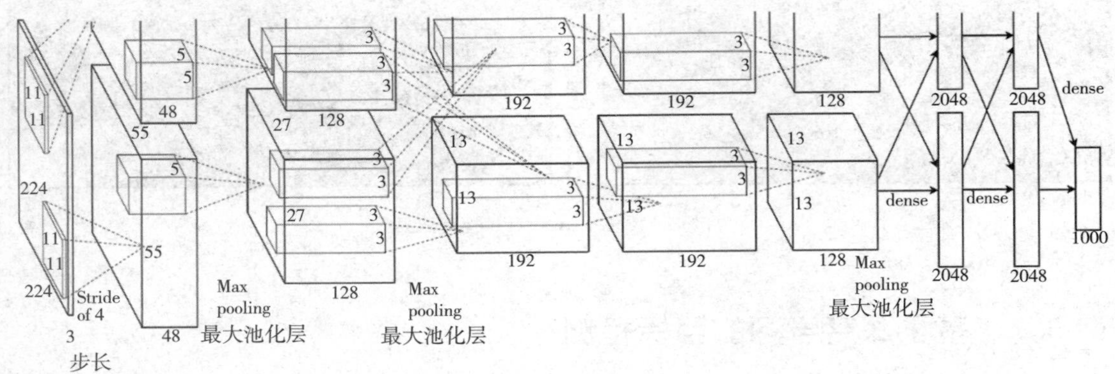

图 5-9　AlexNet 网络结构（Krizhevsky 等，2017）

AlexNet 之所以能够取得比较好的结果，主要原因在于：①使用了 ReLU 激活函数，基于 ReLU 的深度卷积网络比基于 tanh 和 sigmoid 激活函数的网络训练速度快；②ReLU 函数没有一个值域区间，因此在 ReLU 之后做了局部响应归一化（LRN）操作，对局部神经元创建了竞争机制；③使用 Dropout 随机忽略神经元，避免过拟合现象；④通过数据增益的方式对图像进行变换，包括平移变换、反射变换、光照和色彩变换等，进而减少过拟合现象。

2. VGG

VGG 由 Karen Simonyan 等于 2014 年提出，该网络结构选用比较小的卷积核（3×3），在这之前无论是 AlexNet 还是 LeNet5 都是采用较大的卷积核，比如 11×11，7×7。通过实验证明采用小卷积核能够在取得相同感受野的情况下（如两个 3×3 的感受野和一个5×5 的感受野大小相同），减少计算量，并简化网络结构；而且两层 3×3 相比于一层 5×5 可以引入更多的非线性，从而使模型的拟合能力更强。除此之外，VGG 还引入了 1×1 的卷积核，能够在不影响输入、输出维度的情况下，通过 ReLU 进行非线性处理，提高模型的非线性。VGG 网络结构如图 5-10 所示，网络由 13 个卷积层和 3 个全连接层组成，最后一个全连接层的输出作为 softmax 分类器的输入。VGG 的整体结构与 AlexNet 相似，依旧遵循输入->nx（Conv->ReLU->MaxPooling）->3 个全连接层->输出的结构。

3. GoogLeNet

在介绍 GoogLeNet 之前，首先要了解 Inception V1 网络，该网络将 1×1，3×3，5×5 的卷积层和 3×3 的池化层堆叠在一起，在增加网络宽度的同时，也提高了网络对尺度的适应性。图 5-11（a）为最初的 Inception 网络结构，所有的卷积操作都是在上一层的所有输出上来做的，在 5×5 卷积操作中计算量过大，造成了特征图厚度很大这一现象。因此，研究人员提出的 Inception 具有图 5-11（b）的结构，在 3×3 卷积和 5×5 卷积前，以及 3×3 最大池化后分别加上 1×1 的卷积操作，从而达到减少计算量，降低特征图厚度的目的。在

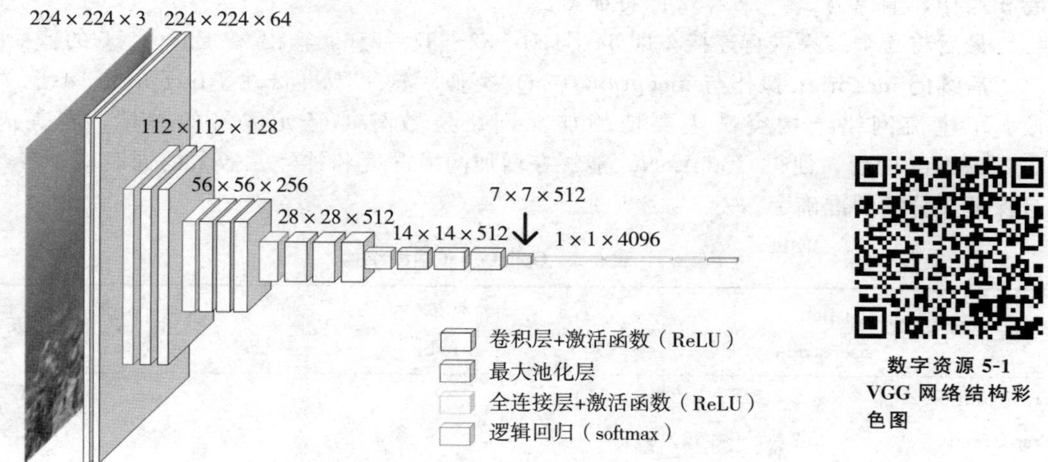

图 5-10 VGG 网络结构（Simonyan 等，2015）

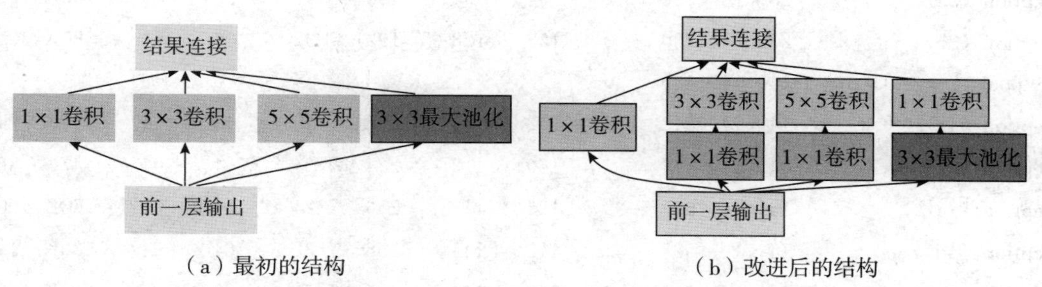

（a）最初的结构　　（b）改进后的结构

图 5-11 Inception V1 网络结构（Szegedy 等，2017）

此之后，GoogLeNet 的作者又提出了多种 Inception 网络结构，本书中就不再多做介绍，若感兴趣可参考该作者的论文进行学习[21]。

GoogLeNet 中多次使用上述的 inception 结构，结构细节见表 5-2。本书现在对表 5-2 GoogLeNet 网络结构做一个解析，关于前两个卷积与池化层，在这里不过多解释，就是一个普通的卷积池化操作，下面将重点介绍 inception 部分。

观察表 5-2 中的第三层［inception（3a)］，该层分为 4 个分支，分别采用不同尺度的卷积核来进行处理：

（1）采用 64 个 1×1 的卷积核，然后进行 ReLU 操作，输出尺度为 28×28×64 的特征图；

（2）采用 96 个 1×1 的卷积核，作为 3×3 卷积核之前的降维操作，变成 28×28×96，然后进行 ReLU 计算后，进行 3×3×128 的卷积（padding＝1)，输出尺度为 28×28×128 的特征图；

（3）执行 1×1 ×16 的卷积操作，作为 5×5 卷积操作的降维过程，ReLU 后进行 5×5×32（padding＝2）的卷积操作，输出 28×28×32 的特征图；

（4）池化层，使用 3×3 的核（padding＝1)，输出 28×28×192，然后进行 1×1×32 的

卷积操作，输出为 28×28×32 的特征图。

最后将 4 个结果进行连接，即 64＋128＋32＋32＝256，输出 28×28×256 的特征图。

后续的 inception 操作与 inception（3a）类似，这里不再赘述。Inception 网络的提出，改善了主流网络结构突破主要依赖加深网络层数核神经元数量的弊端，将其应用于 GoogLeNet 中后，使得 GoogLeNet 能够在增加网络深度和神经元数量的同时减少参数，并且保证了分类的准确率。

表 5-2　GoogLeNet 网络结构

type	patch size/stride	output size	depth	#1×1	#3×3 reduce	#3×3	#5×5 reduce	#5×5	pool proj	params	ops
convolution	7×7/2	112×112×64	1							2.7K	34M
max pool	3×3/2	56×56×64	0								
convolution	3×3/1	56×56×192	2		64	192				112K	360M
max pool	3×3/2	28×28×192	0								
inception（3a）		28×28×256	2	64	96	128	16	32	32	159K	128M
inception（3b）		28×28×480	2	128	128	192	32	96	64	380K	304M
max pool	3×3/2	14×14×480	0								
inception（4a）		14×14×512	2	192	96	208	16	48	64	364K	73M
inception（4b）		14×14×512	2	160	112	224	24	64	64	437K	88M
inception（4c）		14×14×512	2	128	128	256	24	64	64	463K	100M
inception（4d）		14×14×528	2	112	144	288	32	64	64	580K	119M
inception（4e）		14×14×832	2	256	160	320	32	128	128	840K	170M
max pool	3×3/2	7×7×832	0								
inception（5a）		7×7×832	2	256	160	320	32	128	128	1 072K	54M
inception（5b）		7×7×1 024	2	384	192	384	48	128	128	1 388K	71M
avg pool	7×7/1	1×1×1 024	0								
dropout-40%		1×1×1 024	0								
linear		1×1×1 000	1							1 000K	1M
softmax		1×1×1 000	0								

4. ResNet

通常来说，网络深度的增加能够提取更加复杂的特征，模型也可以取得更好的结果。但是实验发现，深度网络的性能并不一定会很好，可能出现退化问题。随着网络深度的增加，网络准确度出现饱和，甚至下降，如图 5-12 所示。56 层网络的准确度低于 20 层网络的准确度，而且这并不是一个过拟合的问题，因为 56 层网络的测试误差同样很高。

针对上述问题，何凯明等借助于残差单元（residual unit）构建的 ResNet 成功训练得到 152 层深的神经网络模型，解决了深度网络退化的问题。除此之外，ResNet 的参数量并没有提高，而神经网络训练速度和准确率却有了非常大的提升。ResNet 以 VGG19 网络作为

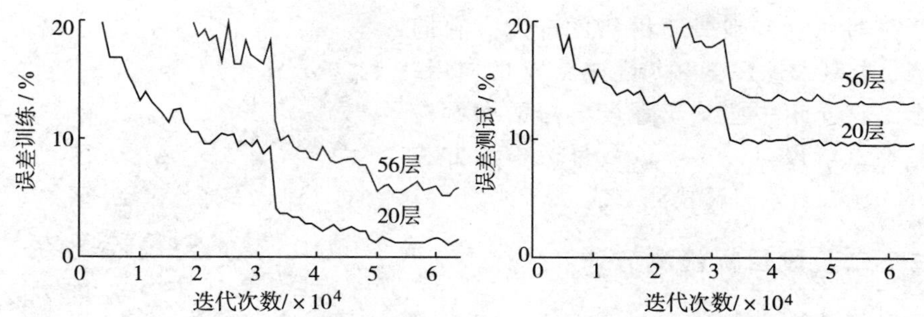

图 5-12　不同网络深度准确度对比（He 等，2016）

参考，按照短路连接的模式引入了残差单元。残差学习单元及短路机制如图 5-13 所示。假定某段神经网络的输入为 x 时其学习到的特征记为 $H(x)$，现在希望其可以学习到残差 $F(x)=H(x)-x$，这样原始的学习特征是 $F(x)+x$。当残差为 0 时，此时残差单元仅仅做了恒等映射（identity mapping），维持了网络性能，保证残差单元在输入特征的基础上学习到新的特征，从而拥有更好的性能。

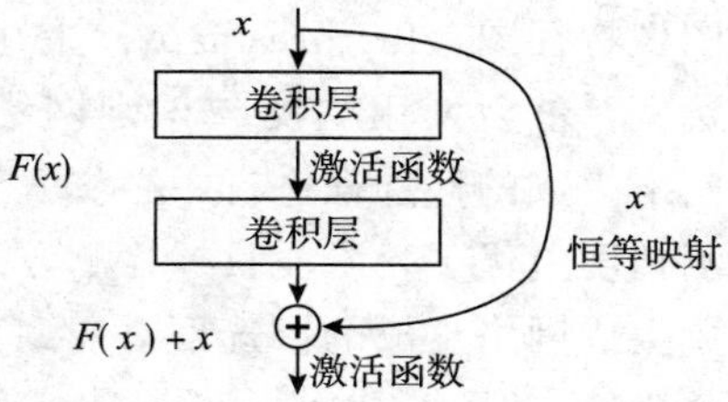

图 5-13　残差学习单元及短路机制（He 等，2016）

5. DenseNet

DenseNet 在思想上有借鉴 ResNet 和 Inception 网络，但是它为全新的网络结构。在通常情况下，提高卷积神经网络效果要么采用加深网络的方式（比如 ResNet，解决了网络深度增加时的梯度消失问题），要么采用加宽网络的方式（比如 GoogLeNet 的 Inception，减少计算量的同时保证了模型的精度），而 DenseNet 则是通过对特征极大限度的利用达到更好的效果和使用更少的参数。DenseNet 的基本结构如图 5-14 所示，它主要包含稠密块（dense block）和过渡层（transition layer）两个组成部分，其中稠密块定义了输入与输出之间的连接关系，每一层的输入来自前面所有层的输出；过渡层为相邻两个稠密块中的部分。

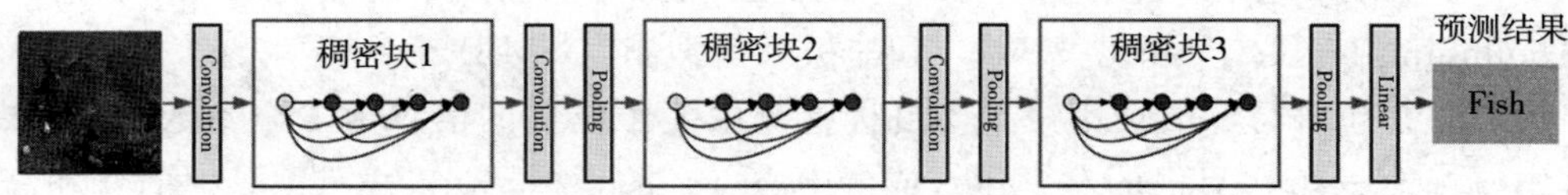

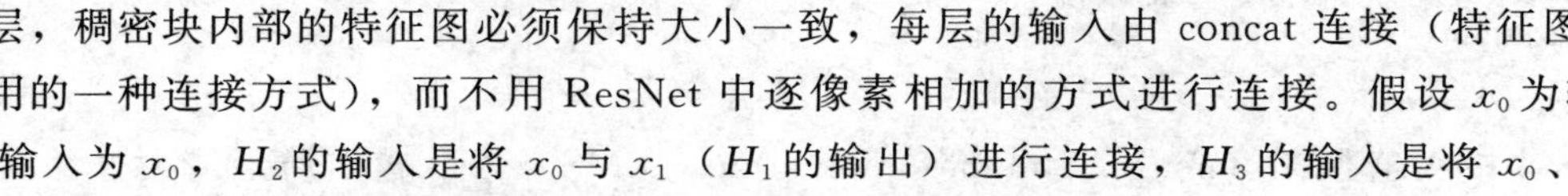

图 5-14　DenseNet 的基本结构（Huang 等，2017）

图 5-15 是一个详细的稠密块网络结构，具有 5 个 BN ＋ ReLU ＋ Conv（3×3）这样的基础层，稠密块内部的特征图必须保持大小一致，每层的输入由 concat 连接（特征图之间所采用的一种连接方式），而不用 ResNet 中逐像素相加的方式进行连接。假设 x_0 为输入，H_1 的输入为 x_0，H_2 的输入是将 x_0 与 x_1（H_1 的输出）进行连接，H_3 的输入是将 x_0、x_1 与 x_2（H_2 的输出）进行连接，依此类推，得到最终的输出 x_4。

DenseNet 建立了不同层之间的连接关系，特征得到了充分的利用，而且减轻了梯度消失，加强了特征的传递，除此之外，在一定程度上减少了参数数量。DenseNet 的优点很多，而且在与 ResNet 的对比中具有很大的优势。

以上便是对一些经典骨干网络的介绍。它们在目标检测、分割及跟踪等领域都有广泛的应用。接下来，本书将介绍一些基于深度学习的图像检测方法，包括二阶段（two-stage）目标检测方法和一阶段（one-stage）目标检测方法。

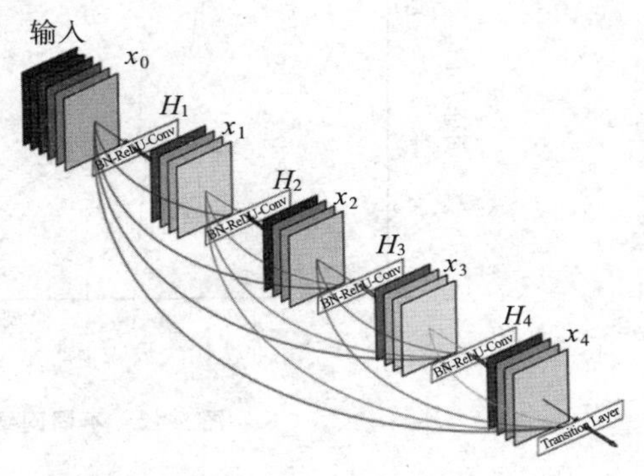

图 5-15　稠密块网络结构（Huang 等，2017）

5.3.2　二阶段目标检测方法

二阶段目标检测方法通常包含两个网络：一个候选区域生成网络和一个检测与识别网络。其基本步骤通常为，首先使用候选区域生成网络在图像特征图（feature maps）上生成稀疏的目标候选框，然后使用检测与识别网络对候选区域生成网络生成的候选框进行中心位置和长宽的回归，并进行分类。二阶段目标检测方法通常在检测精度上优于一阶段目标检测方法，但是在检测速度上一般要慢很多。该方法需要将候选区域生成网络生成的候选框对应到特征图上，并将它们通过 ROI（region of interest）池化调整为统一大小，这一步是非常耗时的。典型的二阶段目标检测方法有 R-CNN[3]、Fast R-CNN[4]、Faster R-CNN[5]、R-FCN[26]等。

1. R-CNN

在传统的计算机视觉领域里，常采用特征描述子来应对目标识别任务，这些常见的特征描述子包括 HOG 和 SIFT[15]等。随着深度学习在目标识别领域的快速发展，目标检测方法也出现了新的转机，Ross Girshick 等受 AlexNet 的启发，试图将 AlexNet 的目标识别能力泛化到目标检测上面来。但是从目标识别到目标检测需要解决两个主要的问题：①怎样实现深度学习网络对目标的定位？②如何解决小规模数据集与训练能力强劲网络模型之间的矛盾。R-CNN 针对上述问题提出了利用候选区域与卷积神经网络结合的方式进行目标定位。接下来，本书将会从检测过程、CNN 特征提取阶段以及网络训练与测试几个方面对 R-CNN 做一个介绍。在对 R-CNN 进行介绍之前，我们首先对目标检测中常用到的几个概念——边界框（bounding box）、交并比（IoU）和非极大值抑制（NMS）做一下解释。

• 边界框是包含目标的最小矩形，目标检测中关于位置的信息由 4 个参数 x、y、w、h 组成，其中 x、y 代表着边界框的左上角（或者中心点）的坐标，w、h 表示边界框的宽和高。一组 (x,y,w,h) 可以唯一地确定一个目标框。

• IoU（intersection over union）用于计算两个目标区域的重叠度。假设有两个区域 R 和 R'，对这两个区域的重叠程度计算公式为：

$$O(R,R') = |R \cap R'|/|R \cup R'| \tag{5-6}$$

• 非极大值抑制（non-maximum suppression，NMS）可以看作局部最大值的搜索问题。给出一张图像与其上对应的检测候选框，这些框往往会存在互相重叠的部分，使用 NMS 的目的就是对这些重叠框做一个筛选，只保留其中最优的框。假设一张图像中有 N 个框，每个框被分类器计算得到的分数为 s_i，基于该图像进行非极大值抑制的基本流程如下。

步骤 1：构建用于存储待处理候选框的集合 $\mathbf{H}$ 并初始化为包含全部的 N 个框；构建用

于存储最优框的集合 **M**，初始化为空集。

步骤 2：将集合 **H** 中的所有框进行排序，选择分数最高的框 n，并从集合 **H** 移到集合 M 中。

步骤 3：遍历集合 **H** 中剩余的框，并与集合 M 中的框计算 IoU，如果 IoU 高于某一阈值（通常为 0～0.5），则认为该框与集合 **M** 中的框重叠，将此框从集合 **H** 中删除。

步骤 4：迭代执行步骤 1～3，直到集合 **H** 为空，此时集合 **M** 中的框即为我们需要的框。

（1）检测流程

图 5-16 是 R-CNN 的检测流程。首先给定一张输入图像，从中提取 2 000 个类别独立的候选区域；然后利用卷积神经网络从每个区域中提取一个固定长度的 CNN 特征向量；最后，利用支持向量机对每个区域进行目标分类。

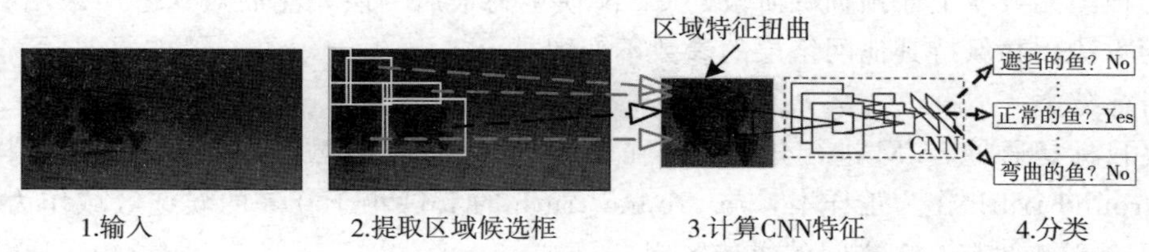

图 5-16　R-CNN 的检测流程

能够生成候选区域的方法很多，比如 objectness[27]，selective search[28]，category-independent object proposals[29]，constrained parametric min-cuts[30]，multi-scale combinatorial grouping[31] 等，该算法选择 selective search 来获取候选区域。然而，R-CNN 提取区域候选框时获取的候选框大小各不相同（图 5-16），但是卷积神经网络要求输入图像的大小相同，因此需要将输入的候选框均缩放到固定的尺寸。缩放分为两类：各向异性缩放和各向同性缩放。

各向异性缩放相对比较简单，它不考虑图像的长宽比例和扭曲度，直接缩放成 CNN 要求的输入图像大小［图 5-17(d)］。各向同性缩放包括两种方式：①在原始图像中将 bounding box 的边界扩展延伸成正方形，在此基础上对图像进行裁剪；如果已经延伸到原始图像的外边界，则用 bounding box 中的颜色均值填充［图 5-17(b)］。②先把 bounding box 中的目标裁剪出来，然后用 bounding box 的像素颜色均值将图像填充成正方形［图 5-17(c)］。经过缩放后，得到符合 CNN 网络输入要求的图像尺寸，继续用相同尺寸的候选框训练 CNN 和 SVM。

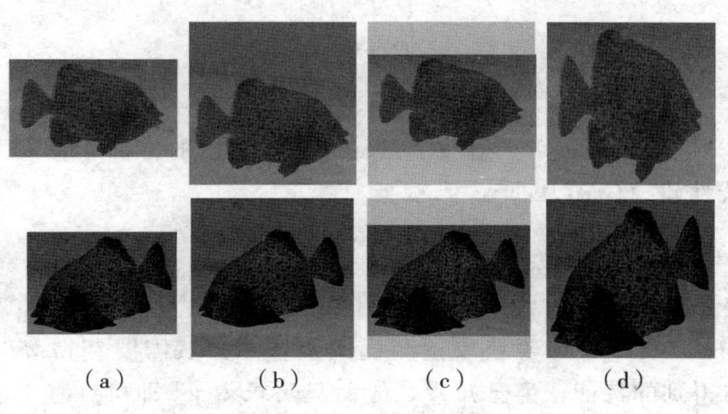

图 5-17　候选框变换方法

（2）CNN 特征提取阶段

特征提取阶段的网络选用经典的 AlexNet，该网络特征提取部分包含 5 个卷积层和 2 个全连接层。在 AlexNet 中，p5 层神经元个数为 9 216，全连接层 6 和 7 的神经元个数均为 4 096，通过该网络训练后得到 4 096 维的特征向量表示每个输入候选框图像的特征。

（3）网络训练及测试

• 预训练及微调

目标训练标签数据少是目标检测的一个难点，这难以满足直接随机初始化 CNN 参数的要求。基于这个原因，R-CNN 直接使用 AlexNet 结构及其在 ILSVRC2012 数据库上训练得到的参数作为初始的参数值，接着把选择的候选框缩放成指定大小，继续对上面的预训练模型进行微调训练。假设有 N 类物体需要检测，只需要用 $N+1$（加 1，表示还有一个背景）个输出的神经元替换上面预训练阶段的 CNN 模型的最后一层，然后对这一层采用参数随机初始化的方法，并保持其他网络层的参数不变即可。

• 目标分类

最终目标是通过 SVM 进行分类的。在训练 SVM 分类器之前，需要定义正负样本。其中，用 ground truth 作为正样本，与 ground truth 的 IoU 小于 0.3 的候选区域作为负样本，忽略 IoU 介于 0.3 与 0.7 之间的候选区域。

• 边界框回归器训练

该网络中用到的回归器是线性的，其输入为 AlexNet 池化层 5 的输出，回归器在训练过程中的输入为 N 对值，分别是候选区域的边界框坐标值和真实边界框的坐标值 $\{(P^i, G^i)\}_{i=1,2,\cdots,N}$，后面的解释中将不再特殊强调 i。从候选框 P 到预测框 $\hat{G}$ 的基本思路如下：

假设在分类之后得到候选框 $P(P_x, P_y, P_w, P_h)$，其中 (P_x, P_y) 为候选框的中心点坐标，P_w 和 P_h 分别为候选框的宽和高。当候选框表示方法已知时，我们只需要估计出候选框与真实框的平移量和尺度缩放比例，即可获得目标对应的预测框 $\hat{G}$。采用 4 个函数来参数化上述的变换问题：$d_x(P), d_y(P), d_w(P), d_h(P)$，前两个指定了 P 的边界框中心的比例不变平移，而后两个指定了 P 的边界框的宽度和高度的对数空间平移。

借助上述 4 个函数得到如式 5-7 的变换：

$$\begin{aligned}\hat{G}_x &= P_w d_x(P) + P_x \\ \hat{G}_y &= P_h d_y(P) + P_y \\ \hat{G}_w &= P_w \exp[d_w(P)] \\ \hat{G}_h &= P_h \exp[d_h(P)]\end{aligned} \tag{5-7}$$

式 5-7 中的 $d_*(P)$ 是候选区域 P 经由 AlexNet pool5 输出的特征［表示为 $\phi_5(P)$］通过线性建模得到的，线性建模公式为：

$$d_*(P) = \boldsymbol{w}_*^{\mathrm{T}} \phi_5(P) \tag{5-8}$$

式 5-8 中，$*$ 代表 x, y, w, h。

结合式 5-7 与式 5-8，若想要获取预测框的位置，必然需要获得 $d_*(P)$ 这 4 个变换。$\phi_5(P)$ 是网络学习得到的特征，为已知量，故而只需求得 $\boldsymbol{w}_*^{\mathrm{T}}$ 即可。基于上述分析，为了学习 $\boldsymbol{w}_*$，设计损失函数式 5-9：

$$w_* = \arg\min_{\hat{w}_*} \sum_{i}^{N} [t_*^i - \hat{w}_*^{\mathrm{T}} \phi_5(P^i)]^2 + \lambda \| \hat{w}_* \|^2 \tag{5-9}$$

式 5-9 中的 t_*^i 可以通过利用成对的训练样本 $\{(P^i, G^i)\}_{i=1,2,\cdots,N}$ 计算得到：

$$\begin{aligned} t_x^i &= (G_x^i - P_x^i)/P_w^i \\ t_y^i &= (G_y^i - P_y^i)/P_h^i \\ t_w^i &= \ln(G_w^i/P_w^i) \\ t_h^i &= \ln(G_h^i/P_h^i) \end{aligned} \tag{5-10}$$

因此通过对输入的特征进行训练，计算出 $\hat{w}_*$，即可得到边界框回归器。

• 模型测试

测试时分为两个部分：分类和边界框定位(回归)。

①分类

在测试过程中，首先提取待检测图像的 2 000 个候选区域，缩放每一个区域使其满足 CNN 进行特征提取的需求，并输入 CNN 中。对于 CNN 输出的特征，利用 SVM 分类器对其进行评分（每类都有一个 SVM 分类器的情况下，21 类就会有 21 个 SVM 分类器），然后利用非极大值抑制处理已经得到评分的区域。

②边界框回归

将 CNN 提取的特征输入训练好的线性回归器中，得到更为精确的位置定位。

R-CNN 的出现将 Region Proposal 与 CNN 结合在一起，提高了目标检测的精度。但是 R-CNN 存在着重复计算的问题，每张图像的候选区域有几千个，多数都是互相重叠的，重叠部分会被多次重复提取特征，限制了目标检测的速度，而且训练过程分为多个步骤。鉴于这些原因，何凯明等提出了 SPP-Net[32]，该网络解决了 R-CNN 中重复卷积的问题，但是 SPP-Net 的训练过程仍然分为多个步骤。受到 SPP-Net 的启发，Ross Girshick 提出了 Fast R-CNN，在保证效果的同时提高了检测效率。

2. Fast R-CNN

下面本节将从检测过程、网络结构、模型训练及测试等 3 个方面对 Fast R-CNN（图 5-18）做一下介绍。

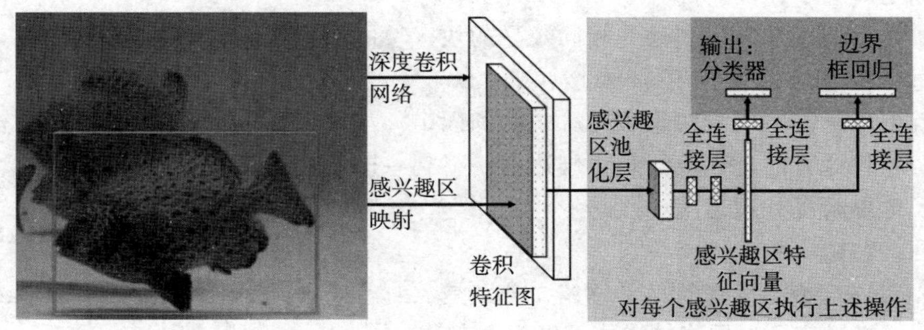

图 5-18 Fast R-CNN 结构（Girshick，2015）

（1）检测过程

• 输入包括一张图像和对应的候选框集合（2 000 个），候选框集合是由 selective search

方法得到的。

• 图像经过多个卷积层和最大池化层获取整张图像的特征图。

• RoI 池化层是借鉴 SPPNet 中的 SPP 层，输入为特征图和候选框集合，然后为每个候选框提取特征图中对应的特征，并使输出具有相同的尺寸。

• 将提取的候选框特征输入两个全连接层，得到 RoI 特征向量。

• 输出检测结果，Fast R-CNN 的输出包含两部分：①RoI 特征向量经过全连接层与 softmax 输出的候选框分类结果，假设数据中包含 20 类目标，输出为 21 类，即 20 类物体加上 1 个背景，该部分取代了 R-CNN 中的 SVM 分类器。②RoI 特征向量经过全连接层与边界框回归器输出的对于 20 类目标和 1 类背景的预测边界框位置信息。

在 Fast R-CNN 网络中，对原始图像执行多层卷积与池化操作，进而得到整幅图像的特征图。由 selective search 产生的大量候选框经过映射可以得到其在特征图上的感兴趣区（RoIs），这些 RoIs 即作为 RoI 池化过程的输入。考虑到感兴趣区的尺寸不一，但是 RoI 池化层之后的全连接层要求输入尺寸是一个统一的固定值，所以，RoI 池化层的作用除了需要将候选框映射到特征图对应位置外，也需要将不同尺寸的 RoIs 池化为固定大小的特征图。RoI 池化层的具体操作如图 5-19 所示。

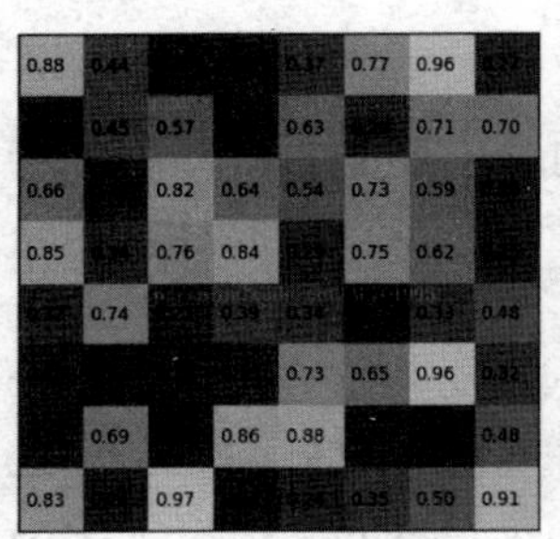

（a）输入特征图

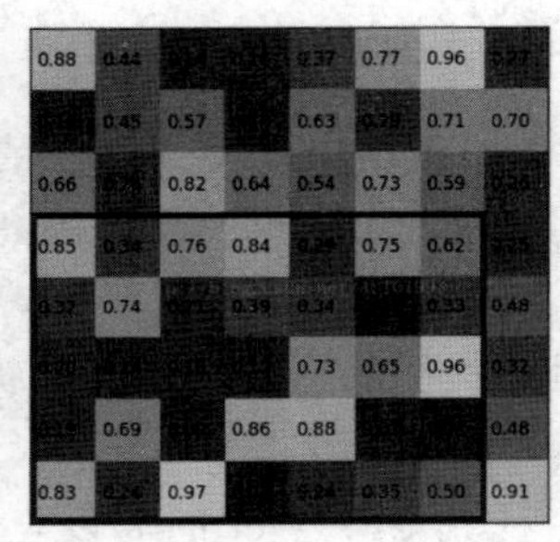

（b）候选框投影后的位置

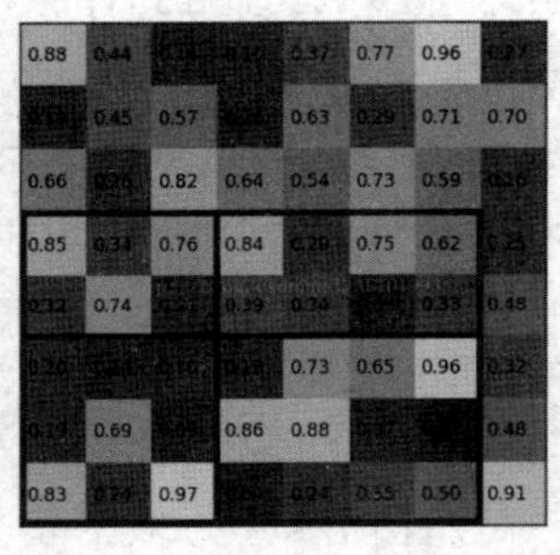

（c）划分为 2×2 个块

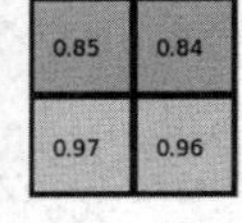

（d）池化结果

图 5-19　RoI pooling 操作流程

①输入特征图，并根据输入的图像，将候选框映射到特征图对应位置（即 RoIs），感兴趣区用四元数组 (r,c,h,w) 进行定义，即窗口的左上角行列坐标与高和宽。需要注意的是，这里的坐标是对应于原图像的。

②将映射后的感兴趣区划分为相同数量的块（块的数量要与输出的维度相同）。

③对每个块进行 max pooling 操作。

这样就可以从不同尺寸的感兴趣区中得到固定大小的特征图。RoI 池化层避免了对所有候选框进行卷积计算的过程，而是将候选框映射到一次卷积计算得到的特征图中，减少了计算量，极大地提高了处理速度。

（2）网络结构

Fast R-CNN 使用 3 个预训练的网络，分别是 AlexNet（S）、VGG _ CNN _ M _ 1024（M）、VGG16（L）。此外，还对网络结构做了以下改变：

①把网络中的最后一个最大池化层替换为感兴趣区域池化层。

②把网络中最后一个全连接层＋softmax 替换成两个并行的网络，一个是全连接层＋softmax 来进行目标的识别；另一个是全连接层＋边界框回归来进行位置回归。

③网络的输入也变成两部分：图像与每张图像对应的候选区域。

（3）网络训练及测试

• 微调过程

在网络训练时，首先预训练上述提到的 3 个网络，然后对网络执行微调操作。R-CNN 和 SPPnet 在微调时，存在一个相同的问题：在训练过程中，假设一个 mini-batch 中有 128 个感兴趣区域（RoIs），而这 128 个 RoIs 均来自不同的图像，无法进行特征共享，进而影响了反向传播的效率。而在 Fast R-CNN 中，针对上述问题进行了改进。首先假设一个 mini-batch 是从 N 张图像中采样的，每张图像获取 R/N 个 RoIs，若 $N=2$，$R=128$，那么会有 64 个 RoIs 来自同一张图像，这些来自同一张图像的 RoIs 就可以在前向和反向传播中共享特征，如此来看，该方法比来自不同图像的 128 个 RoIs 快 64 倍。

• 损失函数

Fast R-CNN 的输出中包含两部分：一部分是目标识别结果，另一部分是目标相较于 ground-truth 的位置偏移；相应地，损失函数也包含两部分，并利用该损失函数同时训练这两部分。

分类器损失：

分类器会为每个 RoI 输出一个概率分布 $p=(p_0,\cdots,p_k)$，同时每个 RoI 都对应一个类别 u（u 不是一个概率分布，而是一个数字，0 表示背景，1～20 表示所属的类别），所以分类器的损失函数可以表示为：

$$L_{\text{cls}}(p,u)=-\ln p_u \tag{5-11}$$

式 5-11 中，p_u 代表这个 RoI 属于第 u 类的概率值。

回归器损失：

回归器的目的是使最后预测的边界框与真实值更接近，其输出为 $Q^u=(Q_x^u,Q_y^u,Q_w^u,Q_h^u)$，是每个候选框需要的位置偏移。假设每一个候选框对应一个真实的偏移量 $t^u=(t_x^u,t_y^u,t_w^u,t_h^u)$，$t$ 的计算见式 5-10，回归器的损失函数表示为：

$$L_{\text{loc}}(t^u,v)=\sum_{i\in\{x,y,w,h\}}\text{smooth}_{L1}(t_i^u-v) \tag{5-12}$$

$$\text{式 5-12 中，}\text{smooth}_{L1}(x)=\begin{cases}0.5x^2, & |x|<1\\ |x|-0.5, & \text{其他}\end{cases} \tag{5-13}$$

综上所述，Fast R-CNN 的损失函数为：

$$L(p,u,t^u,v)=L_{\text{cls}}(p,u)+\lambda[u\geqslant 1]L_{\text{loc}}(t^u,v) \tag{5-14}$$

式 5-14 中，$[u\geqslant 1]$ 是一个指示器，当 $u\geqslant 1$ 时，为 1，否则为 0。这是因为当 $u=0$ 时，代表为背景，此时不需要考虑该 RoI 的位置。

• 测试

在测试过程中，首先输入图像和候选区域到网络中，网络便会输出每个 RoI 的分类结果和位置偏移；然后对 RoI 进行位置调整；最后利用非极大值抑制（NMS）剔除重复的框，进而得到最终的结果。

3. Faster R-CNN

Fast R-CNN 解决了 R-CNN 无法端到端训练，候选框特征提取的重复计算问题，大大提高了检测效率与检测精度。但是，Fast R-CNN 在提取候选框时仍然使用 selective search 方法，为了解决该方法耗时严重的问题，Shaoqing Ren 等提出了 Faster R-CNN，该模型中构建了 RPN 用于获取候选框，取代了 selective search 方法。参考图 5-20，Faster R-CNN 将特征提取、候选框提取、目标边界框回归与分类整合到一个网络中，很大程度地提高了目标检测速度。Faster R-CNN 的具体执行步骤如下。

- 特征提取

Faster R-CNN 首先使用一组基础的卷积+ReLU+池化层提取目标图像的特征图。

- 区域生成网络（region proposal network，RPN）

RPN 主要用于生成候选区域图像块。该部分借助于 softmax 判断锚点（anchors）所属的范围（前景或者背景），然后利用边界框回归修正锚点获得精确的候选区域。

- 感兴趣区池化层（RoI Pooling）

该部分与 Fast R-CNN 中的 RoI Pooling 层相同，将不同大小的输入转换为固定长度的输出。

- 目标分类及边界框回归

利用候选区域特征图计算候选区域的类别，同时做边界框回归获得检测框的精确位置。

（1）RPN 介绍

与 Fast R-CNN 对比能够发现，Faster R-CNN 最大的亮点在于提出了一种有效的提取候选区域的方法（RPN），按区域在特征图上进行特征索引，大大减少了卷积计算的时间消耗，检测速度有了非常大的提升。

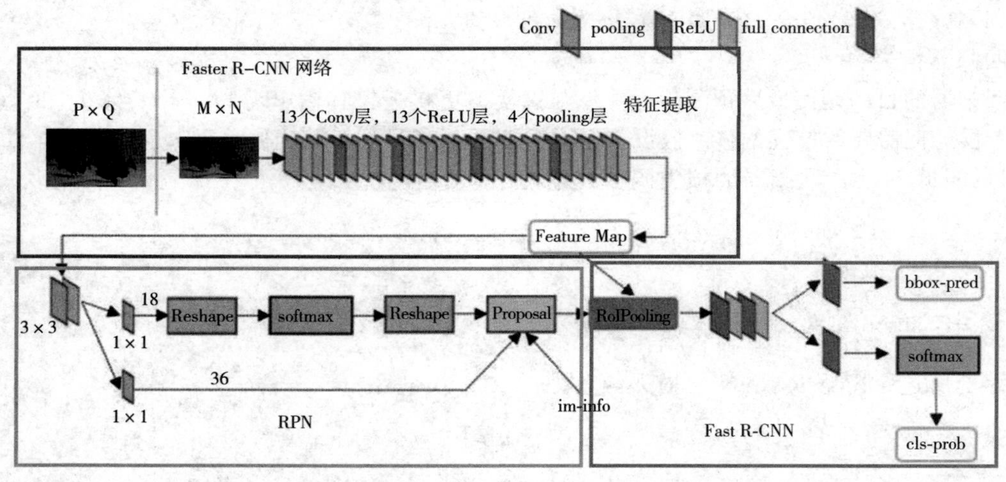

图 5-20　Faster R-CNN 结构（Ren 等，2017）

图 5-20 中的 RPN 实际上分为 2 个分支，上面的网络分支通过 softmax 分类锚点获得前景和背景；下面的网络分支用于计算每个锚点上边界框回归的偏移量，以获得精确的目标候选区域。目标定位是在原图上输出检测的结果，如何将 RPN 输出的结果和 softmax 分类的锚点与原图中的候选区域进行对应的呢？要解决这个问题，就需要理解锚点（anchors）这个概念。

锚点是特征图上的点，每个锚点对应 k 个 anchor boxes，k 表示 anchor boxes 的种类，原文中设置为 9，由 3 种面积（128^2,256^2,512^2）和 3 种长宽比（1∶1,1∶2,2∶1）组成。候选区域是指在原图上的区域，因此有必要确定 anchor boxes 在原图中的位置。假设卷积神经网络得到的特征图大小为 $w\times h$，那么 anchor boxes 的总数为 $9\times w\times h$。假设原图的大小为 $W\times H$，则 $W=S\times w$，$H=S\times h$，S 为之前所有层的步幅大小相乘的结果，所以锚点的位置乘以 S 即为 anchors 在原图的位置，根据以上 9 种组合可以得到 anchor boxes 在原图中的位置，即候选区域。

那么 RPN 的输出与 anchors 是什么关系呢？结合图 5-20 中的 RPN 部分，对图 5-21 做一个解释：

①使用 ZF 网络模型[33]来提取原始图像的特征，ZF 网络模型卷积层中最后的 conv5 层生成 256 张特征图。

②在 Conv5 之后，输入 RPN 网络时做了 rpn _ Conv/3×3 卷积且输出的特征图数目依旧是 256，3×3 的卷积意味着每个点又融合了周围 3×3 的空间信息。

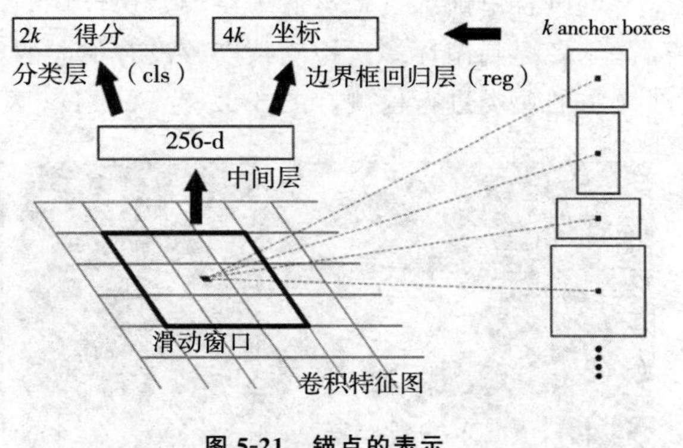

图 5-21 锚点的表示

③假设上一过程生成的特征图中每个点上对应 k 个 anchor boxes（设置为 $k=9$），每个 anchor box 需要有前景和背景的区分，所以，对于分类层（cls），每个点由 256 维特征转化为 $2k$ 个类别得分，即 cls$=2k$；每个 anchor box 都有 $[x,y,w,h]$ 4 个偏移量信息，所以 reg 层包含 $4k$ 个坐标。Anchor boxes 的类别得分与位置偏移量即为 RPN 的最终输出。

由于全部的 anchor boxes 用来训练数据量太大，训练程序会在合适的 anchor boxes 中随机选取 128 个正样本和 128 个负样本进行训练。关于 anchor boxes 的选择，接下来会在 RPN 训练中进行讲解。

（2）RPN 训练

在 RPN 训练中，对于正样本给出两种定义。第一，与 ground truth box 有最大 IoU 的 anchor boxes 作为正样本；第二，与 ground truth box 的 IoU 大于 0.7 的作为正样本。这里采用的是第一种方式。对于负样本的定义为与 ground truth box 的 IoU 小于 0.3 的样本。

训练 RPN 的损失函数定义为：

$$L(\{p_i\},\{t_i\})=\frac{1}{N_{\text{cls}}}\sum_i L_{\text{cls}}(p_i,p_i^*)+\lambda\frac{1}{N_{\text{loc}}}\sum_i p_i^* L_{\text{loc}}(t_i,t_i^*) \tag{5-15}$$

式 5-15 中，i 为 mini-batch 中的第 i 个 anchor box；p_i 为第 i 个 anchor box 代表前景的概率；当第 i 个 anchor box 是前景时，p_i^* 为 1，反之为 0；t_i 为预测的边界框坐标，t_i^* 为 ground truth 的坐标。该部分的损失函数与 Fast R-CNN 相同，$L_{\text{cls}}(p_i,p_i^*)$ 对应于式 5-11，$L_{\text{loc}}(t_i,t_i^*)$ 对应于式 5-12。对于边界框回归分支，变换公式参照 R-CNN。

（3）Faster R-CNN 训练

Faster R-CNN 在已经训练好的模型（如 VGG、ZF、VGG _ CNN _ M _ 1024）做进一步的训练。实际的训练过程分为 6 个步骤。

步骤 1：在已经训练好的模型上，训练 RPN 网络；

步骤 2：利用步骤 1 中训练好的 RPN 网络，获取候选区域；

步骤 3：利用候选区域与共享的特征图训练 Fast R-CNN；

步骤 4：第二次训练 RPN 网络；

步骤 5：再次利用步骤 4 中训练好的 RPN 网络，获取候选区域；

步骤 6：第二次训练 Fast R-CNN 网络。

可以看出训练过程类似于一种“迭代”的过程，不过只循环了 2 次。只循环了 2 次的原因是作者提到循环多次检测精度并没有很大的提升。Labao 等[44]利用改进的 Fast R-CNN 对海洋中的鱼类进行检测，图 5-22 为 Fast R-CNN 对养殖鱼类的目标检测结果。

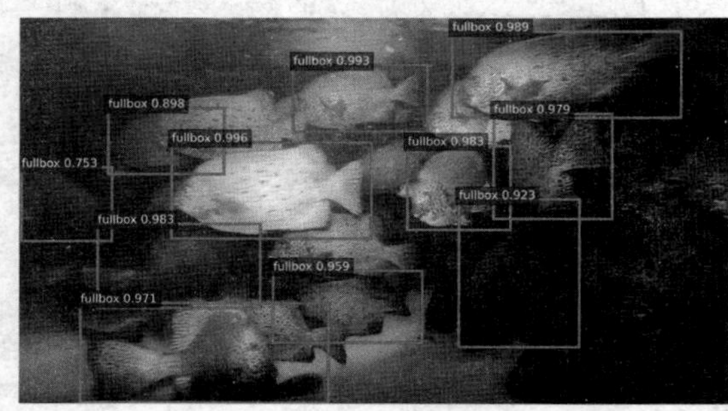

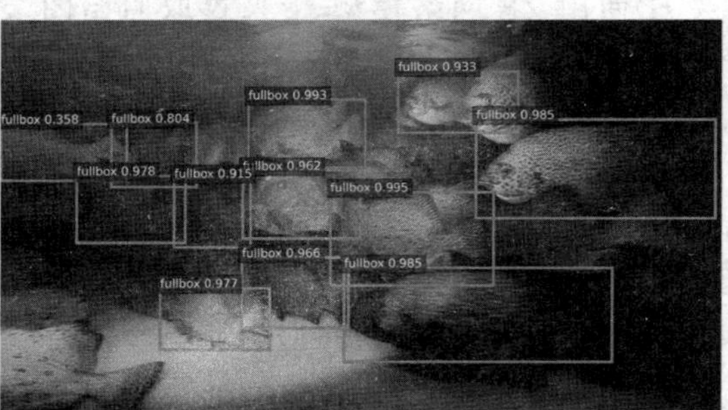

图 5-22　水下鱼类目标检测结果

以上讨论一些经典的 two-stage 目标检测方法，借助于卷积神经网络提取的特征以及不同算法获取的候选框，实现目标的分类与定位。

5.3.3　一阶段目标检测方法

一阶段目标检测方法通常通过对物体位置、大小和长宽比进行常规和密集的采样来检测目标。这种方法首先在特征图的每个位置上根据不同的大小和长宽比预定义固定数量的默认框，然后对默认框的中心位置和长宽进行回归，并对每个默认框包含的物体进行分类。这样做的主要优点是计算效率很高，但检测精度往往低于两阶段目标检测方法。主要原因之一是类不平衡的问题，预定义的默认框中大部分都是背景，而前景区域只占其中很小的一部分。典型的一阶段目标检测算法有 YOLO[6]（you only look once）、SSD[7]（single shot MultiBox detector），DSSD[34]（deconvolutional single shot detector）等。接下来，本节将对 YOLO 和 SSD 进行介绍。

1. YOLO

YOLO[6]是目前比较流行的一阶段目标检测算法，速度快且结构简单。与之前的 R-CNN 系列二阶段目标检测方法先提取候选区域，再进行分类和回归不同，作者提出了一个简洁的一阶段方法来加快检测的速度，通过一个神经网络直接输出目标框的位置和所属的类别。该方法将目标检测问题转化为一个回归问题进行求解，避免多个阶段分开训练的弊端，大大提高了检测速度，甚至可以实现视频的实时检测。除此之外，YOLO 直接使用整幅图像进行检测，可以编码全局信息，减少将背景检测为目标的概率。而且，YOLO 可以学习到高度泛化的特征，具有比较强的泛化能力，可以迁移到其他领域中。下面对 YOLO 的实现过程做一个详细的讲解，主要包括检测过程、网络设计以及网络训练与测试。

（1）检测过程

图 5-23 是 YOLO 的检测流程，这个流程非常简单，主要包括三步：

①调整图像大小（resize image），将图像调整为同样的大小，目标检测需要图像的一些细粒度信息，因此 YOLO 中的输入图像分辨率为 448×448。

②运行卷积神经网络（run convolutional network），获取目标框的分类和回归结果。

③利用非极大值抑制筛选目标框（non-max supprssion）。

图 5-23　YOLO 检测流程

数字资源 5-2
YOLO 检测流程彩色图

YOLO 在将图像输入神经网络时，首先会把输入图像分成 $S\times S$（比如 7×7）个单元格，针对每个单元格需要做 3 件事：①如果一个目标的中心落在某个单元格上，那么这个单元格就用来预测该目标。比如，图 5-24 中犬的中心点落入了左下角的红色格子中，那么该红色格子就要负责检测出犬。②每个单元格需要预测 B 个边界框（bounding boxes，bbox），在本文中是预测 2 个边界框。如图 5-24 中为红色的格子预测 2 个黄色的边界框（彩色图参看数字资源 5-3），而对于每个边界框，YOLO 都会预测出 5 个值，其中 4 个代表边界框的位置，还有一个代表边界框含有目标的置信度。即针对每一个单元格可以预测出 $B\times(4+1)$个值。③每个单元格需要预测 C 个条件概率值，用于确定目标的类别，C 为目标种类的数量。需要注意的是，每个单元格只能预测一类目标，并且直接预测目标的概率值。但是，每个单元格可以预测多个边界框值。

由上面的介绍可知，针对每一个单元格需要预测 B 个 bbox(x,y,w,h,confidence)，其中，

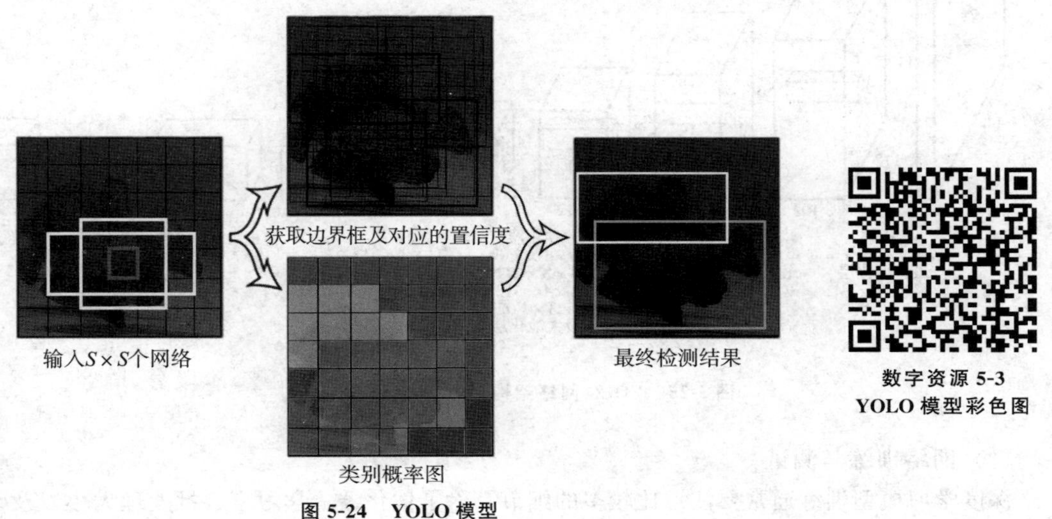

数字资源 5-3
YOLO 模型彩色图

图 5-24　YOLO 模型

(x,y) 是边界框的中心相对于单元格的偏移量；(w,h) 是边界框相对于整个图像的比例；confidence 表示置信度，定义为式 5-16：

$$\text{confidence}=\Pr(\text{Object})\cdot \text{IoU}_{\text{pred}}^{\text{truth}} \tag{5-16}$$

式 5-16 存在两个含义，一是判断单元格内是否有目标，二是边界框预测的准确度。如果单元格内存在目标，则 Pr(Object)＝1，此时的置信度等于 IoU 的值；如果单元格内不存在目标，则 Pr(Object)＝0，此时置信度为 0。当然，在做目标检测时，不仅仅需要确定目标框位置和准确度，还需要确定目标的类别。所以，YOLO 中的每个单元格在输出边界框值的同时，也要给出每个单元格存在的目标类别，假设有 C 类，则为每个单元格都预测一组条件概率，记为 $\Pr(\text{Class}_i \mid \text{Object})$，单元格中 B 个边界框共享该条件概率。

综上所述，在共有 $S\times S$ 个单元格，且每个单元格预测 B 个边界框的情况下，所有单元格的输出为：$S\times S\times(B\times 5+C)$ 个预测值。在检测目标时，可利用式 5-17 对置信度进行处理。

$$\Pr(\text{Class}_i \mid \text{Object})\cdot\Pr(\text{Object})\cdot\text{IoU}_{\text{pred}}^{\text{truth}}=\Pr(\text{Class}_i)\cdot\text{IoU}_{\text{pred}}^{\text{truth}} \tag{5-17}$$

此时既包含了预测的类别信息，也包含了每个边界框值的准确度，通过设置合理的阈值可以将低分的类别置信度删掉，剩余的边界框交给非极大值抑制处理，得到最终的目标框。

（2）网络设计

上面介绍了 YOLO 的检测过程，那么中间预测边界框和置信度是如何实现的呢？自然是使用卷积神经网络来实现。图 5-25 为 YOLO 的网络架构，该架构受 GoogLeNet 启发，把 GoogLeNet 的 inception 层替换成 1×1 和 3×3 的卷积，最终，整个网络包含 24 个卷积层和 2 个全连接层，其中卷积层的前 20 层是修改后的 GoogLeNet。除此之外，除了最后一层使用线性激活函数之外，其他层均使用 leaky ReLU 激活函数：

$$\Phi(x)=\begin{cases}x, & x>0\\ 0.1x, & \text{其他}\end{cases} \tag{5-18}$$

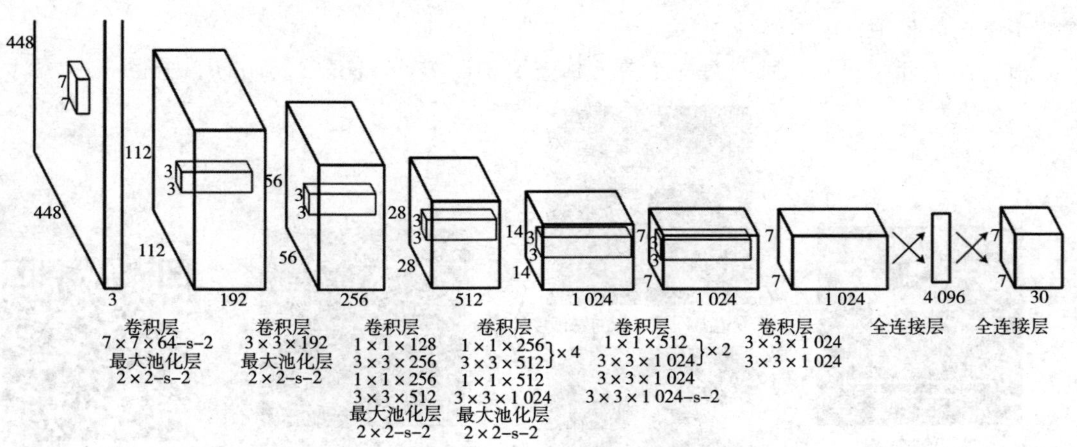

图 5-25　YOLO 网络架构（Redmon 等，2016）

（3）网络训练与测试

深度学习模型训练通常要注意比较多的细节，除了优化器、学习率、批处理大小以及动量和衰减等细节之外，更加能够引起大家注意的是网络中用到的损失函数。YOLO 中用到的损失函数包含 4 部分，前面已经提到过，YOLO 之所以实现了一阶段的检测是由于它将目标检测问题转化成一个回归问题，而目标检测既包含目标框的回归，也包含目标的分类，所以相当于把分类问题也当成回归问题。根据前面部分的分析，发现可能出现的误差类别有：位置误差、置信度误差（包含目标的情况）、置信度误差（不包含目标的情况）、分类误差。基于这些误差的存在，YOLO 的损失函数设计中包含了以上 4 类误差对应的损失，如式 5-19 所示。

$$
\begin{aligned}
\text{Loss} = {} & \lambda_{\text{coord}} \sum_{i=0}^{S^2} \sum_{j=0}^{B} \mathbb{I}_{ij}^{\text{obj}} \left[(x_i - \hat{x}_i)^2 + (y_i - \hat{y}_i)^2 \right] \\
& + \lambda_{\text{coord}} \sum_{i=0}^{S^2} \sum_{j=0}^{B} \mathbb{I}_{ij}^{\text{obj}} \left[\left(\sqrt{w_i} - \sqrt{\hat{w}_i} \right)^2 + \left(\sqrt{h_i} - \sqrt{\hat{h}_i} \right)^2 \right] \quad \text{bbox\_loss（位置误差）} \\
& + \sum_{i=0}^{S^2} \sum_{j=0}^{B} \mathbb{I}_{ij}^{\text{obj}} (C_i - \hat{C}_i)^2 \\
& + \lambda_{\text{noobj}} \sum_{i=0}^{S^2} \sum_{j=0}^{B} \mathbb{I}_{ij}^{\text{noobj}} (C_i - \hat{C}_i)^2 \quad \text{confidence\_loss（置信度误差）} \\
& + \sum_{i=0}^{S^2} \mathbb{I}_{i}^{\text{obj}} \sum_{c \in \text{classes}} \left[p_i(c) - \hat{p}(c) \right]^2 \quad \text{categories\_loss（分类误差）}
\end{aligned}
\tag{5-19}
$$

式 5-19 中，$\mathbb{I}_{ij}^{\text{obj}}$ 为判断第 i 个网格中的第 j 个 box 是否负责该 object。

由于图像的每一个单元格中未必都包含目标，在没有目标的情况下，置信度就会变成 0，这种情况使模型在优化过程中存在梯度跨度太大的问题，影响模型的稳定性。为了平衡这一点，在损失函数中设置了两个参数 λ_{corrd} 和 λ_{noobj}，其中 λ_{corrd} 控制 bbox 预测位置的损失，λ_{noobj} 控制单元格内不存在目标时的损失。

这里详细讲一下损失函数。在损失函数中（式 5-19），前两行表示位置误差，第一行是 bbox 中心坐标 (x,y) 的预测，第二行是宽和高的预测。式 5-19 对于宽和高的预测采用开根号代替原来的宽和高，主要原因在于相同的宽和高误差对于小的目标精度影响比大的目标要大。该部分计算过程参照位置误差中的第 2 部分。

无根号：原来 $w=10, h=20$，预测 $w=8, h=22$ 时，

$$\text{error}_1 = (10-8)^2 + (20-22)^2 = 8$$

原来 $w=3$，$h=5$，预测 $w=1$，$h=7$ 时，

$$\text{error}_2 = (3-1)^2 + (5-7)^2 = 8$$

有根号：

$$\text{error}_1 = (\sqrt{10}-\sqrt{8})^2 + (\sqrt{20}-\sqrt{22})^2 \approx 0.15$$

$$\text{error}_2 = (\sqrt{3}-\sqrt{1})^2 + (\sqrt{5}-\sqrt{7})^2 \approx 0.7$$

原来 $w=10$，$h=20$，预测 $w=8$，$h=22$，与原来 $w=3$，$h=5$，预测 $w=1$，$h=7$ 相比，其实前者的误差要比后者小，如果不加根号，那么损失都是一样的，为$4+4=8$，但是加上根号后，损失变成 0.15 和 0.7。

第三、第四行表示边界框的置信度损失，如前面所述，单元格分为包含与不包含目标两种情况。由于每个单元格包含两个边界框，所以只有当 ground truth 和该网格中的某个边界框的 IoU 最大的时候，才会对这一项进行计算。

第五行表示预测类别的误差，注意前面的系数只有在单元格包含目标的时候才为 1。

①训练过程：输入 N 幅图像，每幅图像包含 M 个目标，每个目标包含 4 个坐标（x,y,w,h）和 1 个类别标签。然后通过网络得到 7×7×30 大小的三维矩阵。每个 1×30 的向量前 5 个元素表示第一个边界框的 4 个坐标和 1 个置信度，第 6 到第 10 个元素表示第二个边界框的 4 个坐标和 1 个置信度，最后 20 个元素表示该单元格所属类别。然后计算损失函数的第一、第二 、第五行。至于第二、第三行，置信度可以根据 ground truth 和预测得到的边界框之间的 IoU 和是否有目标的 0，1 值相乘得到。真实的置信度是 0 或 1 值，即有目标则为 1，没有目标则为 0。通过以上流程便可以计算出损失函数的值。

②网络测试：将一张图像输入至网络中，得到一个 7×7×30 的预测结果，将计算结果中每个单元格预测的类别信息 $\mathrm{Pr}(\mathrm{Class}_i \mid \mathrm{Object})$ 与每个单元格预测的 2 个边界框的置信度相乘，根据式 5-19，可以计算得到每个边界框的具体类别置信度。将输入图像分为 49 个单元格，每个单元格对应 2 个边界框，因此，最终计算可以得到 98 个边界框，相应地，我们可以得到 98 个具体类别置信度。最后，根据得到的 98 个置信度对预测得到的 98 个边界框进行非极大值抑制（NMS），得到最后的检测结果。

YOLO 的优点不容忽视，但是也存在一些缺点。

• 根据前面的介绍我们知道，YOLO 是针对每个单元格预测两个边界框和一个类别，如果两个目标或者多个目标的中心点落在同一个单元格中，由于方法本身的限制，根据该单元格只能预测一个类别的目标，这就限制了能预测重叠或者近邻目标的数量。

• 在网络中进行了多次的下采样，使得最终得到的特征分辨率比较低，会在一定程度上影响目标的定位及小目标的检测精度。

• YOLO 虽然可以降低将背景检测为目标的概率，但同时导致召回率比较低。

2. SSD

SSD[7]算法是继 YOLO 之后一个杰出的一阶段目标检测方法，速度比 Faster R-CNN 快，精度比 YOLO 高。虽然 SSD 与 YOLO 均可以一步完成检测，相比于 YOLO，SSD 直接利用卷积神经网络进行检测，而不像 YOLO 那样利用全连接层进行检测。除此之外，SSD 相比较 YOLO 还有以下两个特点：

• SSD 提取了不同尺度的特征图用于目标检测，大尺度特征图用于检测小目标，而小尺度特征图用于检测大目标；

• SSD 采用不同尺度和长宽比的先验框，类似于 Faster R-CNN 中的 anchor boxes。YOLO 算法的缺点之一是难以检测小目标，且定位不准，而 SSD 能够在一定程度上克服这些缺点。

接下来，本节将从检测过程、网络设计以及网络训练与测试对 SSD 算法进行介绍。

（1）检测过程

SSD 的检测过程比较简单：

• 输入一幅图像至卷积神经网络中并生成特征图；

• 抽取其中不同尺度的六层特征图，在特征图的每个点上生成默认框，并以这些默认框为基准预测边界框；

• 将预测得到的边界框送入 NMS 中，输出筛选后的边界框，即目标框。

如何生成默认框？以及默认框的数量、尺度与长宽比是怎样设定的呢？图 5-26（b）和图 5-26（c）中的虚线框就是生成的默认框。按照 Faster R-CNN 的方法，SSD 在特征图的每一个点上对应生成 k 个形状大小不同的默认框。图 5-26（b）中 8×8 特征图（feature map）的每个点有 4 个默认框，图 5-26（c）中 4×4 特征图的每个点也有 4 个默认框。由于不同层的特征图对应到原图上的感受野不同，所以在不同层上生成的默认框大小也不相同（比例相同）。

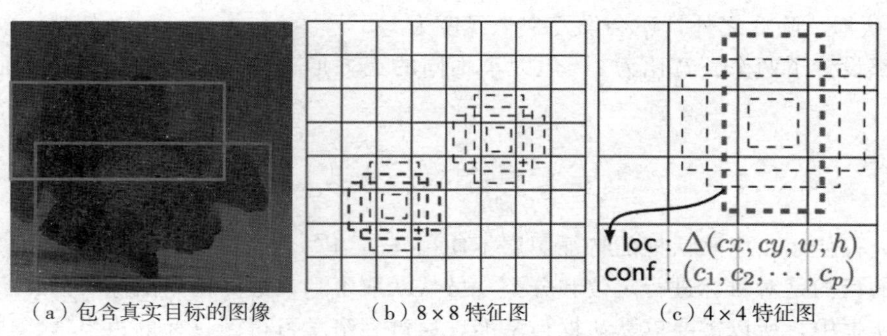

（a）包含真实目标的图像　（b）8×8 特征图　（c）4×4 特征图

图 5-26　默认框（Liu 等，2016）

关于默认框的数量、尺度与长宽比，具体可总结为以下几点：

a. 默认框的数量

不同层中每个点的默认框数量也不相同，在 19×19、10×10 和 5×5 的特征图层中，每个点对应 6 个默认框，而在 38×38、3×3 和 1×1 的特征图层中，每个点对应 4 个默认框，所以，最终输出的默认框共有 8 732 个。

b. 默认框的尺度与长宽比

对于默认框的尺度，其遵守一个线性递增规则：随着特征图大小降低，默认框的尺度线性增加，特征图上的默认框大小为：

$$s_k = s_{\min} + \frac{s_{\max} - s_{\min}}{m-1}(k-1), k \in [1, m] \tag{5-20}$$

式 5-20 中，s_k 表示默认框大小相对于图像的比例；$s_{\min}$ 和 $s_{\max}$ 表示该比例的最小值和最大值，此处设置为 0.2 和 0.9；m 表示 SSD 用到的特征图的数量，此处 $m=5$。由于使用到的是第一层特征图（Conv4 _ 3 层），m 是单独设置的。

对于用于检测的第一个特征图，其默认框的尺度比例一般设置为 $s_{\min}$ 的一半，即 0.1，那么默认框的尺度为 300×0.1=30，其中 300 为输入图像的大小。对于后面的特征图，默认框尺度按照式 5-20 线性增加，但是先将尺度比例扩大 100 倍，此时的增长步长为：

$$\left\lfloor \frac{\lfloor s_{\max} \times 100 \rfloor - \lfloor s_{\min} \times 100 \rfloor}{m-1} \right\rfloor = 17$$

由此得到各个特征图的 s_k 为 20、37、54、71、88，将这些比例除以 100，然后再乘以图像大小，结合第一层特征图的尺度后，可以得到各个特征图默认框的尺度为：30、60、

111、162、213、264。

对于长宽比，一般选取：

$$a_r \in \{1,2,3,\frac{1}{2},\frac{1}{3}\}$$

对于特定的长宽比，按式 5-21 计算默认框的宽度和高度：

$$w_k^a = s_{k1}\sqrt{a_r}\,,\quad h_k^a = s_{k1}/\sqrt{a_r} \tag{5-21}$$

式 5-21 中的 s_{k1} 表示默认框的实际尺度，在默认情况下，每个特征图会有一个 $a_r=1$ 且尺度为 s_{k1} 的默认框，除此之外，还会设置一个尺度为 $s'_{k1}=\sqrt{s_{k1}s_{k1+1}}$ 且 $a_r=1$ 的默认框，这样每个特征图都设置了两个长宽比为 1，但大小不同的正方形先验框。因此，每个特征图共有 6 个默认框：

$$a_r \in \{1,2,3,\frac{1}{2},\frac{1}{3},1'\}$$

在实现时，仅使用 4 个默认框的特征图层不使用｛3，1/3｝的长宽比。

检测的目的是对目标进行定位和分类，虽然获取了默认框，但是图像中的目标不一定就正好在默认框中，所以需要以默认框为基准，通过网络学习得到目标的边界框。边界框的位置由 4 个值（cx,cy,w,h）组成，它们分别代表边界框的中心坐标及宽和高。然而，真实预测值是边界框相对于默认框的偏移。默认框位置用 $d=(d^{cx},d^{cy},d^w,d^h)$ 表示，其对应边界框用 $b=(b^{cx},b^{cy},b^w,b^h)$ 表示，那么边界框的预测值 l 其实是 b 相对于 d 的转换值，习惯上，称式 5-22 表示的过程为边界框的编码：

$$\begin{aligned} l^{cx} &= (b^{cx}-d^{cx})/d^w, \quad & l^{cy} &= (b^{cy}-d^{cy})/d^h \\ l^w &= \ln(b^w/d^w), & l^h &= \ln(b^h/d^h) \end{aligned} \tag{5-22}$$

当对边界框进行预测时，需要反向执行式 5-22，即进行解码，从预测值 l 中得到边界框的真实位置 b：

$$\begin{aligned} b^{cx} &= d^w l^{cx} + d^{cx}, \quad & b^{cy} &= d^h l^{cy} + d^{cy} \\ b^w &= d^w \exp(l^w), & b^h &= d^h \exp(l^h) \end{aligned} \tag{5-23}$$

每个单元的每个默认框都会输出一套独立的检测值来对应一个边界框，该检测值主要分为两个部分。第一部分是各个类别的置信度，由于 SSD 将背景也当作了一个特殊的类别，如果检测目标共有 c 个类别，SSD 其实需要预测 $c+1$ 个置信度，其中第一个置信度指的是背景的置信度。

（2）网络设计

SSD 采用 VGG-16 作为基础模型，并在 ILSVRC CLS-LOC 数据集上进行预训练，然后在 VGG-16 的基础上新增了卷积层来获得更多的特征图用于目标检测。SSD 的网络结构如图 5-27 所示，上图是 SSD 模型，下图是 YOLO 模型，SSD 与 YOLO 均采用一个卷积神经网络来进行检测，但是 SSD 中加入了多尺度特征图部分。模型输入的图像大小为 300×300。

（3）网络训练与测试

①默认框匹配：SSD 网络在默认框生成过程中提出了太多的默认框（8 732 个），因此在

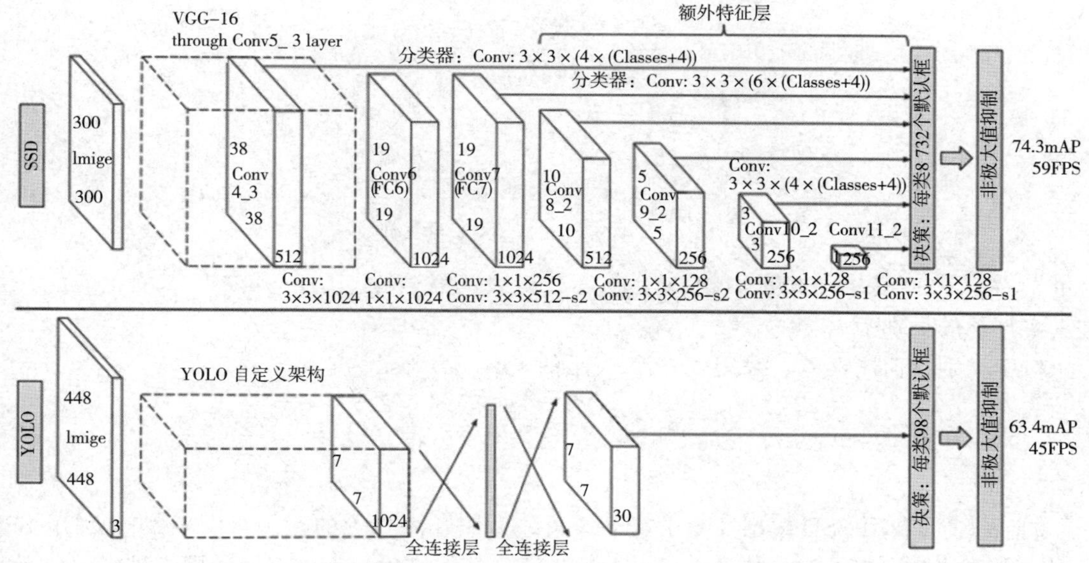

图 5-27 SSD 与 YOLO 网络结构对比（Liu 等，2016）

进行最后的输出之前需要对默认框进行筛选，训练和测试时采用了不同的筛选策略。

• 训练时的筛选策略

a. 首先，寻找与每一个真实框有最大 IoU 的默认框，这样就能保证每一个真实框都有唯一的一个默认框与之对应。

b. 将剩余没有配对的默认框与任意一个真实框配对，若两者之间的 IoU 大于阈值（阈值为 0.5），则认为匹配。

c. 采用对负样本抽样的策略（hard negative mining）来选择训练需要的正负样本。具体实施流程为：按照置信度误差对默认框进行降序排列，选取误差较大的 top-k 作为训练的负样本，同时保证正负样本比例接近 1∶3。

d. 显然配对到真实框的默认框就是正样本，没有配对到真实框的默认框就是负样本。

• 测试时的筛选策略

a. 对于每个预测框，首先根据类别置信度确定其类别与置信度值，并剔除属于背景的预测框。然后根据置信度阈值剔除阈值较低的预测框。

b. 对于剩余的预测框，参考式 5-23 获取预测框的真实位置参数。然后，根据置信度对其进行降序排列，同时保留 top-k（如 400）个预测框。接下来使用 NMS 算法，剔除重叠度较大的预测框。最后剩余的预测框就是检测结果了。

②损失函数：损失函数定义为位置误差与置信度误差的加权和，见式 5-24。

$$L(x,c,l,g)=\frac{1}{N}\left[\alpha L_{\mathrm{loc}}(x,l,g)+L_{\mathrm{conf}}(x,c)\right] \tag{5-24}$$

式 5-24 中，N 是默认框的正样本数量；c 为类别置信度预测值；x 为真实的类别；l 为默认框所对应边界框的位置预测值；g 是真实的位置参数；权重系数 α 通过交叉验证设置为 1。

对于位置误差，其采用 Smooth L1 loss，定义如式 5-25：

$$L_{\mathrm{loc}}(x,l,g)=\sum_{i\in \mathrm{Pos}}^{N}\sum_{m\in\{cx,cy,w,h\}} x_{ij}^{k}\ \mathrm{smooth_{L1}}(l_i^m-\hat{g}) \tag{5-25}$$

$$\begin{gathered}\hat{g}_j^{cx}=(g_j^{cx}-d_i^{cx})/d_i^{w},\quad \hat{g}_j^{cy}=(g_j^{cy}-d_i^{cy})/d_i^{h}\\ \hat{g}_j^{w}=\ln(g_j^{w}/d_i^{w}),\qquad \hat{g}_j^{h}=\ln(g_j^{h}/d_i^{h})\\ \mathrm{smooth}_{L1}(x)=\begin{cases}0.5x^2, & |x|<1\\ |x|-0.5, & \text{其他}\end{cases}\end{gathered} \tag{5-26}$$

这里 $x_{ij}^k\in\{0,1\}$ 为一个指示参数，当 $x_{ij}^k=1$ 时表示第 i 个默认框与第 j 个真实框匹配，并且真实目标的类别为 k。

对于类别置信度误差，采用式 5-27 表示的 softmax loss 为：

$$L_{\mathrm{conf}}(x,c)=-\sum_{i\in \mathrm{Pos}}^{N}x_{ij}^{k}\ln(\hat{c}_i^k)-\sum_{i\in \mathrm{Neg}}^{k}\ln(\hat{c}_i^0),\text{其中 } \hat{c}_i^k=\frac{\exp(c_i^k)}{\sum_k \exp(c_i^k)} \tag{5-27}$$

Chen 等[45]利用 SSD 模型实现了水下扇贝、海胆、海参等的检测，图 5-28 是利用 SSD 对围网网衣的检测结果，从结果中可以看出，SSD 能够准确地识别并定位网衣破损的位置。

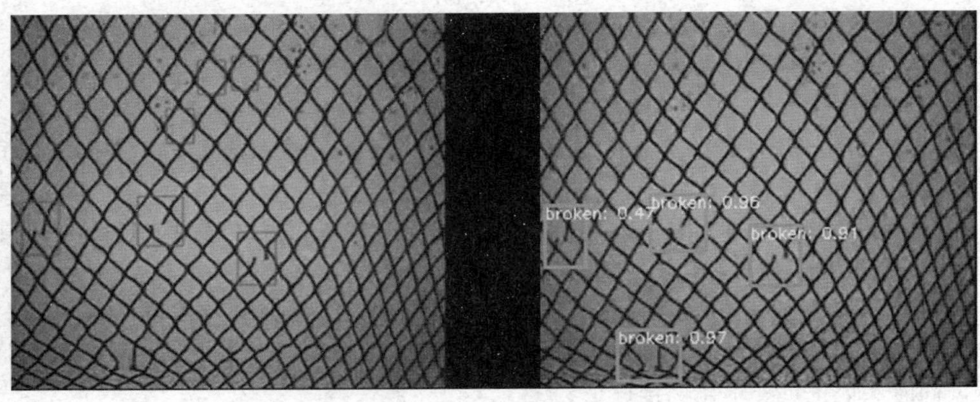

图 5-28 SSD 用于水下目标检测

综上所述，一阶段的目标检测方法将边界框回归与目标识别结合在一起进行估计并输出，避免了两阶段网络分开估计时计算量大，花费时间较长的弊端。

5.4 水下视频目标检测

相比于图像目标检测，视频目标检测有很大的不同。视频由图像序列组成，需要检测的目标存在于一帧帧图像中，而且，视频中的目标是动态变化的，视频目标检测需要对每帧图像中的目标精准定位并识别。因为目标的不断运动，视频图像序列中可能会存在图像模糊、视频散焦、姿态变化等问题，而且，由于视频相邻帧之间的变化相对较少，信息冗余度比较高，这些问题的存在增加了视频检测的难度。上一节中，我们介绍了一些目标检测方法，这些方法对于静态图像效果比较好，但是直接用于视频数据时，效果会变差。许多研究人员针对视频检测中特有的问题进行了研究。基于运动目标背景建模的视频目标检测方法有单高斯背景建模（GSM）[35]、混合高斯背景建模（GMM）[36]、背景减除法与帧间差分法结合的算法[37]等。随着深度学习的发展，许多研究人员也提出了一些基于深度学习的视频目标检测方法，例如深度特征光流传播（DFF）方法[38]、基于光流特征聚合（FGFA）方法[39]、时空记忆网络（STMN）方法[40]等。

5.4.1　基于运动目标背景建模的视频目标检测方法

背景建模通过把对序列图像的运动目标检测问题转化为一个二分类问题，将所有像素划分为背景和运动前景两部分，进而对分类结果进行后处理，得到最终的检测结果。

1. 单高斯背景建模

对于一个背景图像，单高斯背景模型认为特定像素亮度的分布满足高斯分布，即对于背景图像 B，每一个点 (x,y) 的亮度满足 $B(x,y) \sim N(\mu,d)$。令 $I(x,y,t)$ 表示像素点 (x,y) 在 t 时刻的像素值，则有：

$$p[I(x,y,t)] = \frac{1}{\sqrt{2\pi}\sigma_t} e^{-\frac{(x-\mu_t)^2}{2\sigma_t^2}} \tag{5-28}$$

式 5-28 中，μ_t 和 σ_t 分别为 t 时刻该像素高斯分布的期望值与标准差。计算一段时间内视频序列图像中每一个点的均值和标准差，作为背景模型 B。对于一幅包含前景的任意图像 G，图像上的每一个点 (x,y)，若

$$\frac{1}{\sqrt{2\pi}\sigma} e^{-\frac{[G(x,y)-B(x,y)]^2}{2\sigma^2}} > T \tag{5-29}$$

式 5-29 中，T 为一个常数阈值。若满足式 5-29 的条件，则认为该点是背景点，否则为前景点。接下来对背景进行更新，每一帧图像都参与背景的更新：

$$B_t(x,y) = p \cdot B_{t-1}(x,y) + (1-p) \cdot G_t(x,y) \tag{5-30}$$

式 5-30 中，p 为一个常数，用于反映背景更新率，p 越大，背景更新越慢。

（1）单高斯背景建模算法基本流程

步骤 1：用第一帧图像数据初始化背景模型，其中标准差 std _ init 通常设置为 20。

$$\mu_0(x,y) = I(x,y,0) \tag{5-31}$$

$$\sigma_0(x,y) = \text{std\_init} \tag{5-32}$$

$$\sigma_0^2(x,y) = \text{std\_init} \cdot \text{std\_init} \tag{5-33}$$

步骤 2：检测前景与背景像素。

背景像素检测公式：$|I(x,y,t) - \mu_{t-1}(x,y)| < \lambda\sigma_{t-1}$　(5-34)

前景像素检测公式：$|I(x,y,t) - \mu_{t-1}(x,y)| \geqslant \lambda\sigma_{t-1}$　(5-35)

步骤 3：对 $\mu_t,\sigma_t,\sigma_t^2$ 背景值进行更新，更新公式如下：

$$\mu_t(x,y) = (1-\alpha) \cdot \mu_{t-1}(x,y) + \alpha \cdot I(x,y,t) \tag{5-36}$$

$$\sigma_t^2(x,y) = (1-\alpha) \cdot \sigma_{t-1}^2(x,y) + \alpha \cdot [I(x,y,t) - \mu_t(x,y)]^2 \tag{5-37}$$

$$\sigma_t(x,y) = \sqrt{\sigma_t^2(x,y)} \tag{5-38}$$

步骤 4：重复步骤 2 与步骤 3 直至得到每一帧的前景和背景。

步骤 5：获取前景图像中目标的轮廓位置。

步骤 6：计算轮廓的边界框。

（2）检测结果

参照上述算法流程，设置参数 $\alpha=0.05$，std _ init=20，背景更新参数 $\lambda=2.5\times1.3$，视频的前 20 帧图像用于背景更新，并采用 8 连通区域获取目标，目标检测结果如图 5-29 所示。

从图 5-29 的原图中可以看出水下图像存在颜色失真、模糊，且噪点较多等问题，在进行背景重建时，不可避免地将噪点作为前景目标分割出来，严重影响了前景的分割效果。由于复杂的水下环境，利用单高斯背景建模方法难以将水下环境中的目标准确地检测出来，严重影响了检测的精确度。

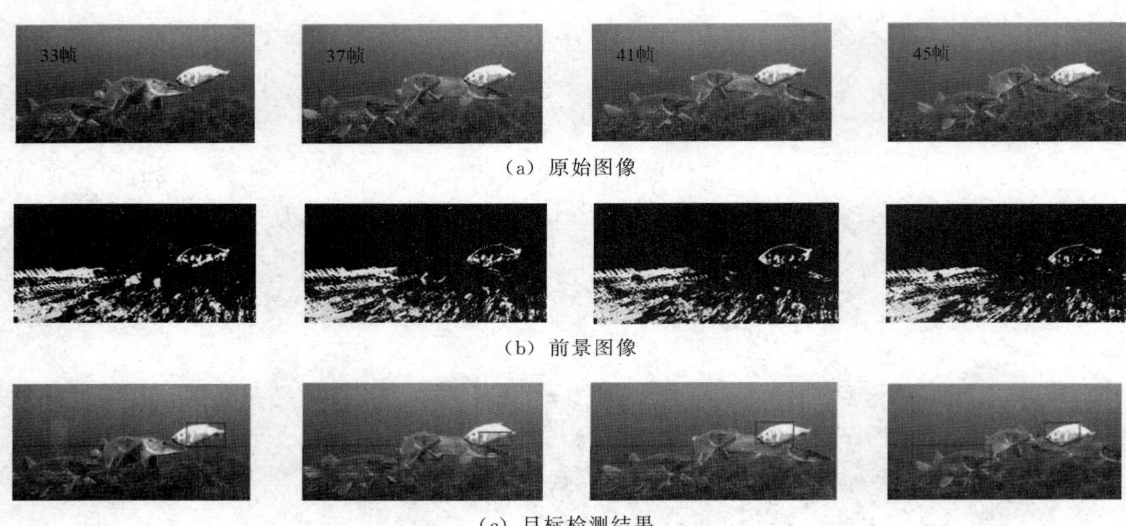

(a) 原始图像

(b) 前景图像

(c) 目标检测结果

图 5-29　单高斯模型检测结果

2. 混合高斯背景建模

混合高斯背景建模是一种基于样本统计信息的背景表示方法，其利用像素在较长时间内的统计信息（如模态数量、每个模态的均值和标准值）表示背景，然后使用统计差分对目标像素进行判断。该方法能够对复杂动态背景进行建模，但是存在计算量较大的缺点。

在混合高斯背景模型中，认为像素之间的颜色信息互不相关，对各像素点的处理都是相互独立的。对于视频图像中的每一个像素点，其值在序列图像中的变化可看作一个随机过程，即用高斯分布来描述每个像素点颜色所呈现的规律。

对于多模态高斯分布模型，图像中每一个像素点的建模是对不同权值的多个高斯分布进行叠加来实现的，每种高斯分布对应一个可能产生像素点所呈现颜色的状态，各个高斯分布的权值和分布参数随时间更新。当处理彩色图像时，假定图像像素点 R、G、B 三色通道相互独立并具有相同的方差。对于随机变量 X 的观测数据集 $\{x_1,x_2,\cdots,x_N\}$，$x_t=(r_t,g_t,b_t)$ 为 t 时刻像素样本，则单个采样点 x_t 服从混合高斯分布概率密度函数：

$$
\begin{aligned}
&p(x_t)=\sum_{i=1}^{k} w_{i,t}\times \eta(x_t,\mu_{i,t},\boldsymbol{\tau}_{i,t})\\
&\eta(x_t,\mu_{i,t},\boldsymbol{\tau}_{i,t})=\frac{1}{|\boldsymbol{\tau}_{i,t}|^{1/2}}e^{-\frac{1}{2}(x_t-\mu_{i,t})^T\boldsymbol{\tau}_{i,t}^{-1}(x_t-\mu_{i,t})}\\
&\boldsymbol{\tau}_{i,t}=\sigma_{i,t}^2\boldsymbol{I}
\end{aligned}
\tag{5-39}
$$

式 5-39 中，k 为分布模态总数；$\eta(x_t,\mu_{i,t},\boldsymbol{\tau}_{i,t})$ 为 t 时刻第 i 个高斯分布；$\mu_{i,t}$ 为其均值；$\boldsymbol{\tau}_{i,t}$ 为其协方差矩阵；$\sigma_{i,t}$ 为方差；$\boldsymbol{I}$ 为三维单位矩阵；$w_{i,t}$ 为 t 时刻第 i 个高斯分布的权重。

（1）混合高斯背景建模算法流程

步骤 1：每个新的像素值 X_t 与当前 k 个模式按照式 5-40 进行对比，直接找到匹配新像素值的分布模式，新模式与该模式的均值偏差在 2.5σ 内。

$$|X_t-\mu_{i,t-1}|\leqslant 2.5\sigma_{i,t-1} \tag{5-40}$$

步骤 2：如果所匹配的模式符合背景要求，则该像素属于背景，否则属于前景。

步骤 3：各个模式权值按式 5-41 进行更新，其中 α 是学习速率，若模式匹配，则 $M_{k,t}=1$，否则 $M_{k,t}=0$，然后对各模式的权重进行归一化。

$$
\begin{aligned}
&\rho=\alpha\cdot\eta(X_t|\mu_k,\sigma_k)\\
&\mu_t=(1-\rho)\cdot\mu_{t-1}+\rho\cdot X_t\\
&\sigma_t^2=(1-\rho)\cdot\sigma_{t-1}^2+\rho\cdot(X_t-\mu t)^{\mathrm{T}}(X_t-\mu_t)
\end{aligned}
\tag{5-41}
$$

步骤 4：对于未匹配的模式，其均值和标准差不变，匹配模式的参数按照式 5-42 更新。

$$w_{k,t}=(1-\alpha)\cdot w_{k,t-1}+\alpha\cdot M_{k,t} \tag{5-42}$$

步骤 5：若步骤 1 中没有匹配任何模式，则权重最小的模式被替换，即该模式的均值为当前像素值，标准差初始化为较大值，权重为较小值。

步骤 6：各模式根据 w/α^2 降序排列，权重大、标准差小的模式排列在前。

步骤 7：选择前 B 个模式作为背景，B 满足式 5-43，其中参数 T 表示背景所占的比例。

$$B=\arg\left[\min\left(\sum_{k=1}^{b}w_k>T\right)\right] \tag{5-43}$$

（2）检测结果

参照上述算法流程，设置参数如下。

模态总数 $k=3$，偏差阈值为 2.5，学习率为 0.01，前景阈值为 0.25，初始化标准差为 15，对背景分割结果先膨胀，后腐蚀，其参数分别为 8，7。采用 8 连通域对目标进行检测，实验结果如图 5-30 所示。

图 5-30 是利用混合高斯背景建模后对水下目标进行检测的结果，选择与单高斯背景建模相同的数据进行目标检测，对于水下图像存在的问题，以及导致检测结果中出现的问题，可以参考单高斯建模检测结果分析，这里就不再赘述。根据检测结果可以看出，混合高斯建模可以将叠加在一起的多条鱼检测出来，由于基于背景重建的检测是根据前景的连通区域来获取目标位置的，当多条鱼之间发生粘连时，将无法获取单条鱼的位置，从而导致检测数目上的失败。

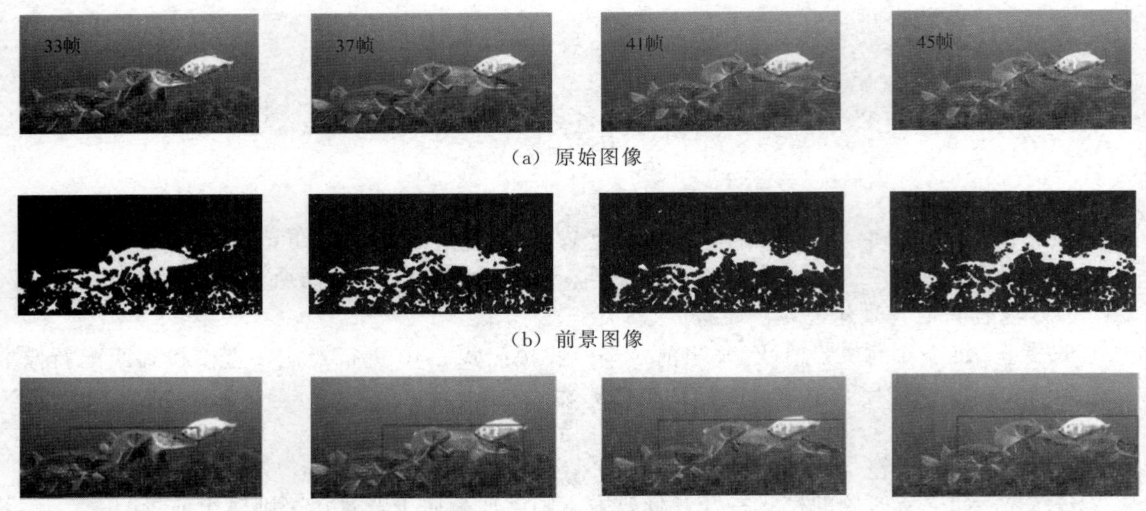

（a）原始图像

（b）前景图像

（c）目标检测结果

图 5-30　混合高斯模型检测结果

单高斯背景建模和混合高斯背景建模都属于高斯模型的范畴，这类方法是在假设自然界中的像素点的亮度变化符合高斯分布的基础上提出的背景建模方法[41]。高斯模型通过统计视频中各个像素灰度值的变化情况，为每个像素构建一个或多个高斯分布，利用其拟合结果得到背景图像，然后利用背景差分法得到前景图像，完成目标的检测。单高斯模型适用于单模态背景的情况，但对于存在树叶抖动、水纹波动等干扰的多模态场景，单高斯模型并不适用，容易将背景像素误检为运动目标。例如，在单高斯背景建模的实验中，其将水草的抖动作为了前景运动目标进行检测。混合高斯背景建模利用多个高斯分布描述像素的状态，解决了单高斯模型适用场景比较单一的问题，对于光照变化等复杂场景有一定的鲁棒性，但当目标的灰度值与背景接近时，检测的目标不完整，容易出现空洞。

5.4.2　基于深度学习的视频目标检测方法

前一小节介绍了两种基于背景重建的视频目标检测方法，本小节将介绍一些基于深度学习的视频目标检测方法。

1. DFF[38]

基于单帧的目标检测和分割算法相对比较成熟，但是基于视频的目标检测和分割目前还存在比较多的问题，其中一个主要的问题是直接将单幅图像的算法用于视频中，计算量大，无法满足实时性的要求。DFF 算法提出了一种结合光流的快速视频目标检测和视频语义分割方法。考虑到在视频的每一帧上使用卷积神经网络计算特征的计算量大，而相邻两帧之间比较相似，卷积过后可以得到相似的特征图，作者提出了深度特征提取仅在稀疏的关键帧上运行计算量极大的卷积子网络，并结合光流将特征在前后帧之间进行传播，实现快速视频目标检测。

如图 5-31 所示，第一行和第二行分别是同一个视频中的相邻两帧（关键帧与当前帧），第一列是原始图像，后面两列是可视化后的卷积特征，可以看出卷积后得到的关键帧与当前帧特征具有很高的相似度。同时卷积特征与图像内容保持了空间的对应性，而这种对应性有助于将关键帧的特征进行轻量传播，以此来避免在每一帧上都进行特征提取。在该方法中，作者使用了光流信息进行特征传播，将第一帧的特征 f_k 与两帧的光流 $M_{i\to k}$ 结合，通过形变估计得到第二帧的特征 $f_{k\to i}$。

一般情况下，光流估计和特征传播比卷积计算快得多。当利用网络对光流场进行估计时，可以采用端对端的训练方式来训练整个网络架构，优化图像识别网络和光流网络，最后使识别准确性得到显著提升。

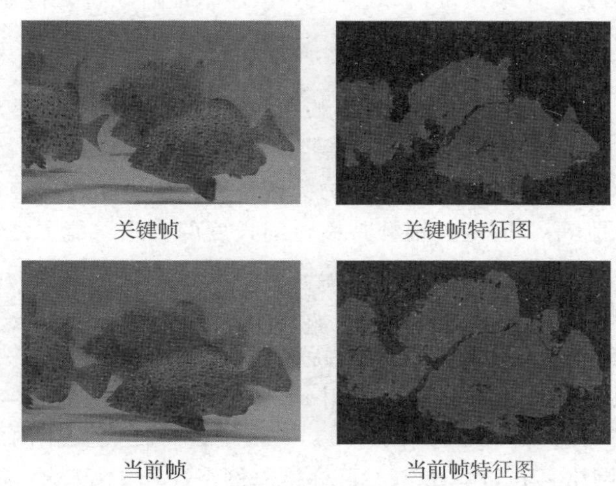

图 5-31 深度学习特征流

(1) DFF 算法流程

图 5-32 为 DFF 算法的流程，其中 N_{feat} 是特征提取网络，一般采用 ResNet，由于连续的视频帧非常相似，在深度特征图中相似性更强，所以将特征提取网络只运行于关键帧上。借助于特征图传播的方式将关键帧的特征传播至非关键帧上，进而得到非关键帧的特征图。假设 F 是光流估计网络，DFF 网络中光流估计网络使用改造过的 Flownet[42]，其主要作用是在输入相邻的两帧图像的基础上，得到与特征图大小相同的特征光流图。N_{task} 是任务网络，在特征图上进行语义分割或者目标检测任务。

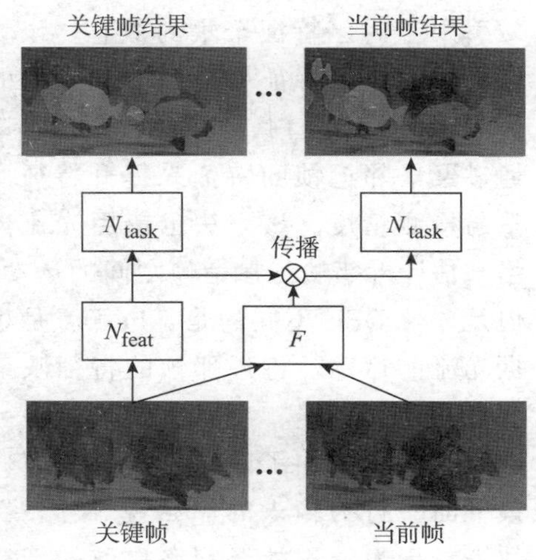

图 5-32 DFF 网络视频识别处理流程

对于特征图由关键帧至当前帧的传播过程如下，令 $M_{i\to k}$ 为 Flownet 估计得到的二维流场，其中，$M_{i\to k}=F(I_k,I_i)$。其将当前帧 i 中的位置 p 投影至关键帧中的位置 $p+\delta p$，其中 $\delta p=M_{i\to k}(p)$。δp 的值通常为分数，因此借助于双线性插值来实现特征的形变：

$$f_i^c(p)=\sum_q G(q,p+\delta p)f_k^c(q) \tag{5-44}$$

式 5-44 中，c 为特征图 f 中的通道；q 枚举了特征图中的所有空间位置；$G(\cdot,\cdot)$ 表示双线性插值的内核。注意到 $G(\cdot,\cdot)$ 是二维的，将其分解为两个一维的内核：

$$G(q,p+\delta p)=g(q_x,p_x+\delta p_x)\cdot g(q_y,p_y+\delta p_y) \tag{5-45}$$

式 5-45 中，$g(a,b)=\max(0,1-|a-b|)$。

光流估计错误等原因，容易引起空间形变计算不准确的问题。为了更好地近似特征，它们的幅度由“尺度场” $S_{i\to k}$ 来调整，其空间维度和通道维度与特征图相同。“尺度场”通过在两帧上应用“比例函数” S 来获得，$S_{i\to k}=S(I_k,I_i)$。最后，特征传播函数定义为：

$$f_i=W(f_k,M_{i\to k},S_{i\to k}) \tag{5-46}$$

W 将式 5-44 应用于特征图中所有位置和所有通道，并将特征与尺度 $S_{i\to k}$ 逐元素相乘。最终实现将关键帧特征 f_k 传播至当前帧 f_i 中。

视频检测加速的关键之一是何时分配新的关键帧，在这项工作中，将关键帧的持续时间长度设置为固定常数。但是，固定关键帧持续时间长度的方式可能无法应对图像内容发生急剧变化的情况，设计有效且自适应的关键帧长度可以进一步提高识别的精度和速度。

（2）网络训练与测试

对于训练过程，首先在关键帧 I_k 上应用特征提取网络，DFF 网络中使用丢弃了分类层的 ResNet 获取关键帧特征图 f_k；然后，利用 FlowNet 在关键帧 I_k 和当前帧 I_i 上估计流场与尺度场，当 $i>k$ 时，特征图 f_k 被传播于 f_i，否则，特征图是相同的，不进行传播；最后，在 f_i 上执行任务网络，在该算法中，目标检测网络使用 R-FCN，得到输出结果 y_i。

2. FGFA（flow-guided feature aggregation）[39]

FGFA 第一次在视频目标检测领域引入了时序特征聚集的概念，认为某些帧的深度特征会受到外观衰退的影响（如运动模糊、遮挡），但是可以通过聚集邻近帧的特征来提升特征质量与检测精度。该方法也使用光流网络来估计近邻帧与参考帧之间的运动，但是，与 DFF 不同的是，FGFA 是根据光流的运动，将近邻帧的特征映射变形至参考帧。

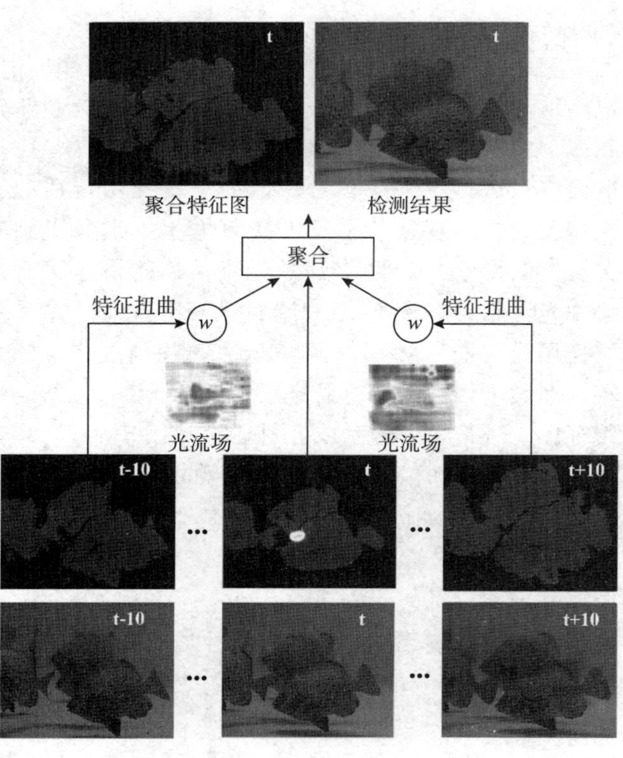

图 5-33　FGFA 的示例

图 5-33 给出了该方法的一个示例。最下面一行为输入的原始视频帧，倒数第二行为卷积神经网络提取的特征图，第一行为聚合后的特征图与检测结果。观察参考帧 t 的原始数据与其特征图，由于运动模糊，导致“猫”的特征响应非常低，在这种情况下，会严重影响“猫”的检测结果。观察到参考帧 t 近邻的 $t-10$ 帧与 $t+10$ 帧均

有很高的响应，通过将其特征聚合至参考帧，增强了参考帧的特征，实现了参考帧 t 中目标的检测。

对于上述特征聚合过程有两个重要的模块：①基于运动的空间变形模块，其估计了帧与帧之间的运动，并据此对特征图进行了变形；②特征聚合模块，其解决了如何正确地融合来自多个帧的特征的问题。

（1）模型设计

①基于光流的变形（flow-guided warping）。该部分采用 FlowNet 实现参考帧 I_i 与近邻帧 I_j 之间光流场 $M_{i\to j} = F(I_i, I_j)$ 的估计。将近邻帧上的特征图按照光流的方向变形到参考帧上。变形函数定义为：

$$f_{j\to i} = W(f_j, M_{i\to j}) = W[f_j, F(I_i, I_j)] \tag{5-47}$$

式 5-47 中，$W(\cdot)$ 是用于特征图每个通道所有位置的双线性变形函数；$f_{j\to i}$ 表示特征图从第 j 帧变形至第 i 帧。

②特征聚合（feature aggregation）。在特征变形之后，参考帧从它的近邻帧中（包括它本身）累积多个特征图。这些特征图提供了每个对象实例的多种信息（例如，照明、视点、姿态、非刚体形变）。对于聚合过程，在不同的空间位置使用不同的权值，并且让所有的特征通道共享相同的空间权值。变形特征 $f_{j\to i}$ 的 2-D 权重图表示为 $w_{j\to i}$。参考帧 $\bar{f}_i$ 的聚合特征表示为：

$$\bar{f}_i = \sum_{j=i-K}^{i+K} w_{j\to i} f_{j\to i} \tag{5-48}$$

式 5-48 中，K 用于指定聚合近邻帧的范围（默认为 10）。聚合的特征 $\bar{f}_i$ 随后被输入检测子网络中，以便获得检测结果。

③自适应权重（adaptive weight）。自适应权重表示在每个空间位置上所有近邻帧 $[I_{i-K}, \cdots, I_{i+K}]$ 对参考帧 I_i 的重要性。具体来说，在位置 p 处，如果变形特征 $f_{j\to i}$（p）非常接近 $f_i(p)$，那么该位置就会被设置较大的权重。对于变形特征与参考帧特征之间的相似度采用余弦相似性度量[43]方法进行判断，并将一个很小的全卷积网络 $\varepsilon(\cdot)$ 应用于特征 f_i 与 $f_{j\to i}$ 上，这将特征映射到一个新的相似度度量中，称为嵌入子网络。权重的估计式为：

$$w_{j\to i}(p) = \exp\left[\frac{f^e_{j\to i}(p) \cdot f^e_i(p)}{|f^e_{j\to i}(p)|\,|f^e_i(p)|}\right] \tag{5-49}$$

式 5-49 中，$f^e = \varepsilon(f)$ 表示相似性度量的嵌入特征，权重 $w_{j\to i}(p)$ 是在近邻帧每一个空间位置 p 处的归一化结果。

（2）网络框架

FGFA 网络中包含不同典型的子网络，光流网络使用 FlowNet，并在 Flying Chairs 数据集上进行预训练。特征提取网络使用 ResNet-50、ResNet101 以及 Inception ResNet（基本骨干网络在前已有介绍），稍微修改 3 个对象检测模型的结构，去掉平均池化层与全连接层，只保留卷积层，并在 ImageNet 中进行预训练。嵌入子网络包含 3 个层：一个 1×1×512 的卷积层，一个 3×3×512 的卷积层和一个 1×1×2 048 的卷积层，它们随机地进行初始化。最后，检测网络使用 R-FCN。

DFF 与 FGFA 算法都是借助于光流网络提取特征图的光流，并将不同帧的特征根据光流方向进行传播，得到每一帧的特征图，最后利用检测算法实现视频目标的检测。但是这两种方法又有所不同，DFF 算法是采用关键帧传播的方式，提取关键帧的特征，利用光流将关键帧的特征传播至其后连续多帧，实现其后多帧中目标的检测；而 FGFA 是根据光流将当前帧前后连续多帧的特征进行聚合，获得当前帧的特征，进行实现多帧中目标的检测。由于 FGFA 在每一帧上均提取特征，因此，与 DFF 相比检测速度比较慢。

5.5 评价方法

随着目标检测技术的逐渐成熟，目标检测算法评价指标作为衡量目标检测算法优劣的重要依据就显得尤为重要。在目标检测有效性的分析中，评价检测结果的指标主要有以下几种：

- Precision（P）
- Recall（R）
- Average Precision（AP）
- mean Average Precision（mAP）
- F-measure

F-measure 又称为 F-测度，在目标检测领域通常作为场景文字检测效果的评估方法。而精确率 P、召回率 R 和平均精度均值 mAP 这 3 个指标通常作为通用目标检测领域的主要评价指标。

5.5.1 Precision 和 Recall 指标

精确率（precision，P）和召回率（recall，R）最初的提出是用于检索任务中，随后也被广泛应用于分类、目标检测等任务中作为重要的评价指标。在目标检测任务中，精确率 P 计算的是模型判断为正类且真实类别也为正类的目标数量占模型判断为正类的目标总数的比例，其定义为：

$$P=\frac{\mathrm{TP}}{\mathrm{TP}+\mathrm{FP}} \tag{5-50}$$

式 5-50 中，TP 表示 true positive；FP 表示 false positive；true 和 false 表示预测结果与真实结果是否相同，若相同则为 true，不同则为 false，如表 5-3 所示。

表 5-3　混淆矩阵

真实值	预测值	
	Positive	Negative
Positive	true positive（TP）	false negative（FN）
Negative	false positive（FP）	true negative（TN）

TP 是指识别得到的所有正类中实际为正类的数目，FP 是指识别得到的所有正类中实际为负类的数目。当 TP 越大或者 FP 越小时，P 的值越大，表明在所有的识别结果中识别正确的部分占比越高，识别效果越好。当 TP 越小或者 FP 越大时，P 的值越小，表明在所

有的识别结果中识别错误的部分占比越高，识别效果越差。

召回率 R 即查全率，其计算的是模型判断为正类且真实类别也为正类的目标数目占真实类别为正类的目标总数，用于衡量一个检测器能否把所有目标识别出来的能力，其定义如下：

$$R=\frac{\mathrm{TP}}{\mathrm{TP}+\mathrm{FN}} \tag{5-51}$$

式 5-51 中，TP＋FN 是所有正类的数目，一般情况下是固定值。当 TP 越大时，FN 越小，R 的值越大，表明在所有正类样本中被正确识别到的正类占比越高，识别效果越好。当 TP 越小时，FN 越大，R 的值越小，表明在所有的正类中未被识别到的部分占比越高，识别效果越差。

在目标检测中，由于是对定位的目标进行分类，精确率与召回率在定义上有所差别。给定一个目标类，对于精确率，将其定义为：

$$P_{\mathrm{cl}}=\frac{\sum_{i=1}^{n_{\mathrm{cl}}}\sigma(p_{\mathrm{cl},i},l_i)}{n_{\mathrm{cl}}} \tag{5-52}$$

式 5-52 中，cl 为类别；P_{cl} 为第 cl 类别的精确率；n_{cl} 为第 cl 类别检测出的总目标个数；$p_{\mathrm{cl},i}$ 为预测为 cl 类的第 i 个检测目标；l_i 为第 i 个检测目标的实际类别；$\sigma(p_{\mathrm{cl},i},l_i)$ 是指示函数，指示预测为 cl 类的第 i 个检测目标是否分类正确，只有当 $p_{\mathrm{cl},i}=l_i$，$\sigma(p_{\mathrm{cl},i},l_i)$ 的输出值为 1，否则，其输出值为 0。显然，精确度越高，检测效果越好。

对于召回率，给定阈值 th，将其定义为检测算法检测到目标占图像中目标的比例，具体形式如下：

$$R_{\mathrm{cl}}=\frac{\sum_{i=1}^{s_{\mathrm{cl}}}\delta(o_{\mathrm{cl},i},d_i)}{s_{\mathrm{cl}}} \tag{5-53}$$

式 5-53 中，cl 是类别，R_{cl} 是第 cl 类别的精确率；s_{cl} 是给定的标签数据中第 cl 类的目标总数；$o_{\mathrm{cl},i}$ 是给定标签中属于第 cl 类的第 i 个目标的位置；d_i 是预测为 cl 类的所有检测出的目标位置；$\delta(o_{\mathrm{cl},i},d_i)$ 为指示函数，指示对于标签位置 $o_{\mathrm{cl},i}$，是否存在至少一个预测为第 cl 类的检测框与其 IoU 重叠大于等于给定阈值 th，只有当存在检测框 j 使得 IoU $(o_{\mathrm{cl},i},d_i)>$ th 时，$\delta(o_{\mathrm{cl},i},d_i)$ 的输出值为 1，否则其输出值为 0。IoU 的定义见 R-CNN 部分。显而易见，召回率的值越高，说明在图像所有待检测目标中，能够被检测出的部分占比越高。

5.5.2　AP 和 mAP 指标

平均精度代表数据集中所有图像中的某个类，在固定 IoU 阈值和不同的召回率下，检测出的精度均值。mAP 是多个类别 AP 的平均值，mAP 的大小一定在［0，1］区间，越大越好。他是目标检测领域中广泛使用的一个评价指标，误检或者漏检都会影响 mAP 的值。

5.5.3　F-measure 指标

F-measure 也称为 F-测度，是基于 Precision 和 Recall 的加权调和平均，其定义如下：

$$F_\beta = \frac{(1+\beta^2)\cdot P\cdot R}{\beta^2\cdot(P+R)} \tag{5-54}$$

式 5-54 中，P 表示前面提到的精确率；R 是召回率；β 作为一个可变参数，用来度量召回率和准确率的相对重要性，大于 1 说明更看重召回率的影响，小于 1 则更看重精确率的影响，等于 1 相当于两者的调和平均（F_1-测度），即：

$$F_1 = \frac{2\cdot P\cdot R}{P+R} \tag{5-55}$$

当检测与识别效果越好，F_1 的值就越高；反之，F_1 的值就越低。

5.6 小结

本章详细阐述了图像目标检测中基于特征描述符的目标检测方法与基于深度学习的目标检测方法，以及视频目标检测方法与目标检测评价指标，并用具体的公式与算法流程图详细地介绍了不同算法的原理及运行过程。在实际的水下图像和视频目标检测中，针对不同的水下场景应选择合适的目标检测方法使其能够达到较好的目标检测效果。在水下场景中往往会存在目标遮挡、密集与小目标等情况，而视频中还存在模糊、视频散焦，以及相邻帧信息冗余等情况，选择合适的水下目标检测算法，对于提高检测精度具有重要意义。除此之外，由于水下环境复杂，水体及水中杂质对水的吸收与散射作用会严重影响水下图像与视频的质量，进而影响目标检测的精确度，在这种情况下，如何将水下图像增强与去噪等方法与目标检测方法相结合，改善水下图像质量的同时，提高检测精确度也具有重要意义。

思考题

5.1 目标检测算法可能存在哪些技术难点？

5.2 积分图在提取图像 Haar 特征中起什么作用？

5.3 在 HOG 特征中，cell 和 block 的区别与联系是什么？如何计算 HOG 特征向量的最终维数？

5.4 一阶段目标检测与二阶段目标检测的主要区别是什么？为什么一阶段目标检测的运算速度更快？

5.5 视频目标检测相较于图像目标检测来说，更需要注意的问题是什么？

参考文献

[1] 徐信. 基于 Adaboost 人脸检测算法的研究及实现 [D]. 太原：太原理工大学，2015.

[2] 尚俊. 基于 HOG 特征的目标识别算法研究 [D]. 武汉：华中科技大学，2012.

[3] R Girshick，J Donahue，T Darrell，et. al. Rich feature hierarchies for accurate object detection and semantic segmentation [C]. Proceedings of 2014 IEEE Conference on Computer Vision and Pattern Recognition，2014：580-587.

[4] R Girshick. Fast R-CNN [C]. Proceedings of 2015 IEEE International Conference on Computer Vision, 2015: 1440-1448.

[5] S Ren, K He, R Girshick, et. al. Faster R-CNN: Towards real-time object detection with region proposal networks [J]. IEEE Trans. on Pattern Analysis and Machine Intelligence. 2017, 39 (6): 1137-1149.

[6] J Redmon, S Divvala, R Girshick, et. al. You only look once: Unified, real-time object detection [C]. Proceedings of 2016 IEEE Conference on Computer Vision and Pattern Recognition, 2016: 779-788.

[7] W Liu, D Anguelov, D Erhan, et al. SSD: Single shot multibox detector [C]. Proceedings of European Conference on Computer Vision, 2016, 9905: 21-37.

[8] C E Guo, S C Zhu, Y N Wu. A mathematical theory of primal sketch and sketchability [A]. Proceedings of the 9th IEEE International Conference on Computer Vision, 2003, 2: 1228-1235.

[9] B S Manjunath, W Y Ma. Texture feature for browsing and retrieval of image data [J]. IEEE Trans. on Pattern Analysis and Machine Intelligence, 1996, 18 (8): 837-842.

[10] 伍叙励. 基于 HOG 和 Haar 联合特征的行人检测及跟踪算法研究 [D]. 成都: 电子科技大学, 2017.

[11] 余胜, 谢莉. 基于边缘梯度方向直方图的图像检索. 科技视界. 2010 (20).

[12] N Dalal, B Triggs. Histograms of oriented gradients for human detection [C]. Proceedings of the 2005 IEEE Conferenceon Computer Vision and Pattern Recognition. 2005, 1: 886-893.

[13] 保富. 基于局部特征提取的目标检测与跟踪技术研究 [D]. 北京: 中国科学院大学(中国科学院光电技术研究所), 2017.

[14] 李玲玲, 刘永进, 王自桦, 等. 基于滑动窗口的遥感图像人造目标检测算法 [J]. 厦门大学学报: 自然科学版, 2014, 53 (06): 792-796.

[15] 何志良, 晋妍妍. 基于图像金字塔的图像增强方法 [J]. 电子技术与软件工程, 2014 (16): 134.

[16] A Krizhevsky, I Sutskever, G E Hinton. ImageNet classification with deep convolutional neural networks [J]. Communications of the ACM, 2017, 60 (6): 84-90.

[17] K Simonyan, A Zisserman. Very deep convolutional networks for large-scaleimage recognition [C]. Proceedings of International Conference on Learning Representations, 2015: 1-14.

[18] C Szegedy, W Liu, Y Jia, et al. Going deeper with convolutions [C]. Proceedings of 2015 IEEE Conference on Computer Vision and Pattern Recognition, 2015: 1-9.

[19] Y Gao, O Beijbom, N Zhang, et al. Compact bilinear pooling [C]. Proceedings of 2016 IEEE Conference onComputer Vision and Pattern Recognition, 2016: 317-326.

[20] K He, X Zhang, S Ren, et al. Deep residual learning for image recognition. Proceedings of 2016 IEEE Conference on Computer Vision and Pattern Recognition, 2016: 770-778.

[21] C Szegedy, S Ioffe, V Vanhoucke. Inception-v4, inception-ResNet and the impact of residual connections on learning [C]. Proceedings of 41stAAAI Conference on Artificial Intelligence, 2017: 4278-4284.

[22] S Zagoruyko, N Komodakis. Deep compare: A study on using convolutional neural networks to compare image patches [J]. Computer Vision and Image Understanding, 2017, 164: 38-55.

[23] G Larsson, M Maire, G Shakhnarovich. Fractalnet: Ultra-deep neural networks without residuals. Proceedings of International Conference on Learning Representations, 2017: 1-9.

[24] G Huang, Z Liu, L van der Maaten. Densely connected convolutional networks [C]. Proceedings of 2017 IEEE Conference on Computer Vision and Pattern Recognition, 2017: 2261-2269.

[25] S Xie, R Girshick, P Dollár, et al. Aggregated residual transformations for deep neural networks [C]. Proceedings of 2017 IEEE Conference on Computer Vision and Pattern Recognition, 2017: 5987-5995.

[26] J Dai, Y Li, K He, et al. R-FCN: Object detection via region-based fully convolutional networks [C]. Proceedings of 30th Conference on Neural Information Processing Systems, 2016: 379-387.

[27] B Alexe, T Deselaers, V Ferrari. Measuring the objectness of image windows [J]. IEEE Trans. on Pattern Analysis and Machine Intelligence, 2012, 34 (11): 2189-2202.

[28] J Uijlings, K van de Sande, T Gevers, et al. Selective search for object recognition [J]. International Journal of Computer Vision, 2013, 104: 154-171.

[29] I Endres, D Hoiem. Category independent object proposals [C]. Proceedings of European Conference on Computer Vision, 2010: 575-588.

[30] J Carreira, C Sminchisescu. CPMC: Automatic object segmentation using constrained parametric min-cuts [J]. IEEE Trans. on Pattern Analysis and Machine Intelligence, 2012, 34 (7): 1312-1328.

[31] P Arbelaez, J Pont-Tuset, J Barron, et al. Multiscale combinatorial grouping [C]. Proceedings of 2014 IEEE Conference on Computer Vision and Pattern Recognition, 2014: 328-335.

[32] K He, X Zhang, S Ren, et al. Spatial pyramid pooling in deep convolutional networks for visual recognition [C]. Proceedings of European Conference on Computer Vision, 2014: 346-361.

[33] M D Zeiler, R Fergus. Visualizing and understanding convolutional networks [C]. Proceedings of European Conference on Computer Vision, 2014: 818-833.

[34] C Y Fu, W Liu, R Ananth, et al. DSSD: Deconvolutional single shot detector. arXiv Preprint arXiv: 1701. 06659, 2017.

[35] C R Wren, A Azarbayejani, T Darrell, et al. Pfinder: Real-time tracking of the human

body [J]. IEEE Trans. on Pattern Analysis and Machine Intelligence，1997，19 (7)：780-785.

[36] 王丹. 基于背景建模的运动目标检测与分割算法 [D]. 西安：西安电子科技大学，2015.

[37] F Nir，R Stuart. Image segmentation in video sequences：A probabilistic approach [C]. Proceedings of the Thirteenth Conference on Uncertainty in Artificial Intelligence，1997：175-181.

[38] X Zhu，Y Xiong，J Dai，et al. Deep feature flow for video recognition [C]. Proceedings of 2017 IEEE Conference on Computer Vision and Pattern Recognition，2017：4141-4150.

[39] X Zhu，Y Wang，J Dai，et al. Flow-guided feature aggregation for video object detection [C]. Proceedings of 2017 IEEE International Conference on Computer Vision，2017：408-417.

[40] F Xiao，Y Lee. Video object detection with an aligned spatial-temporal memory [C]. Proceedings of European Conference on Computer Vision，2018：494-510.

[41] 史存存. 基于深度学习的珊瑚礁鱼类检测与识别研究 [D]. 北京：北京交通大学，2019.

[42] A Dosovitskiy，P Fischer，E Ilg，et al. Flownet：Learning optical flow with convolutional networks [C]. Proceedings of 2015 IEEE International Conference on Computer Vision，2015：2758-2766.

[43] C Luo，J Zhan，L Wang，et al. Cosine normalization：Using cosine similarity instead of dot product in neural networks [C]. Proceeding of International Conference on Artificial Neural Networks，2018，11139：382-391.

[44] A B Labao，P C Naval. Cascaded deep network systems with linked ensemble components for underwater fish detection in the wild [J]. Ecological Informatics，2019，52：103-121.

[45] X Chen，J Yu，S Kong，et al. Towards real-time advancement of underwater visual quality with GAN [J]. IEEE Trans. on Industrial Electronics，2019，66：9350-9359.

第6章　水下目标跟踪

6.1　引言

目标跟踪是通过算法获取目标的运动参数，进而识别序列中的关注目标。作为计算机视觉领域中综合性较强的一门学科，目标跟踪目前广泛应用在智慧交通、视频监控等领域。在过去的20年来，随着硬件设备的高速发展，各类目标跟踪模型相继提出。目前的目标跟踪算法按照模式类别可以划分为生成式和判别式两类。其中，主流的目标跟踪算法大多基于判别式目标跟踪原理，具有一定的稳健性。

水下目标跟踪主要应用于水下机器人导航、无人船等诸多方面。与普通环境不同的是，水下环境变化多端，难以预测，光线衰减、水体折射等原因会大大降低目标跟踪的精度。另外，参数量较大的目标跟踪模型往往需要性能更好、能耗较高的硬件作为支撑，水下目标跟踪通常需要搭配机器鱼等水下机器人设备，而水下机器人设备内部空间又非常有限，难以配备规格较大的组件。因此，兼顾速度、精度，设计具有良好鲁棒性的轻量化目标跟踪模型，是一个挑战。

本章选取两类跟踪模型中较为经典且具有代表性的几种算法，对其原理进行剖析，然后简要介绍目标跟踪模型的评价指标，最后对所述内容进行总结。

6.2　生成式目标跟踪

生成式目标跟踪的主要思想是建立目标模型，通过使用计算机视觉中的目标表示方法描述现实世界中的目标，搜索目标外观模型与新的图像帧最相似的区域。生成式目标跟踪的流程如图6-1所示。

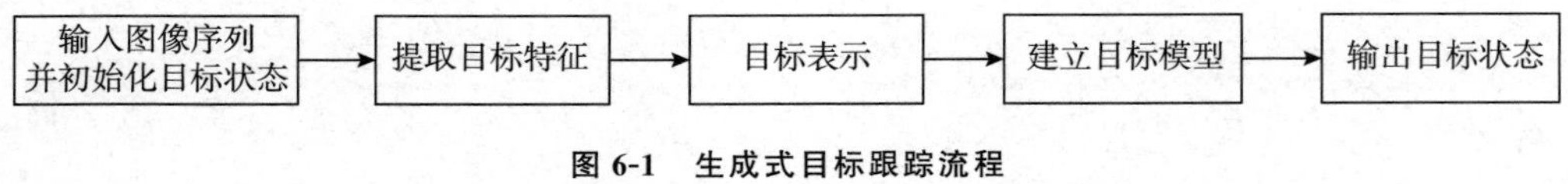

图6-1　生成式目标跟踪流程

6.2.1　光流法

光流（optical flow）是指空间运动物体在观察成像平面上的像素运动的瞬时速度。几帧图像在变化的过程中包含了目标运动的信息，因此光流可用于确定目标的运动情况。采用这种思想设计出的算法称为光流法。

光流法利用图像序列中像素在时间域上的变化以及相邻帧之间的相关性来找到上一帧与当前帧之间存在的对应关系，从而计算出相邻帧之间物体的运动信息[1]。若要使用光流法进行目标跟踪，需要有以下 3 个前提：①图像的光照强度保持不变；②空间一致性，即每个像素在不同帧中相邻点的位置不变；③时间连续，即跟踪目标速率相对帧率移动缓慢。在水下目标跟踪场景中，光流法的基本思路如下：

- 处理一个连续的视频帧序列。
- 对于每一个视频序列，采用一定的目标检测方法检测可能出现的前景目标。
- 如果前景目标出现在某一帧中，寻找其具有代表性的关键特征点。关键特征点可以随机生成，也可以用角点作为特征点。
- 对于任意两帧后续相邻视频帧，找出前一帧关键特征点在当前帧中的最佳位置，进而得到前景目标在当前帧中的位置坐标。
- 如此迭代进行，便可实现目标跟踪。

按照光流的计算方式，光流法可以分为以下 3 种：基于灰度图像梯度的方法、基于匹配的方法、基于能量的方法。下面简单介绍这 3 种方法。

1. 基于灰度图像梯度的方法

假设图像中点 $m=(x,y)^t$ 在时刻 t 的灰度值为 $I=(x,y,t)$，经过一定时间间隔 dt 后，相对应点的灰度为 $I(x+dt,y+dt,t+dt)$，可以认为这两点的灰度不变[2]，如式 6-1 所示：

$$I(x+dt,y+dt,t+dt)=I(x,y,t) \tag{6-1}$$

如果图像灰度随 x,y,t 缓慢变化，可以将式 6-1 左边泰勒级数展开，如式 6-2 所示：

$$I(x+dt,y+dt,t+dt)=I(x,y,t)+\varepsilon \tag{6-2}$$

式 6-2 中，ε 代表二阶无穷小项。由于 $dt\to 0$，忽略 ε，可以得到式 6-3：

$$\frac{\partial I}{\partial x}dx+\frac{\partial I}{\partial y}dy+\frac{\partial I}{\partial t}dt=0 \tag{6-3}$$

令 u,v 代表 x,y 方向上的光流，I_x,I_y,I_t 分别代表图像灰度相对于 x,y,t 的偏导，式 6-3 可以写成式 6-4：

$$I_x u+I_y v+I_t=0 \tag{6-4}$$

此式即光流的基本方程，写成下列形式：

$$[I_x\ I_y]\begin{bmatrix}U\\V\end{bmatrix}+I_t=0 \tag{6-5}$$

以上方程称为光流约束方程，光流约束方程是所有基于梯度的光流计算方法的基础。光流具有复杂性，其约束方程不能唯一地确定光流，因此需要引入其他方程约束。目前，可根据引入约束的不同将其划分为全局约束方法和局部约束方法。全局约束方法的思想是基于光流在整个图像范围内满足一定的约束条件。局部约束方法假设光流在给定点周围的小范围内满足一定的约束条件。读者可根据实际应用场景选择约束类型，在此不展开叙述。

2. 基于匹配的方法

基于匹配方法的基本原理如下：首先指定一个特定时刻，通过投影关系计算三维物体上的点在图像上的对应点，然后根据各个像素点的速度矢量特征，对图像进行动态分析。如果图像中没有运动物体，光流矢量在整个图像区域内是连续变化的；当图像中有运动目标时，目标与图像背景之间存在相对运动，运动目标所形成的速度矢量必须与邻域背景的速度矢量不同，才能检测出运动目标及其位置。

3. 基于能量的方法

基于能量的方法又称为基于频率的方法，通过定义正则项和匹配项来构造能量函数，通过对最小能量泛函的数值求解，最终得到密集精确的视差图。在使用这种方法的过程中，为了获得准确均匀流场的速度估计，输入图像必须由时空滤波处理，也就是说，进行时间和空间的整合，但这将减少时间和空间分辨率的光流。基于频率的方法计算量大，可靠性评价困难。

光流法常与卡尔曼滤波、Mean shift 等算法共同应用于水下目标跟踪中，其具体实例如图 6-2 所示[3]。

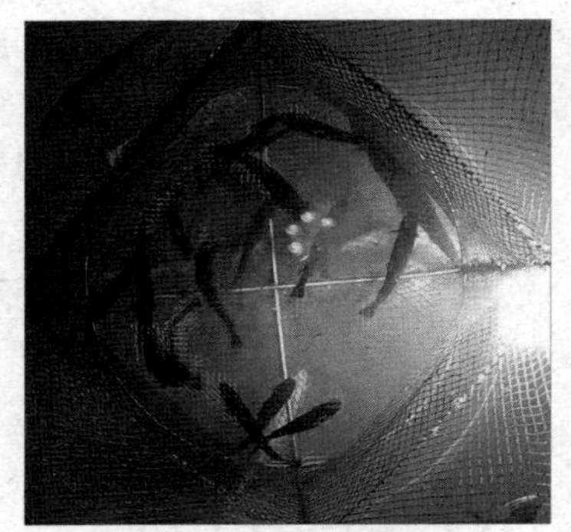

图 6-2　光流法在鱼群运动跟踪中的应用

6.2.2　卡尔曼滤波与均值漂移算法

1. 卡尔曼滤波算法

在目标跟踪中的卡尔曼滤波算法的过程：首先，采用背景差分法对动态目标进行检测，计算目标模型的核心直方图；然后，建立目标的运动状态空间模型；同时，利用目标在历史帧内的位置、速度等参数完成卡尔曼滤波的时间更新，求出预测值和协方差矩阵；最后，利用当前帧获取的目标信息，更新估计运动目标位置，实现目标跟踪。下面介绍卡尔曼滤波算法的核心思想。

卡尔曼滤波算法是根据系统过程的观测值和线性最小方差估计，求解矩阵微分方差来估计系统状态变量的值。假设连续的系统方程为：

$$\begin{cases} \boldsymbol{X}_k = \boldsymbol{\Phi}_{k,k-1}\boldsymbol{X}_{k-1} + \boldsymbol{\Gamma}_{k-1}\boldsymbol{W}_{k-1} \\ \boldsymbol{Z}_k = \boldsymbol{H}_k\boldsymbol{X}_k + \boldsymbol{V}_k \end{cases} \tag{6-6}$$

式 6-6 中，$\boldsymbol{X}_k$ 表示 k 时刻的 n 维状态向量（估计向量）；$\boldsymbol{Z}_k$ 表示 k 时刻 m 维测量向量；$\boldsymbol{\Phi}_{k,k-1}$ 表示从 $k-1$ 时刻到 k 时刻的 $n\times n$ 阶状态转移矩阵；$\boldsymbol{W}_{k-1}$ 是 $k-1$ 时刻系统的 r 维噪声向量；$\boldsymbol{\Gamma}_{k-1}$ 是 $n\times r$ 阶系统噪声矩阵，表示从 $k-1$ 时刻到 k 时刻各个噪声对各个状态的不同影响程度；$\boldsymbol{H}_k$ 表示 k 时刻的 $m\times m$ 阶测量矩阵；$\boldsymbol{V}_k$ 表示 k 时刻的 m 维测量噪声向量。

在理想卡尔曼滤波中，认为噪声序列 $\{\boldsymbol{W}_k\}$ 和 $\{\boldsymbol{V}_k\}$ 互不相关，且它们都是期望为 0 的高斯白噪声序列。因此可得：

$$\begin{aligned} &E\{\boldsymbol{W}_k\} = 0 \quad E\{\boldsymbol{W}_k\boldsymbol{W}_j^{\mathrm{T}}\} = \boldsymbol{Q}_k\delta_{kj} \\ &E\{\boldsymbol{V}_k\} = 0 \quad E\{\boldsymbol{V}_k\boldsymbol{V}_j^{\mathrm{T}}\} = \boldsymbol{R}_k\delta_{kj} \quad E\{\boldsymbol{W}_k\boldsymbol{V}_j^{\mathrm{T}}\} = 0 \end{aligned} \tag{6-7}$$

式 6-7 中，$\boldsymbol{Q}_k$、$\boldsymbol{R}_k$ 分别为系统噪声方差阵和测量噪声方差阵，它们为数值已知的正定矩阵。当 $k=j$ 时，$\delta_{kj}=1$，否则 $\delta_{kj}=0$；并且初始状态时 $\boldsymbol{X}_0$ 的期望 $E\{\boldsymbol{X}_0\}$ 和方差 $\mathrm{Var}\{\boldsymbol{X}_0\}$ 已知，$\boldsymbol{X}_0$ 与系统噪声 $\{\boldsymbol{W}_k\}$ 和观测噪声 $\{\boldsymbol{V}_k\}$ 均互不相关。

下面给出卡尔曼滤波的 5 个基本方程[4]：

$$\hat{\boldsymbol{X}}_{k|k-1}=\boldsymbol{\Phi}_{k,k-1}\hat{\boldsymbol{X}}_{k-1|k-1} \tag{6-8}$$

$$\hat{\boldsymbol{X}}_k=\hat{\boldsymbol{X}}_{k|k-1}+(\boldsymbol{Z}_k-\boldsymbol{H}_k\hat{\boldsymbol{X}}_{k|k-1}) \tag{6-9}$$

$$\boldsymbol{K}_k=\boldsymbol{P}_{k|k-1}\boldsymbol{H}_k^{\mathrm{T}}(\boldsymbol{H}_k\boldsymbol{P}_{k|k-1}\boldsymbol{H}_k^{\mathrm{T}}+\boldsymbol{R}_k)^{-1} \tag{6-10}$$

$$\boldsymbol{P}_{k|k-1}=\boldsymbol{\Phi}_{k,k-1}\boldsymbol{P}_{k-1}\boldsymbol{\Phi}_{k,k-1}^{\mathrm{T}}+\boldsymbol{\Gamma}_{k-1}\boldsymbol{Q}_{k-1}\boldsymbol{\Gamma}_{k-1}^{\mathrm{T}} \tag{6-11}$$

$$\boldsymbol{P}_{k|k}=(\boldsymbol{I}-\boldsymbol{K}_k\boldsymbol{H}_k)\boldsymbol{P}_{k|k-1}(\boldsymbol{I}-\boldsymbol{K}_k\boldsymbol{H}_k)^{\mathrm{T}}+\boldsymbol{K}_k\boldsymbol{P}_k\boldsymbol{K}_k^{\mathrm{T}} \tag{6-12}$$

式 6-8，式 6-9，式 6-10，式 6-11，式 6-12 五个方程分别为状态一步预测方程、状态估计方程、滤波增益求取方程、一步预测均方误差方程和估计均方误差方程。卡尔曼滤波框图和滤波算法流程图分别如图 6-3 与图 6-4 所示。

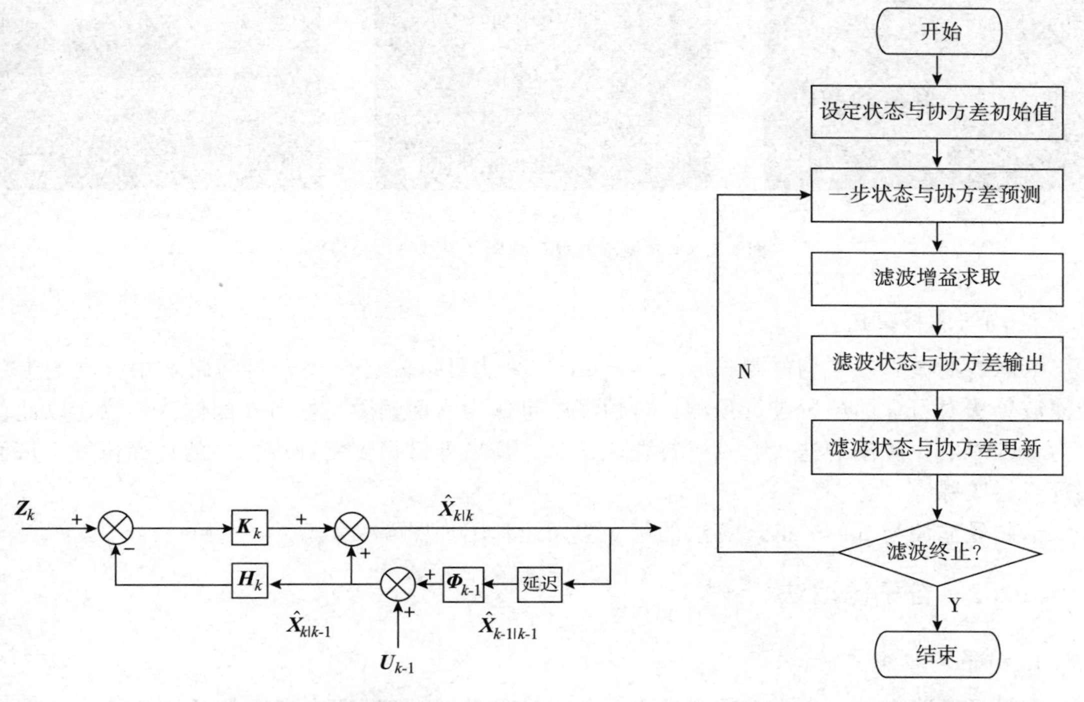

图 6-3　卡尔曼滤波框图

图 6-4　卡尔曼滤波算法流程图

卡尔曼滤波算法是通过建立状态方程，将观测数据输入状态，对方程参数进行优化。通过输入前一帧数据，可以有效预测第一帧目标的位置。因此，对于在目标跟踪过程中目标出现遮挡或消失时，加入卡尔曼滤波可以有效解决这类问题。然而，在一些复杂的背景环境中，仅使用卡尔曼滤波来实现对视觉目标的跟踪，跟踪精度并不高。要弥补此类缺陷，通常情况下在卡尔曼滤波器的基础上结合 mean shift 算法，利用无参数估计的收敛性，迭代计算 mean shift 向量，然后卡尔曼滤波在当前帧中的状态估计值可以不断接近目标的真实位置，实现目标跟踪[5]。

下面举例说明应用卡尔曼滤波跟踪水下金鱼的实验结果，如图 6-5 与图 6-6 所示[6]。

第 48 帧

第 92 帧

第 118 帧

图 6-5　目标原始图像

第 48 帧

第 92 帧

第 118 帧

图 6-6　卡尔曼滤波跟踪结果（宋君毅，2015）

2. 均值漂移算法

卡尔曼滤波算法与均值漂移（mean shift）算法可以配合应用于目标跟踪中，利用卡尔曼滤波算法对目标的位置进行预测，将预测结果作为当前帧中目标所在的候选位置，以此位置为 mean shift 算法的迭代起点进行迭代运算，最后即可得到精确度更高的目标位置，从而实现目标跟踪。

卡尔曼滤波与 mean shift 算法的综合应用流程图如图 6-7 所示。

6.2.3　粒子滤波法

1. 粒子滤波法

在目标跟踪领域，有学者首先提出 CONDENSATION 算法来利用粒子滤波算法解决目标跟踪问题。该算法使用先验概率密度 $p(x_k \mid x_{k-1})$ 作为重要性采样密度函数，从中抽取粒子集合来近似表示后验概率密度，适用于简单场景下的目标跟踪。粒子滤波采样的基本结构框图如图 6-8 所示。

首先假设描述系统的状态空间模型，如式 6-13 所示：

$$\begin{aligned} x_k &= f_k(x_{k-1}, v_{k-1}) \\ z_k &= h_k(x_k, n_k) \end{aligned} \tag{6-13}$$

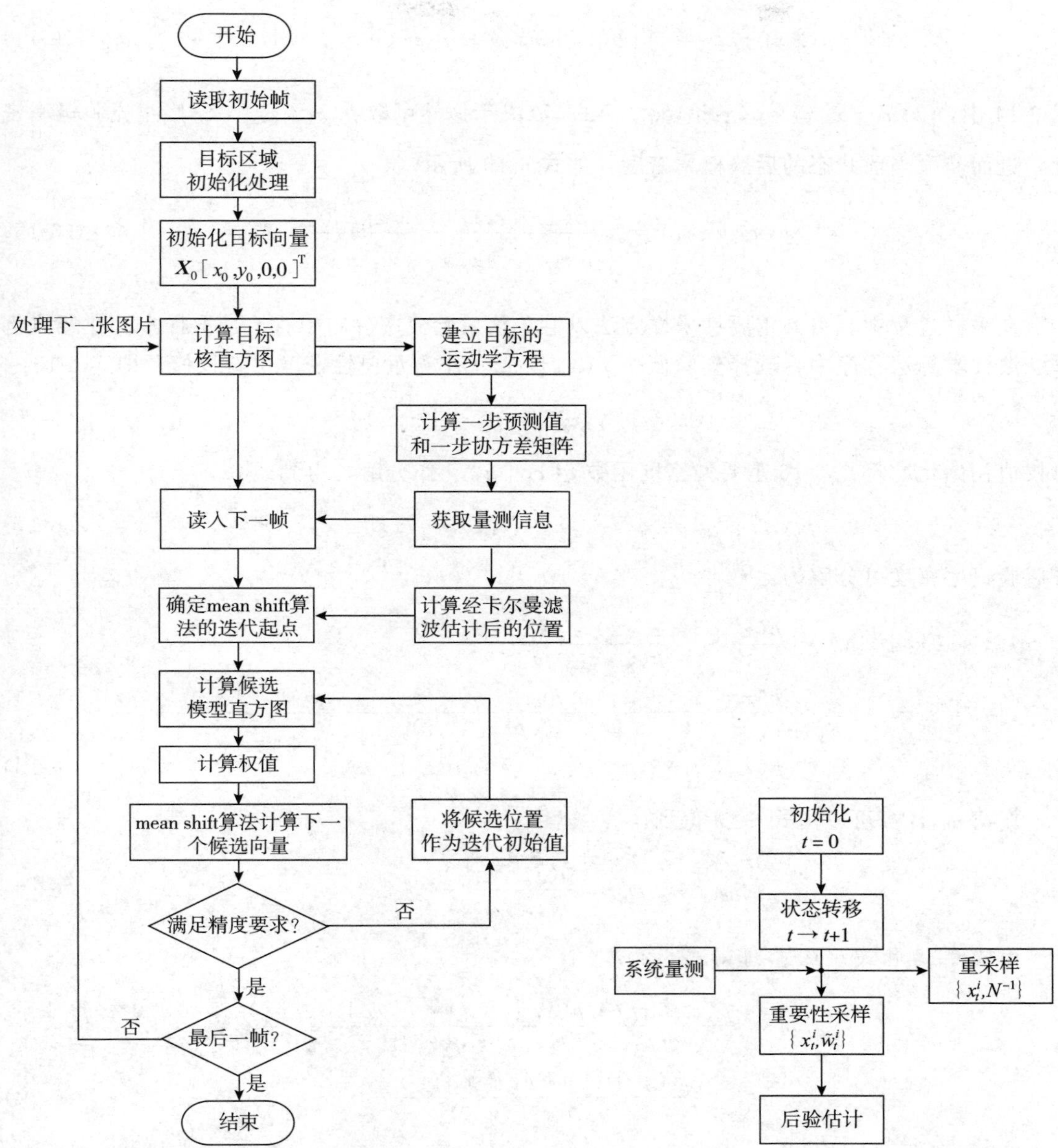

图 6-7　卡尔曼滤波与 mean shift 算法的综合应用流程图　　**图 6-8　粒子滤波采样的基本结构框图**

式 6-13 中，下标 k 代表时刻；x_{k-1} 表示 $k-1$ 时刻的系统状态；v_{k-1} 表示 $k-1$ 时刻的系统过程噪声；x_k 表示 k 时刻的系统状态；z_k 表示 k 时刻的观测向量；n_k 表示 k 时刻的系统的观测噪声；f_k 表示 k 时刻的系统的状态转移函数；h_k 表示 k 时刻的系统测量函数。

在非线性滤波问题中，估计目标位置就是根据带有噪声的观测值去递归估计非线性系统状态的后验概率密度 $p(x_{0:k} \mid z_{1:k})$，其中 $x_{0:k}=\{x_0,x_1,\cdots,x_k\}$ 表示从 0 时刻到 k 时刻系统产生的状态序列，$z_{1:k}=\{z_1,z_2,\cdots,z_k\}$ 表示观测值的序列。

假定已知 $k-1$ 时刻的概率密度函数 $p(x_k \mid z_{1:k-1})$，可以利用式 6-14 预测 k 时刻的后验概率密度：

$$p(x_k \mid z_{1:k-1}) = \int p(x_k \mid x_{k-1}) \cdot p(x_{k-1} \mid z_{1:k-1}) \mathrm{d}x_k \tag{6-14}$$

式 6-14 中，$\int p(x_k \mid x_{k-1}) \cdot p(x_{k-1} \mid z_{1:k-1}) \mathrm{d}x_k$ 取决于似然函数 $p(z_k \mid x_k)$，z_k 修正先验概率密度，进而获取当前状态的后验概率密度，如式 6-15 所示。

$$p(x_k \mid z_{1:k}) = \frac{p(z_k \mid x_k) p(x_k \mid z_{1:k-1})}{\int p(z_k \mid x_k) p(x_k \mid z_{1:k-1}) \mathrm{d}x_k} \tag{6-15}$$

在采样过程中，引入重要性采样方法以避免从后验概率分布中直接抽取样本。在经典例子滤波样本算法程序中，选择先验概率 $p(x_k^i \mid x_{k-1}^i)$ 作为重要性密度更新权值，即式 6-16：

$$q(x_k^i \mid x_{k-1}^i, z_k) = p(x_k^i \mid x_{k-1}^i) \tag{6-16}$$

对权值初始化，将式 6-16 重要性密度函数 $q(x_k \mid z_{1:k})$ 作分解，得到式 6-17：

$$q(x_k \mid z_{1:k}) = q(x_k \mid x_{k-1}, z_{1:k}) \cdot q(x_{k-1} \mid z_{1:k-1}) \tag{6-17}$$

其后验概率密度可分解为：

$$\begin{aligned} p(x_k \mid z_{1:k}) &= \frac{p(z_k \mid x_k, z_{1:k-1}) \cdot p(x_k \mid z_{1:k-1})}{p(z_k, z_{1:k-1})} \\ &= \frac{p(z_k \mid x_k, z_{1:k-1}) \cdot p(x_k \mid x_{k-1}, z_{1:k-1}) \cdot p(x_{k-1} \mid z_{1:k-1})}{p(z_k \mid x_k)} \\ &\propto p(z_k \mid x_k) \cdot p(x_k \mid x_{k-1}) \cdot p(x_{k-1} \mid z_{1:k-1}) \end{aligned} \tag{6-18}$$

权值 ω_k^i 计算可以由式 6-19 得到：

$$\omega_k^i \propto \frac{p(x_k^i \mid z_{1:k})}{q(x_k^i \mid z_{1:k})} \tag{6-19}$$

由式 6-18 和式 6-19 整理得式 6-20：

$$\begin{aligned} \omega_k^i &\propto \frac{p(z_k \mid x_k^i) \cdot p(x_k^i \mid x_{k-1}^i) \cdot p(x_{k-1}^i \mid z_{1:k-1})}{q(x_k^i \mid x_k^{i-1}, z_{1:k}) \cdot q(x_k^{i-1} \mid z_{1:k-1})} \\ &= \omega_k^{i-1} \frac{p(z_k \mid x_k^i) \cdot p(x_k^i \mid x_{k-1}^i)}{q(x_k^i \mid x_k^{i-1}, z_{1:k})} \end{aligned} \tag{6-20}$$

式 6-20 中，$p(z_k \mid x_k^i)$ 为似然函数；$p(x_k^i \mid x_{k-1}^i)$ 为概率密度转移函数；$q(x_k^i \mid x_k^{i-1}, z_{1:k})$ 为重要性采样密度函数。归一化权值为：

$$\omega_k^i = \frac{\omega_k^i}{\sum_{i=1}^{N_S} \omega_k^i} \tag{6-21}$$

最后根据式 6-21 可以估算后验概率密度 $p(x_k \mid z_{1:k})$。

2. 基于重采样的粒子滤波法

在传播过程中，一些偏离目标实际状态的粒子权值会越来越小，最终只有少数粒子权值大。大量计算浪费在小权值粒子上的现象称为粒子退化。通常在系统传播过程中加入重采样环节以避免此问题。

重采样的基本思想是减少权值较小的粒子，关注权值较大的粒子，即通过在两次重要性采样之间增加重采样步骤，消除权值较小的样本，并对权值较大的样本进行复制，产生的样本是一组新的样本集且独立同分布，所以每个样本的权值又被重置为 $1/N$ 。

利用有效粒子数衡量粒子权值退化程度，表示为：

$$N_{\text{eff}} = \frac{1}{\sum_{i=1}^{N_S} (\omega_k^i)^2} \tag{6-22}$$

式 6-22 中，若 ω_k^i 为 k 时刻第 i 个粒子的数值。$N_{\text{eff}} < N_{\text{th}}$（$N_{\text{th}}$ 为阈值），则对粒子集重采样。设新的粒子集为 $\{x_k^i, 1/N\}_{i=1}^{N_S}$。

经过多次迭代后，很多粒子的权值变得极小，几乎可以忽略，但算法依然需要进行计算，因此浪费了大量的资源，而其余的极少数粒子却占绝大多数权重，对目标位置的估计极易出现偏差[7]。

基于粒子滤波的水下鱼类跟踪实例如图 6-9 所示。

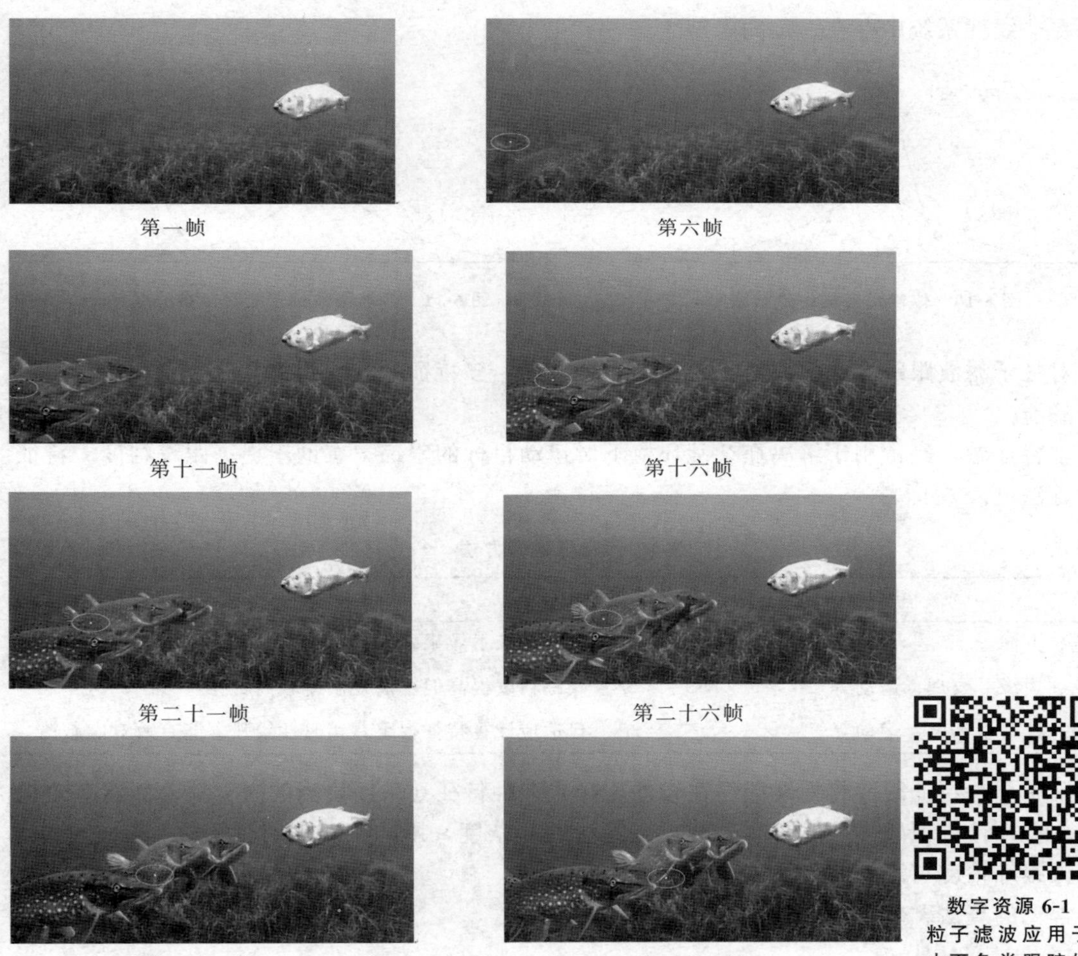

图 6-9　粒子滤波应用于水下鱼类跟踪的实例

数字资源 6-1
粒子滤波应用于水下鱼类跟踪的实例彩色图

从图 6-9（彩色图参见数字资源 6-1）可以看出，红色粒子群一直围绕在一条鱼附近。其移动路径基本与鱼的运动路径一致。

由此可见，粒子滤波方法可以应用于水下目标跟踪，但存在一定的局限性。就跟踪精度而言，粒子数目越少跟踪精度越低，反之则越高。当粒子数目较少时，目标状态的可能性更少。增加粒子数目，则更容易搜索到最好的状态点，进而提高精度。同时，若粒子数不足，粒子容易分散分布，在目标的真实位置附近粒子数量较少或几乎没有，经过迭代，粒子很难收敛到目标的真实状态。但当直接增加粒子数目时，会增加系统的处理时间，使目标跟踪的实时性不高。

3. 粒子滤波的其他改进方法

经典粒子滤波算法是取重要性概率密度作为系统的先验概率密度，但该方法没有考虑当前时刻的系统状态，不能随着状态的更新而更新。若在跟踪过程中出现突变的噪声，该方法不能有效表示当前时刻概率密度的真实分布，从重要性概率密度采样得到的样本与从当前时刻真实后验概率密度采样得到的样本之间的偏差很大，尤其是当似然函数呈峰值或位于状态转移概率密度函数的尾部时，采样偏差更大，如图 6-10、图 6-11 所示。近年来相关的改进方法在非线性系统中存在一定的限制[8]。

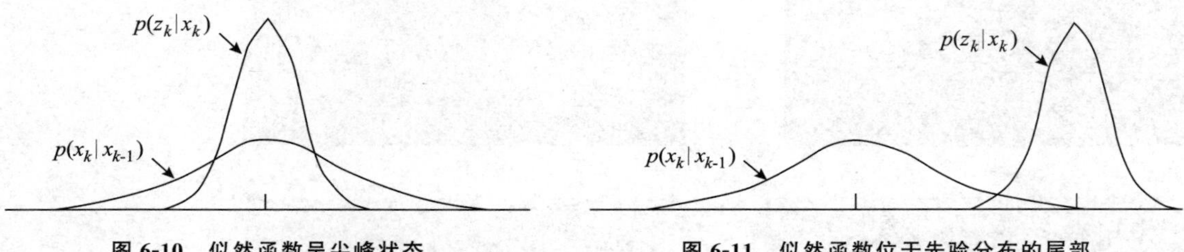

图 6-10　似然函数呈尖峰状态　　　图 6-11　似然函数位于先验分布的尾部

对粒子滤波跟踪算法的改进主要包括 3 个方面：多特征融合、相关算法融合以及自适应粒子滤波。

多特征融合经常用于解决在杂乱环境下对运动目标的跟踪，有助于提高跟踪精度。特征融合方法见表 6-1[7]。

表 6-1　特征融合方法

融合特征	优缺点
颜色、方向	复杂场景下效果较差
颜色、边缘、纹理、运动等	跟踪精度提高但算法复杂度较高
颜色、纹理、梯度、运动等	自适应计算特征权重，实时性较强，能有效对应遮挡

采用单一特征跟踪目标性能往往较差，融合多种特征并采用恰当的融合策略能够有效提升算法鲁棒性。但较多的融合特征会提高算法的复杂度，影响跟踪实时性。在实际应用中，应保持跟踪精度与跟踪实时性的均衡。

常见的算法融合方法如表 6-2 所示。

表 6-2　算法融合方法

方法	优缺点
群优化思想	改善了样本贫乏问题，提高了粒子质量和跟踪准确度
均值漂移算法	提高了粒子滤波算法的实时性，但要注意融合策略及跟踪漂移问题
深度学习理论	强大的特征表达能力，但需要训练大量样本，设计合适的结构来满足跟踪的实时性要求

最终融合算法的总体性能不局限于与之融合的算法性能优劣，算法融合策略、目标特征选取和融合以及特定的场景都会影响算法的跟踪精度、实时性和鲁棒性。

自适应粒子滤波算法见表 6-3。

表 6-3　自适应粒子滤波算法

算法	优缺点
根据当前时刻目标预测的准确动态调整下一时刻的粒子数	在一定程度上减少了所需的粒子数，但每帧对跟踪准确度的判断增加计算量
通过计算单个特征和融合特征对应的目标状态的欧氏距离动态调整特征加权值	单个特征的目标状态计算量较大，实时性差
根据特征似然函数和粒子似然函数动态调整特征和粒子的权重	减少了粒子数，跟踪准确度提高，但计算量大
根据候选目标区域和初始目标区域的相似度动态分配特征权重	有助于避免同色干扰

自适应粒子滤波算法主要通过不同测量，在具体的应用场景下动态分配特征权重，或根据在线跟踪的具体情况动态调整粒子数量。相对于经典粒子滤波，自适应粒子滤波算法在复杂的跟踪场景中具有较强的鲁棒性。

6.3　判别式目标跟踪

判别式目标跟踪是通过训练一个分类器去区分目标与背景，选择置信度最高的候选样本作为预测结果。判别式方法已经成为目标跟踪中的主流方法，因为有大量的机器学习方法可以利用。常用的理论方法包括：逻辑回归、岭回归、支持向量机、多示例学习和相关滤波等。

6.3.1　相关滤波

相关滤波目标跟踪的核心思想是通过判别式模型学习一个滤波器模板，当滤波器作用在跟踪目标时，响应输出最大处即为目标区域的中心位置[9]。

该算法的基本步骤如下：首先，从起始帧中提取目标特征并使用余弦窗减小目标区域的边缘影响，结合目标的理想型输出训练滤波器参数，理想型输出通常假设为与目标区域相同带宽的二维高斯图像在中心区域取得最大值。其次，对得到的中心位置做空域与频域的转换操作，再经傅里叶变换得到响应图并从中得到当前帧的目标位置。最后，根据提取到的目标特征更新滤波器参数和当前目标位置。如此往复，直至视频序列的结束帧，实现目标跟踪的目的。相关滤波流程如图 6-12 所示[10]。

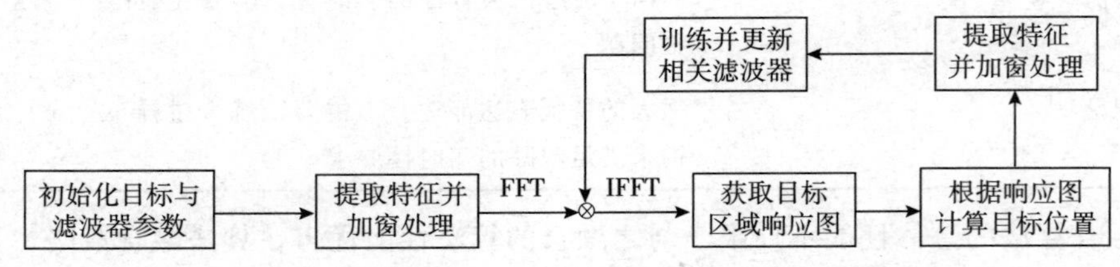

图 6-12　相关滤波流程（李星星，2019）

在相关滤波算法中，核相关滤波算法是较为典型的一种跟踪算法，该算法引入了 HOG 多通道模型和循环矩阵。经 HOG 多通道模型处理后，相比于原始灰度特征，HOG 特征表征能力更强，鲁棒性更高；经过循环矩阵处理后，规避了大量的矩阵运算，提高运算效率。该算法实现了目标区域密集采样，增加了训练样本数量，提高了目标跟踪的精度。

核相关滤波算法基本的工作流程可分为构建运动模型、特征提取、检测模型、更新模型 4 个步骤。

1. 构建运动模型

该部分主要工作是在视频图像序列的起始帧图像中标记出待跟踪目标的位置并根据起始帧中目标特征初始化检测模型。该部分核心技术为循环矩阵。循环矩阵有两个作用：一方面能够通过循环移位获取大量样本；另一方面通过岭回归算法能够得到滤波器的闭合形式解，实现快速分类和检测。

循环矩阵基本步骤如下：将目标图像区域作为正样本，把二维像素值表示的矩阵转换为 $n\times 1$ 的向量 $\boldsymbol{x}=(x_1, x_2, \cdots, x_{n-1}, x_n)$。通过置换矩阵 $\boldsymbol{P}$ 将向量 $\boldsymbol{x}$ 移位，从而获取大样本，如式 6-23 所示。

$$\boldsymbol{P}=\begin{bmatrix} 0 & 0 & 0 & \cdots & 1 \\ 1 & 0 & 0 & \cdots & 0 \\ 0 & 1 & 0 & \cdots & 0 \\ \vdots & \vdots & \vdots & & \vdots \\ 0 & 0 & 0 & \cdots & 0 \end{bmatrix} \tag{6-23}$$

置换矩阵 $\boldsymbol{P}$ 与向量 $\boldsymbol{x}$ 乘积实质是将向量 $\boldsymbol{x}$ 向右循环移动一次形成一个新的负样本。对其进行 n 次循环移位就可以得到一个循环样本矩阵 $\boldsymbol{X}$，如式 6-24 所示。

$$\boldsymbol{X}=\boldsymbol{C}(\boldsymbol{x})=\begin{bmatrix} x_1 & x_2 & x_3 & \cdots & x_n \\ x_n & x_1 & x_2 & \cdots & x_{n-1} \\ x_{n-1} & x_n & x_1 & \cdots & x_{n-2} \\ \vdots & \vdots & \vdots & & \vdots \\ x_2 & x_3 & x_4 & \cdots & x_1 \end{bmatrix} \tag{6-24}$$

式 6-24 中，$\boldsymbol{X}$ 的第一行是向量 $\boldsymbol{x}$，第二行是向量 $\boldsymbol{x}$ 向右循环一位元素构成的行向量；依次进行循环移位操作，可以得到 $\boldsymbol{X}$ 的所有行表示（图 6-13）。

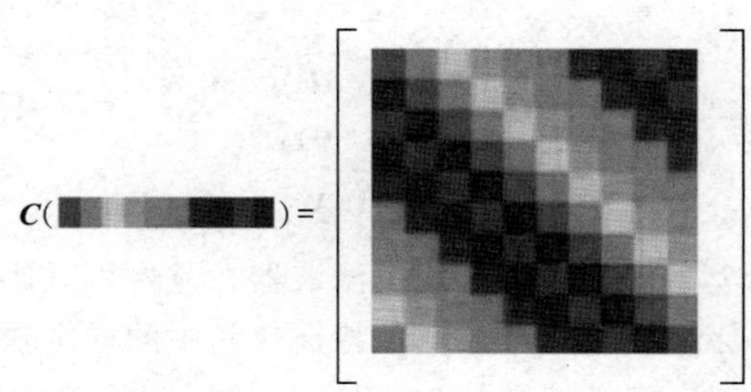

图 6-13　循环矩阵示意图（李星星，2019）

2. 特征提取

由运动模型得到候选样本，之后对目标候选样本进行特征提取，输入特征经检测模型得到响应并从中选取目标图像块。常见的用于目标跟踪的特征如表 6-4 所示[10]。

表 6-4　常见的用于目标跟踪的特征

特征分类	特征名	特征描述
人工特征	颜色特征	属于全局特征，常见特征：颜色名、颜色熵、颜色统计直方图
	梯度特征	属于局部特征，常见的包括 HOG、SIFT、SUFT
	纹理特征	属于全局特征，常见的包括共生矩阵、HOG、马尔科夫随机场
	光流特征	利用像素强度时间变化和相关性近似得到运动场
学习特征	深度特征	一类特征，通过卷积神经网络训练获得，不同网络且网络中不同层特征效果各异

良好的特征可以实现高精度的跟踪效果。提取到的目标特征主要通过两个方面评价：一是能准确地将目标区域从视频帧中定位出来，即具有良好的判别性；二是计算速度快，能够满足实时性要求。

3. 检测模型

根据以上过程得到的目标样本特征集合对检测模型进行更新，得出一系列输出响应，把最大输出响应对应的候选样本图像块作为算法处理后得到的目标区域。在经典的 KCF 目标跟踪算法中，为了能够处理非线性问题，Henriques 将相关滤波器求解问题转换为核的岭回归问题。通过训练一个函数 $f(z)=w^{\mathrm{T}}z$，使得目标周围训练样本 x_i 与回归目标标签 y_i 之间的正则化二次损失函数最小，即满足式 6-25：

$$\min_{w}\sum_{i=0}\left[f(x_i)-y_i\right]^2+\lambda\,\|w\|^2 \tag{6-25}$$

式 6-25 中，w 表示待求解的滤波器参数；x_i 表示第 i 个训练样本；y_i 表示第 i 个回归目标；λ

表示正则化参数，用于防止过拟合。定义矩阵 $\boldsymbol{X}$，$\boldsymbol{X}$ 的每一行是相应的训练样本 x_i；定义向量 $\boldsymbol{y}$，$\boldsymbol{y}$ 的每一个元素都是回归目标 y_i 的组合。w 的最小值及傅里叶变换后的频率域公式分别为式 6-26 和式 6-27。

$$w = (\boldsymbol{X}^{\mathrm{T}}\boldsymbol{X} + \lambda\boldsymbol{I})^{-1}\boldsymbol{X}^{\mathrm{T}}\boldsymbol{y} \tag{6-26}$$

$$\hat{w} = \frac{\hat{\boldsymbol{x}}^{*} \odot \hat{\boldsymbol{y}}}{\hat{\boldsymbol{x}}^{*} \odot \hat{\boldsymbol{x}} + \lambda} \tag{6-27}$$

式 6-27 中，$\odot$ 为“同或”运算。KCF（核相关滤波器）是判别式跟踪算法，需要有效地区分样本，通过使用核函数将原来线性不可分低维特征空间中的样本映射到高维线性可分特征空间中去，求出问题的最优解。定义核函数为 $\varphi(x)$，岭回归问题的待求解参数 w 可以表示为所有训练样本的映射高维特征线性组合（式 6-28）。

$$w = \sum_{i=1}^{m} \alpha_i \varphi(x_i) \tag{6-28}$$

将求解 w 的问题转化为求解参数 α 的问题，此时，回归函数方程为：

$$f(x_j) = \langle w, \varphi(x_j) \rangle = \sum_{i=1}^{m} \alpha_i \langle \varphi(x_i), \varphi(x_j) \rangle \tag{6-29}$$

式 6-29 中，$\langle \varphi(x_i), \varphi(x_j) \rangle$ 表示为高维映射特征空间内积的核函数 $k(x_i, x_j)$。在 KCF 算法中，使用高斯核函数，将所有核函数 $k(x_i, x_j)$ 组合成一个 $m \times m$ 的核函数矩阵$\boldsymbol{K}$。将回归函数代入岭回归模型中，可以求得每个参数 α_i 用向量表示为$\boldsymbol{\alpha}$，如式 6-30 所示：

$$\boldsymbol{\alpha} = (\boldsymbol{K} + \lambda\boldsymbol{I})^{-1}\boldsymbol{y} \tag{6-30}$$

令 $\boldsymbol{K}$ 表示核空间的核矩阵，$\boldsymbol{K} = \boldsymbol{\varphi}(x)\boldsymbol{\varphi}^{\mathrm{T}}(x)$，$\hat{a} = \hat{y}/(\hat{k}^{xx} + \lambda)$，此时 $\hat{k}^{xx}$ 表示矩阵$\boldsymbol{K}$ 第一行的傅里叶变换。

在检测阶段，通常需要使用候选样本来计算它们的响应值，并挑选具有最大响应值的样本作为当前算法计算出来的跟踪结果。在核相关算法中，使用循环移位来构造候选样本，训练样本由生成样本 x 循环移位得到。将核矩阵代入回归函数方程式 6-29 中，可以获取所有基于生成样本构造出的候选样本回归值，如式6-31 所示：

$$f(z) = (\boldsymbol{K}^{z})^{\mathrm{T}}\boldsymbol{\alpha} \tag{6-31}$$

通过离散傅里叶变换能够将核矩阵对角化（式 6-32），这可提高岭回归模型的计算效率。

$$f(z) = F^{-1}(\hat{k}^{xz} \odot \hat{\alpha}) \tag{6-32}$$

式 6-32 中，$\hat{k}^{xz}$ 为核矩阵的第一行，找到最大值 $\hat{f}$ 的位置即为所求。KCF 算法流程如图 6-14 所示[11]。

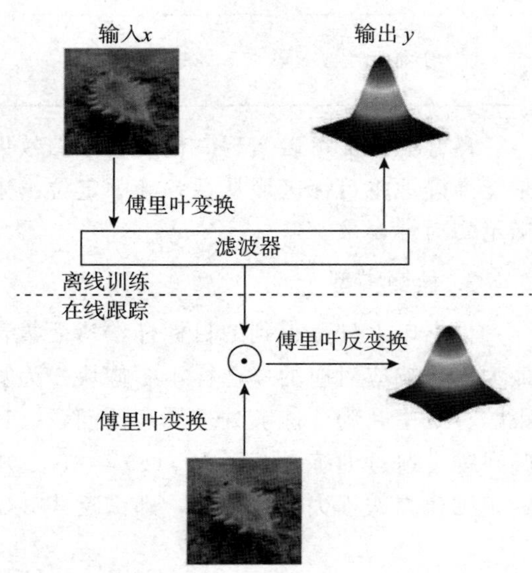

图 6-14　KCF 算法流程（刘吉伟等，2019）

当目标跟踪正常和异常时，滤波器的响应如图 6-15 所示。目标跟踪正常时的滤波器响应图中噪声较少，波峰尖锐，波谷平坦，且极大值与极小值之间相差较大；目标跟踪异常时，噪声干扰多，极值的差也比较小。

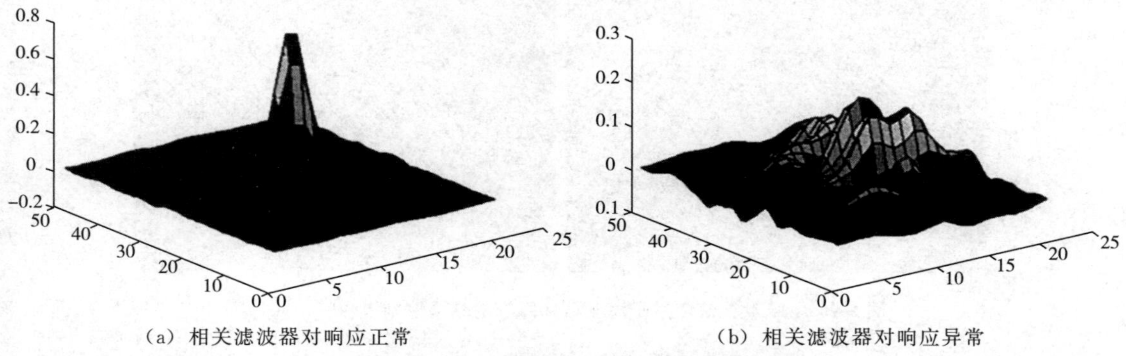

(a) 相关滤波器对响应正常　　(b) 相关滤波器对响应异常

图 6-15　相关滤波器对响应正常和对响应异常

4. 更新模型

在运动过程中，目标会出现快速运动、运动模糊、旋转运动、遮挡等情况而导致目标外观发生变化，用于检测当前帧的目标外观模型是之前帧的信息，其无法表示出目标外观发生变化后的信息。为了适应目标在运动过程中发生的外观变化，需要对模型进行更新。在核相关滤波跟踪算法中，采用基于分类器训练的更新策略，根据当前帧计算出的目标区域，更新目标外观模型与滤波器参数。

模型更新是影响跟踪精度的一个重要因素，学习率的大小决定了模型是会更好地适应目标快速变化容易出现跟踪漂移还是会保持稳定的准确性却不能适应实时的外观变化。因此，选择出一种合理的更新策略决定了对目标外观模型及检测模型更新的方式与频率，这对于目标跟踪的性能也起重要作用。

在 KCF 目标跟踪算法中，采用在线固定学习率对目标区域和滤波器模型进行线性更新，如式 6-33 与式 6-34 所示：

$$\hat{a}_t = (1-\eta)\hat{a}_{t-1} + \eta\hat{a}_{\text{new}} \tag{6-33}$$

$$\hat{x}_t = (1-\eta)\hat{x}_{t-1} + \eta\hat{x}_{\text{new}} \tag{6-34}$$

式 6-33 和式 6-34 中，$\hat{a}_{\text{new}}$ 是滤波器参数在频域中的表示；$\hat{x}_{\text{new}}$ 是求解目标区域在频域中的表示；$\hat{a}_{t-1}$ 是第 $t-1$ 帧滤波器参数在频域中的表示；$\hat{x}_{t-1}$ 是第 $t-1$ 帧目标区域在频域中的表示。根据线性加权对当前第 t 帧进行更新得到滤波器参数 $\hat{a}_t$ 与目标区域 $\hat{x}_t$，通过在线更新的方式实现逐帧在线跟踪的功能。

KCF 算法应用于海参目标跟踪的结果如图 6-16 所示[12]。

除核相关滤波算法，基于相关滤波的目标跟踪还有多核算法、样本标签改进和边界效应等重要研究方向。由于篇幅限制，在此不深入展开。

在现阶段，有大量的算法对相关滤波进行改进并取得了不错的效果，但是相关滤波的算法仍然存在一定局限性。这些算法大部分是取一定面积的搜索区域用于图像滤波操作。如果搜索区域过小，在目标快速移动时会检测不到目标；如果搜索区域过大，引入过多背景信

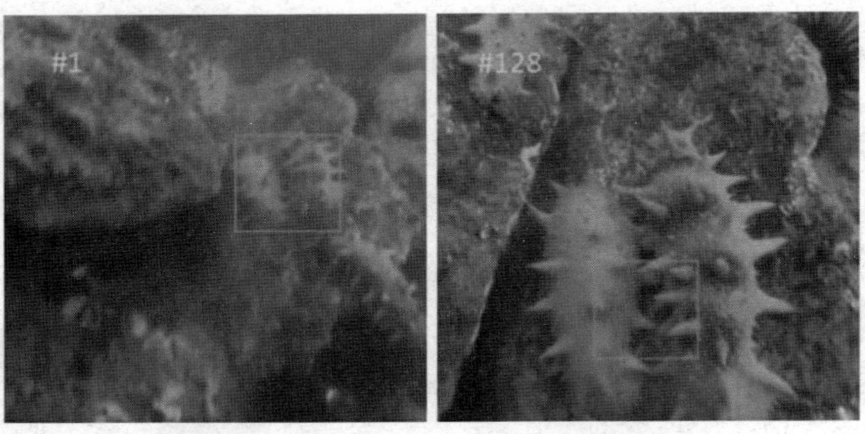

图 6-16　KCF 算法应用于海参目标跟踪的结果（刘吉伟等，2019）

息，当背景复杂时，容易造成跟踪漂移。因此，大部分算法一般取目标大小的 2～3 倍作为搜索区域。此类限定区域的搜索方法具有一定的局限性，不能保证完全准确的跟踪。同时，用于训练分类器的负样本均为中心样本循环移位得到，负样本的局限性不能保证分类器的判别性能。

6.3.2　基于深度学习的水下目标跟踪

2012 年，以 AlexNet 为代表的深度学习方法在图像识别等多个领域获得了巨大的成功，因此，许多学者将其应用到目标跟踪领域中。根据观测模型的种类，目标识别算法可以分为生成式模型和判别式模型。其中，判别式模型又可分为基于相关滤波的方法和基于深度学习的方法。判别模型的目的是寻找判别函数，将图像中的目标与背景分离，这样可以实现目标的跟踪，排除背景的干扰，因此，判别模型将目标跟踪问题视为分类问题或回归问题。深度学习模型具有强大的学习能力，因此基于深度学习的跟踪算法可以实现复杂的跟踪任务。

目标跟踪的分类，根据网络训练方法，可分为基于预训练深度特征的深度目标跟踪方法，基于在线微调网络的深度目标跟踪方法和基于离线训练特征的深度目标跟踪方法；按照网络结构，可分为基于卷积神经网络的深度目标跟踪方法，基于递归神经网络的深度目标跟踪方法，基于生成对抗网络的深度目标跟踪方法和基于自编码器的深度目标跟踪方法；按照网络功能，可分为基于分类网络的深度目标跟踪方法，基于相关滤波的深度目标跟踪方法和基于回归网络的深度目标跟踪方法。

1. 深度学习跟踪器

深度学习跟踪器（deep learning tracker，DLT）[13] 主要用于强大的视觉跟踪。它使用堆叠去噪自动编码器（stacked denoising autoencoder，SDAE）来学习大图像数据集中的通用图像特征作为辅助数据，然后将学到的特征传输到在线跟踪任务。与其他也从辅助数据学习特征的方法不同，DLT 的学习特征可以进一步调整以适应在在线跟踪过程中的特定对象。DLT 利用多个非线性变换，所获得的图像表示比基于 PCA 的先前方法更具表现力。此外，表示跟踪对象不需要解决基于稀疏编码的先前跟踪器中的优化问题，因此，DLT 明显更有效，更适合于实时应用。

在离线训练阶段期间，通过训练具有辅助图像数据的 SDAE 来执行非监督特征学习以学习通用自然图像特征。首先应用逐层预训练，然后对整个 SDAE 进行微调。在在线跟踪过程期间，将额外的分类层添加到训练的 SDAE 以产生分类神经网络。

SDAE 的基本构建块是称为去噪自动编码器（denoising autoencoder，DAE）[图 6-7(a)] 的单层神经网络，它是传统自动编码器的最新变体，可学会从损坏的版本中恢复数据样本。这样做，学习了鲁棒特征，因为神经网络包含“瓶颈”，DAE 具有比输入单元更少单元的隐藏层。图 6-17(a)为 DAE 的架构。

设共有 k 个训练样本。对于第 i 个样本，用 x_i 表示原始数据样本，$\hat{\boldsymbol{x}}_i$ 是 x_i 的损坏版本，其中的损坏可能是屏蔽损坏、加性高斯噪声或椒盐噪声。对于网络权重，用 $\boldsymbol{W}$ 和 $\boldsymbol{W}'$ 分别表示编码器和解码器的权重。DAE 通过解决以下优化问题（正则化）来学习，如式 6-35 所示。

$$\min_{\boldsymbol{W},\boldsymbol{W}'}\sum_{i=1}^{k}\left\|\boldsymbol{x}_i-\hat{\boldsymbol{x}}_i\right\|_2^2+\lambda\left(\left\|\boldsymbol{W}\right\|_F^2+\left\|\boldsymbol{W}'\right\|_F^2\right) \tag{6-35}$$

式 6-35 中，λ 是平衡重建损失和权重惩罚项的参数；$\|\cdot\|_F$ 表示 Frobenius 范数；而式 6-36 中的 $f(\cdot)$ 是非线性激活函数，其通常是逻辑 S 形函数或双曲正切函数，通过从损坏版本重建输入。DAE 比传统自动编码器更有效地通过阻止自动编码器简单地学习身份映射来发现更强大的特征。$\hat{\boldsymbol{x}}_i$ 如式 6-36 所示：

$$\hat{\boldsymbol{x}}_i=f[\boldsymbol{W}'f(\boldsymbol{W}\tilde{\boldsymbol{x}}_i+\boldsymbol{b})+\boldsymbol{b}'] \tag{6-36}$$

为了进一步增强学习有意义的特征，稀疏性约束被强加于隐藏单元的平均激活值。如果使用 Sigmoid 激活函数，则可以将每个单元的输出视为其活动的概率。设 ρ_j 表示第 j 个单位的目标稀疏度，$\hat{\rho}_j$ 表示其平均经验激活率。然后可以引入 ρ 和 $\hat{\rho}$ 的交叉熵作为附加惩罚项，具体为：

$$H(\rho\,\|\,\hat{\rho})=-\sum_{j=1}^{m}[\rho_j\ln(\rho_j)+(1-\rho_j)\ln(1-\hat{\rho}_j)] \tag{6-37}$$

式 6-37 中，m 是隐藏单位的数量。在预训练阶段之后，可以展开 SDAE 以形成前馈神经网络。使用经典的反向传播算法对整个网络进行微调。为了提高收敛速度，可以应用简单动量法或更高级的优化技术，例如 L-BFGS 或共轭梯度法。

SDAE 的网络架构：第一层使用过完备过滤器，然后，每当添加新层时，单位数减少一半，直到只有 256 个隐藏单位，作为自动编码器的瓶颈，如图 6-17(b)所示。为了进一步加快第一层预训练以学习局部特征，将每个 32×32 微小图像分成 5 个 16×16 补丁（左上、右上、左下、右下、中间），然后训练 5 个 DAE，每个 DAE 有 512 个隐藏单位。之后，用 5 个小 DAE 的权重初始化一个大 DAE，训练大 DAE。第一层中的一些随机选择的滤波器如图 6-17 所示。大多数滤波器起到高度局部化的边缘检测器的作用。

要跟踪的对象由其第一帧中的边界框的位置指定。在离物体很近的距离处从背景中收集一些负面的例子。然后将 Sigmoid 分类层添加到从离线训练获得的 SDAE 的编码器部分。整个网络架构如图 6-17(c)所示。当新的视频帧到达时，首先根据粒子滤波器方法绘制粒子(一个粒子就是目标可能存在的一块图像，32×32)。然后通过简单的前向传播网络来确定每个粒子的置信度。该方法计算量小，精度高。

如果帧中所有粒子的最大置信度低于预定阈值 τ，则它可以指示被跟踪对象的显著外观变化。要解决此问题，可以在发生这种情况时再次调整整个网络。阈值 τ 应该通过维持权衡来设定。如果 τ 太小，跟踪器无法很好地适应外观变化；如果 τ 太大，即使遮挡物体或背景也可能被错误地视为被跟踪物体，导致目标漂移。

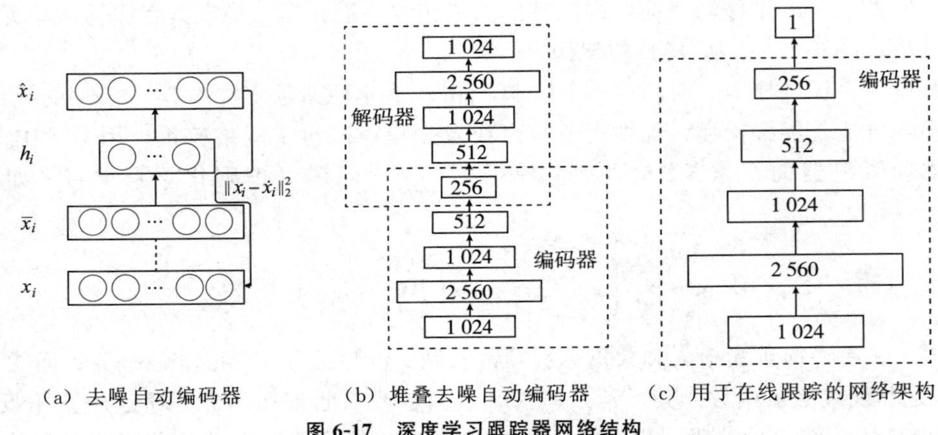

(a) 去噪自动编码器 (b) 堆叠去噪自动编码器 (c) 用于在线跟踪的网络架构

图 6-17 深度学习跟踪器网络结构

2. HCF (hierarchical convolutional features) 算法

通过训练分类器来完成目标跟踪是大部分基于深度学习的目标跟踪算法的实现方式，但是这种做法存在两个技术上的挑战。通过分类器实现目标跟踪的算法一般只使用了深度网络的最后一层特征，最后一层的特征具有一定的偏差性，这些特征提供了有效的语义信息用于分类，但是跟踪并不是识别其种类，而是去定位物体的位置。训练一个具有鲁棒性的分类器需要大量的样本，这在跟踪问题上，并不是非常的适合。因为在一个物体周围进行采样，很难确定哪个算是正样本，哪个是负样本。HCF 算法主要通过利用卷积神经网络的各个特征层联合来表示所要跟踪的物体和在各个层次自适应学习相关滤波器来解决上述问题[14]。

HCF 算法使用 AlexNet 或 VGG-Net 对目标进行特征提取，随着 CNN 的向前传播，不同类别的对象之间的语义区分得到了增强，并且为了精确定位，空间分辨率逐渐降低。目标跟踪主要获取对象的精确位置，因此可忽略全连接层（全连接层的分辨率很小，即 1×1）。卷积神经网络中使用了池化层，因此随着卷积层深度的增加，空间分辨率会逐渐降低。过低的分辨率不足以精确地定位目标，因此使用双线性插值将每个特征图的大小调整为固定大小。令 $\boldsymbol{h}$ 表示特征图，$\boldsymbol{X}$ 表示上采样特征图，第 i 个位置的特征向量为：

$$\boldsymbol{x}_i = \sum_k \alpha_{ik} \boldsymbol{h}_k \tag{6-38}$$

式 6-38 中，插值权重 α_{ik} 分别取决于 i 和 k 个相邻特征向量的位置。

典型的相关性跟踪器通过搜索相关性响应图的最大值来学习判别器并估计目标对象的平移。在 HCF 中，每个卷积层的输出都用作多通道特征。将 $\boldsymbol{x}$ 表示第 l 层大小为 $M \times N \times D$ 的特征向量，其中 M,N,D 分别表示宽度、高度和通道数。将 $\boldsymbol{x}(1)$ 简洁地表示为 $\boldsymbol{x}$，而忽略了 M,N,D 对层索引的依赖性。将 $\boldsymbol{x}$ 沿 M 和 N 维度的所有位移视为训练样本。其中，每个移位样本，$x_{m,n}$，$(m,n)\in\{0,1,\cdots,M-1\}\times\{0,1,\cdots,N-1\}$，高斯函数为：

$$y(m,n)=\exp\{\frac{-(m-M/2)^2+(n-N/2)^2}{2\sigma^2}\} \tag{6-39}$$

式 6-39 中，σ 是内核宽度。然后，通过解决以下最小化问题，学习具有 x 的相同大小的相关滤波器：

$$w^*=\underset{w}{\operatorname{argmin}}\sum_{m,n}\left\|w\cdot x_{m,n}-y(m,n)\right\|^2+\lambda\left\|w\right\|_2^2 \tag{6-40}$$

式 6-40 中，λ 是正则化参数（$\lambda>0$），并且内积是由希尔伯特空间中的线性核导出的。HCF 算法流程如图 6-18 所示。

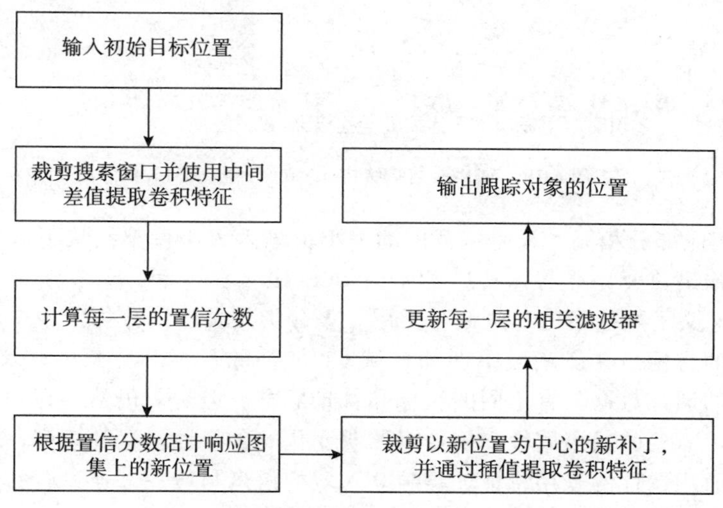

图 6-18　HCF 算法流程

3. MDNet 算法

卷积神经网络（CNN）最近已应用于各种计算机视觉任务中，例如图像分类、语义分割、对象检测和许多其他问题。CNN 在视觉应用方面表现十分出色，因此获得了较大的成功。但是，视觉跟踪受这些流行趋势的影响较小，难以为视频处理应用程序收集大量的训练数据，并且还没有专门针对视觉跟踪的训练算法。几种最新的跟踪算法通过在大规模分类数据集（如 ImageNet）上传输经过预训练的 CNN，解决了数据不足的问题。尽管这些方法可能足以获得通用特征表示，但是由于分类和跟踪问题（即预测对象类别标签与定位任意类别的目标）之间的根本矛盾，其在跟踪方面的有效性受到限制。

基于此事实，出现了一种新颖的 CNN 结构，即：multi-domain network（MDNet）[15]，通过多个标注的视频序列学习到了物体的共同特征，用于跟踪，每一个视频视为一个单独的域。

MDNet 结构如图 6-19 所示。输入层为 107×107 的 RGB 图像，并具有 5 个隐藏层，其中包括 3 个卷积层（Conv 1～Conv 3）和两个全连接层（fc 4～fc 5）。另外，网络具有 K 个分支，用于对应于 K 个域（即训练序列）的最后一个全连接的层（$fc6^1\sim fc6^K$）。卷积层与

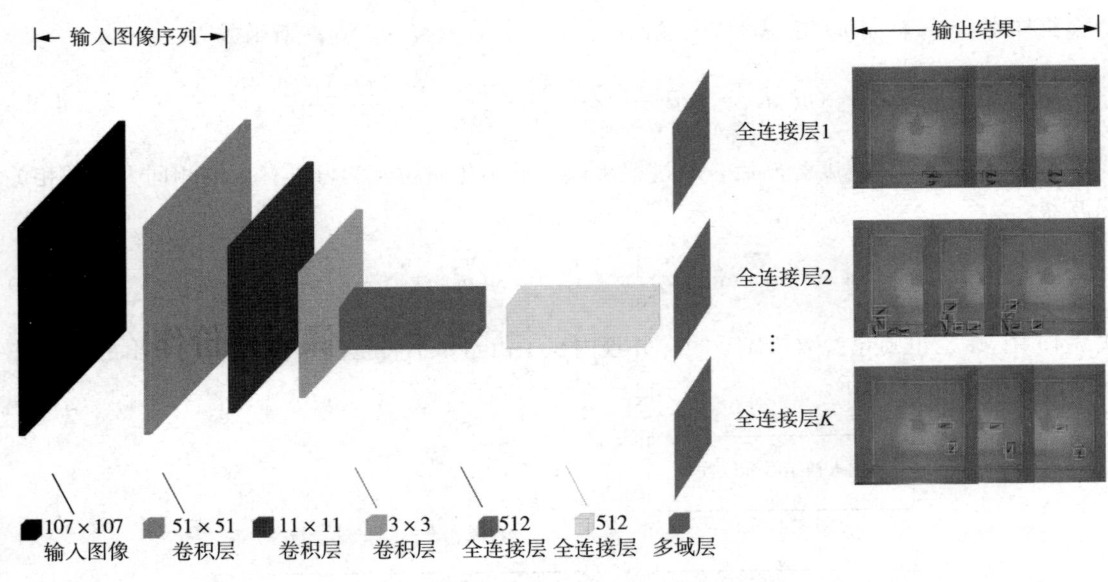

图 6-19　MDNet 网络结构（Nam H 等，2016）

VGG-M 网络的相应部分相同，只是特征图的大小由输入大小调整。接下来的两个完全连接的层具有 512 个输出单元，并与 ReLU 和 Dropouts 组合在一起。K 个分支中的每个分支都包含具有 softmax 交叉熵损失的二进制分类层，该分类层负责区分每个域中的目标和背景。

该学习算法的目标是在任意域中训练多域 CNN 消除目标和背景的歧义，这并不简单，因为来自不同域的训练数据具有不同的目标和背景概念。但是，仍然存在一些对于所有域中的目标表示而言都需要的通用属性，例如对照明变化的鲁棒性，运动模糊，比例变化等。为了提取满足这些通用属性的有用特征，将独立于域的信息与域——通过合并多域学习框架来实现特定目标。

该算法的 CNN 通过随机梯度下降（SGD）方法进行训练，其中每个域在每次迭代中都专门处理。在第 k 次迭代中，网络是基于微型批次更新的，该微型批次包含来自第（k mod K）个序列的训练样本，其中仅启用了单个分支 $fc6^{(k \bmod K)}$。循环进行，当网络收敛或者达到预设定的次数时停止。通过此学习过程，在共享层中对与邻域无关的信息进行建模，从中可以获得有用的通用特征表示。

考虑两个互补的方面，即：robustness 和 adaptiveness。Long-term update 按照常规间隔后进行更新；short-term updates 当潜在跟踪出现时进行更新，此处的潜在的跟踪失败为：预测目标的 positive score 小于 0.5。在跟踪的过程当中，保持一个单独的网络，这两种更新的执行依赖于物体外观变化的速度。

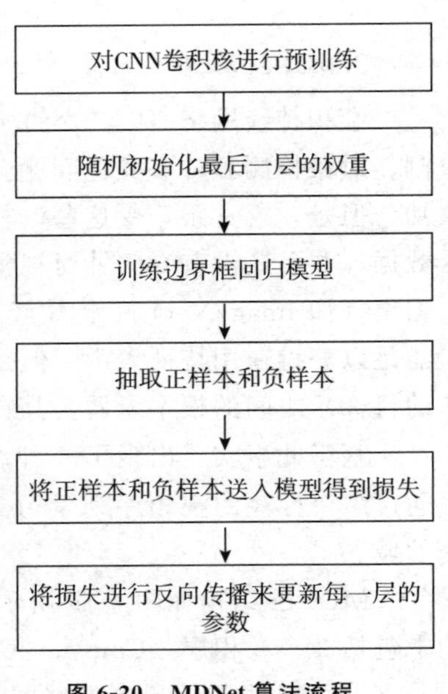

图 6-20　MDNet 算法流程

MDNet 算法流程如图 6-20 所示。为了预测每一帧目标的状态，在前一帧物体的周围提取 N 个模板，然后根据网络得到它们的得分，即：正样本的得分以及负样本的得分。通过找到最大正样本得分作为最优的目标状态，如式 6-41 所示。

$$x^* = \underset{x^i}{\operatorname{argmax}} f^+ (x^i) \tag{6-41}$$

4. RTT 算法

RTT (recurrently target-attending tracking)[16]采用多方向回归神经网络（RNN）对 4 个不同角度的所有部件进行空间编码。多方向 RNN 具有以下优点：可以稳健地跟踪对象；空间递归模型通过学习部件之间的远程的上下文依赖性，从而产生准确的与部件关联的检测置信度图；为了减轻在一个分开方向上发生的遮挡负面影响，使用多个方向编码的方式；由于空间网络在本地部分经常进行，所以生成的目标表示在某种程度上是平移不变的；与具有复杂结构的图形模型相比，多方向 RNN 非常简单且易于实现。前述特征有利于多方向 RNN 合理预测目标和背景区域的置信度。

给定一个视频帧，首先确定一个小的候选区域，该区域是前一帧中定位结果周围的边界框大小的 2.5 倍，这是因为连续帧之间的运动变化大部分是很微小的。对于对应的候选区域，通过网格划分视觉区域，提取每个区域的特征用于下一步的跟踪。在实践中，可以使用汇集在空间网格上的一些描述符，例如 HOG 或来自 CNN 的高级特征。此后，我们可以获得基于部件的功能 $\boldsymbol{X} \in \mathbb{R}^{h \times w \times d}$，其中，$h, w$ 是空间部分/网格的高度和宽度，d 为深度。

RTT 使用循环神经网络来表征部件及其复杂的依赖关系，因为 RTT 更简单，能够收集远程上下文线索。此外，为了补偿 2D 空间中使用的单个 RNN 的不足，使用几个空间 RNN（例如 quaddireactional RNNs）从不同角度遍历空间候选区域。该策略可以有效地减轻跟踪时局部遮挡和外观变化的问题。空间 RNN 输出的每个区域的置信度分数构成整个候选区域的置信度图。置信度图实际上表示每个部分是背景或目标的概率。因此，置信度图可用于预测遮挡的存在并指导模型更新。

在模型训练和更新期间，RTT 通过利用置信度图自适应地对滤波器进行正则化来学习更多的判别相关滤波器。在测试中，RTT 简单地使用学习的判别过滤器来检测目标，因为判别信息已经自适应地添加到跟踪器中。

6.4 评价指标

常见的评价目标跟踪的指标主要从 3 个方面考虑：精确率、时间鲁棒性、空间鲁棒性。

1. 精确率

精确率可以从距离精度和成功率两个方面考虑。

距离精度[17]是指在追踪过程中，预测位置中心到目标的中心偏离实际位置的距离 d 小于预定阈值 d_0 的帧数与视频总帧数 n 的比值，如式 6-42 所示：

$$D = \frac{n(d \leqslant d_0)}{n} \tag{6-42}$$

例如一个视频有 100 帧，追踪算法预测中心点与真实目标所处中心点距离小于 20 像素有 60 帧，其余 40 帧两者距离均大于 20 像素，则当阈值为 20 像素时，精度为 0.6。

成功率 SR 为重叠率 s 大于选定阈值 s_0 的帧数与总视频帧数的比值，如式 6-43 所示：

$$\mathrm{SR}=\frac{n(s \geqslant s_0)}{n} \tag{6-43}$$

式 6-43 中，重叠率 s 的计算方法如式 6-44 所示：

$$s=\frac{R_r \cap R_t}{R_r \cup R_t} \tag{6-44}$$

式 6-46 中，R_r 为人工标定目标框内的像素总数；R_t 为算法追踪到目标框内像素总数。

2. 时间鲁棒性（temporal robustness evaluation，TRE）

在一个图片/视频序列中，每个跟踪算法从不同的帧作为起始进行追踪（如分别从第一帧开始进行跟踪，从第十帧开始进行跟踪等），初始化采用的标注边界框即为对应帧标注的真实标记。最后对这些结果取平均值，得到真实的评分。

3. 空间鲁棒性（spatial robustness evaluation，SRE）

有些算法对初始化时给定的标注边界框比较敏感，而目前测评用的真实标记都是人工标注的，因此可能会对某些跟踪算法产生影响。为了评估这些跟踪算法是否对初始化敏感，作者通过将真实标记轻微地平移和尺度的扩大与缩小来产生标注边界框。假设平移的大小为目标物体大小的 10%，尺度变化范围为真实标记的 80%～120%，每 10%依次增加。最后取这些结果的平均值作为空间鲁棒性的有效得分。

6.5 小结

本章围绕水下目标跟踪算法的特点，详细阐述了生成式模型与判别式模型的算法原理。其中，生成式模型算法的基本思想是首先建立目标跟踪的模型或提取目标的特征，在后续帧中对其相似的特征进行搜索，逐步迭代实现目标的跟踪定位，如光流法；而判别式模型需要同时考虑目标模型和背景信息，对比背景信息和目标模型的不同点，对目标模型进行提取，获得当前帧所需目标的位置，目前常用的跟踪算法有 MOSSE 算法、核相关滤波器、基于深度学习技术的深度学习跟踪器等。其中，传统的跟踪模型具有跟踪速度快，训练时间短等特点，但最大的缺陷在于提取特征信息少、跟踪准确率低等，很容易造成跟踪失败。随着深度学习在计算机视觉领域的推广，其可以通过训练网络来学习目标的一般变化的特性，为构建更加鲁棒的外观模型提供了可能，因此将其应用于目标跟踪任务已成为必然趋势。

思考题

6.1 光流法的假设条件和约束方程是什么？稠密光流和稀疏光流各有什么区别？请说出哪些算法属于稠密光流算法，哪些算法属于稀疏光流算法。

6.2 卡尔曼滤波适用于线性系统且噪声为高斯白噪声的情况，当系统属于非线性系统时，可以采用什么方法对其进行线性化处理？

6.3 DSST 算法（discriminative scale space tracker）是在相关滤波方法 MOSSE 基础上的

改进，请问这两种算法有哪些不同点？

6.4 基于深度学习的目标跟踪算法可根据什么进行分类？

6.5 SDAE 和 DAE 的结构有什么关联性？

6.6 HCF 算法中如何解决卷积神经网络池化层带来的分辨率过低的问题？

参考文献

[1] 刘洁．基于光流法的运动目标检测和跟踪算法研究［D］．徐州：中国矿业大学，2015.

[2] 姚敏．数字图像处理［M］．机械工业出版社，2008.

[3] 于欣，侯晓娇，卢焕达，等．基于光流法与特征统计的鱼群异常行为检测［J］．农业工程学报，2014，30（02）：162-168.

[4] 秦永元，张洪钺，汪叔华．卡尔曼滤波与组合导航原理［M］．3 版．西北工业大学出版社，2015.

[5] 周勇．改进的卡尔曼滤波在目标跟踪中的应用［D］．哈尔滨：哈尔滨工程大学，2016.

[6] 宋君毅．基于图像处理的鱼群监测技术研究［D］．天津：天津理工大学，2015.

[7] 昝孟恩．基于粒子滤波的监控视频行人检测与跟踪研究［D］．北京：北京交通大学，2019.

[8] 邓利平，肖何，王娟．融合相似性检测的抗遮挡粒子滤波跟踪算法［J］．计算机工程与应用，2021：1-12.

[9] D S Bolme，J R Beveridge，B A Draper，et al. Visual object tracking using adaptive correlation filters［C］．The Twenty-Third IEEE Conference on Computer Vision and Pattern Recognition，2010．（3）．2544-2550.

[10] 李星星．基于相关滤波的目标跟踪算法研究［D］．西安：西安电子科技大学，2019.

[11] 卢湖川，李佩霞，王栋．目标跟踪算法综述［J］．模式识别与人工智能，2018，31（01）：61-76.

[12] 刘吉伟，魏鸿磊，裴起潮，等．采用相关滤波的水下海参目标跟踪［J］．智能系统学报，2019，14（03）：525-532.

[13] N Wang，D Y Yeung. Learning a deep compact image representation for visual tracking［C］．NIPS，2013：809-817.

[14] M Chao，J B Huang，X Yang，et al. Hierarchical convolutional features for visual tracking［C］．IEEE International Conference on Computer Vision，2015：3074-3082.

[15] H Nam，B Han. Learning Multi-Domain convolutional neural networks for visual tracking［C］．IEEE Conference on Computer Vision and Pattern Recognition，2016：4293-4302.

[16] Z Cui，S Xiao，J Feng，et al. Recurrently target-attending tracking［C］．IEEE Conference on Computer Vision and Pattern Recognition，2016：1449-1458.

[17] W Yi，J Lim，M H Yang. Online object tracking：A benchmark［C］．Proceedings of the IBEE Conference on Computer Vision and Pattern Recognition，2013：2411-2418.

第7章 水下目标识别

7.1 引言

水下探测和水下作业是海洋工程的基本环节。准确的水下目标识别是实现高级视觉任务的基础，例如在水产养殖方面，可以在精确识别的基础上实现对鱼类行为的分析、水下地形建模、目标跟踪与导航等。特别是随着水产养殖等场景中水下机器人的应用，能够自主实现水下目标分类识别就显得特别重要。水下探测的质量与水下作业的控制精度很大程度上依赖于水下目标分类识别的准确程度。

当前在自然空气条件下的目标识别方法已经较为成熟，但是人们对水下的目标识别研究较少。水下数据较难采集，需要专业设备配合专业的人员才能进行采集，因此缺少合适的数据集来进行大规模的模型的训练与研究；另外水下目标识别与自然空气中的目标识别有较大的差异，水下成像会有一些问题造成图像退化，影响目标的准确识别，因此很多水下识别工作都是结合水下图像增强来实现的。关于图像增强的方法前文已经做过介绍，本章将着重介绍目标分类识别方法。传统目标识别方法多基于人工特征来实现，如 HOG 特征、Haar 特征、CN 特征、SIFT 特征等，但是人工特征的构建多依赖于人类经验模板的提取，特征表达能力不足，所以在某些特殊条件下基于人造特征构建的识别分类器不具有较强的鲁棒性。近几年来，随着机器学习特别是深度学习的广泛应用，基于卷积神经网络在特征提取方面的能力优异表现，可以端到端地实现特征提取、分类和预测功能，所训练出来的模型具有较强的鲁棒性。

目标识别是计算机视觉中的主要任务之一，可以通过实时或者离线平台对水下目标进行分类识别。在实际应用场景中的水下目标识别一般包括两个步骤：①目标特征提取；②目标识别分类。目标识别分类算法根据数据标记情况与学习方法可以分为监督学习、非监督学习与半监督学习，本章根据监督目标识别、非监督目标识别和半监督目标识别进行介绍。

7.2 基于监督学习的目标识别

监督学习是指通过有标记样本训练模型，然后对未知样本类别进行预测。通过带标签的样本不断强化模型，学习参数，构建模型与标签之间的映射关系。监督学习可以表述为先验概率模型，通过最小化结构风险来连接输入空间与输出空间。当有新的已知类别样本输入时，当前模型能够根据样本特征来预测样本的标签。

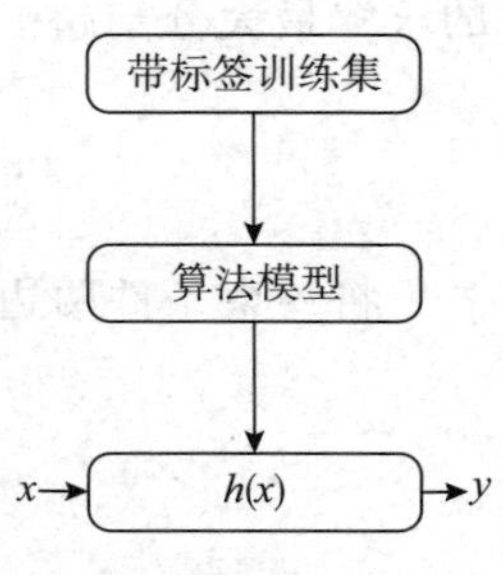

图 7-1 监督学习流程

给定一个训练集，通过监督学习，得到函数 $h: x \rightarrow y$，得到 y 的预测器（图 7-1）。

当想要预测的目标变量是连续值时，如水下温度的变化，这种问题称为回归问题（regression problem）；当 y 仅能取小数目的离散值时，例如预测目标鱼是哪种鱼类，这种问题称为分类问题（classification problem）。预测标签种类的不同决定了损失函数的不同，回归预测往往需要预测值最大程度接近预测标签，而分类预测则需要当前模型下，样本正确类别的预测概率最大。因此，回归预测常用的损失函数有均方误差损失函数、Huber 损失函数等，分类预测常用的损失函数包括 0-1 损失函数、Hinge 损失函数、Focal 损失函数等。本节主要关注的问题为分类预测问题。

7.2.1 基于 SVM 的水下目标识别

7.2.1.1 SVM 算法原理

支持向量机（support vector machines，SVM）是一种二分类模型，它的基本模型是定义在特征空间上的间隔最大的线性分类器，间隔最大使它有别于感知机；SVM 还包括核技巧，这使 SVM 成为实质上的非线性分类器。SVM 的学习策略就是间隔最大化，可形式化为一个求解凸二次规划的问题，也等价于正则化的合页损失函数的最小化问题。SVM 的学习算法就是求解凸二次规划的最优化算法。

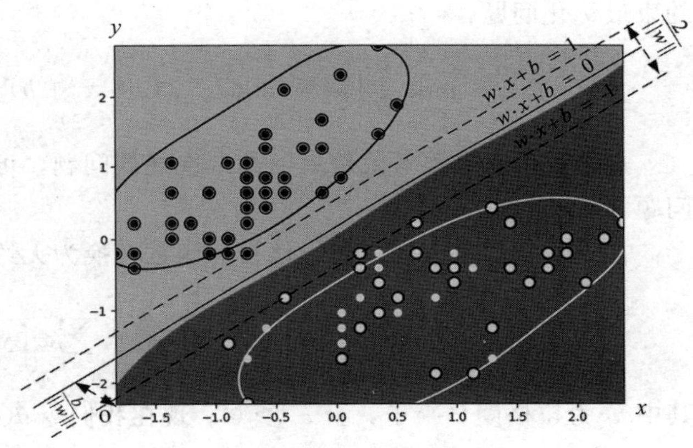

图 7-2 支持向量机示例

SVM 学习的基本想法是求解能够正确划分训练数据集并且几何间隔最大的分离超平面。如图 7-2 所示，$\omega \cdot x + b = 0$ 即为分离超平面，对于线性可分的数据集来说，这样的超平面有无穷多个（即感知机），但是几何间隔最大的分离超平面却是唯一的[1]。

在推导原理之前，先给出一些定义。假设给定一个特征空间上的训练数据集：

$$T = \{(\boldsymbol{x}_1, y_1), (\boldsymbol{x}_2, y_2), \cdots, (\boldsymbol{x}_N, y_N)\}$$

其中 $\boldsymbol{x}_i \in R^n; y_i \in \{+1, -1\}, i = 1, 2, \cdots, N; \boldsymbol{x}_i$ 为第 i 个特征向量；y_i 为类标记，当 y_i 为 $+1$ 时为正例，y_i 为 -1 时为负例。假设训练数据集是线性可分的。

对于给定的数据集 T 和超平面 $\omega \cdot \boldsymbol{x} + b = 0$，定义超平面关于样本点 $(\boldsymbol{x}_i, y_i)$ 的集合间隔为：

$$\gamma_i = y_i \left(\frac{\omega}{\|\omega\|} \cdot \boldsymbol{x}_i + \frac{b}{\|\omega\|} \right) \tag{7-1}$$

超平面关于所有样本点的几何间隔的最小值为 $\gamma = \min\limits_{i=1,2,\cdots,N} \gamma_i$。

实际上这个距离就是我们所谓的支持向量到超平面的距离。根据以上定义，SVM 模型的求解最大分割超平面问题可以表示为以下约束最优化问题：

$$\max_{\omega,b}\gamma \quad \text{s.t.}\quad y_i\left(\frac{\omega}{\|\omega\|}\cdot \boldsymbol{x}_i+\frac{b}{\|\omega\|}\right)\geqslant\gamma,\quad i=1,2,\cdots,N \tag{7-2}$$

将约束条件两边同除以 γ，得到：

$$y_i\left(\frac{\omega}{\|\omega\|\gamma}\cdot \boldsymbol{x}_i+\frac{b}{\|\omega\|\gamma}\right)\geqslant 1 \tag{7-3}$$

因为 $\|\omega\|$，γ 都是标量，为了简洁起见，令 $\omega=\dfrac{\omega}{\|\omega\|\gamma}$，$b=\dfrac{b}{\|\omega\|\gamma}$，得到

$$y_i(\omega\boldsymbol{x}_i+b)\geqslant 1,\quad i=1,2,\cdots,N$$

又因为最大化 γ，等价于最大化 $\dfrac{1}{\|\omega\|}$，也就等价于最小化 $\dfrac{1}{2}\|\omega\|^2$，（$\dfrac{1}{2}$是为了求导以后形式简洁，不影响结果），因此 SVM 模型的求解最大分割超平面问题又可以表示为以下约束最优化问题：

$$\min_{\omega,b}\frac{1}{2}\|\omega\|^2\quad \text{s.t.}\quad y_i(\omega\cdot\boldsymbol{x}_i+b)\geqslant 1,\quad i=1,2,\cdots,N \tag{7-4}$$

这是一个含有不等式约束的凸二次规划问题，可以对其使用拉格朗日乘子法得到其对偶问题（dual problem）。

首先，我们将有约束的原始目标函数转换为无约束的新构造的拉格朗日目标函数：

$$L(\omega,b,\boldsymbol{\alpha})=\frac{1}{2}\|\omega\|^2-\sum_{i=1}^{N}\alpha_i[y_i(\omega\cdot\boldsymbol{x}_i+b)-1] \tag{7-5}$$

其中 α_i 为拉格朗日乘子，且 $\alpha_i\geqslant 0$。现在我们令 $\theta(\omega)=\max\limits_{\alpha_i\geqslant 0}L(\omega,b,\boldsymbol{\alpha})$，当样本点不满足约束条件时，即在可行解区域外：$y_i(\omega\cdot\boldsymbol{x}_i+b)<1$，此时，将 α_i 设置为无穷大，则 $\theta(\omega)$ 也为无穷大。当样本点满足约束条件时，即在可行解区域内：$y_i(\omega\cdot\boldsymbol{x}_i+b)\geqslant 1$，此时，$\theta(\omega)$ 为原函数本身。于是，将两种情况合并起来就可以得到我们新的目标函数：

$$\theta(\omega)=\begin{cases}\dfrac{1}{2}\|\omega\|^2, & x\in \text{可行解区域}\\ \infty, & x\in \text{不可行解区域}\end{cases} \tag{7-6}$$

于是原约束问题就等价于：

$$\min_{\omega,b}\theta(\omega)=\min_{\omega,b}\max_{\alpha_i\geqslant 0}L(\omega,b,\boldsymbol{\alpha})=p^*$$

看一下我们的新目标函数，先求最大值，再求最小值。这样的话，我们首先就要面对带有需要求解参数 ω 和 b 的方程，而 α_i 又是不等式约束，这个求解过程不好做。所以，我们需要使用拉格朗日函数对偶性，将最小和最大的位置交换一下，这样就变成了：

$$\max_{\alpha_i\geqslant 0}\min_{\omega,b}L(\omega,b,\boldsymbol{\alpha})=d^* \tag{7-7}$$

要有 $p^*=d^*$，需要满足两个条件：

①优化问题是凸优化问题；

②满足 KKT 条件。

首先，本优化问题显然是一个凸优化问题，所以条件①满足，而要满足条件②，即要求：

$$\begin{cases}\alpha_i \geqslant 0 \\ y_i(\omega_i \cdot \boldsymbol{x}_i + b) - 1 \geqslant 0 \\ \alpha_i(y_i[\omega_i \cdot \boldsymbol{x}_i + b) - 1] = 0\end{cases} \tag{7-8}$$

为了得到求解对偶问题的具体形式，令 $L(\omega,b,\boldsymbol{\alpha})$ 对 ω 和 b 的偏导为 0，可得：

$$\omega = \sum_{i=1}^{N}\alpha_i y_i \boldsymbol{x}_i,\quad \sum_{i=1}^{N}\alpha_i y_i = 0$$

将以上两个等式代入拉格朗日目标函数，消去 ω 和 b，得：

$$\begin{aligned}L(\omega,b,\boldsymbol{\alpha}) &= \frac{1}{2}\sum_{i=1}^{N}\sum_{j=1}^{N}\alpha_i\alpha_j y_i y_j(\boldsymbol{x}_i \cdot \boldsymbol{x}_j) - \sum_{i=1}^{N}\alpha_i y_i\left[(\sum_{j=1}^{N}\alpha_j y_j \boldsymbol{x}_j) \cdot \boldsymbol{x}_i + b\right] + \sum_{i=1}^{N}\alpha_i \\ &= -\frac{1}{2}\sum_{i=1}^{N}\sum_{j=1}^{N}\alpha_i\alpha_j y_i y_j(\boldsymbol{x}_i \cdot \boldsymbol{x}_j) + \sum_{i=1}^{N}\alpha_i\end{aligned} \tag{7-9}$$

即 $\min\limits_{\omega,b} L(\omega,b,\boldsymbol{\alpha}) = -\frac{1}{2}\sum_{i=1}^{N}\sum_{j=1}^{N}\alpha_i\alpha_j y_i y_j(\boldsymbol{x}_i \cdot \boldsymbol{x}_j) + \sum_{i=1}^{N}\alpha_i$。

求 $\min\limits_{\omega,b} L(\omega,b,\boldsymbol{\alpha})$ 的极大值，即是对偶问题：

$$\begin{gathered}\max_{\boldsymbol{\alpha}} -\frac{1}{2}\sum_{i=1}^{N}\sum_{j=1}^{N}\alpha_i\alpha_j y_i y_j(\boldsymbol{x}_i \cdot \boldsymbol{x}_j) + \sum_{i=1}^{N}\alpha_i \\ \text{s. t.}\ \sum_{i=1}^{N}\alpha_i y_i = 0,\quad \alpha_i \geqslant 0,\quad i = 1,2,\cdots,N\end{gathered} \tag{7-10}$$

式 7-10 加一个负号，将求解极大值转换为求解极小值：

$$\begin{gathered}\min_{\alpha} \frac{1}{2}\sum_{i=1}^{N}\sum_{j=1}^{N}\alpha_i\alpha_j y_i y_j(\boldsymbol{x}_i \cdot \boldsymbol{x}_j) - \sum_{i=1}^{N}\alpha_i \\ \text{s. t.}\ \sum_{i=1}^{N}\alpha_i y_i = 0,\quad \alpha_i \geqslant 0,\quad i = 1,2,\cdots,N\end{gathered} \tag{7-11}$$

我们通过这个优化算法能得到 $\boldsymbol{\alpha}^*$，再根据 $\boldsymbol{\alpha}^*$，我们就可以求解出 ω 和 b，进而求得我们最初的目的：找到超平面，即“决策平面”。

前面的推导都是假设满足 KKT 条件下成立的，KKT 条件如下：

$$\begin{cases}\alpha_i \geqslant 0 \\ y_i(\omega_i \cdot \boldsymbol{x}_i + b) - 1 \geqslant 0 \\ \alpha_i[y_i(\omega_i \cdot \boldsymbol{x}_i + b) - 1] = 0\end{cases} \tag{7-12}$$

另外，根据前面的推导，还有下面两个式子成立：

$$\omega = \sum_{i=1}^{N}\alpha_i y_i \boldsymbol{x}_i,\quad \sum_{i=1}^{N}\alpha_i y_i = 0$$

由此可知，在 $\boldsymbol{\alpha}^*$ 中，至少存在一个 $\alpha_j^* > 0$（反证法可以证明，若全为 0，则 $\omega = 0$，矛盾），对此 j 有：

$$y_j(\omega^* \cdot \boldsymbol{x}_j + b^*) - 1 = 0$$

因此可以得到：

$$\omega^* = \sum_{i=1}^{N} \alpha_i^* y_i \boldsymbol{x}_i$$

$$b^* = y_j - \sum_{i=1}^{N} \alpha_i^* y_i (\boldsymbol{x}_i \cdot \boldsymbol{x}_j) \tag{7-13}$$

对于任意训练样本 $(\boldsymbol{x}_i, y_i)$，总有 $\alpha_i = 0$ 或者 $y_j(\omega \cdot \boldsymbol{x}_j + b) = 1$。若 $\alpha_i = 0$，则该样本不会在最后求解模型参数的式子中出现。若 $\alpha_i > 0$，则必有 $y_j(\omega \cdot \boldsymbol{x}_j + b) = 1$，所对应的样本点位于最大间隔边界上，是一个支持向量。这显示出支持向量机的一个重要性质：训练完成后，大部分的训练样本都不需要保留，最终模型仅与支持向量有关。

到这里都是基于训练集数据线性可分的假设下进行的，但是在实际情况下几乎不存在完全线性可分的数据，为了解决这个问题，引入了"软间隔"的概念，即允许某些点不满足约束：

$$y_j(\omega \cdot \boldsymbol{x}_j + b) \geqslant 1$$

采用 hinge 损失函数，将原优化问题改写为：

$$\min_{\omega, b, \xi_i} \frac{1}{2}\|\omega\|^2 + C\sum_{i=1}^{N}\xi_i$$

$$\text{s.t.}\quad y_i(\omega \cdot \boldsymbol{x}_j + b) \geqslant 1 - \xi_i,\quad \xi_i \geqslant 0,\quad i = 1, 2, \cdots, N \tag{7-14}$$

其中，ξ_i 为"松弛变量"，$\xi_i = \max[0, 1 - y_i(\omega \cdot \boldsymbol{x}_j + b)]$，即一个 hinge 损失函数。每一个样本都有一个对应的松弛变量，表征该样本不满足约束的程度。$C > 0$ 称为惩罚参数，C 值越大，对分类的惩罚越大。与线性可分求解的思路一致，同样这里先用拉格朗日乘子法得到拉格朗日函数，再求其对偶问题。

综合以上讨论，我们可以得到线性支持向量机学习算法如下。

输入：$T = \{(\boldsymbol{x}_1, y_1), (\boldsymbol{x}_2, y_2), \cdots, (\boldsymbol{x}_N, y_N)\}$

其中 $\boldsymbol{x}_i \in R^n$，$y_i \in \{+1, -1\}, i = 1, 2, \cdots, N$。

输出：分离超平面和分类决策函数。

①选择惩罚参数 $C > 0$，构造并求解凸二次规划问题：

$$\min_{\alpha} \frac{1}{2}\sum_{i=1}^{N}\sum_{j=1}^{N}\alpha_i\alpha_j y_i y_j(\boldsymbol{x}_i \cdot \boldsymbol{x}_j) - \sum_{i=1}^{N}\alpha_i$$

$$\text{s.t.}\quad \sum_{i=1}^{N}\alpha_i y_i = 0,\quad 0 \leqslant \alpha_i \leqslant C,\quad i = 1, 2, \cdots, N \tag{7-15}$$

得到最优解：$\boldsymbol{\alpha}^* = (\alpha_1^*, \alpha_2^*, \cdots, \alpha_N^*)^{\mathrm{T}}$。

②计算：

$$\omega^* = \sum_{i=1}^{N}\alpha_i^* y_i x_i \tag{7-16}$$

选择 $\boldsymbol{\alpha}^*$ 的一个分量 α_j^* 满足条件 $0 < \alpha_j^* < C$，计算：

$$b^* = y_j - \sum_{i=1}^{N} \alpha_i^* y_i (\boldsymbol{x}_i \cdot \boldsymbol{x}_j) \tag{7-17}$$

③求分离超平面：

$$\omega^* \cdot \boldsymbol{x} + b^* = 0 \tag{7-18}$$

分类决策函数：

$$f(x) = \mathrm{sign}(\omega^* \cdot \boldsymbol{x} + b^*) \tag{7-19}$$

对于输入空间中的非线性分类问题，可以通过非线性变换将其转化为某个维特征空间中的线性分类问题，在高维特征空间中学习线性支持向量机。

7.2.1.2 SVM 在水下目标识别中的应用

水下物体识别的需求量很大，而研究还远远不够。不受限制的自然环境使其成为一项艰巨的任务。Hongwei Qin[2] 将 SVM 用于珊瑚礁鱼类分类识别中，提出了一个框架，用于从海洋观测网络中部署的水下摄像机拍摄的视频中识别鱼。

如图 7-3 所示，(a) 在使用 DeepFish-SVM-aug 的 3 908 张测试图像中，有 55 张被错误分类的鱼图像。(b) 在使用 DeepFish-SVM-aug-scale（标度）的 3 908 张测试图像中，有 53 张被错误分类的鱼图像。(c) 在使用 DeepFish-Softmax-aug 的 3 908 张测试图像中，有 66 张被错误分类的鱼图像。(d) 在使用 DeepFish-Softmax-aug-scale（标度）的 3 908 张测试图像中，有 59 张被错误分类的鱼图像。

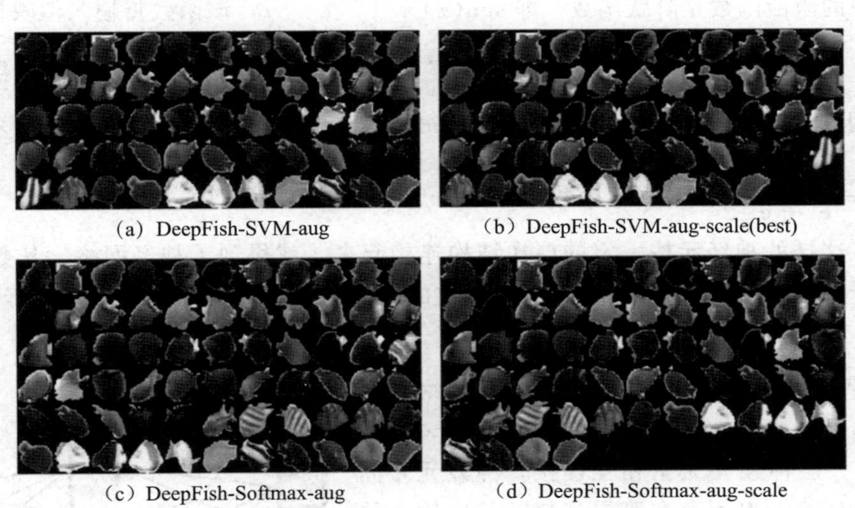

(a) DeepFish-SVM-aug (b) DeepFish-SVM-aug-scale(best)

(c) DeepFish-Softmax-aug (d) DeepFish-Softmax-aug-scale

图 7-3 错误实例（Qin 等，2016）

7.2.2 基于 BP 神经网络的水下目标识别

7.2.2.1 BP 神经网络算法原理

神经网络是一个多学科交叉的学科领域，目前对其最广泛的定义：神经网络是由具有适应性的简单单元组成的广泛并行互联的网络，其组织能够模拟生物神经系统对真实世界物体所做出的交互反应。神经网络中最基本的单元是神经元模型，即定义中的简单单元。在生物神经网络中，每个神经元与其他神经元相连，当其“兴奋”时，就会向相连的神经元发送化学物质，从而改变这些神经元内的电位；如果某神经元的电位超过了一个“阈值”，那么其就会被激活，即“兴奋”起来，向其他神经元发送化学物质。

1943 年，McCulloch 和 Pitts 将上述情形抽象为图 7-4 所示的简单模型，这就是一直沿用至今的“M-P 神经元模型”。在这个模型中，神经元接收到来自 n 个其他神经元传递过来的输入信号，这些输入信号通过带权值的连接进行传递，神经元接收到的总输入值将与神经元的阈值进行比较，然后通过“激活函数”（activation function）处理以产生神经元的输出[3]。

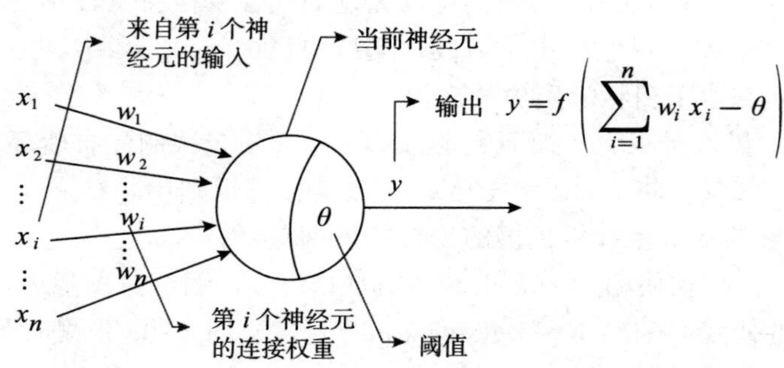

图 7-4　M-P 神经元模型（周志华，2016）

理想中的激活函数是阶跃函数，即 $\mathrm{sgn}(x)=\begin{cases}1,x\geqslant 0\\0,x<0\end{cases}$，该函数将输入值映射为输出值“0”或“1”，其中“1”对于神经元兴奋，“0”对于神经元抑制。然而，阶跃函数具有不连续、不光滑的性质。因此常用的是 Sigmoid 函数 $\left[\mathrm{sigmoid}(x)=\dfrac{1}{1+\mathrm{e}^{-x}}\right]$、tanh 函数 $\left[\tanh(x)=\dfrac{\mathrm{e}^{x}-\mathrm{e}^{-x}}{\mathrm{e}^{x}+\mathrm{e}^{-x}}\right]$、ReLU 函数 $[\mathrm{ReLU}(x)=\max(0,x)]$ 等。

将许多这样的神经元按一定的层次结构连接起来，就得到了神经网络。从数学的角度来看，一个神经网络可视为包含了许多参数的数学模型，这个模型是若干个函数，例如 $y_i=f(\sum_i w_i x_i-\theta_j)$ 是相互嵌套而得的。

图 7-5 所示最简单的单隐层前馈神经网络是由输入层、单个隐层和输出层组成的层级结构，每层神经元与下一层神经元完全相互连接，神经元之间不存在同层连接，也不存在跨层连接。其中输入层神经元接收外界输入，隐层与输出层神经元对信号进行加工，最终结果由输出层神经元输出。神经网络的学习过程，就是根据训练数据来调整神经元之间的“连接权重”（connection weight）以及每个功能神经元的阈值。

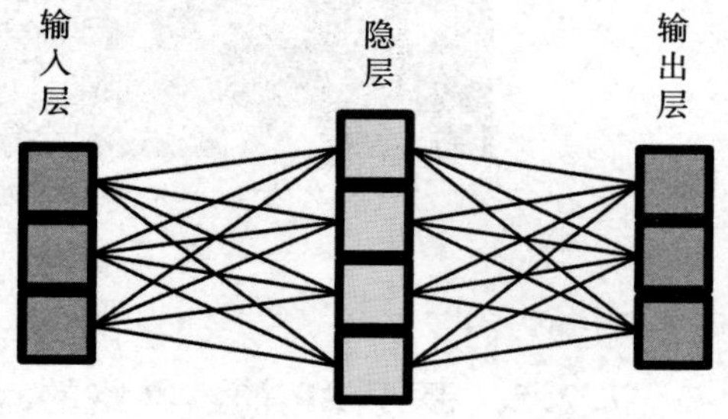

图 7-5　单隐层前馈神经网络

误差逆传播（error back propagation，BP）算法是一种与最优化方法（如梯度下降法）

结合使用的，用来训练神经网络的常见方法。该方法对网络中所有权重计算损失函数的梯度。这个梯度会反馈给最优化方法，用来更新权值以最小化损失函数。（误差的反向传播）下面我们来看看 BP 算法到底是什么，给定训练集

$$D=\{(x_1,y_1),(x_2,y_2),\cdots,(x_m,y_m)\},\quad x_i\in R^d,\quad y_i\in R^l$$

即输入示例由 d 个属性描述，输出 l 维实值向量。图 7-6 给出了一个拥有 d 个输入神经元、l 个输出神经元、q 个隐层神经元的前馈网络结构，其中输出层第 j 个神经元的阈值用 θ_j 表示，隐层第 h 个神经元的阈值用 γ_h 表示。输入层第 i 个神经元与隐层第 h 个神经元的连接权为 v_{ih}，隐层第 h 个神经元与输出层第 j 个神经元之间的连接权为 w_{hj}。记隐层第 h 个神经元接收到的输入为 $a_h=\sum_{i=1}^{d}v_{ih}x_i$，输出层第 j 个神经元接收到的输入为 $\beta_j=\sum_{h=1}^{q}w_{hj}b_h$，其中 b_h 为隐层第 h 个神经元的输出。假设隐层和输出层神经元都是用 Sigmoid 函数。

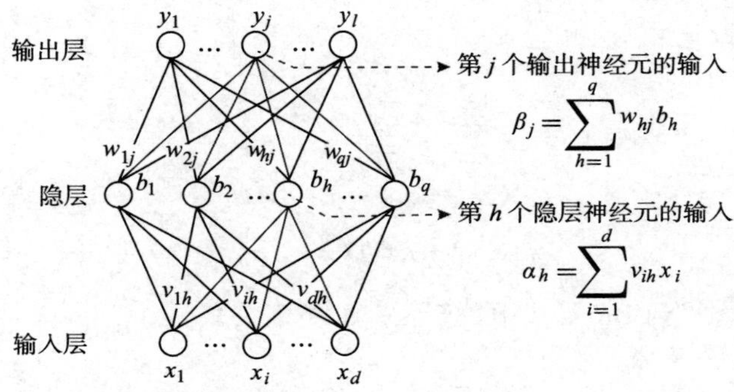

图 7-6　BP 网络及算法中的变量符号（周志华，2016）

对训练例 (x_k,y_k)，假定神经网络的输出为 $\hat{y}_k=(\hat{y}_1^k,\hat{y}_2^k,\cdots,\hat{y}_l^k)$，即：

$$\hat{y}_j^k=f(\beta_j-\theta_j)\tag{7-20}$$

则网络在 (x_k,y_k) 上的均方误差为：

$$E_k=\frac{1}{2}\sum_{j=1}^{l}(\hat{y}_j^k-y_j^k)^2\tag{7-21}$$

这里的 $\frac{1}{2}$ 是为了后续求导的便利。

图 7-6 的网络中有 $(d+l+1)q+l$ 个参数需要确定：输入层到隐层的 $d\times q$ 个权值、隐层到输出层的 $q\times l$ 个权值、q 个隐层神经元的阈值、l 个输出层神经元的阈值。BP 是一个迭代学习算法，在迭代的每一轮中对参数进行更新估计，任意参数 v 的更新估计式为：

$$v\leftarrow v+\Delta v$$

下面我们以图 7-6 中隐层到输出层的连接权 w_{hj} 为例来进行推导。

BP 算法基于梯度下降（gradient descent）策略，以目标的负梯度方向对参数进行调整。对误差 E_k 给定学习率 η，有：

$$\Delta w_{hj} = -\eta \frac{\partial E_k}{\partial w_{hj}} \tag{7-22}$$

其中 w_{hj} 先影响到第 j 个输出层神经元的输入值 β_j，再影响到其输出值 $\hat{y}_j^k$，然后影响到 E_k，有：

$$\frac{\partial E_k}{\partial w_{hj}} = \frac{\partial E_k}{\partial \hat{y}_j^k} \cdot \frac{\partial \hat{y}_j^k}{\partial \beta_j} \cdot \frac{\partial \beta_j}{\partial w_{hj}} \tag{7-23}$$

根据 β_j 的定义，显然有：

$$\frac{\partial \beta_j}{\partial w_{hj}} = b_h \tag{7-24}$$

对于 Sigmoid 函数有一个很好的性质：

$$f'(x) = f(x)[1 - f(x)] \tag{7-25}$$

于是有：

$$\begin{aligned} g_j &= -\frac{\partial E_k}{\partial \hat{y}_j^k} \cdot \frac{\partial \hat{y}_j^k}{\partial \beta_j} \\ &= -(\hat{y}_j^k - y_j^k) f'(\beta_j - \theta_j) \\ &= \hat{y}_j^k (1 - \hat{y}_j^k)(y_j^k - \hat{y}_j^k) \end{aligned} \tag{7-26}$$

将 g_j 和 b_h 代入，得到 BP 算法中关于 w_{hj} 的更新公式：

$$\Delta w_{hj} = \eta g_j b_h \tag{7-27}$$

类似可得：

$$\Delta \theta = -\eta g_j \tag{7-28}$$

$$\Delta v_{ih} = \eta e_h x_i \tag{7-29}$$

$$\Delta \gamma_h = -\eta e_h \tag{7-30}$$

其中：

$$\begin{aligned} e_h &= -\frac{\partial E_k}{\partial b_h} \cdot \frac{\partial b_h}{\partial a_h} \\ &= -\sum_{j=1}^{l} \frac{\partial E_k}{\partial \beta_j} \cdot \frac{\partial \beta_j}{\partial b_j} f'(a_h - \gamma_h) \\ &= \sum_{j=1}^{l} w_{hj} g_j f'(a_h - \gamma_h) \\ &= b_h (1 - b_h) \sum_{j=1}^{l} w_{hj} g_j \end{aligned} \tag{7-31}$$

学习率 $\eta \in (0,1)$ 控制着算法每一轮迭代中的更新步长，更新步长若太大则容易振荡，太小则收敛速度又会过慢。

表 7-1 给出了 BP 算法的工作流程。对每个训练样例，BP 算法执行以下操作：先将输入示例提供给输入层神经元，再逐层将信号前传，直到产生输出层的结果；然后计算输出层的误差（第 4～5 行），再将误差逆向传播至隐层神经元（第 6 行），最后根据隐层神经元的误

差来对连接权和阈值进行调整（第 7 行）。该迭代过程循环进行，直到达到某些停止条件为止。

表 7-1　BP 算法的工作流程

输入：训练集 $D=\{(x_k,y_k)\}_{k=1}^{m}$，学习率 η

过程：

1：在（0,1）范围内随机初始化网络中所有连接权和阈值

2：**repeat**

3：　**for all** $(x_k,y_k)\in D$ **do**

4：　　根据当前参数和式 7-20 计算当前样本的输出 $\hat{y}_k$

5：　　根据式 7-26 计算输出层神经元的梯度项 g_j

6：　　根据式 7-31 计算隐层神经元的梯度项 e_h

7：　　根据式 7-27 至式 7-30 更新连接权 w_{hj}，v_{ih} 与阈值 θ_j，γ_h

8：　**end for**

9：**until** 达到停止条件

输出：连接权与阈值确定的多层前馈神经网络

7.2.2.2　BP 神经网络在水下目标识别中的应用

使用 BP 神经网络对水下目标进行分类。本小节和 7.2.3.2 小节中的算法均使用 Fish4knowledge 水下鱼类物种识别数据集，该鱼数据是从实时视频数据集中获取的，产生了 27 370 个经过验证的鱼图像，整个数据集分为 23 个鱼类种类。选取其中图像数据最多的 4 种鱼的数据，对其进行 reshape 之后，使用 BP 神经网络对其进行分类，选取的 4 种鱼类数据集共 18 437 张图片，图片示例如图 7-7 所示。

图 7-7　4 种鱼类数据集图片示例

设计 BP 神经网络结构：输入层有 3 076 个输入神经元，即输入图片的像素个数 32×32×3；隐层设置为 3 层，分别由 256，256，512 个神经元组成，每层的激活函数均为 ReLU 函数；输出层由 4 个神经元组成，即需要识别的 4 种鱼类，激活函数采用 softmax 函数。将数据集裁剪为 32×32×3 大小的图片，直接将其送入网络进行训练 150 个 epoch 后，精度和损失如图 7-8 所示（彩色图参见数字资源 7-1）。其中，蓝线是训练时的数据，黄线为测试时的数据。由图 7-8 可以看出，在训练 10 个epoch 后，神经网络的识别准确度基本上在 90%左右，损失在 0.3 左右，已经达到了较好的识别效果。

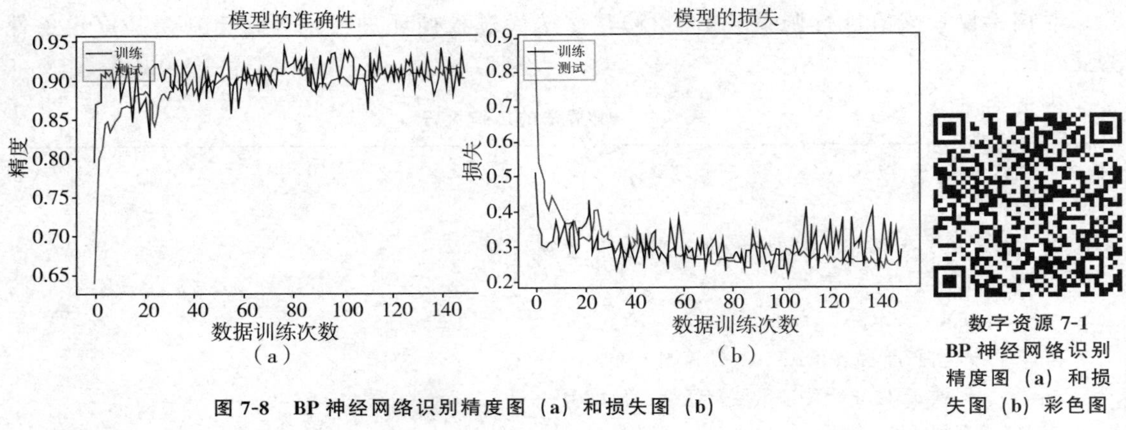

图 7-8　BP 神经网络识别精度图（a）和损失图（b）

7.2.3　基于卷积神经网络的水下目标识别

7.2.3.1　卷积神经网络算法原理

理论上来说，参数越多、网络层数越深的模型复杂度越高，这意味着其能完成更复杂的学习任务。深度学习以数据的原始形态作为算法输入，经过算法将原始数据逐层抽象为自身任务所需的最终特征表示，最后以特征到任务目标的映射作为结束，从原始数据到最终任务目标，“一气呵成”并无夹杂任何人为操作。相比传统机器学习算法仅学得模型这一单一“任务模块”而言，深度学习除了模型学习，还有特征学习、特征抽象等任务模块的参与（图 7-9），借助多层任务模块完成最终学习任务，故称其为“深度”学习。

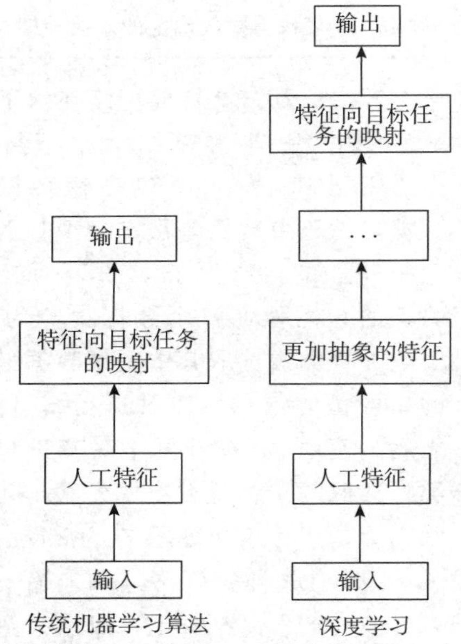

图 7-9　传统机器学习算法与深度学习概念性对比（魏秀参，2018）

深度学习中的一类代表算法是神经网络算法，包括深度置信网络（deep belief network）、递归神经网络（recurrent neural network）和卷积神经网络（convolution neural network，CNN）等等。特别是卷积神经网络，目前在计算机视觉、自然语言处理、医学图像处理等领域“一枝独秀”，它也是本小结将介绍的一类深度学习算法[4]。

总体来说，卷积神经网络是一种层次模型，其输入是原始数据，如 RGB 图像、原始音频数据等。卷积神经网络通过卷积、池化和非线性激活函数映射等一系列操作的层层堆叠，将高层语义信息逐层由原始数据输入层中抽取出来，逐层抽象。其中，不同类型操作在卷积神经网络中一般称作“层”：卷积操作对应“卷积层”，池化操作对应“池化层”等等。最终，卷积神经网络的最后一层将其目标任务（分类、回归等）形式化为目标函数。通过计算预测值与真实值之间的误差或损失，凭借反向传播算法将误差或损失由最后一层逐层向前反馈，更新每层参数，并在更新参数后再次向前反馈，如此往复，直到网络模型收敛，从而达到模型训练的目的。

卷积是卷积神经网络中的基础操作，卷积运算实际是分析数学中的一种运算方式。在卷积神经网络中，该方式通常是仅涉及离散卷积的情形。在此用三维张量 $x^l \in R^{H^l \times W^l \times D^l}$ 表示卷积神经网络第 l 层的输入，用三元组（i^l, j^l, d^l）来指示该张量对应第 i^l 行，第 j^l 列，第 d^l 通道（channel）位置的元素，其中 $0 \leqslant i^l < H^l, 0 \leqslant j^l < W^l, 0 \leqslant d^l < D^l$，如图 7-10 所示。

下面以通道数为 1 的情形为例介绍二维场景的卷积操作。假设输入图像（输入数据）为图 7-11（b）的 5×5 矩阵，其对应的卷积核（亦称卷积参数，convolution kernel 或 convolution filter）[图 7-11（a）] 为一个 3×3 的矩阵。同时，假定卷积操作时每做一次卷积，卷积核移动一个像素位置，即卷积步长（stride）为 1。

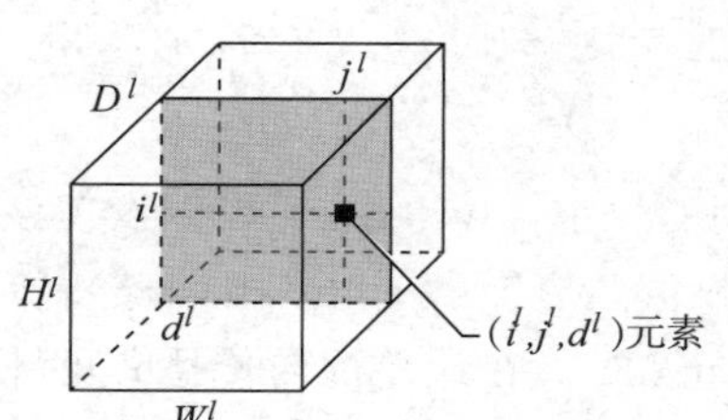

图 7-10　卷积神经网络第 l 层输入 x^l 示意图（魏秀参，2018）

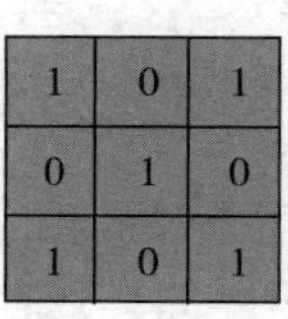

1	0	1
0	1	0
1	0	1

（a）卷积核

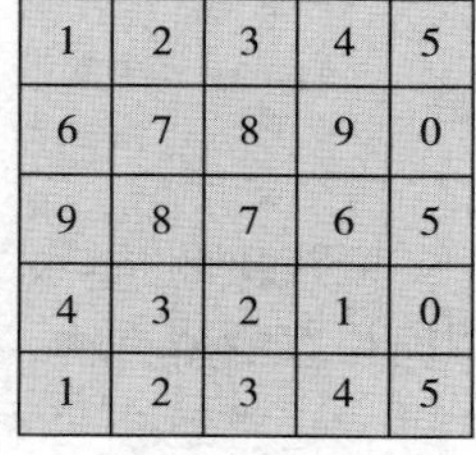

1	2	3	4	5
6	7	8	9	0
9	8	7	6	5
4	3	2	1	0
1	2	3	4	5

（b）输入数据

图 7-11　二维卷积核与输入数据（魏秀参，2018）

如图 7-12（a）所示，第一次卷积操作从图像（0，0）像素开始，由卷积核中参数与对应位置图像像素逐位相乘后累加作为一次卷积操作结果，即 1×1＋2×0＋3×1＋6×0＋7×1＋8×0＋9×1＋8×0＋7×1＝27。类似地，在步长为 1 时［图 7-12（b）至图 7-12（d）]，卷积核按照步长大小在输入图像上从左至右自上而下依次将卷积操作进行下去，最终输出大小为 3×3 的卷积特征，同时该结果将作为下一层操作的输入。

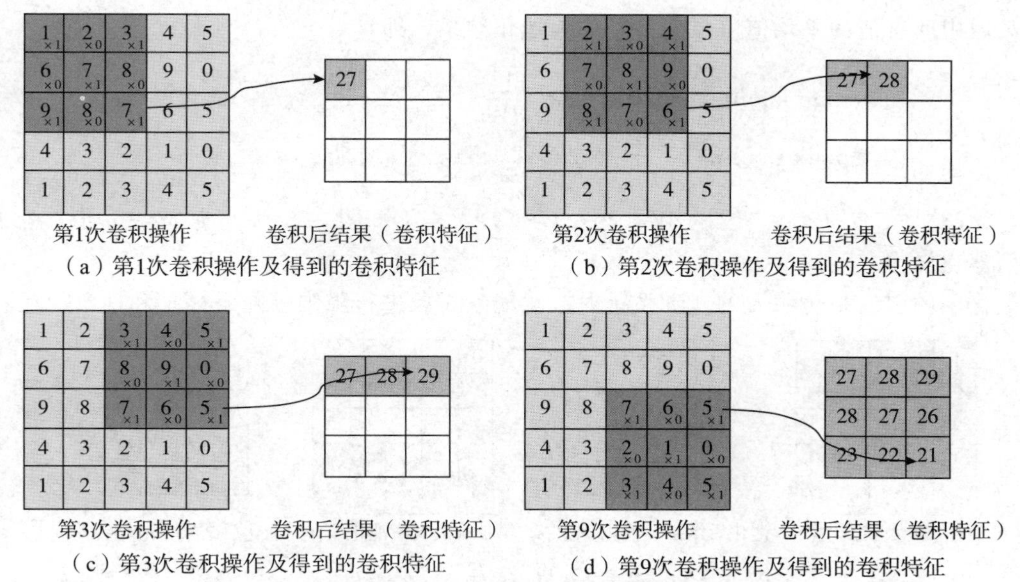

图 7-12　卷积操作示例（魏秀参，2018）

与之类似，若在三维情形下的卷积层 l 的输入张量为 $x^l \in R^{H^l \times W^l \times D^l}$ ，该层卷积核为 $f^l \in R^{H \times W \times D^l}$ 。三维输入时卷积操作实际只是将二维卷积扩展到对应位置的所有通道上（即 D^l ），最终将一次卷积处理的所有 HWD^l 个元素求和作为该位置卷积结果。

进一步地，若类似 f^l 这样的卷积核有 D 个，则在同一个位置上可得到 $1 \times 1 \times 1 \times D$ 维度的卷积输出，而 D 即为第 $l+1$ 层特征 x^{l+1} 的通道数 D^{l+1} 。形式化的卷积操作可表示为：

$$y_{i^{l+1},j^{l+1},d} = \sum_{i=0}^{H}\sum_{j=0}^{W}\sum_{d^l=0}^{D^l} f_{i,j,d^l,d} \times x^l_{i^{l+1}+i,j^{l+1}+j,d^l} \tag{7-32}$$

其中，(i^{l+1},j^{l+1}) 为卷积结果的位置坐标，满足下式：

$$0 \leqslant i^{l+1} < H^l - H + 1 = H^{l+1} \tag{7-33}$$

$$0 \leqslant j^{l+1} < W^l - W + 1 = W^{l+1} \tag{7-34}$$

需指出的是，式 7-32 中的 $f_{i,j,d^l,d}$ 可视作学习到的权重（weight)，可以发现该项权重对不同位置的所有输入都是相同的，这便是卷积层“权值共享”（weight sharing）特性。除此之外，通常还会在 $y_{i^{l+1},j^{l+1},d}$ 上加入偏置项（bias term）b_d 。在误差反向传播时可针对该层权重和偏置项分别设置随机梯度下降的学习率。当然根据实际问题需要，也可以将某层偏置项设置为全 0，或将学习率设置为 0，以起到固定该层偏置或权重的作用。此外，卷积操作中有两个重要的超参数（hyper parameters)：卷积核大小（filter size）和卷积步长（stride)。合适的超参数设置会对最终模型带来理想的性能提升。

通常使用的池化操作为平均值池化（average pooling）和最大值池化（max pooling)。需要指出的是，同卷积层操作不同，池化层不包含需要学习的参数。使用时仅需指定池化类型（average 或 max 等）、池化操作的核大小（kernel size）和池化操作的步长（stride）等超参数即可。

设第 l 层池化核表示为 $p^l \in R^{H \times W \times D^l}$ 。平均值（最大值）池化在每次操作时，将池化核覆盖区域中所有值的平均值（最大值）作为池化结果，即：

$$\text{average pooling：} y_{i^{l+1},j^{l+1},d} = \frac{1}{HW}\sum_{0 \leqslant i < H, 0 \leqslant j < W} x^l_{i^{l+1} \times H+i, j^{l+1} \times W+j, d^l} \tag{7-35}$$

$$\text{max pooling：} y_{i^{l+1},j^{l+1},d} = \max_{0 \leqslant i < H, 0 \leqslant j < W} x^l_{i^{l+1} \times H+i, j^{l+1} \times W+j, d^l} \tag{7-36}$$

其中，$0 \leqslant i^{l+1} < H^{l+1}, 0 \leqslant j^{l+1} < W^{l+1}, 0 \leqslant d < D^{l+1} = D^l$。图 7-13 大小为 2×2，步长为 1 的最大值池化操作实例。

池化层的引入是仿照人的视觉系统对视觉输入对象进行降维（降采样）和抽象。在卷积

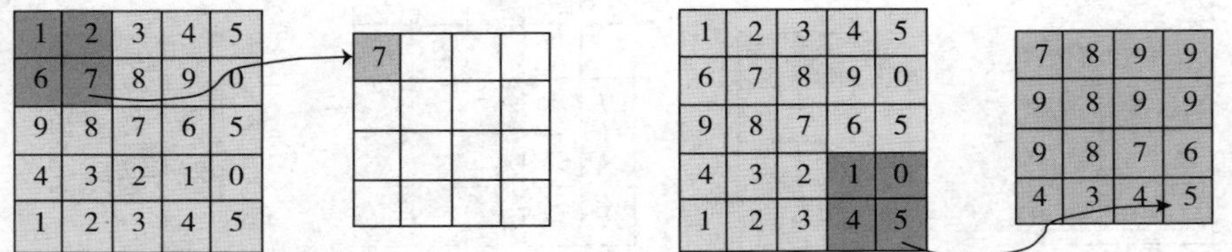

图 7-13　最大池化操作示例（魏秀参，2018）

神经网络过去的工作中，研究者普遍认为池化层有如下 3 种功效：

①特征不变性（feature invariant）。池化操作使模型更关注是否存在某些特征而不是特征具体的位置。这可作为一种很强的先验，使特征学习包含某种程度自由度，能容忍一些特征微小的位移。

②特征降维。池化操作的降采样作用，将池化结果中的一个元素对应于原输入数据的一个子区域，因此池化相当于在空间范围内做了维度约减，模型可以抽取更广范围的特征，同时减小了下一层输入大小，进而减小计算量和参数个数。

③在一定程度上防止过拟合（overfitting），更方便优化。ReLU 函数是目前在深度卷积神经网络中最常用的激活函数之一，其不仅可以避免梯度饱和效应的发生，还有助于随机梯度下降方法的收敛。全连接层在整个卷积神经网络中起到“分类器”的作用。如果说卷积层、汇合层和激活函数层等操作是将原始数据映射到隐层特征空间的话，全连接层则起到将学到的特征表示映射到样本的标记空间的作用。

7.2.3.2　卷积神经网络在水下目标识别中的应用

使用卷积神经网络同样对 Fish4knowledge 数据集中的 4 种鱼类进行识别分类。设置卷积神经网络的网络结构：首先是 96 个卷积核的卷积层，卷积核的尺寸为 7×7，移动步长为 1，激活函数为 ReLU，输入数据的尺寸为 32×32×3；添加最大池化层，池化尺寸为 3×3；添加具有 256 个卷积核的卷积层，卷积核尺寸为 5×5，移动步长为 1，激活函数为 ReLU；添加 3×3 最大池化层；再添加 3 个卷积层，每层卷积核个数分别为 384，384，256，卷积核尺寸为 3×3，步长为 1，在经过 2×2 后的最大池化层后，将特征图拉伸，送入全连接层，设置 3 层全连接层，神经元个数分别为 256，256，512，最后使用激活函数为 softmax 的 4 个神经元组成输出层。所用网络整体结构如图 7-14 所示。

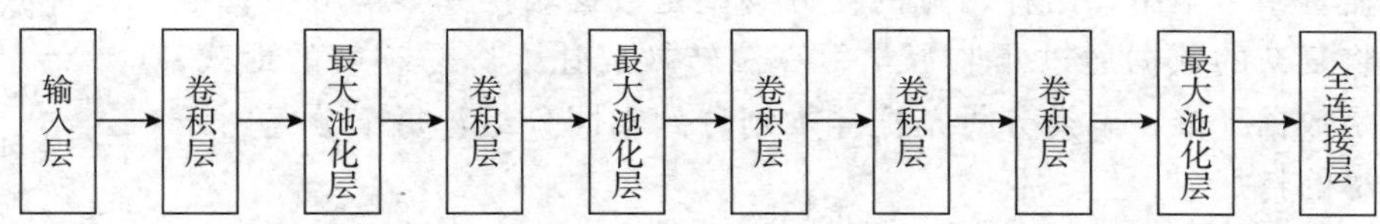

图 7-14　鱼类识别网络结构

将数据集裁剪为 32×32×3 大小的图片，直接将其送入网络进行训练 30 个 epoch 后，精度和损失如图 7-15 所示。

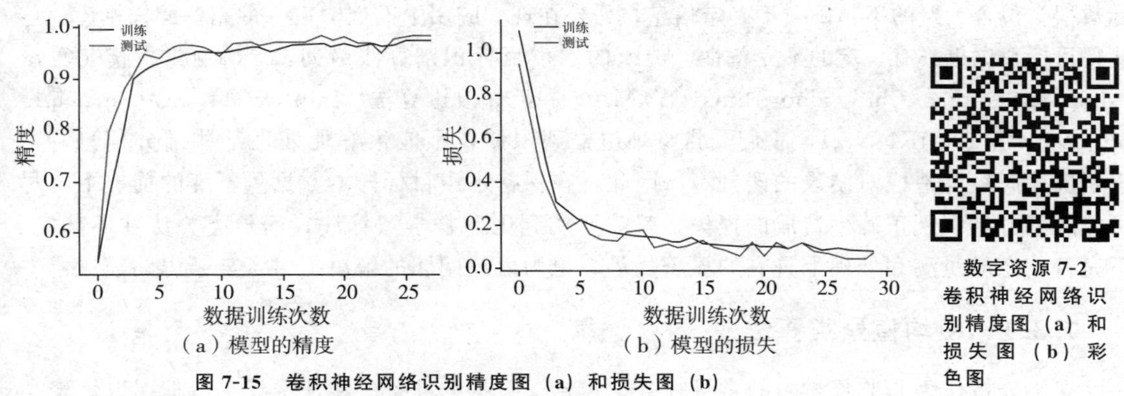

图 7-15　卷积神经网络识别精度图（a）和损失图（b）

数字资源 7-2
卷积神经网络识别精度图（a）和损失图（b）彩色图

其中，蓝线是训练时的数据，黄线为测试时的数据（彩色图参见数字资源 7-2）。由图 7-15 可以看出，在训练 10 个 epoch 后，神经网络的识别准确度基本上在 95%左右，损失在 0.1 左右。

对比 BP 神经网络对同一数据集的识别效果，卷积神经网络收敛后的精度最高可达 98%，比 BP 神经网络高出 8%。这主要是因为，卷积神经网络比 BP 神经网络多出了卷积层和池化层，对图片局部的信息更加敏感；卷积神经网络比 BP 神经网络的网络层数更深，神经元个数更多，参数的数量也更多。但是卷积神经网络也有参数冗余，训练速度太慢，过拟合的等缺点。可根据实际情况选择不同的方法。

7.3 基于非监督学习的目标识别

在一个典型的监督学习算法流程中，首先通过对包含样本特征变量及分类标签的训练数据集进行建模，然后结合模型对新获得的数据样本进行分类或者进行回归分析[5]，最终找到能够区分正、负样本的决策边界。但是在非监督学习中的数据是没有标签的，即非监督学习是指将一系列没有标签的训练数据集输入到一个算法中，以此来寻找数据的内在结构特征。

非监督学习（unsupervised learning），又称无监督学习，是在没有训练数据集的情况下，对没有标签的数据集进行分析并建立合适的模型，以便给出问题解决方案的方法[5]。通俗地说，非监督学习关心的是样本数据之间的规律性。

无监督学习流程（图 7-16）为：首先是获取带有特征值的样本，假设有 m 个训练数据 $\{X^{(1)},X^{(2)},\cdots,X^{(m)}\}$，对这 m 个样本进行处理，得到样本中有用的信息，这个过程称为特征处理或者特征提取，最后通过无监督学习算法处理这些样本，如利用聚类算法对这些样本进行聚类[6]。

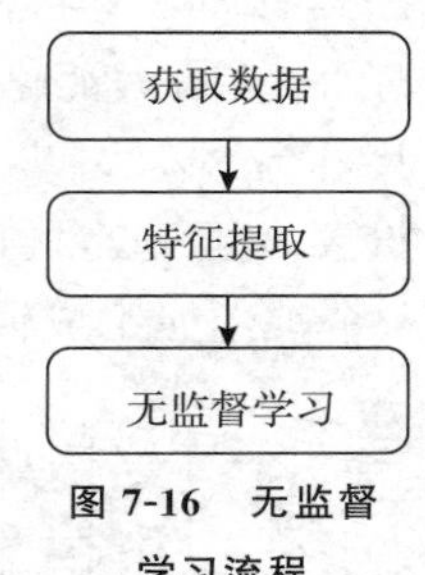

图 7-16 无监督学习流程

在非监督学习当中，两种常见的任务类型是数据转换和聚类分析。数据转换是将复杂的数据通过非监督学习算法转换成让人容易理解的形式，常见方法是数据降维；聚类分析是把样本划分到不同分组，每个分组的元素具有详尽的特征[5]。

水下目标识别是实现水声装备与武器系统智能化的关键技术，更是现代信息化条件下克敌制胜的前提。其一直是各方海防领域面临的技术难题。1940 年，世界各主要国家或地区就已开始重视水下目标识别技术。水下目标识别领域具有复杂性和特殊性，导致该技术研究进展一直较为缓慢[7]。具体表现为水声目标识别系统受传感器探测精度和环境噪声影响，所获取的目标数据会包含大量的不精确、不确定信息，另外在现实应用中很难构建一个完备的样本库，这使得目标数据也具有一定的不完备性。传统的水声目标识别算法诸如：支持向量机优化算法（support vector machine algorithms，SVMA）和近邻改进算法（improved K nearest neighbor algorithms，IKNNA），它们受自身理论框架限制，不能很好地处理某些部分信息，在识别决策时容易造成对结果的误判[8]。因此，在保持水声目标样本数据量不变的前提下，尽可能降低分类识别正确率造成的损失，就需要用到无监督学习算法，而聚类算法在不确定、不完备信息的量测和处理上具有的显著优势，也为上述问题的解决提供了全新思路。

7.3.1 K-均值聚类算法

聚类分析作为非监督学习的常见任务，包括：数据的准备、特征选择、特征提取、聚类准则和结果评估 5 个基本步骤。聚类分析没有训练样本集，也就是说没有先验知识的指导，需要以某种函数或统计方式将所有的数据对象划分到各个类中。聚类算法利用样本的特征，将具有相似特征的样本划分到同一个类别中，而不关心这个类别具体是什么[8]，这是无监督学习算法中最典型的算法，其最主要的工作就是簇分配和移动聚类中心。目前，聚类算法中应用最多的是基于划分的 K-均值（K-means）算法。

7.3.1.1　K-means 算法原理

K-means 算法于 1967 年由 MacQueen 在已有的聚类算法 COX，Fishe，Sebestyen 等基础上提出，并通过数学方法进行了证明[9]。

1. K-means 基本思想

假设有 m 个样本 $\{X^{(1)},X^{(2)},\cdots,X^{(m)}\}$，其中，$X^{(i)}$ 为第 i 个样本，每一个样本中包含 n 个特征 $X^{(i)}=\{x_1^{(i)},x_2^{(i)},\cdots,x_n^{(i)}\}$。首先随机初始化 K 个聚类中心，通过每个样本与 K 个聚类中心之间的相似度，确定每个样本所属的类别，再通过每个类别中的样本重新计算每个类的聚类中心，重复上述过程，直到聚类中心不再改变，最终确定每个样本所属的类别以及每个类的聚类中心[8]。

K-means 算法的准则函数为簇内误差平方总和 SSE（sum of the squared error）函数。通过不断的聚类、计算，K-means 算法最终达到使准则函数最小化的目标。

SSE 的基本思想为：首先，随机选取 K 个样本作为初始中心点，构造最初的 K 个簇；然后，按照最小距离原则将每个样本分配到对应的簇里，使该准则函数最大限度地减小，计算出新的分类之后得到各个簇的中心点；比较新的簇中心点与旧的簇中心点，如果中心点的位置有变化，则继续进行上述步骤，直到簇中心点固定不变结束；最后，输出聚类结果。

准则函数 SSE 的表达式：

$$\mathrm{SSE}=\sum_{i=1}^{K}\sum_{x\in C_i}\mathrm{dist}\ (C_i-x)^2 \tag{7-37}$$

式 7-37 中，K 为簇的数量，C_i 表示第几个中心，dist 表示的是欧几里得距离，不断改变 x 的值使得簇内误差平方总和最小，使其同一簇尽可能地密集，这使 K-means 算法比较适合对球形簇的分类。

在此我们选择欧式距离作为这里的距离度量，样本间欧式距离的大小与其相似性有关。欧氏距离越小，表示两样本间的相似性越大；反之，则相似性越小。欧式距离的表达式为：

$$d(m,n)=\sqrt{\sum_{j=1}^{m}(x_{mj}-x_{nj})^2} \tag{7-38}$$

式 7-38 表明，所有属性对相似度的计算所做的贡献作用是相等的。

2. K-means 算法步骤

K-means 算法主要分为如下 4 个步骤[9]，算法流程如图 7-17 所示。

步骤 1：选取 k 个初始聚类中心 $z_1(1),z_2(1),\cdots,z_k(1)$。

步骤 2：首先计算每个点到 k 个聚类中心的距离，将每个点聚类到离该点最近的聚类中去，即若 $\|x-z_j(k)\|<\|x-z_i(k)\|$，则

$$x\in C_j(k),\quad j=1,2,\cdots,k;\quad i\neq j$$

$C_j(k)$ 为聚类中心为 $z_j(k)$ 的样本集。

步骤 3：重新计算聚类中心 $z_j(k+1)$：

$$z_j(k+1) = \frac{1}{N_j} \sum_{x \in C_j(k)} x, \quad j = 1,2,\cdots,k \tag{7-39}$$

式 7-39 中，N_j 为样本集 $C_j(k)$ 的样本个数。

步骤 4　如果 $z_j(k+1) = z_j(k), j = 1,2,\cdots,k$，停止迭代；否则转到步骤 2。

K 一般是随机选择的，通常是根据不同的问题进行人工选择，选择的时候需要思考运用 K-means 算法聚类的动机是什么，然后选择出能最好服务于该目标的聚类数。在这里有一种参考方法是“肘部法则”，我们知道，当集群的数量增加时，K 会不断减小，但是到达某个值后，减小的速度会很小，绘制成图像时类似于数学中正的反比例函数在第一象限内的曲线，不同的是该曲线有一个比较明显的拐点，就好像人的“肘关节”，所以称为“肘部法则”。此外，在一般情况下，代价 J 随着聚类 K 的增加而减小，但如果聚类 K 出现了错误的局部最优会导致不一样的结果。

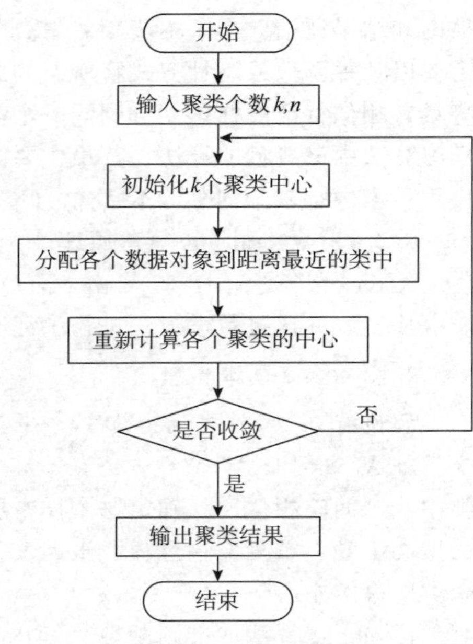

图 7-17　K-means 算法流程

3. K-means 算法优缺点

K-means 算法是基于相似性的无监督学习算法，结合 K-means 算法简单、易于实现的特点，K-means 算法应用广泛。但是 K-means 算法还存在一些问题，例如需要预先设定 K 作为初始值，聚类中心是随机选择的点，初始中心的选择决定了后期工作是否能够顺利进行；另外，K-means 算法只能处理规则形状的簇，但是实际情况中的簇大多是不规则的并且是对噪声和离群点敏感的。

7.3.1.2　K-means 算法在水下目标识别中的应用

利用 K-means 算法和改进的 K-means 算法对水下图像边缘进行检测[10,11]，具体过程是将初始边缘基础上找到的聚类区域映射到原始图像，然后对原始图像中的相应区域使用梯度幅值边缘检测算法监测区域内的边缘，最后得到区域内较好的边缘效果图。

实验结果（图 7-18）显示 K-means 算法能够有效去除冗余边缘信息，达到很好的边缘检测效果，改进的 K-means 算法可以检测出相对完整的边缘。

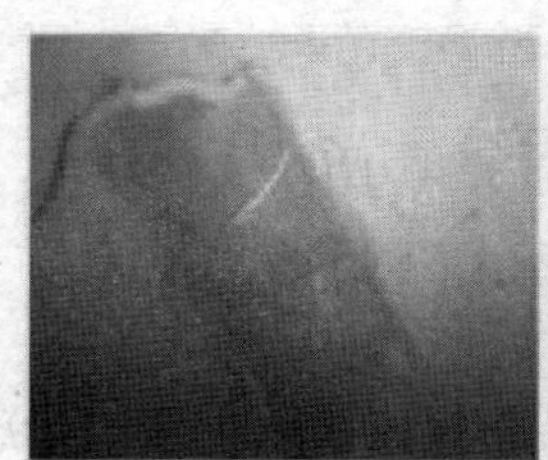

(a) 原始图像

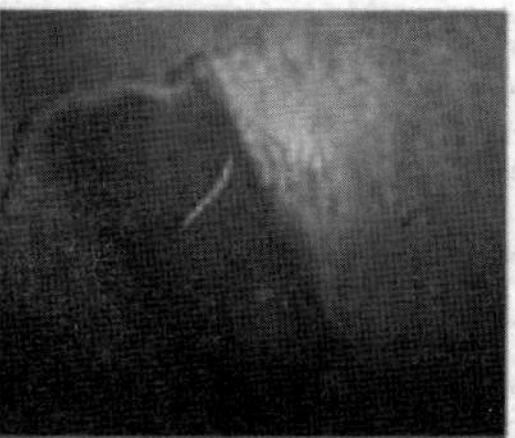

(b) 经过暗原色先验算法进行处理过的图像

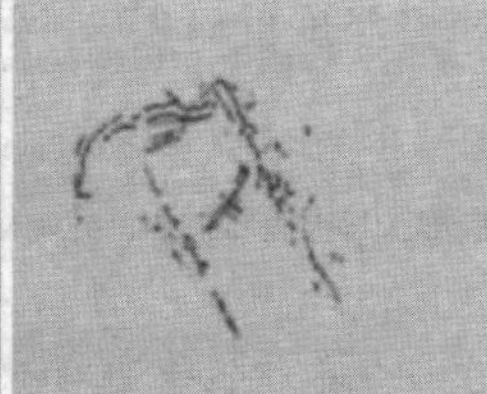

(c) K-means 处理后的边缘图像

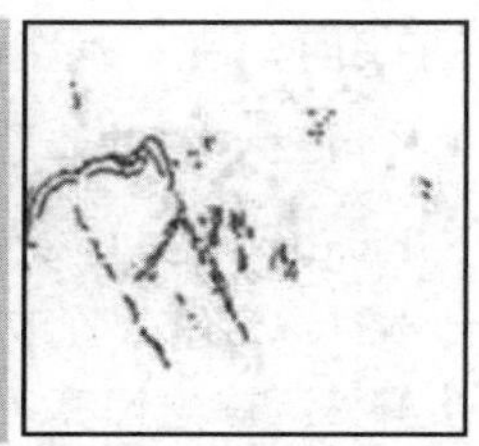

(d) 改进的 K-means 算法处理的边缘图像

图 7-18　K-means 算法的实验结果（郭轶芹，2010）

7.3.2　主成分分析算法

我们知道领域研究和应用需要使用大量数据，而使用的前提就是数据处理，即通过大量观测寻找其中的规律。虽然多变量大数据具有丰富的研究意义，但是其还具有需要大量的数据采集工作，数据利用不完全性，以及不同情形下有不同的联系可能会导致得出错误的结论等问题。针对上述问题，在减少指标分析量和降低信息损失量的前提下，就需要利用数据之间的相关性，即用数量较少的综合性的指标表示变量中的信息，以达到对所收集数据进行全面分析的目的。

数据降维是通过对特征变量较多的数据集进行分析，将无关紧要的特征变量去除，保留关键特征变量（例如，把数据集降至二维，方便进行数据可视化处理）[12]。其基本原理是将样本点从输入空间通过线性或非线性变换映射到一个低维空间，从而获得一个关于原数据集的低维表示。下面将介绍数据降维方法中具有代表性的主成分分析（principal component analysis，PCA）算法。

7.3.2.1　PCA 算法原理

主成分分析是一种旋转数据集的统计方法，也是最常用的线性降维方法。主成分分析（PCA）是霍特林变换或离散卡胡南和列夫（KL）变换在特征优化与选择中的具体应用。主成分分析算法的实质是提取出原始空间数据方差最大的方向（主元方向），将原始数据投影到主元方向上，从而减少数据冗余[12]。

1. PCA 基本思想

假设样本特征向量 $\boldsymbol{X} \in \boldsymbol{R}^{N\times M}$（$M$ 为样本个数，N 为特征个数），则有一个变换矩阵 $\boldsymbol{A} \in \boldsymbol{R}^{N\times N}$，对特征向量 $\boldsymbol{X}$ 进行线性变换：

$$\boldsymbol{X}' = \boldsymbol{A}\boldsymbol{X} \tag{7-40}$$

使得变换结果 $\boldsymbol{X}'$ 中的各分量是不相关的，即当 $i \neq j$ 时，$E[x'(i)x'(j)] = 0$，向量 $\boldsymbol{X}'$ 的相关矩阵 $\boldsymbol{R}_{x'}$ 是对角阵，有：

$$\boldsymbol{R}_{x'} = E[\boldsymbol{X}'\boldsymbol{X}'^{\mathrm{T}}] = E[\boldsymbol{A}\boldsymbol{X}\boldsymbol{X}^{\mathrm{T}}\boldsymbol{A}^{\mathrm{T}}] = \boldsymbol{A}E[\boldsymbol{X}\boldsymbol{X}^{\mathrm{T}}]\boldsymbol{A}^{\mathrm{T}} = \boldsymbol{A}\boldsymbol{R}_x\boldsymbol{A}^{\mathrm{T}} \tag{7-41}$$

式 7-41 是 $\boldsymbol{R}_x$ 特征向量 $\boldsymbol{X}$ 的相关矩阵，为一对称矩阵。由于对称矩阵的特征向量是正交的，所以由 $\boldsymbol{R}_x$ 的特征向量构成变换矩阵 $\boldsymbol{A}$，进而根据式 7-40 变换得到的线性变换矩阵 $\boldsymbol{X}'$ 各分量是不相关的。将特征向量 $\boldsymbol{X} = \{x_1, x_2, \cdots, x_N\}$ 的维数降低为 d'，则可以将特征向量 $\boldsymbol{X}$ 的前 d' 个特征向量张成 d' 维空间上，即：

$$\boldsymbol{X}' = \boldsymbol{A}'\boldsymbol{X} \tag{7-42}$$

式 7-42 中，$\boldsymbol{A}'$ 为协方差矩阵 $\boldsymbol{R}_x$ 前 d' 个特征矢量构成的 $d' \times N$ 的变换矩阵，变换后的特征向量 $\boldsymbol{X}'$ 维数为 d'。

2. PCA 算法具体流程

（1）设 $x_i \in \boldsymbol{R}^{i\times N}(i = 1, 2, \cdots, M)$，是集合 X 的 M 个样本，计算其协方差矩阵 $\boldsymbol{R}_x$：

$$\boldsymbol{R}_x = E[(X - m_x)(X - m_x)^{\mathrm{T}}] = \frac{1}{M}\sum_{i=1}^{M}(x_i - \overline{x})(x_i - \overline{x})^{\mathrm{T}} \in \boldsymbol{R}^{M\times N} \tag{7-43}$$

（2）对协方差矩阵进行特征分析，得到协方差矩阵 $\boldsymbol{R}_x$ 的特征值 $\lambda_k (k=1,2,\cdots,N)$ 和其对应的特征向量 $\boldsymbol{V}_k$，按 λ_k 从大到小的顺序排列特征向量 $\boldsymbol{V}_k$，将前 d' 个特征向量组合得到变换矩阵 $\boldsymbol{A}'$。

（3）最后根据式 7-42 得到线性变换后的投影矩阵 $\boldsymbol{X}'=\{x_1,x_2,\cdots,x_{d'}\}$。

PCA 算法具体流程图如图 7-19 所示。

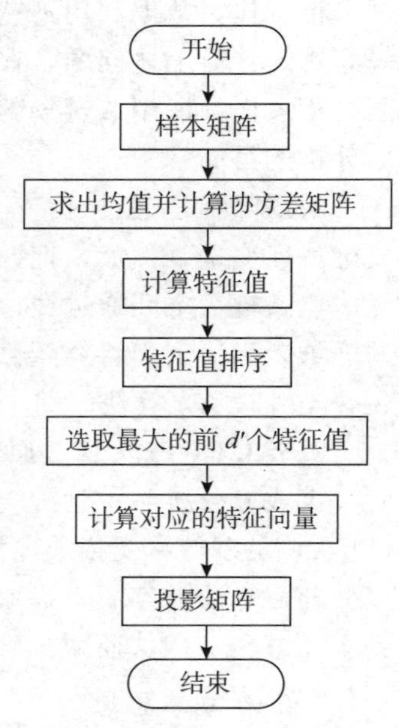

图 7-19　PCA 算法流程图

最优的 $\boldsymbol{X}'$ 是由数据协方差矩阵前 d'（d' 为降低之后的维度）个最大的特征值对应的特征向量作为列向量构成的，这些特征向量形成一组正交基并且保留了数据中的信息。在实际应用中，降维后的低维空间的维数 d' 通常由用户事先指定，或根据各个主成分的积累贡献率的阈值选取前 d' 个主成分，累计贡献率定义为：

$$P_d=\frac{\sum_{i=1}^{d'}\lambda_i}{\sum_{i=1}^{N}\lambda_i} \tag{7-44}$$

式 7-44 中，λ_i 为 $\boldsymbol{R}_x$ 的特征值，选取使上式成立的最小 d' 值[13]，阈值一般选取 95%。

举例说明，对于样本数据 $\boldsymbol{D}=\{\boldsymbol{x}^{(1)},\boldsymbol{x}^{(2)},\cdots,\boldsymbol{x}^{(m)}\}$，其中 $\boldsymbol{x}^{(i)}=[x_1^{(i)},x_2^{(i)}]^{\mathrm{T}}$。需要将图 7-20(a)中的样本数据由二维降至一维，即 $x^{(i)}\rightarrow z^{(i)},i=1,2,\cdots,m$，如图 7-20(b)所示。

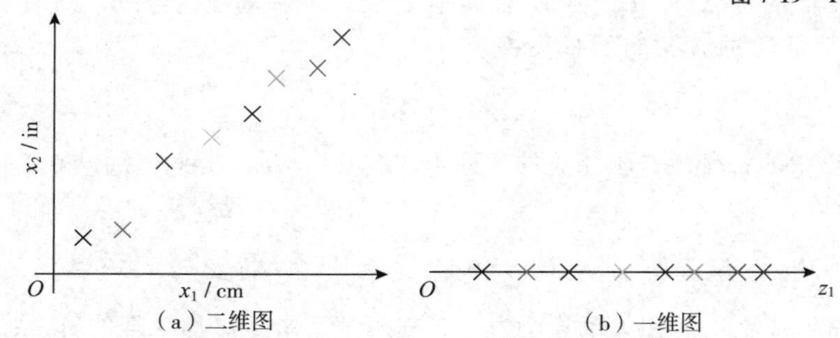

图 7-20　样本数据二维图（a）和降维后一维图（b）（陈华等，2020）（in 为英寸）

主成分分析算法是通过某种线性投影，将高维的数据映射到低维的空间中进行表示，并期望在所投影的维度上数据的方差最大，以此达到使用较少的数据维度，同时保留住较多的原数据点特性的目的。通俗地讲，PCA 通过保留低阶主成分，忽略高阶主成分，达到减少数据集的维数的同时保持数据集对方差贡献最大的特征，这样低阶成分往往能够保留住数据的最重要方面。此外，PCA 算法还具有能够提取主分量实现数据降维以突出主信息、去除噪声等特性。

3. PCA 优缺点

优点：PCA 算法产生的误差小，提取数据中的主要信息。

缺点：PCA 将所有的样本（特征向量集合）作为一个整体对待，去寻找一个均方误差最小意义下的最优线性映射投影，而忽略了类别属性，这可能会导致丢失样本中重要的可分性信息。

7.3.2.2　PCA 算法在水下目标识别中的应用

根据水下目标的特点，利用一种新的距离度量算法——广义鲁棒 PCA（GRPCA）对水下目标进行识别[14]（图 7-21），分别采用 PCA、GRPCA（$p=1$）和 GRPCA（$p=0.5$）进行水下目标识别。

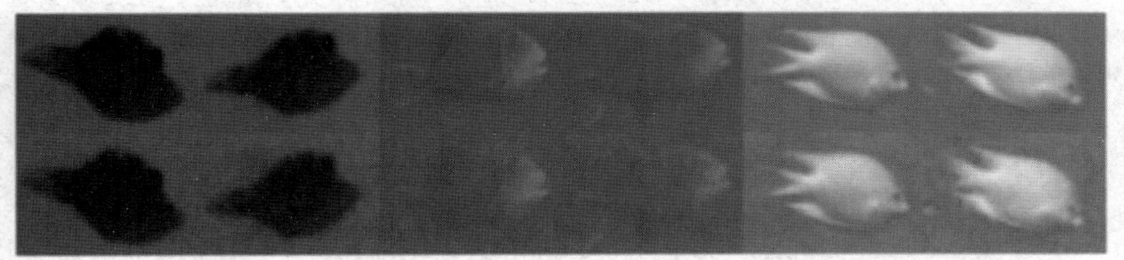

图 7-21　来自 FDT-UT 数据库的 3 个物种的样本图像，第二行为含有噪声的图像（李超，2011）

表 7-2 列出 FDT-UT 数据库中每种算法的平均识别准确率，括号内的数字为标准差。GRPCA（$p=0.5$）的准确率从 2 个训练样本的 76.13%提高到 8 个训练样本的 92.30%，此外，PCA 和 GRPCA（$p=1$）的准确率分别从 2 个训练样本的 72.16%，75.69%提高到 8 个训练样本的 85.90%，91.45%。

表 7-2　FDT－UT 数据库中不同训练样本数（TN）在 3 种算法下的平均识别准确率和标准差

算法	TN						
	2	3	4	5	6	7	8
PCA	72.16 (0.51)	75.50 (0.52)	77.79 (0.54)	79.45 (0.53)	82.00 (0.57)	85.08 (0.58)	85.90 (0.55)
GRPCA（$p=1$）	75.69 (0.26)	79.36 (0.28)	81.88 (0.29)	83.20 (0.27)	86.82 (0.30)	90.58 (0.31)	91.45 (0.29)
GRPCA（$p=0.5$）	76.13 (0.28)	79.86 (0.29)	82.50 (0.31)	83.85 (0.29)	87.38 (0.32)	91.25 (0.32)	92.30 (0.31)

由实验结果（表 7-2 和图 7-21）表明，随着训练样本数的增加，算法平均识别率也不断增加，另外，改进的 PCA 算法收敛速度快，大大提高了算法的计算效率。

7.3.3　生成式对抗网络

生成式对抗网络（generative adversarial networks，GAN）是一种深度学习模型，是由 Goodfellow 等在 2014 年提出的一种生成式模型。受博弈论中二元零和博弈的启发，GAN 的框架中包含一对相互对抗的模型：生成器（generator，G）和判别器（discriminator，D）[15]。

生成器（G）是一个生成数据的模型，目的是正确区分真实数据和生成数据，从而最大化判别准确率[15]，具体是输入一个随机的噪声 z，通过这个噪声生成输出信号 $G(z)$。

判别器（D）是一个判别模型，目的是尽可能逼近真实数据的潜在分布。D 的输入参数是 x（代表一张图片），输出 $D(x)$（代表 x 为真实图片的概率），如果 $D(x)$ 为 1，就代表 x 100%是真实的图片；如果 $D(x)$ 为 0，就代表 x 不可能是真实的图片。

博弈是指在训练过程中，生成网络 G 尽量生成真实的数据去欺骗判别网络 D，而 D 尽量把 G 生成的数据和真实的数据分别开来的动态过程。

7.3.3.1 GAN 算法原理

生成式对抗网络（GAN）作为一种生成式模型，最直接的应用就是数据生成，即对真实数据进行建模并生成与真实数据分布一致的数据样本[16]。目前，GAN 包括 4 种模式，分别是条件生成式对抗网络、双向生成式对抗网络、自编码生成式对抗网络和组合生成式对抗网络。GAN 作为近年来复杂分布上无监督学习最具前景的方法之一，最常用于图像生成，如超分辨率任务、语义分割。

1. GAN 基本思想

GAN 的基本思想来源于博弈论中的二元零和博弈，其结构包含一个生成器和一个判别器，通过生成器和判别器的相互对抗实现学习。生成器会尽自己最大的努力去生成和源数据分布相同的数据，使得判别器无法区分哪些数据是真实的，哪些数据是生成器生成的。判别器会尽可能地准确判断输入的数据中哪些是真实的数据，哪些是生成器生成的数据。为了在这样的二元零和博弈中胜出，生成器会努力提高自己的生成能力，判别器则努力提高自己的判别能力，最终目标就是达到生成器和判别器之间的纳什均衡。

生成式对抗网络（GAN）模型的目标函数公式为：

$$\min_{G}\max_{D}V(D,G)=E_{x\sim p_{\mathrm{data}}(x)}[\lg D(x)]+E_{z\sim p_{z}(z)}[\lg(1-D(G(z)))] \tag{7-45}$$

式 7-45 中，p_{data} 为真实数据的分布情况，p_z 为由生成器生成的数据的分布情况。

当训练生成器时，我们希望损失函数 $V(D,G)$ 越小越好，当训练判别器时，我们希望损失函数 $V(D,G)$ 越大越好[16]。

2. GAN 算法过程（表 7-3）

表 7-3 GAN 算法过程

过程	说明
输入	从数据服从概率分布 P 中选取随机变量：z； 真实数据记为：x；
过程	随机变量 z 经过生成器 G，非线性映射输出信号 $G(z)$，也即是生成数据；将生成数据 $G(z)$ 和 x 输入到判别器 D 中，计算其属于真实数据的概率，判断输入数据是来自真实数据还是生成数据
结束	采用对抗学习策略，不断迭代对抗训练过程，交替更新判别器 D 和生成器 G 的参数，使 D 和 G 的性能不断提高； 达到平衡状态时，认为 $G(z)$ 学习到了真实数据 x 的分布空间，此时 $G(z)$ 和 x 在分布上不具有差异性，判别器 D 无法对数据来源做出正确的判断，此时算法结束

生成式对抗网络的网络结构如图 7-22 所示。随机生成的符合某一分布的噪声数据 z 输入生成器 G 中，由生成器生成和真实数据分布一致的数据。然后，把真实的数据 x 和生成器生成的数据 $G(z)$ 一并输入判别器 D 中。随后，判别器 D 会尽自己最大的努力判断输入的数据到底是真实的数据，还是生成器生成的数据。最后，根据判别的结果来相应地调整生成器和判别器，直到判别器无法正确判断输入的数据是真实的数据还是生成器生成的数据，模型训练成功，生成器和判别器此时达到纳什均衡。

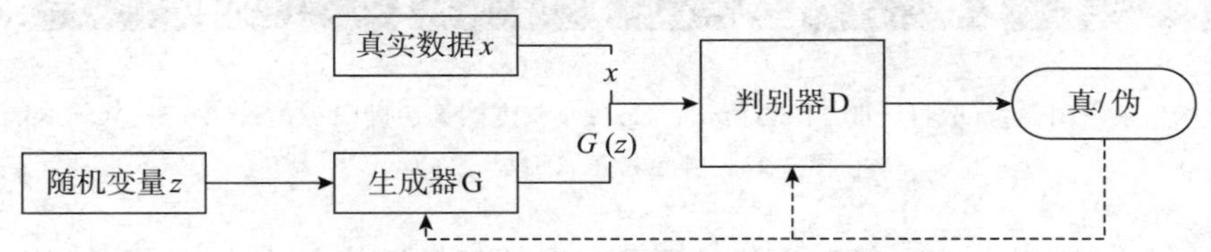

图 7-22　生成式对抗网络的网络结构

信号 $G(z)$ 取决于生成器 G 的结构和计算复杂性，在大多数情况下，经过高度复杂的非线性变换，以此让随机变量映射信号 $G(z)$ 具备拟合高度复杂分布的能力和一般性。生成器 G 和判别器 D 一般采用高度非线性并且可微的深度神经网络结构，因而均可以采用端对端学习策略进行训练，即对抗学习策略。对抗学习策略是指生成器 G 和判别器 D 的训练目标是相反的，包括极大极小对抗和非饱和对抗等。

3. 生成式对抗网络（GAN）优缺点

优点：GAN 的最大优势在于不需要对生成分布进行显式表达，既避免了传统生成式模型中计算复杂的马尔可夫链采样和推断，也没有复杂的变分下限，从而在大大降低训练难度的同时，提高了训练效率。GAN 提供一个极具柔性的架构，可针对不同任务设计损失函数，增加模型设计的自由度。此外，结合无监督的 GAN 训练和有监督的分类或回归任务，能产生一个简单而有效的半监督学习方。

缺点：GAN 主要存在两个问题——生成器梯度消失和模式坍塌（mode collapse）[17]。梯度消失是指生成器 G 和判别器 D 训练的不平衡。模式坍塌是指对于任意随机变量 z，生成器 G 仅能拟合真实数据分布 P 的部分模式，无法生成丰富多样的数据。

7.3.3.2　GAN 在水下目标识别中的应用

虽然深度学习在复杂非线性系统建模中取得了巨大的成功，但是还存在需要的大量训练数据在深海环境中难以编译的问题。文献[18]中介绍了一种用于实现单目实时色彩校正的水下图像的新方法——WaterGAN，这是一种改进的生成式对抗网络（GAN），它使用真实的未标记的水下图像来学习特定调查地点水柱特性的真实表示。

实验使用 MHL 数据集和 Lizard Island 数据集进行显示颜色校正[18]（图 7-23），其中图 7-23(a)至图 7-23(d)以 MHL 数据集为基础，图 7-23(e)至图 7-23(f)以 Lizard Island 数据集为基础。

实验结果表明，直方图均衡化看起来很符合人的视觉，但是未考虑距离相关的影响，所以从不同的角度看同一个物体的校正颜色会出现不同的颜色。改进的 GAN 方法在不同的视图上显示更一致的颜色，减少了渐晕和衰减的影响。

本小节介绍了一系列非监督学习算法，可用于在对水下目标识别过程中的探索性数据进

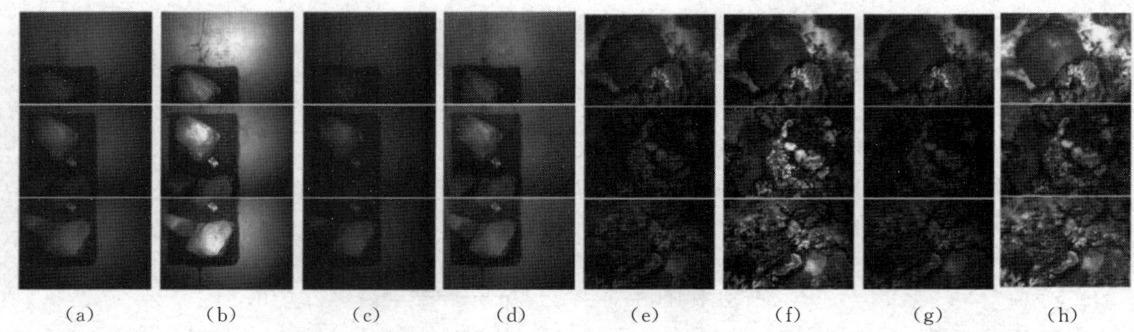

(a)　(b)　(c)　(d)　(e)　(f)　(g)　(h)

(a)(e) 原始水下图像；(b)(f) 直方图均衡化；(c)(g) 灰度图像假设归一化；(d)(h) WaterGAN 方法

图 7-23　颜色校正（谭勇，2016）

行分析和预处理。非监督学习算法一般用于不包含任何标签信息的数据，所以使用者事先并不知道正确的输出应该是什么，这就导致很难判断一个模型是否“表现很好”。因此，在大多数情况下，评估非监督算法结果的唯一方法就是人工检查。如果数据科学家想要更好地理解数据，那么非监督算法通常可用于探索性的目的，而不是作为大型自动化系统的一部分。

7.4　基于半监督学习的目标识别

半监督学习（semi-supervised learning，SSL）是监督学习与非监督学习结合的一种方式，同时使用带标签的数据与不带标签的数据进行学习。半监督学习相较于监督学习可以利用无标记样本，减少处理数据时对人的依赖；相较于非监督学习，半监督学习的应用范围更广，可靠度更高。所以半监督分类比较适用于水下场景，水下高质量图像样本获取较难，可以配合高质量水下样本并结合大量低质量、无标记的水下样本训练分类器。无标记样本的作用主要是实现对模型的正则化，使所建立模型不会因为少量小样本数据而产生高方差，通过无标记样本正则化实现模型对样本分布的学习。

半监督学习方法的成立依赖于 3 个先决条件[18]：①平滑假设（smoothness assumption），稠密数据区域的距离相近样本类别相同，即在某维度下，不同类别的样本是可以分离的。②聚类假设（cluster assumption），同一聚类簇中的两个样本类别相同，即在某一维度中，通过聚类方法可以实现多类样本的聚类。③流形假设（manifold assumption），高维数据嵌入到低维流形中，低维流行中的一个小局部邻域内的两个样本类别相同，即降维算法在样本空间中是有效的。

对于半监督学习的水下目标分类，可以用水下图像提取的特征训练分类器。特征包括人工特征，如 HOG 特征、SIFT 特征、Haar 特征等，还包括通过预训练神经网络提取的深度特征。例如 Verma 等提出的基于直推式与归纳式方法的零样本分类模型[19]，就是基于预训练深度网络提取得到的特征进行分类。还可以直接采用端到端训练的深度神经分类网络，例如 Jie Song 等提出的端到端式零样本识别网络[20]，可以通过直推式方法，同时使用有标记样本与无标记样本对网络进行训练。

目前在半监督学习方面的研究很多，但是基于半监督的水下目标分类的研究较少，杜方键等提出了基于支持向量数据描述（support vector data description，SVDD）水声信号目标识别[21]。关于半监督学习方法主要会从自训练（self-training）、生成式模型（generative model）、直推支持向量机（transductive support vector machine，TSVM）和图结构分类模型等方面进行介绍。自训练方法类似于在线学习的方法，在经过有标记样本训练后，通过对无标记样本进行分类，将分类置信度高的样本加入训练集中，然后重复此过程。而生成式模型大多把样本数据集建立在某种先验假设之上，然后通过软聚类的方法对无标记样本进行分类，虽然此类模型没有直接进行贴标签学习，但是会利用模型学习无标记样本的数据分布形式，使初始化模型的偏差降低。TSVM 通过未标记数据来学习决策边界，寻找最大间隔、低密度的超平面，即将有标记样本能够正确划分，并且穿过特征空间中密度最低的区域。基于图的半监督学习利用了图论中的一些概念与理论。图 7-24 为半监督学习的流程。本节将对适用于水下视觉目标识别的半监督识别方法进行介绍，并对之后的研究方向做出展望。

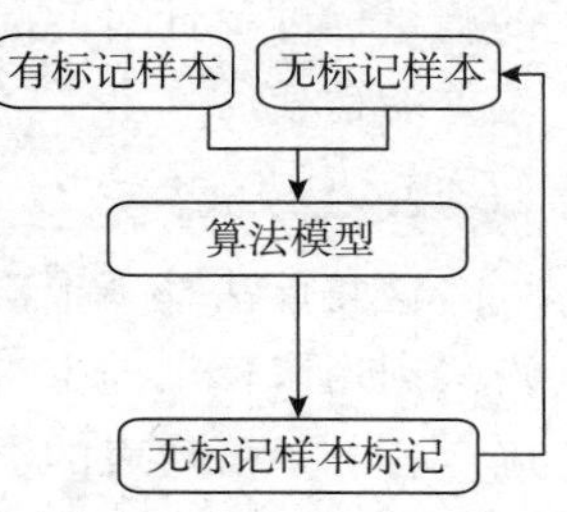

图 7-24　半监督学习流程

7.4.1　半监督学习

半监督学习研究的历史始于 20 世纪 70 年代，早期的半监督学习方法包括自训练、生成式模型等。到 90 年代，随着机器学习理论的发展，又出现了协同训练（co-training）和直推支持向量机等新方法。2001 年，Blum 等提出了最小割法（mincut）[22]，首次将图论应用于解决 SSL 问题。本节将从自训练、生成式模型、TSVM 和图结构分类模型等多个方面对 SSL 问题进行介绍。文中主要对广泛采用的半监督分类方法进行描述，半监督方法的有效性分析可见参考文献[23]。

1. 自训练方法（self-training method）

自训练方法是先利用监督学习对有标记的数据进行学习建模[24]，再利用所得模型对无标签数据进行标记，之后再将新标记的、置信度高的数据加入有标鉴的数据中去再学习，反复这个过程，直到达到预定标准。设有标记样本集合为 $s_l=\{(x_1,y_1),(x_2,y_2),\cdots,(x_l,y_l)\}$，无标记样本集合表示为 $s_u=\{(x_{l+1},y_{l+1}),(x_{l+2},y_{l+2}),\cdots,(x_{l+u},y_{l+u})\}$，分类器以 SVM 为例。

自训练方法见表 7-4。

表 7-4　自训练方法

算法 1：Self-training method（自训练方法）
输入：S_l，S_u，SVM 1. 用 S_l 训练 SVM，对分类器进行初始化 2. 从 S_u 中随机选取一部分样本 S，用训练好的 SVM 对 S 进行分类，选出置信度高的样本放入训练集，重新训练分类器 3. 重复 1，2 步，直到满足终止条件或者准确度不再提升

一方面，对于自训练方法，初始样本数量如果不够充足，通过此方法所训练的模型会存在高偏差的问题，分类性能不佳，在此模型上标记的数据标签会不够准确，如果在后续训练中把错误分类的样本作为训练样本，会导致模型偏差进一步增大。针对此问题可以使用集成

学习的方法降低基础分类器的偏差，最大化先验概率，提高分类准确率。

另一方面，对于分类器所获得的无标记样本的标签缺少衡量方法，特别是对于 KNN，SVM 等强分类器，但是对于朴素贝叶斯、神经网络等弱分类器可以把后验概率作为置信度的测量标准。针对此问题可以通过监督聚类或者其他方法实现无标签数据的筛选，减少模型偏差的迭代。

2. 生成式算法

这类算法基于生成式模型，模型都是假设样本满足某种分布，比如高斯分布，采用 EM 算法利用未标记样本对模型中 $P(x \mid y_i)$ 组成成分的参数进行估计，再利用少量的标记样本确定各分量所代表的类别。Nigam 等将 EM 和朴素贝叶斯结合[25]，通过引入加权系数动态调整无类别标签的样例的影响，建立每类中具有多个混合部分的模型，使贝叶斯偏差减小，提高分类准确度。这类算法简单，但是存在较难解决的问题，如 EM 算法的局部最优解的问题，Nigam 之后又在这方面做出了尝试[26]。除混合模型外，很多算法首先对未标记样本进行聚类，然后再利用已标记样本给这些聚类的结果赋予标记，但是这类算法需要较好的样本前提，即所标记样本能够较好地代表某一类数据。

这里对于生成式算法主要介绍一下高斯判别模型、贝叶斯网络和高斯混合模型这 3 种应用比较广泛的模型。

(1) 高斯判别模型

高斯模型以样本符合高斯分布为前提，通过判决函数计算无标记样本在各个类别上的得分，然后选取最大后验概率类别为无标记样本类别。当样本分布模型满足高斯分布时，判决函数可以表示为：

$$g_i(x) = -\ln|\boldsymbol{\Sigma}_i|^{\mathrm{T}} - (x-\mu_i)^{\mathrm{T}}\boldsymbol{\Sigma}_i(x-\mu_i) \tag{7-46}$$

式 7-46 中，x 为样本特征；μ_i 为第 i 类特征均值；$\boldsymbol{\Sigma}_i$ 为 i 类均值特征协方差矩阵。类别特征均值与协方差矩阵可以通过最大似然估计来进行参数估计。在判决函数得出的情况下，分类的结果可以表示为：

$$x \in \omega_i \text{ if } g_i(x) > g_j(x) \text{ for all } i \neq j \tag{7-47}$$

式 7-47 中，ω_i 表示第 i 个类别。在用 Bhattacharyya 距离对类内、类间距离进行度量的情况下，二分类的分类错误率上界可以表示为：

$$e_{ij} \leqslant \sqrt{p(\omega_i)p(\omega_j)}\exp(-J_{B_{ij}}) \tag{7-48}$$

式 7-48 中，e_{ij} 为错误率；$p(\omega_i)$ 与 $p(\omega_j)$ 分别为类别 ω_i 与 ω_j 的先验概率；巴氏距离（Bhattacharyya distance）可以表示为：

$$J_{B_{ij}} = \frac{1}{8}(\mu_i-\mu_j)^{\mathrm{T}}\left(\frac{\boldsymbol{\Sigma}_i+\boldsymbol{\Sigma}_j}{2}\right)^{-1}(\mu_i-\mu_j)+\frac{1}{2}\ln\left[\frac{\left|\frac{1}{2}(\boldsymbol{\Sigma}_i+\boldsymbol{\Sigma}_j)\right|}{\sqrt{|\boldsymbol{\Sigma}_i||\boldsymbol{\Sigma}_j|}}\right] \tag{7-49}$$

在多分类情况下，假设各个类别的先验概率相等，则存在

$$\sqrt{p(\omega_i)p(\omega_j)} = \frac{1}{C}$$

其中 C 为类别数目，此时多分类错误率可以表示为：

$$e_{ij} \leqslant \frac{1}{C} \sum_{i=1}^{C} \sum_{j=i+1}^{C} \exp(-J_{B_{ij}}) \tag{7-50}$$

此类方法在高光谱图像分类中应用比较广泛，同样也适用于水下场景。

Behzad[28]等曾提出基于高斯混合模型的改进方法，并在此模型下分析并实验论证了无标记样本对分类准确性的提升力，一定程度上缓解了高光谱图像分类中的 Hughes 问题。

(2) 贝叶斯网络

贝叶斯网络（Bayesian network）是一种有向无环图模型，最早于 1985 年由 Judea Pearl 提出[27]。贝叶斯网络是以贝叶斯概率公式为基础建立的模型。贝叶斯网络的成立条件与朴素贝叶斯相同：①各个特征之间的出现相互独立。②各个特征同等重要。贝叶斯概率公式可以表示为：

$$P(A \mid B,\cdots,N) = \frac{P(A \cap B \cap \cdots \cap N)}{P(A)P(B)\cdots P(N)}$$

$$P(A,B,C,\cdots \mid N) = P(A \mid N)P(B \mid N)\cdots P(C \mid N) \tag{7-51}$$

图 7-25 为贝叶斯网络。

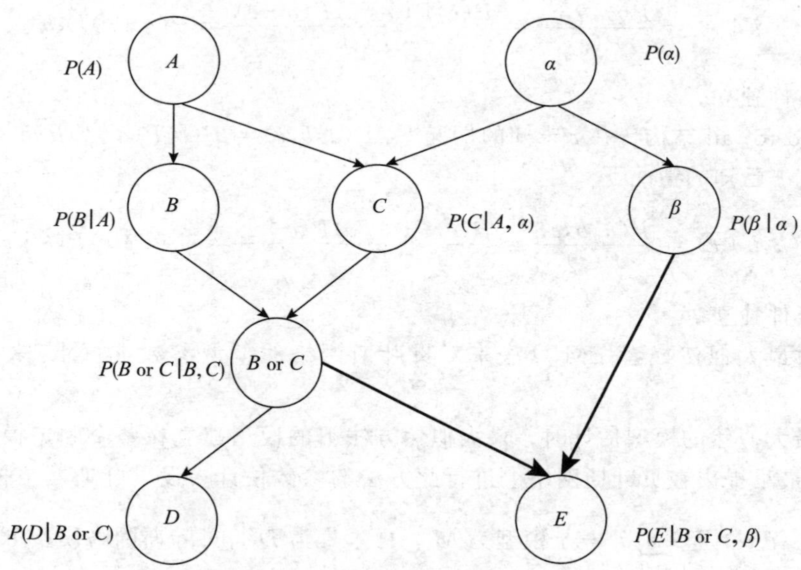

图 7-25 贝叶斯网络

贝叶斯网络类似于决策树结构，每个结点都为特征向量组，区别是贝叶斯网络的构建基于特征之间的先验概率与后验概率，而且不同结点延伸出的子结点会有交叉的可能性，比如图 7-25 中的 $P(A)$、$P(\alpha)$、$P(C)$。$P(A)$ 与 $P(\alpha)$ 是不同的先验条件，但是在结点 C 处产生了交叉，即 $P(C \mid A,\alpha)$。

贝叶斯网络中存在 3 种结构（图 7-26)：①head-to-head；②tail-to-tail；③head-to-tail。

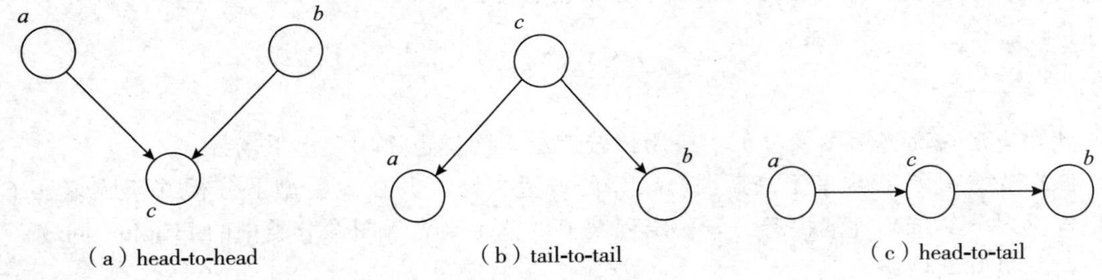

（a）head-to-head （b）tail-to-tail （c）head-to-tail

图 7-26 贝叶斯网络结构

在贝叶斯网络中，对于任意变量，其联合概率可以由局部特征条件概率连乘得出，即：

$$P(x_1,x_2,\cdots,x_k)=P(x_k\mid x_1,\cdots,x_{k-1})\cdots P(x_2\mid x_1)P(x_1) \tag{7-52}$$

对于 head-to-head 结构，$P(a,b,c)=P(c)P(a\mid c)P(b\mid c)$ 成立，a 未知的情况下，a 与 b 条件独立，即 $P(a,b)=P(a)P(b)$ 。

对于 tail-to-tail 结构，在 c 未知的情况下，$P(a,b,c)=P(c)P(a\mid c)P(b\mid c)$，$a$ 与 b 条件不独立；在 c 已知的情况下

$$P(a,b\mid c)=\frac{P(a,b,c)}{P(c)}=\frac{P(c)P(a\mid c)P(b\mid c)}{P(c)}=P(a\mid c)P(b\mid c) \tag{7-53}$$

所以 a 与 b 条件独立。

对于 head-to-tail 结构，在 c 未知的情况下，$P(a,b,c)=P(c)P(a\mid c)P(b\mid c)$，$a$ 与 b 条件不独立；在 c 已知的情况下

$$P(a,b\mid c)=\frac{P(a,b,c)}{P(c)}=\frac{P(c)P(a\mid c)P(b\mid c)}{P(c)}=P(a\mid c)P(b\mid c) \tag{7-54}$$

所以 a 与 b 条件独立。

可以通过最大似然或者 EM 算法来对贝叶斯网络的模型参数进行求解，最小化模型风险。

在基于最大似然的模型估计时，最大似然方法下的模型建立在一个固定模型的基础上，Spiegelhater 最早提出在贝叶斯网络上进行此方法的参数估计。设贝叶斯网络模型的参数为 $\theta=\{\theta_1,\theta_2,\cdots,\theta_t\}$，且 $\sum_{i=1}^{t}\theta_i=1$ 模型为 M，样本集为 D，贝叶斯网络模型可以表示为：

$$P(\theta\mid M,D)=\frac{P(D\mid\theta,M)P(\theta\mid M)}{P(D,M)} \tag{7-55}$$

通常情况下，假设 θ 满足 Dirichlet 分布模型，即：

$$P(\theta\mid M,D)=\mathrm{Dir}(\theta\mid\alpha_1,\alpha_2,\cdots,\alpha_t)=\frac{\Gamma(\sum_{i=1}^{t}\alpha_i)}{\prod_{i=1}^{t}\Gamma(\alpha_i)}\prod_{i=1}^{t}\theta_i^{\alpha_i-1} \tag{7-56}$$

可以通过最大似然或 EM 算法对上述模型进行参数估计。

除了固定结构的参数估计方法外，还有能够进行结构学习的 K2 算法[28]，此方法在本文中不再赘述。另外中引入主动学习的方法通过无标记样本对贝叶斯网络模型进行增强[29]。

（3）高斯混合模型

高斯混合模型[30]大多用来聚类，所以基于高斯混合模型的分类模型是一个软聚类模型，在有标记样本的基础上对无标记样本进行聚类，以达到分类的目的。高斯混合模型可以表示如下：

$$P(x)=\sum_{k=1}^{K}P(c_k)P(x|c_k)=\sum_{k=1}^{K}\pi_k N(x|\mu_k,\sigma_k) \tag{7-57}$$

式 7-57 中，π_k 是类分布概率，也就是混合高斯成分的权重，所以满足 $\sum_{k=1}^{K}\pi_k=1$。

在确定好混合高斯模型后可以通过 EM 算法结合带标记数据进行参数估计。EM 求解类似于最大似然，依赖于对数似然函数，混合高斯模型的对数似然函数可以表示为：

$$f(x)=\ln\prod_{i=1}^{N}P(x_i)=\sum_{i=1}^{N}\ln\{\sum_{k=1}^{K}\pi_k N(x|\mu_k,\Sigma_k)\} \tag{7-58}$$

E-Step：通过初始化 μ_k 与 σ_k 来求解某个样本的条件概率，即：

$$P(c_k|x_i)=\frac{P(c_k,x_i)}{P(x_i)}=\frac{P(x_i|c_k)P(c_k)}{P(x_i)}=\frac{\pi_k N(x|\mu_k,\Sigma_k)}{\sum_{k=1}^{K}\pi_k N(x|\mu_k,\Sigma_k)} \tag{7-59}$$

M-Step：在获得后验概率后可以通过最小化对数似然函数进一步优化 μ_k 与 σ_k：

$$\pi_k=\frac{\sum_{i=1}^{k}P(c_k|x_i)}{N_k} \tag{7-60}$$

$$\mu_k=\frac{1}{\sum_{i=1}^{N_k}P(c_k,x_i)}\sum_{i=1}^{N_k}P(c_k|x_i)x_i \tag{7-61}$$

$$\Sigma_k=\frac{1}{\sum_{i=1}^{N_k}P(c_k|x_i)}\sum_{i=1}^{N_k}P(c_k|x_i)\,(x_i-\mu_k)^{\mathrm{T}}(x_i-\mu_k) \tag{7-62}$$

重复 E-Step 与 M-Step 直到收敛。

高斯模型结合半监督学习进行分类的方法还有很多，可以结合贝叶斯分类器利用无标记样本的隐含分布信息。结合主动学习利用贝叶斯后验概率对未知样本进行分类，然后再将置信度高的样本加入训练样本集[31]。

前文已经对自训练进行了简单介绍，接下来将对基于贝叶斯分类器的半监督分类模型进行介绍。设有标记样本集合为 S_l，无标记样本集合为 S_u，标记样本集与标准混合高斯模型不同的是，在存在无标记样本的情况下，似然函数可以表述为：

$$f(S_l \cup S_u) = \sum_{(x_i,y_i)\in S_l} \ln\{\sum_{k=1}^{K} \pi_k N(x_i \mid \mu_k, \Sigma_k) P(y_i \mid \theta = k, x_i)\} + \sum_{(x_i,y_i)\in S_u} \ln\{\sum_{k=1}^{K} \pi_k N(x_j \mid \mu_k, \Sigma_k)\} \tag{7-63}$$

第一项为带标记样本在相同标记时的最大似然成分，第二项为无标记样本的最大似然成分，即所有样本都可能出现在任何类别中。该对数似然公式同样可以通过 EM 算法来求解，求解公式如下。

E-Step：

$$P(c_k \mid x_i) = \frac{P(c_k, x_i)}{P(x_i)} = \frac{P(x_i \mid c_k)P(c_k)}{P(x_i)} = \frac{\pi_k N(x \mid \mu_k, \Sigma_k)}{\sum_{k=1}^{K} \pi_k N(x \mid \mu_k, \Sigma_k)} \tag{7-64}$$

M-Step：

$$\mu_k = \frac{1}{\sum_{x_i} P(c_k \mid x_i) + N_k} \left[\sum_{x_i \in D_U} P(c_k \mid x_i) + \sum_{(x_i,y_i)\in D_u y_i = i} x_j \right] \tag{7-65}$$

$$\Sigma_k = \frac{1}{\sum_{x_i \in D_u} P(c_k \mid x_i) + N_k} \sum_{x_i \in D_u} P(c_k \mid x_i)(x_i - \mu_k)^{\mathrm{T}}(x_i - \mu_k) + \sum_{(x_i,y_i)\in D_u y_i = i} (x_i - \mu_k)^{\mathrm{T}}(x_i - \mu_k) \tag{7-66}$$

$$\pi_k = \frac{1}{m} \left\{ \sum_{x_i \in D_u} P(c_k \mid x_i) + N_k \right\} \tag{7-67}$$

式 7-67 中，N_k 为某类带标记样本个数，m 为无标记样本个数。

除了高斯混合模型外还有多项混合模型（mutinomial mixture model，MMM），多项混合模型的成分与高斯混合模型不同，MMM 的成分为多项式分布 $X \sim PN(N: c_1, c_2, \cdots, c_k)$，虽然成分不同但是求解思路是与 GMM 相同的。与贝叶斯网络相同，高斯混合模型与多项式混合模型的样本可以是图像浅层特征，也可以是图像深度特征。

除了上述生成模型之外还有朴素贝叶斯、S 型信度网、隐马尔科夫模型、隐马尔可夫随机场等，此类方法都是基于某种先验假设来进行建模的，在建模过程中通过无标签数据来增强模型效果。

3. TSVM

TSVM 属于判别式分类方法，是半监督支持向量机中的一种，最早由 Vapnik 和 Sterin 提出[32]。同属于判别式方法的还有线性判别分析（LDA）、广义判别分析（GDA）、KNN 等。TSVM 通过未标记数据来学习决策边界，寻找最大间隔、低密度的超平面，即将有标记样本能够正确划分，并且穿过特征空间中密度最低的区域。图 7-27 为 TSVM 尝试寻找的超平面，超平面刚好穿过了密度最低的区域。

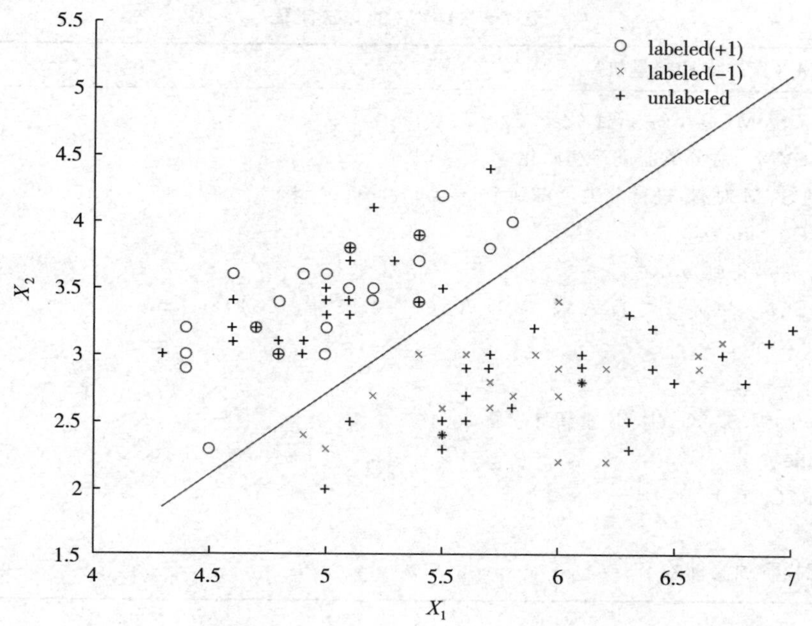

图 7-27　TSVM 尝试寻找的超平面

TSVM 中运用的自训练模型的思想，先采用局部搜索的策略来进行迭代求解，即首先使用有标记样本集训练出一个初始 SVM，然后使用分类器对无标记样本进行分类，合并数据后，基于所有的训练样本重新训练分类器，之后再寻找易出错样本，不断调整。与自训练模型不同的是，TSVM 通过支持向量结合松弛变量来对未标记样本进行分类。

设有标记样本集合记为 $S_l=\{(x_1,y_1),(x_2,y_2),\cdots,(x_l,y_l)\}$，无标记样本集合记为 $S_u=\{(x_{l+1}),(x_{l+2}),\cdots,(x_{l+m})\}$，TSVM 模型可以表示为：

$$
\begin{aligned}
&\min_{\omega,b,\hat{y},\xi_i}\ \frac{1}{2}\|\omega\|^2+C_l\sum_{i=1}^{l}\xi_i+C_u\sum_{i=l+1}^{m}\xi_i\\
\text{s. t.}\quad & y_i(\omega\cdot x_i+b)\geqslant 1-\xi_i, i=1,2,\cdots,l\\
& y_i(\omega\cdot x_i+b)\geqslant 1-\xi_i, i=l+1,l+2,\cdots,l+m\\
& \xi_i\geqslant 0,\quad i=1,2,\cdots,m
\end{aligned}
\tag{7-68}
$$

TSVM 的算法流程如表 7-5 所示。

图 7-28 为生成的新月形二分类数据在 SVM 与 TSVM 的分类结果，生成数据的个数为 300 个，有标记数据的个数为 10 个，无标记数据为 220 个，测试数据为 70 个，采用的是线性核函数。可以看出在少量样本的情况下，无标记样本的加入对 SVM 分类器的分类准确率有提升效果，相对于普通的 SVM 提升了 5.71%的准确率。

表 7-5　TSVM 的算法流程

算法 1：TSVM（直推支持向量机）

输入：S_l，S_u，SVM，C_l，C_u，且 $C_u \ll C_l$

用 S_l 训练 SVM，对分类器进行初始化

用训练好的 SVM 对 S_u 进行分类，得到 $Y_u = \{y_{l+1}, \cdots, y_{l+m}\}$

while $C_u < C_l$ **do**

　　求解式 7-68 得到 ω, b, ξ

　　while $\exists\{i,j \mid (\hat{y}_i\hat{y}_j < 0) \wedge (\xi_i > 0) \wedge (\xi_j > 0)(\xi_i + \xi_j > 2)\}$ **do**

　　　　$\hat{y}_i = -\hat{y}_j$

　　　　$\hat{y}_j = -\hat{y}_j$

　　　　基于 S_l, S_u, Y_u, C_l, C_u 重新计求解 ω, b, ξ

　　end while

$C_u = \min(2C_u, C_l)$

end while

输出：未标记样本预测标签 $Y_u = \{y_{l+1}, \cdots, y_{l+m}\}$

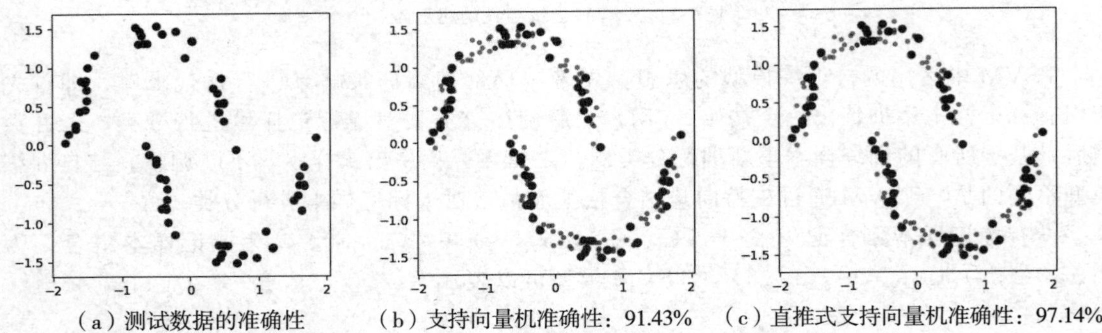

（a）测试数据的准确性　（b）支持向量机准确性：91.43%　（c）直推式支持向量机准确性：97.14%

图 7-28　新月形二分类数据在 SVM 与 TSVM 的分类结果

除了 TSVM 之外，Bennett 等在 1999 年提出了 S^3VM（semi-supervised support vector machine）[33]。通过加入了模型控制参数来优化求解，模型可以表示如下：

$$
\begin{aligned}
&\min_{\omega,b,\hat{y},\xi_i} \frac{1}{2}\|\omega\|^2 + C_l\sum_{i=1}^{l}\xi_i + C_u\sum_{i=l+1}^{m}(\xi_i + z_j) \\
&\text{s.t.}\quad y_i(\omega \cdot x_i + b) \geqslant 1 - \xi_i,\quad i = 1,2,\cdots,l \\
&\omega \cdot x_i - b + M(1 - d_j) \geqslant 1 - \xi_i,\quad i = l+1, l+2, \cdots, l+m \\
&-(\omega \cdot x_i - b) + z_j + Md_j \geqslant 1,\quad z_j \geqslant 0,\quad d_j = \{0,1\}
\end{aligned}
\tag{7-69}
$$

取 $M \gg 0$，当 $d_j = 0$ 时，$\xi_i = 0$，使模型变得容易求解，同理，当 $d_j = 0$ 时，$z_j = 1$ 时，可以通过 CPLEX 来对模型进行求解。

Yu-Feng Li 与 Zhi-Hua Zhou 又提出了 S^4VM（safe semi-supervised support vector machine）[34]，通过模型集成、聚类然后与标记样本进行距离度量的方式，来处理引起误分类甚

至模型变差的无标签数据。

4. 基于图的半监督学习

基于图的分类方法利用标记和未标记数据基于相似度度量构建数据图，然后基于图上的邻接关系将标记从有标记的数据点向未标记数据点传播。根据标记传播方式可将基于图的半监督学习方法分为两大类：一类方法通过定义满足某种性质的标记传播方式来实现显式标记传播；另一类方法则是通过定义在图上的正则化项，通过最小化结构风险，实现隐式标记传播。然而相比传播方式更重要的是图的构建方法。如果图的结构出现错误，很难选择一种合适的传播方式来进行分类标记。但是当构建结构图时，往往需要依赖大量领域知识，这方面有相关的研究领域也就是知识图谱（比如 Wordnet）的构建。实际一个用中通常是采用相似度度量的方式，并结合知识图谱进行构建。

基于图的分类过程可以表示如下：①选择合适的距离度量方法，例如余弦相似度、欧式距离、马氏距离、汉明距离、互相关信息。②根据计算的样本距离根据一定的规则构建图，例如知识图谱。构建的图也有很多种，如果样本之间相似度较高可以采用稠密图，最典型的稠密图为全连接图，即任意两点之间都有连接权重；也可以把每个点附近最近的几个点连接起来，构成稀疏图。构建合适的图在进行分类时会事半功倍，效果更好。③利用核函数对图进行权重赋值，距离越近权重越大，核函数可以是线性核、高斯核、RBF 核等。④进行标签传播使得在当前图结构下损失风险最小化。优化公式可以表示为：

$$\min_{f(x)} V[y, f(x)] + \lambda\Omega(f) \tag{7-70}$$

式 7-70 中，$V(\cdot)$ 为损失函数；$\Omega(\cdot)$ 为正则化项，用来提高算法模型的泛化性。

Blum 和 Chawla 提出第一个基于图的准监督分类方法 Mincut[22]，其主要思想是在保持已知类别结点位置的情况下，对图进行分割，使得不同类别样本间没有相连的边，即使图上顶点的标记分布平滑。考虑在二分类情况下，已标记样本标记为 Y_l，无标记样本标记为 $Y_u \in \{0,1\}$，优化问题可以表示为：

$$\min_{Y_u} A \sum_{i=1}^{U} (y_i - Y_U)^2 + \sum\nolimits_{ij} w_{ij} (y_i - y_j)^2 \tag{7-71}$$

第一项的权重设置为无穷大，用以稳定有标记样本的位置，第二项为带正则化项，实现软聚类，保证相邻样本间相似性，实现图的分割。基于图结构的半监督学习方法由于其稀疏性、能使用核变换等优点，近年来得到了很大的关注。

从另一方面看，基于图的半监督学习方法由于学习算法的时间复杂度高，难以满足对大规模未标记数据进行半监督学习的应用需求。随着图神经网络（GNN）的发展，特别是对于图卷积神经网络（GCN）的研究，基于图的准监督分类方法获得了不少的进步，但是还有很大的进步空间。

7.4.2　半监督分类最新研究方法

在前一小节我们对基本的、广泛应用的一些半监督图像分类方法进行了介绍，本小节将对近几年的一些半监督分类方法进行介绍。

1. S3C-RBM（Spike-and-Slab）

除了在前边提到的直接把无标签数据作为分类训练数据外，还有在特征提取上改进的方法。Goodfellow 等提出了基于 S3C 的受限玻尔兹曼机[35]，Smolensky 在 1986 年首次提出了基于单层神经网络的受限玻尔兹曼机，Hinton 等又提出了 RBMs。RBM 被广泛用来作特征提取器，对样本进行稀疏编码。RBM 中基于高斯先验分布的 L2 正则化在平滑特征分布、减少过拟合方面具有很好的效果，但是在特征稀疏性上较差；基于拉普拉斯先验分布假设的 L1 正则化在特征稀疏化上效果较好，使提取的特征更具有可解释性，但是在减少过拟合等方面有所欠缺，所以后来研究者又提出了 L1-L2 混合正则化方法。

Goodfellow 提出的 S3C 方法基于高斯分布，在运用所训练的模型提取的特征上进行分类所取得的效果要优于 L1 正则化。S3C 模型包括 Spike 二进制变量（激活值）$h \in \{0,1\}^N$，Slab 隐变量 $s \in \mathbb{R}^N$，显变量为 $v \in \mathbb{R}^D$ 稀疏，其方法可以表示为：

$$
\begin{aligned}
&\forall i \in \{1,\cdots,N\}, \quad d \in \{1,\cdots,D\} \\
&p(h_i = 1) = \sigma(b_i) \\
&p(s_i \mid h_i) = N(s_i \mid h_i\mu_i, \boldsymbol{\alpha}_{ii}^{-1}) \\
&p(v_d \mid s,h) = N[v_d \mid W_d:(h \cdot s), \boldsymbol{\beta}_{dd}^{-1}]
\end{aligned}
\tag{7-72}
$$

式 7-72 中，σ 代表 Sigmoid 函数；b 是 Spike 变量的偏差；μ、W 与 h、s 之间为线性依赖；$\boldsymbol{\alpha}$ 与 $\boldsymbol{\beta}$ 为条件分布对角矩阵；$(h \cdot s)$ 为点积。

图 7-29 中 h 为激活变量，也就是隐藏层，隐藏层与输入层 x 之间通过隐变量与显变量连接。该方法是通过规范化无监督学习所用的模型分布，实现对特征提取的优化编码，从而在后续的分类训练过程中提供更具有鲁棒性与区分性的样本特征，所以该方法从本质上来说也是一种半监督分类方法。

2. Ladder Network

Ladder Network 最早由 Valpola 提出，后来被应用于半监督学习[36]，其结构如图 7-30 所示。它由一个去噪自编码器和解码器组成，上层框内为去噪自编码器（denoising auto-encoder，DAE)，另外一部分为编码器，其主要方法为通过构建包括无监督学习与监督学习的损失函数。有标记样本在加入高斯噪声之后，输入 DAE 中，在 DAE 的编码部分的每一层都加入噪声，然后通过解码器进行重建原样本。最后将 DAE 解码器所获取的特征与另一个编码器所获取的特征做最小化误差，使分类器能够学习到样本的内部分布。

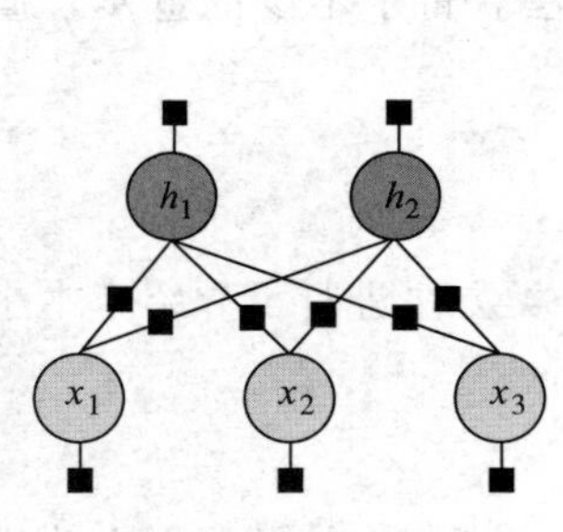

图 7-29 S3C 方法

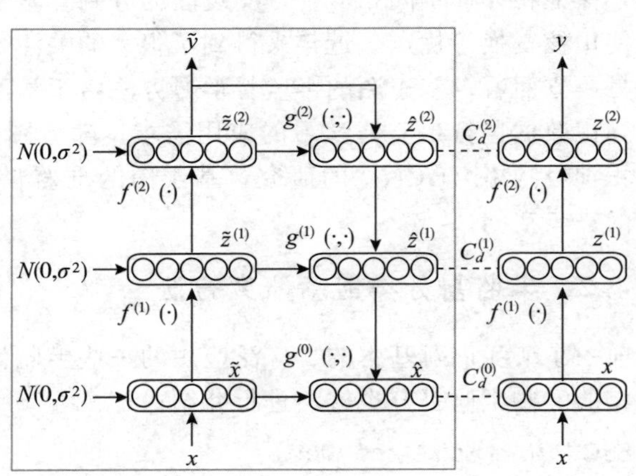

图 7-30 Ladder Network 结构（Rasmus 等，2015）

图 7-30 中，$f^{(l)}(\cdot)$ 为编码器网络；l 为层数；$g^{(l)}(\cdot)$ 为解码器；$\hat{z}^l$ 为 DAE 编码器提取的特征；$\hat{z}^{(l)}$ 为 DAE 解码器提取的特征，$z^{(l)}$ 为另外一个编码器提取的特征，$C_d^{(l)} = \| \hat{z}^{(l)} - z^{(l)} \|^2$。

所以 Ladder Network 的损失函数可以表示为：

$$J = \sum_{n=1}^{N} \log P[\tilde{y}(n) = y^*(n) \mid x(n)] + \sum_{n=N+1}^{M} \sum_{l=1}^{L} \lambda_1 \mathrm{Re\ cons\ Cos}\,t[z^{(l)}(n), \hat{z}^{(l)}(n)] \tag{7-73}$$

式 7-73 中，y^* 为真实标签；$\tilde{y}$ 为噪声图像的分类结果，用来做误差计算；y 为测试时所用的类别输出结果；Re cons Cos $t(\cdot)$ 为重建误差。该方法取得了比 S3C 更好的测试结果。

3. 基于 GAN 的准监督分类

Ilga Sutskever 等通过构建双自动编码器来实现不同域的迁移，作半监督分类学习[37]，与其中不同的是，Tim Salimaus 等把生成样本作为训练数据样本输入到分类网络中进行训练，并把生成数据作为额外的一类，根据生成样本与真实样本之间的数据分布的不同强化分类器的分类能力[38]。假设样本有 K 个类，则生成样本为第 $K+1$ 个类，该方法的损失函数可以表示为：

$$J = -E_{x,y \sim p_{\text{data}}(x,y)}[\lg p_{\text{model}}(y \mid x)] - E_{x \sim G}[\lg p_{\text{model}}(y = K+1 \mid x)] \tag{7-74}$$

可以把该方法理解为通过数据增强的方式来实现半监督分类学习。

4. 基于图的准监督分类

基于图的准监督分类在高光谱图像中应用比较广泛，如前文所说，早期大部分的基于图的准监督分类，都是基于近邻算法并基于当前样本来构建图[39]，通过当前的图来对样本进行分类，然后进一步对网络进行训练，实现无标记样本的正则化。具体损失函数表示如下：

$$J = \sum_{i=1}^{m_L} L[f(x_i, t_i)] + \lambda \sum_{i,j=1}^{m} U[f(x_i), f(x_j), \boldsymbol{A}_{ij}] \tag{7-75}$$

式 7-75 中，$L(\cdot)$ 为监督分类损失函数，如对数损失、hinge 损失、交叉熵损失等；$U(\cdot)$ 为无监督嵌入正则化损失；$\boldsymbol{A}$ 为邻接矩阵；λ 为权重系数。X. Zhu 等用拉普拉斯特征映射作为无监督特征嵌入函数[40]，即 $\boldsymbol{L}=\boldsymbol{D}-\boldsymbol{A}$，$\boldsymbol{D}$ 为对角矩阵，可以表示为 $\boldsymbol{D}_{ii} = \sum_j A_{i,j}$。无监督损失函数可以表示为：

$$\sum_{i,j=1}^{m} U[f(x_i), f(x_j), \boldsymbol{A}_{ij}] = \sum_{i,j=1}^{m} \boldsymbol{A}_{ij} \| g(x_i) - g(x_j) \|^2 = Tr(\boldsymbol{Z}^{\mathrm{T}} \boldsymbol{L} \boldsymbol{Z}) \tag{7-76}$$

式 7-76 中，$\boldsymbol{Z}^{\mathrm{T}} \boldsymbol{D} \boldsymbol{Z} = \boldsymbol{I}$；$g(\cdot)$ 为样本嵌入函数，且 $g(x_i) = z_i$，所以 $\boldsymbol{Z} = [z_1, z_2, \cdots, z_m]^{\mathrm{T}}$。

Ozsel Kilinc 等改变通过近邻算法构建图的方法[41]，并构建样本与标签之间的双向连接图，改用有标记样本预训练图网络来初始化图结构，然后再用无标记样本对图结构进行正则化处理。图的邻接矩阵可以表示为：

$$\boldsymbol{A}^* = \begin{pmatrix} \boldsymbol{0}_{m\cdot m} & \boldsymbol{B}_{m\cdot n} \\ \boldsymbol{B}_{n\cdot m}^{\mathrm{T}} & \boldsymbol{0}_{n\cdot n} \end{pmatrix} \tag{7-77}$$

具体优化可以采用式 7-77。采用 MNIST 数据集进行了分析[41]，其训练效果如图 7-31 所示。

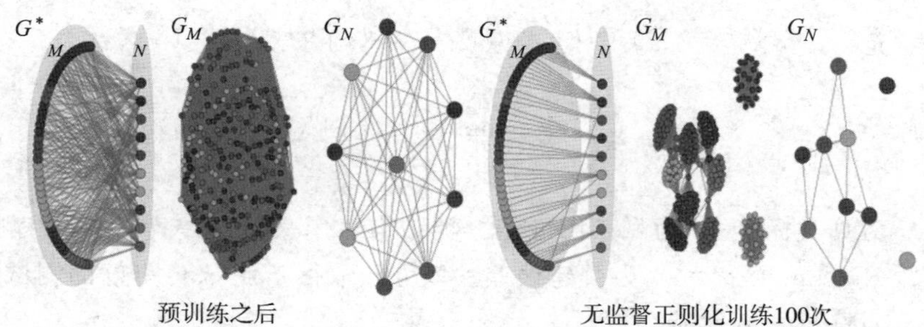

图 7-31 MNIST 数据集训练效果（Kilinc 等，2018）

G^* 为图结构模型，G_M 为样本点集合，G_N 为标签集合。可以看出经过无标记样本正则化后能够对样本进行较好的分类，而且同类样本之间实现了聚合。

本小节主要对部分当前的有代表性的研究方法进行简单的介绍，基于半监督学习的最新研究成果还有很多，这里不再一一介绍。

7.4.3 水下半监督分类的应用

半监督分类在水下光学图像上的应用比较少，Johnson-Roberson[42] 等提出了基于 7.4.1 小节中的 SVM 自训练方法构建珊瑚分类模型，图 7-32 为该研究用来分类的 4 种珊瑚。

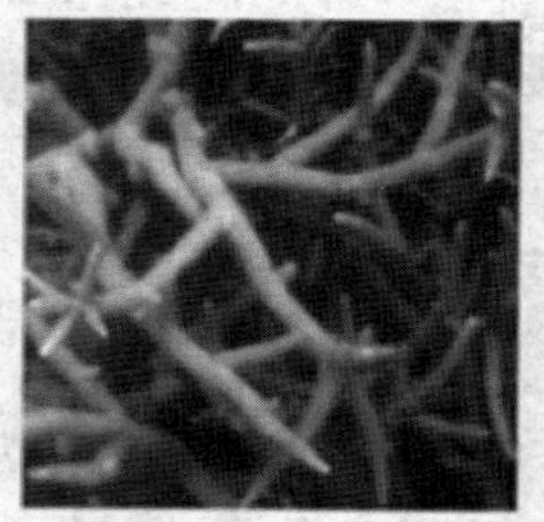

（a）珊瑚种类 1

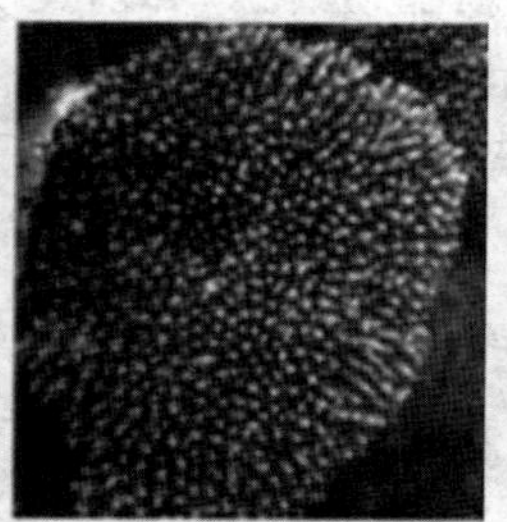

（b）珊瑚种类 2

（c）珊瑚种类 3

（d）珊瑚种类 4

图 7-32 珊瑚种类（Johnson-Roberson 等，2006）

该研究先对水下图像进行直方图拉伸以消除水下成像所造成的模糊现象，然后再采用双边滤波进行去噪，同时增强边缘效果。在对图像处理之后再进行形态学运算，对背景与珊瑚区域进行扩张然后分割。图 7-33 为该研究对珊瑚进行分割的结果。

在分割后采用 Gabor 小波变换对分割区域的纹理特征进行提取，构建训练数据集。Gabor小波变换表示为：

$$g_{m,n}(x,y) = \frac{\| k_{m,n} \|^2}{\sigma^2} \exp\left(- \| k_{m,n} \|^2 \frac{\| x,y \|}{2\sigma^2}\right) \left[\mathrm{e}^{ik_{m,n}} - \mathrm{e}^{\frac{-2\sigma^2}{2}} \right] \tag{7-78}$$

式 7-78 中，m,n 为小波的方向与尺度；$\|\cdot\|$ 为正则化运算；$k_{m,n}$ 定义为：

$$k_{m,n} = k_n e^{i\varphi_u} \tag{7-79}$$

其中 $k_n = k_{\max}/f^n$，$\varphi_u = \frac{\pi\mu}{8}$，$k_{\max}$ 为最大频率。在当前的样本图像 $I(x,y)$ 下，利用 Gabor 小波进行变化可以表示为：

$$E_{m,n} = \int I(x_i, y_i) g_{m,n} * (x - x_i, y - y_i) \mathrm{d}x_i \mathrm{d}y_i \tag{7-80}$$

特征向量由变换后的均值与方差组成。

提取好特征后用 SVM 进行初始化，然后用新的数据做自训练。图 7-34 为在不同的初始化样本训练数量对半监督分类效果的影响。

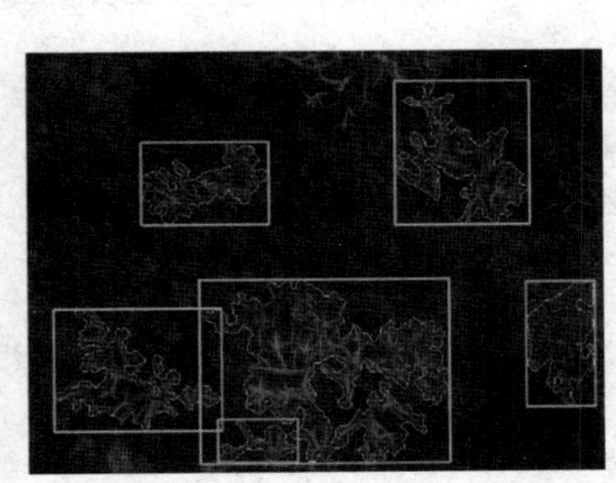

图 7-33　珊瑚分割结果（Johnson-Roberson 等，2006）

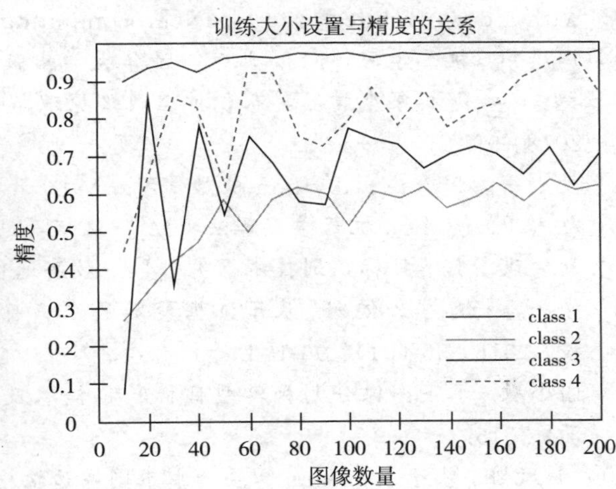

图 7-34　半监督分类效果（Johnson-Roberson 等，2006）

7.5　小结

本章主要对在水下图像分类识别中的算法进行了介绍，识别算法按照学习形式可以分为监督学习、非监督学习和半监督学习，3 种方法各有自己的应用场景。监督学习是当前采用最广泛的分类方法，分类效果好并且稳定，能够满足实际需求，但是对标记样本量有较大的要求，需要大量的人工来处理数据，在训练样本较多的情况下可以采用此类方法。非监督分类虽然对人工标记的需求小，但是可靠性不强，需要做大量的先验假设。半监督方法结合两种学习方式，能结合两种方法的优点，取长补短，但是分类效果会与有监督分类有一定的差距，因此此类方法大多适用于存在少量有标记样本与大量无标记样本的情况。

思考题

7.1　常见的 SVM 核函数主要有哪些？

7.2 思考卷积神经网络各层的作用是什么？

7.3 迁移学习根据场景可分为三类方法，直推式、迁移式和基于非监督的迁移学习，对这三类方法进行解释。

7.4 半监督学习的 3 个先验假设条件是什么？

7.5 基于非监督学习的目标识别方法有哪些？

7.6 当前最受欢迎的非监督学习目标识别算法是什么？

参考文献

[1] 李航. 统计学方法 [M]. 北京：清华大学出版社，2012：95-134

[2] H W Qin，X Li，J Liang，et al. DeepFish：Accurate underwater live fish recognition with a deep architecture [J]. Neurocomputing，2016，187：49-58.

[3] 周志华. 机器学习 [M]. 北京：清华大学出版社，2016：97-106

[4] 魏秀参. 解析深度学习：卷积神经网络原理与视觉实践 [M]. 北京：电子工业出版社，2018：9-36.

[5] 段小手. 深入浅出 Python 机器学习 [M]. 北京：清华大学出版社，2018.

[6] 赵志勇. Python 机器学习算法 [M]. 北京：电子工业出版社. 2017.

[7] 刘梦琪. 水下目标识别技术探究 [J]. 数字通信世界，2019 (04)：111.

[8] 张扬，杨建华，侯宏. 基于证据聚类的水声目标识别算法研究 [J]. 西北工业大学学报，2018，36 (01)：96-102.

[9] 谢小敏. 水下图像分割和典型目标特征提取及识别技术研究 [D]. 南京：南京理工大学，2015.

[10] 赵凤娇. 基于 K-means 算法的水下图像边缘检测 [D]. 青岛：中国海洋大学，2015.

[11] 赵凤娇，贺月姣. 基于改进的 K-means 聚类算法水下图像边缘检测 [J]. 现代电子技术，2015，38 (18)：89-91.

[12] 周志华. 机器学习 [M]. 北京：清华大学出版社，2016.

[13] J Xu，P F Bi，X Du，et al. Generalized robust PCA：A new distance metric method for underwater target recognition [J]. IEEE ACCESS，2019，7：51952-51964.

[14] 王万良，李卓蓉. 生成式对抗网络研究进展 [J]. 通信学报，2018，39 (02)：135-148.

[15] 王坤峰，苟超，段艳杰，等. 生成式对抗网络 GAN 的研究进展与展望 [J]. 自动化学报，2017，43 (3)：321-332.

[16] J Li，K A Skinner，R M Eustice，et al. WaterGAN：Unsupervised generative network to enable real-time color correction of monocular underwater images [J]. IEEE Robotics and Automation Letters，2018，3 (1)：387-394.

[17] 于梦珂. 生成式对抗网络 GAN 的研究现状与应用 [J]. 无线互联科技，2019，16 (09)：25-26+29.

[18] 刘建伟，刘媛，罗雄麟. 半监督学习方法 [J]. 计算机学报，2015，38 (08)：1592-1617.

[19] V K Verma，P Rai. A simple exponential family framework for zero-shot learning [C]. ECML-PKDD，2017：792-808.

[20] J Song, C C Shen, Y Z Yang. Transductive unbiased embedding for zero-shot learning [C]. CVPR, 2018: 1024-1033.

[21] 杜方键，杨宏晖. 两种半监督多类水下目标识别算法的比较 [J]. 声学技术，2014，33 (01): 10-13.

[22] A Blum, S Chawla. Learning from labeled and unlabeled data using graph mincuts [C]. Eighteenth International Conference on Machine Learning Morgan Kaufmann Publishers Inc, 2001.

[23] B M Shahshahani, D A Landgrebe. The effect of unlabeled samples in reducing the small sample size problem and mitigating the Hughes phenomenon [J]. IEEE Transactions on Geoscience and Remote Sensing, 1994, 32 (5): 1807-1095.

[24] O chapelle, B Scholkopf, A Zien. Semi-supervised learning [M]. Cambrige. The MIT Press. London, 2006.

[25] K Nigam, A Mccallum, S Thrun, et al. Text classification from labeled and unlabeled documents using EM [M]. Machine Learning, 2000, 39 (3): 103-134.

[26] K Nigam. Using unlabeled data to improve text classification [D]. Technical Report, Carnegie Mellon University. Pittsburgh, 2001.

[27] F V Jensen. An Introduction to Bayesian Networks [M]. London: UCL Press, 1996.

[28] G F Cooper, E Herskovits. A Bayesian method for the induction of probabilistic networks from data [J]. Machine Learning, 1992, 9 (4): 309-347.

[29] I S L Lauritzen. The EM algorithm for graphical association models with missing data [J]. Computational Statistics and Data Analysis, 1995, 19 (04): 191-201.

[30] N Shental, A Bar-Hillel, T Hertz, et al. Computing gaussian mixture models with EM using equivalence constraints [C]. Advances in Neural Information Processing Systems, 2004, 16 (8): 465-472.

[31] 熊彪，江万寿，李乐林等. 基于高斯混合模型的遥感影像半监督分类 [J]. 武汉大学学报：信息科学版，2011，36 (01): 108-111.

[32] V Vapnik, A Sterin. On structural risk minimization or overall risk in a problem of pattern recognition [J]. Automation and Remote Control, 1997, 10 (03): 1495-1503.

[33] K Bennett, A Demiriz. Semi-supervised support vector machines [J]. Advance in Neural Information Processing Systems, 1999, 11 (05): 368-374.

[34] Y F Li, Z H Zhou. S4VM: Safe semi-supervised support vector machine [J]. CoRR absl 1005. 1545, 2010.

[35] I Goodfellow, A Courville, Y Bengio. Large-Scale feature learning with spike-and-slab sparse coding [J]. ICML, 2012: 1387-1394.

[36] A Rasmus, H Valpola, M Honkala, et al. Semi-supervised learning with ladder networks [C]. arxiv: 1507. 02672, 2015.

[37] I Sutskever, R Jozefowicz, K Gregor, et al. Towards principled unsupervised learning [C]. Computer Science, 2015, 45 (1): 125-163.

[38] T Salimans, I Goodfellow, W Zaremba, et al. Improved techniques for training GANs

[J]. Advances in Neural Information Processing Systems, 2016, 29: 2234-2242.

[39] Z Yang, W Cohen, R Salakhutdinov. Revisiting semi-supervised learning with graph embeddings [C]. International Conference on Machine Learning. PMLR, 2016: 40-48.

[40] X Zhu, Z Ghahramani, J D Lafferty. Semi-supervised learning using Gaussian fields and harmonic functions [C]. Proceedings of the 20th International Conference on Machine Learning (ICML-03), 2003: 912-919.

[41] O Kilinc, I Uysal. GAR: An efficient and scalable graph-based activity regularization for semi-supervised learning [J]. Neuro Computing, 2018, 296 (13): 46-54.

[42] M Johnson-Roberson, S Kumar, S Willams. Segmentation and classification of coral for oceanographic surveys: A semi-supervised machine learning approach [C]. OCEANS, 2006: 1-6.

第 8 章　水下立体视觉

8.1　引言

双目立体视觉是机器视觉的一种重要形式，它是基于视差原理并利用成像设备从不同的位置获取被测物体的两幅图像，通过计算图像对应点间的位置偏差，即视差（disparity）图，来获取物体三维几何信息的方法。

Roberts 在 1960 年通过从数字图像中提取立方体、楔形体和棱柱体等简单规则多面体的三维结构，并对物体的形状和空间关系进行描述，将过去的简单二维图像分析推广到了复杂的三维场景，标志着立体视觉技术的诞生。随着研究的深入，研究的范围从边缘、角点等特征的提取，线条、平面、曲面等几何要素的分析，直到对图像明暗、纹理、运动和成像几何等进行分析，研究者建立起各种数据结构和推理规则。特别是在 1980 年，Marr 首次将图像处理、心理物理学、神经生理学和临床精神病学的研究成果从信息处理的角度进行概括，创立了视觉计算理论框架。这一基本理论的产生对立体视觉技术的发展起到极大的推动作用，在这一领域已形成从图像的获取到最终的三维场景可视表面重构的完整体系，使得立体视觉成为计算机视觉中一个非常重要的分支。双目立体视觉测量方法具有效率高、精度合适、系统结构简单、成本低等优点，非常适合于制造现场的在线、非接触产品检测和质量控制。经过近几十年的发展，双目视觉技术愈发成熟，在机器人视觉、航空测绘、反求工程、军事运用、医学成像、工业检测和农业等领域中都得到了十分广泛的应用。

本章将介绍水下立体视觉的原理及应用，使读者对水下立体视觉有一定的理解。

8.2　双目视觉成像理论与标定

8.2.1　相机成像模型

1. 标准式双目视觉模型

通常将由两个光轴平行且内部参数一致的相机组成的双目视觉模型称为标准双目视觉模型[1-2]，如图 8-1 所示。

图 8-2 为标准双目视觉理论模型。其中，π_1 和 π_2 分别为左、右两相机的透视平面，P_1 和 P_2 分别为三维空间点 P 在左、右两透视平面的投影点。

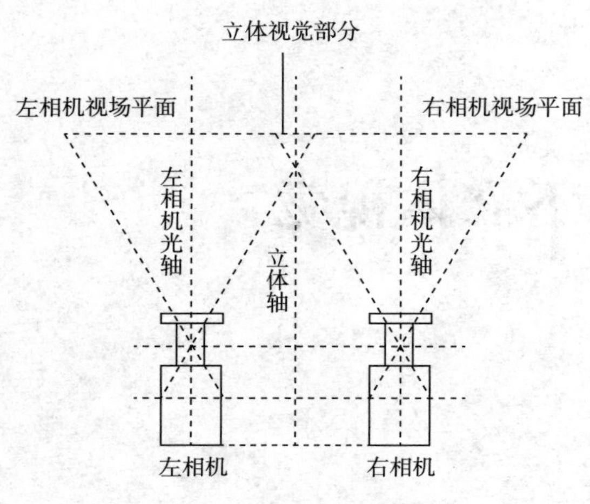

图 8-1 标准双目视觉模型

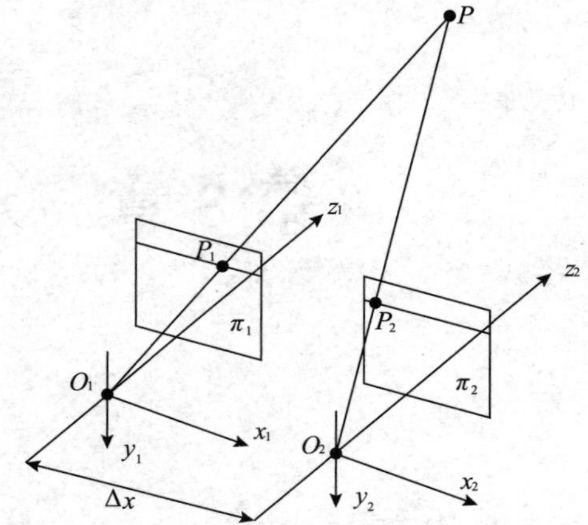

图 8-2 标准双目视觉理论模型

设点 P 的三维空间坐标为 (x,y,z)，则与之对应的 P 点在左相机中的图像坐标为 $P_1(X_1,Y_1)$，在右相机中的图像坐标为 $P_2(X_2,Y_2)$，由此可得到以下关系式[3]：

$$\begin{cases} x = \dfrac{\Delta x(X_1 - u_0)}{X_1 - X_2} \\ y = \dfrac{\Delta x a_x(Y_1 - v_0)}{a_y(X_1 - X_2)} \\ z = \dfrac{\Delta x a_x}{X_1 - X_2} \end{cases} \tag{8-1}$$

式 8-1 中，u_0，v_0，a_x，a_y为相机的内部参数；Δx 为两台相机光心之间的距离；$X_1 - X_2$ 称为视差[4]。由此可知，在相机内部参数已知的情况下，只要知道空间中某点投影到两相机左、右平面上的图像坐标就可以利用视差原理恢复出该点的空间三维坐标，这也就是双目视觉三维重建的基本原理。但标准视觉模型也有其自身的局限性，即它需要配置两个相机，两个相机所放置的位置也要处于绝对平行的状态，不便于广泛应用。

2. 汇聚式双目视觉模型

与标准双目视觉模型相比，汇聚式双目视觉模型对光轴位置无特殊要求，所以其使用的范围更为广泛。标准双目视觉模型也可以看成是汇聚式双目视觉模型的一个特例。汇聚式双目视觉模型如图 8-3 所示。

汇聚式双目视觉理论模型如图 8-4 所示。同样地，设空间点 P 的三维空间坐标为 (x,y,z)，同时使左相机坐标系 $o_1x_1y_1z_1$ 与三维空间坐标系重合，原点 o_1 为光心，图像坐标系为 $O_1X_1Y_1Z_1$，有效焦距为 f_1；右相机坐标系为 $o_2x_2y_2z_2$，图像坐标系为 $O_2X_2Y_2Z_2$，有效焦距为 f_2。由成像模型可知[5]：

$$\begin{bmatrix} x \\ y \\ z \\ 1 \end{bmatrix} = \begin{bmatrix} \boldsymbol{R} & \boldsymbol{T} \\ 0 & 1 \end{bmatrix} \begin{bmatrix} x_1 \\ y_1 \\ z_1 \\ 1 \end{bmatrix} \tag{8-2}$$

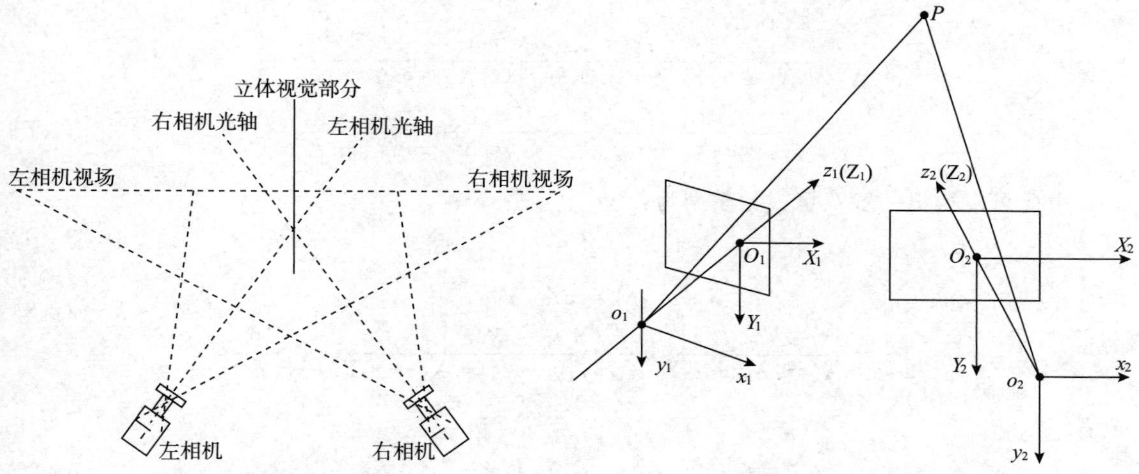

图 8-3　汇聚式双目视觉模型（李占贤等，2014）　　**图 8-4　汇聚式双目视觉理论模型**（李占贤等，2014）

$$k_1\begin{bmatrix}X_1\\Y_1\\1\end{bmatrix}=\begin{bmatrix}f_1&0&0\\0&f_1&0\\0&0&1\end{bmatrix}\begin{bmatrix}x_1\\y_1\\z_1\end{bmatrix}\tag{8-3}$$

$$k_2\begin{bmatrix}X_2\\Y_2\\1\end{bmatrix}=\begin{bmatrix}f_2&0&0\\0&f_2&0\\0&0&1\end{bmatrix}\begin{bmatrix}x_2\\y_2\\z_2\end{bmatrix}\tag{8-4}$$

式 8-3 和式 8-4 中的 k_1，k_2 为比例因子，且满足 $k_1/z_1=1$ 和 $k_2/z_2=1$；式 8-2 中的 $\boldsymbol{R}$ 为一个三阶的空间旋转矩阵，$\boldsymbol{R}=\begin{bmatrix}r_1&r_2&r_3\\r_4&r_5&r_6\\r_7&r_8&r_9\end{bmatrix}$，$r_1$，$r_2$，…，$r_9$ 为旋转分量；$\boldsymbol{T}$ 为 3×1 的空间平移矩阵，$\boldsymbol{T}=\begin{bmatrix}t_x\\t_y\\t_z\end{bmatrix}$，$t_x$，$t_y$，$t_z$ 为平移分量。左相机坐标系 $o_1x_1y_1z_1$ 和右相机坐标系 $o_2x_2y_2z_2$ 的空间位置有如下关系：

$$\begin{bmatrix}x_2\\y_2\\z_2\end{bmatrix}=\boldsymbol{R}\times\begin{bmatrix}x_1\\y_1\\z_1\end{bmatrix}+\boldsymbol{T}\tag{8-5}$$

由式 8-2、式 8-3、式 8-4 和式 8-5 可得出空间点 P 的坐标。即：

$$\begin{bmatrix}x_2\\y_2\\1\end{bmatrix}=\frac{1}{k_2}\begin{bmatrix}f_2&0&0&0\\0&f_2&0&0\\0&0&1&0\end{bmatrix}\begin{bmatrix}r_1&r_2&r_3&t_x\\r_4&r_5&r_6&t_y\\r_7&r_8&r_9&t_z\\0&0&0&1\end{bmatrix}\times\begin{bmatrix}x\\y\\z\\1\end{bmatrix}=\frac{1}{k_2}\begin{bmatrix}f_2r_1&f_2r_2&f_2r_3&f_2t_x\\f_2r_4&f_2r_5&f_2r_6&f_2t_y\\r_7&r_8&r_9&t_z\end{bmatrix}\begin{bmatrix}\dfrac{zX_1}{f_1}\\\dfrac{zY_1}{f_1}\\z\\1\end{bmatrix}\tag{8-6}$$

由式 8-6 可以解得：

$$
\begin{aligned}
z &= \frac{f_1(f_2 t_x - X_2 t_2)}{X_2(r_7 X_1 + r_8 Y_1 + r_9 f_1) - f_2(r_1 X_1 + r_2 Y_1 + r_3 f_1)} \\
&= \frac{f_1(f_2 t_y - Y_2 t_2)}{Y_2(r_7 X_1 + r_8 Y_1 + r_9 f_1) - f_2(r_4 X_1 + r_5 Y_1 + r_6 f_1)}
\end{aligned} \tag{8-7}
$$

由此可以得出一般双目视觉模型为：

$$
\begin{cases}
x = zX_1/f_1 \\
y = zY_1/f_1 \\
z = \dfrac{f_1(f_2 t_x - X_2 t_z)}{X_2(r_7 X_1 + r_8 Y_1 + r_9 f_1) - f_2(r_1 X_1 + r_2 Y_1 + r_3 f_1)}
\end{cases} \tag{8-8}
$$

或者

$$
\begin{cases}
x = zX_1/f_1 \\
y = zY_1/f_1 \\
z = \dfrac{f_1(f_2 t_x - Y_2 t_z)}{Y_2(r_7 X_1 + r_8 Y_1 + r_9 f_1) - f_2(r_4 X_1 + r_5 Y_1 + r_6 f_1)}
\end{cases} \tag{8-9}
$$

式 8-8 和式 8-9 为汇聚式双目视觉模型中空间三维坐标的解，在其他因素已知的情况下，利用汇聚式双目视觉模型就能够求出空间中某点的坐标。

在双目视觉系统中，不同的成像模型有各自不同的特点和应用范围，因此，应合理选择成像模型以满足实际需求。

8.2.2 相机几何标定

在图像测量过程以及机器视觉应用中，为确定空间物体表面某点的三维几何位置与其在图像中对应点之间的相互关系，必须建立相机成像的几何模型，这些几何模型参数就是相机参数。在大多数条件下这些参数必须通过实验与计算才能得到，这个求解参数的过程就被称为相机标定（或摄像机标定）。

从相机获取的图像信息中计算三维空间物体中的几何信息是计算机视觉的基本任务之一，并据此重建和识别物体。而空间物体表面某点的三维几何位置与其在图像中对应点之间的相互关系是由相机（摄像机）成像的几何模型决定的，这些几何模型参数就是摄像机参数[6]。无论是在图像测量还是在机器视觉应用中，相机参数的标定都是非常关键的环节，其标定结果的精度及算法的稳定性直接影响相机工作产生结果的准确性。因此，做好相机标定是做好后续工作的前提，提高标定精度是科研工作的重点所在。

一般来说，我们所处的世界是三维的，而照片是二维的，这样我们可以把相机认为是一个函数，输入量是一个场景，输出量是一幅灰度图。这个从三维到二维的过程的函数是不可逆的。相机标定的目标是我们找一个合适的数学模型，求出这个模型的参数，这样我们能够近似这个三维到二维的过程，使这个三维到二维的过程的函数找到反函数。这个逼近的过程就是相机标定，我们用简单的数学模型来表达复杂的成像过程，并且求出成像的反过程。标定之后的相机，可以进行三维场景的重建，即深度的感知，这是计算机视觉的一大分支。

相机标定方法有传统相机标定法、主动视觉相机标定方法、相机自标定法、零失真相机标定法。相对于世界坐标系的方位，相机标定精度的大小，直接影响计算机视觉（机器视觉）的精度。到目前为止，研究者们对相机标定问题已提出了很多方法，相机标定的理论问题已得到较好的解决。对相机标定的研究来说，当前的研究工作应该集中在如何针对具体的实际应用问题，采用实用、快捷、精确的标定方法。

相机标定的目的之一是为了建立物体从三维世界到成像平面上各坐标点的对应关系，所以首先我们需要定义以下几个坐标系使读者更易理解，图 8-5 为以下四大坐标系的示意图。

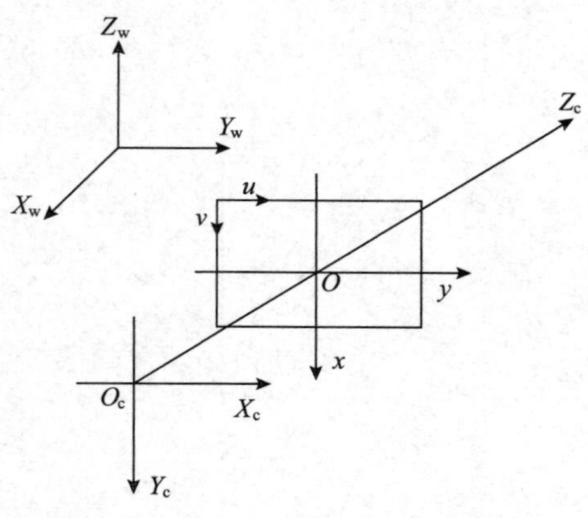

图 8-5　四大坐标系示意图

· 世界坐标系（world coordinate system）

用户定义的三维世界的坐标系，为了描述目标物在真实世界里的位置而被引入，坐标 (X_w, Y_w, Z_w)，单位为 m 或 mm。

· 相机坐标系（camera coordinate system）

在相机上建立的坐标系，为了从相机的角度描述物体位置而定义，作为沟通世界坐标系和图像/像素坐标系的中间一环，坐标 (X_c, Y_c, Z_c)，单位为 m 或 mm。

· 图像坐标系（image coordinate system）

也称作"像平面坐标系"，为了描述成像过程中物体从相机坐标系到图像坐标系的投影透射关系而引入，方便进一步得到像素坐标系下的坐标，坐标 (x, y)，单位为 m 或 mm。

· 像素坐标系（pixel coordinate system）

为了描述物体成像后的像点在数字图像上的坐标而引入，是我们真正从相机内读取到的信息所在的坐标系，坐标 (u, v)，单位为 pixels（像素数目）。

构建世界坐标系只是为了更好地描述相机的位置在哪里，在双目视觉中一般将世界坐标系原点定在左相机或者右相机或者二者 X 轴方向的中点。相机坐标系的 Z_c 轴与光轴重合，且垂直于图像坐标系平面并通过其原点，相机坐标系与图像坐标系原点之间的距离为焦距 f（这里运用针孔成像模型，假设像平面与焦平面重合）。像素坐标系平面 u-v 和图像坐标系平面 x-y 重合，但像素坐标系原点位于图中左上角。

1. 世界坐标系到相机坐标系

刚体从世界坐标系转换到相机坐标系的过程，可以通过旋转和平移得到，其变换矩阵由旋转矩阵 $\boldsymbol{R}$ 和平移向量 $\boldsymbol{T}$ 组合而成，如图 8-6 所示。

可以得到点 P 在相机坐标系中的坐标：

$$\begin{bmatrix} X_c \\ Y_c \\ Z_c \end{bmatrix} = \boldsymbol{R} \begin{bmatrix} X_w \\ Y_w \\ Z_w \end{bmatrix} + \boldsymbol{T} \longrightarrow \begin{bmatrix} X_c \\ Y_c \\ Z_c \\ 1 \end{bmatrix} = \begin{bmatrix} \boldsymbol{R} & \boldsymbol{T} \\ \vec{0} & 1 \end{bmatrix} \begin{bmatrix} X_w \\ Y_w \\ Z_w \\ 1 \end{bmatrix} \tag{8-10}$$

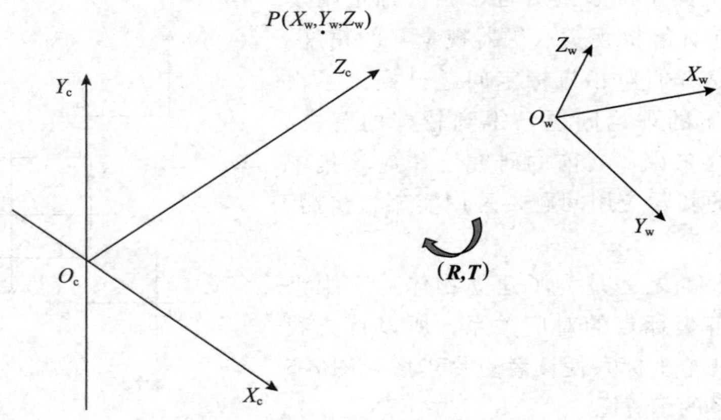

图 8-6　世界坐标系到相机坐标系的转换

式 8-10 中的 $\boldsymbol{R}$ 有 3 个参数，$\boldsymbol{T}$ 有 3 个参数，变换矩阵为：

$$\begin{bmatrix} \boldsymbol{R} & \boldsymbol{T} \\ \vec{0} & 1 \end{bmatrix}, \quad [\boldsymbol{RT}\, 0 \to 1] \tag{8-11}$$

即为外参矩阵，共 6 个参数。

2. 相机坐标系到图像坐标系

从相机坐标系到图像坐标系，属于透视投影关系，从三维转换到二维，也就是把三维物体成像到二维成像面的过程。一般用简化的成像模型——小孔成像模型，原理如图 8-7 所示，在这种情况下图像一定会落在焦平面上。

为了方便观察，将像点和物点放到同一侧进行考虑，得到物点和像点的变换关系如图 8-8 所示。

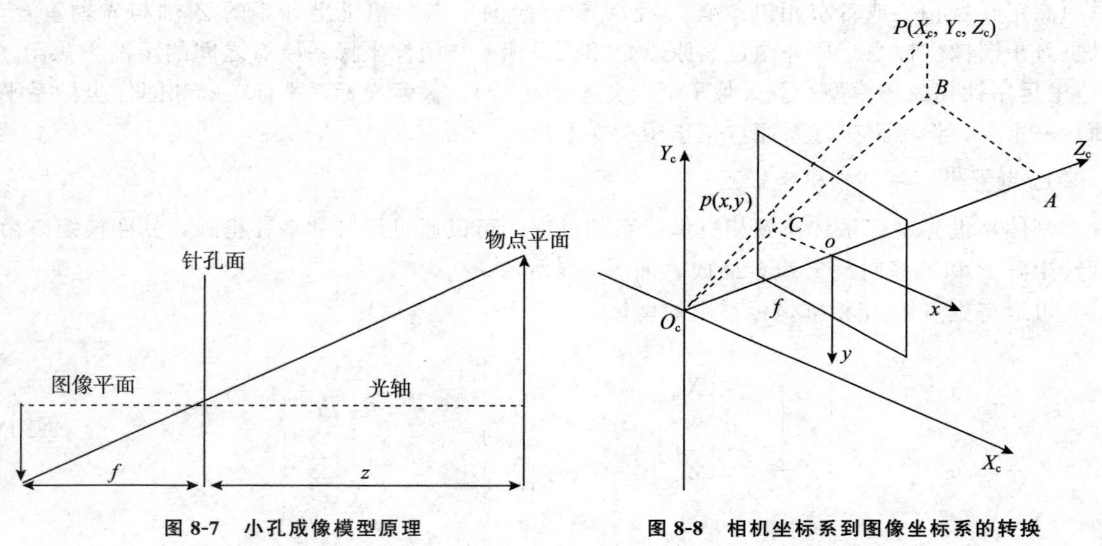

图 8-7　小孔成像模型原理

图 8-8　相机坐标系到图像坐标系的转换

由图 8-8 可推导出以下转换关系：

$$\triangle ABO_c \sim \triangle oCO_c$$
$$\triangle PBO_c \sim \triangle pCO_c$$
$$\frac{AB}{oC} = \frac{AO_c}{oO_c} = \frac{PB}{pC} = \frac{X_c}{x} = \frac{Z_c}{f} = \frac{Y_c}{y}$$
$$x = f\frac{X_c}{Z_c}, \quad y = f\frac{Y_c}{Z_c}$$

最终得到式 8-12：

$$Z_c\begin{bmatrix} x \\ y \\ 1 \end{bmatrix} = \begin{bmatrix} f & 0 & 0 & 0 \\ 0 & f & 0 & 0 \\ 0 & 0 & 1 & 0 \end{bmatrix}\begin{bmatrix} X_c \\ Y_c \\ Z_c \\ 1 \end{bmatrix} \tag{8-12}$$

此时投影点 P 的单位还是 mm，并不是 pixel，需要进一步转换到像素坐标系。

3. 图像坐标系到像素坐标系

由于定义的像素坐标系原点与图像坐标系原点不重合，假设像素坐标系原点在图像坐标系下的坐标为 (u_0, v_0)，每个像素点在图像坐标系 x 轴和 y 轴方向的尺寸分别为 dx 和 dy [这部分在实际硬件中为成像元件(charge-coupled device，CCD) 或者互补金属氧化物半导体 (complementary metal oxide semiconductor，CMOS) 中成像单元的中心间距，由成像单元的大小和间距决定]，且像点在实际图像坐标系下的坐标为 (x, y)，于是可得到像点在像素坐标系下的坐标 (u, v)，如图 8-9 所示。

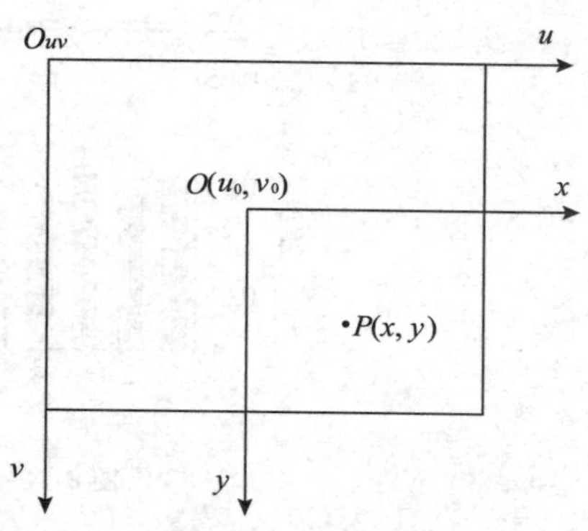

图 8-9　图像坐标系到像素坐标系的转换

由图 8-9 可以得到：

$$\begin{cases} u = \dfrac{x}{\mathrm{d}x} + u_0 \\ v = \dfrac{y}{\mathrm{d}y} + v_0 \end{cases}, \quad \begin{bmatrix} u \\ v \\ 1 \end{bmatrix} = \begin{bmatrix} \dfrac{1}{\mathrm{d}x} & 0 & u_0 \\ 0 & \dfrac{1}{\mathrm{d}y} & v_0 \\ 0 & 0 & 1 \end{bmatrix}\begin{bmatrix} x \\ y \\ 1 \end{bmatrix} \tag{8-13}$$

若不考虑畸变，将相机坐标系到图像坐标系中变换矩阵与图 8-9 中变换矩阵相乘得内参矩阵为：

$$\begin{bmatrix} f/\mathrm{d}x & 0 & u_0 \\ 0 & f/\mathrm{d}y & v_0 \\ 0 & 0 & 1 \end{bmatrix} = \begin{bmatrix} f_x & 0 & u_0 \\ 0 & f_y & v_0 \\ 0 & 0 & 1 \end{bmatrix} \tag{8-14}$$

以上就是四大坐标系之间转换的原理及推导公式。

图 8-10 为使用 Mtalab 软件进行的双目相机标定样本和角点提取、标定效果。

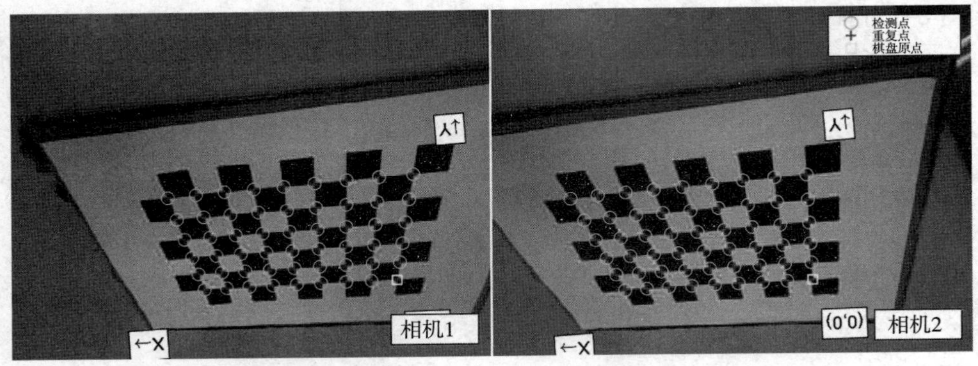

图 8-10 使用 Matlab 软件的角点提取和标定效果

图 8-11 为上述标定结果的误差直方图，由图中可以看出，平均误差大致稳定在 0.15（误差小于 0.5 效果会比较好）。图中如果存在误差比较大的标定图片，可以去除该图片，再重新进行标定，直至满足需求为止。

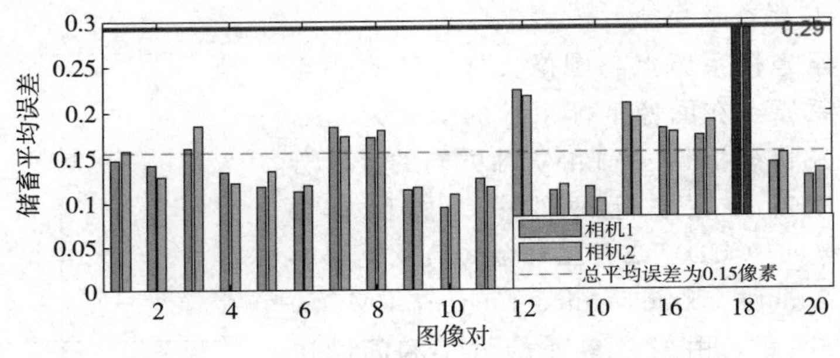

图 8-11 使用 Matlab 软件标定的平均误差直方图

根据 Matlab 对左、右相机的标定结果，就可以得到左、右相机的内外参数矩阵、旋转矩阵和平移矩阵等。利用这些参数进行相机矫正，就可以使左、右图像的纵坐标位于同一条直线上，即极线约束。图 8-12 为相机畸变矫正的效果，左图中极线上的像素点在右图中对应的极线上，也可以找到对应的像素点。通过极线约束后，就可以得到左、右图像的视差。

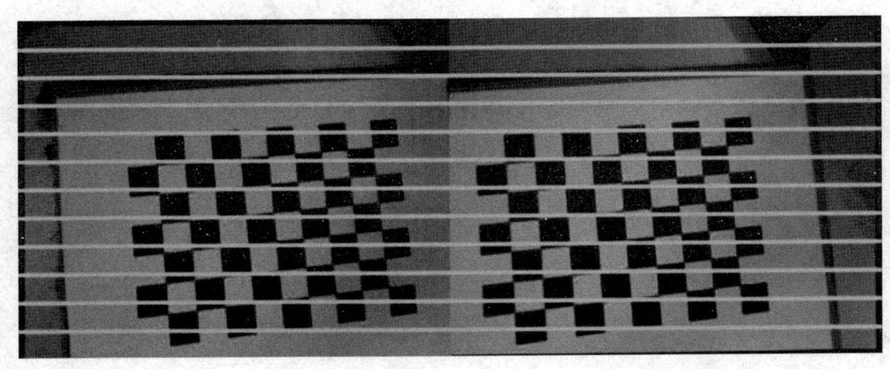

数字资源 8-1 图像矫正效果彩色图

图 8-12 图像矫正效果

得到矫正后的左右图像后，可以通过立体匹配得到深度图，不同的深度，对应着不同的视差，在深度图中显示的亮度也会有所不同。深度图如图 8-13 所示。

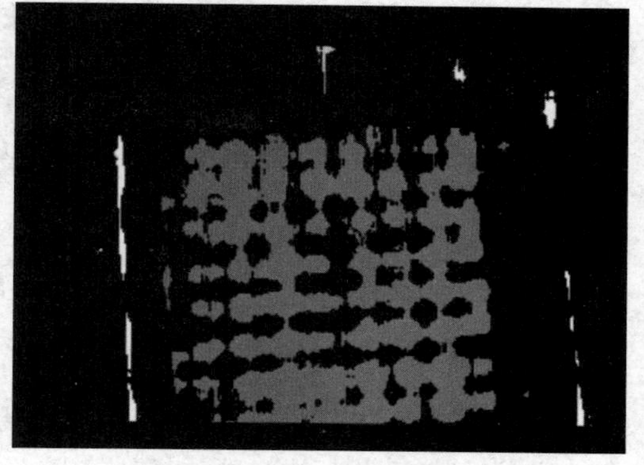

图 8-13　矫正标定板后得到的深度图

8.3　双目立体视觉

8.3.1　双目立体视觉原理

双目视觉系统里，如果两台摄像机（相机）各个参数一样，且它们的各对应轴在坐标系统中平行，那么立体图像对应的外极线就在同一水平线上[7]。视差[8]的定义来自模仿人类的双眼视觉系统，因为光学投影的作用，人的肉眼分别从两个不同的角度来观察物体，实际上客观图像的坐标与人类双眼视网膜图像不处于同一坐标[9]。双目视差就是这种像点在人类双眼视网膜上的视差，其能够反映出三维物体的深度，如图 8-14 所示。由于存在这个视差，经过大脑的加工，使得人类形成对深度的感知，所以，在恢复三维物体的过程中，视差非常重要。

在三角测量原理图 8-15 中，左图像和右图像为 I_l 和 I_r，B 为相机距离，d 为对应匹配点间的视差，即 $d = x_l - x_r$，x_l 和 x_r 分别为像点在左视图和右视图中的两个横坐标，f 为相机焦距，则场景深度 Z_p 和立体图像对之间视差 d 关系为：

$$Z_p = \frac{Bf}{d} \tag{8-15}$$

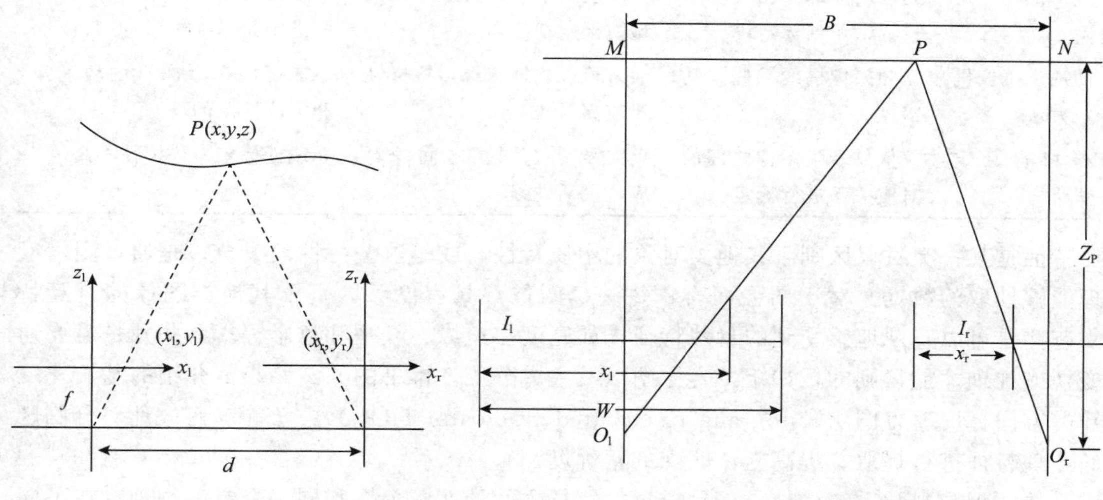

图 8-14　立体视觉成像

图 8-15　三角测量原理

根据图 8-15 中的几何关系知，下面 3 个关系式成立：

$$
\begin{aligned}
&\frac{x_{\mathrm{l}}-\frac{W}{2}}{f}=\frac{MP}{Z_{\mathrm{p}}}\\
&\frac{\frac{W}{2}-x_{\mathrm{r}}}{f}=\frac{NP}{Z_{\mathrm{p}}}\\
&MP+NP=B
\end{aligned}
\tag{8-16}
$$

通过对式 8-16 求解即可得式 8-15。场景中的任何一点 P，在左图和右图上均可产生像点，这一对像点称为共轭对。找到这些点后，我们便可以确定点 P 的空间三维坐标。

8.3.2 双目立体视觉的系统组成

双目立体视觉系统包含摄像机标定、图像预处理、特征提取、立体匹配、深度确定 5 个部分[7]。

计算机视觉的研究目标是使计算机能通过二维图像认知三维环境，并从中获取需要的信息用于重建和识别物体。摄像机便是三维空间和二维图像之间的一种映射，其中两空间之间的相互关系是由摄像机的几何模型决定的，即摄像机参数。摄像机参数是表征摄像机映射的具体性质的矩阵。求解这些参数的过程被称为摄像机标定[10]。常见的摄像机标定方法如表 8-1 所示[11]。

表 8-1　摄像机标定方法

标定方法	特点	优点	不足
传统摄像机标定方法	利用已知的景物结构信息，常用到标定块	可以使用于任意的摄像机模型，标定精度高	标定过程复杂，需要高精度的已知景物结构信息
主动视觉摄像机标定方法	已知摄像机的某些运动信息	通常可以线性求解，鲁棒性比较高	不能使用在摄像机运动未知和无法控制的场合
摄像机自标定方法	仅依靠多幅图像之间的对应关系进行标定	仅需要建立图像之间的对应，灵活性强	非线性标定，鲁棒性不高

特征是某一类对象区别于其他类对象的本质特性，或是这些特性的集合，是通过测量或处理能够抽取的数据。对于图像而言，每一幅图像都具有能够区别于其他类图像的自身特征，有些是可以直观地感受到的自然特征，如亮度、边缘、纹理和色彩等；有些则是需要通过变换或处理才能得到的，如矩、直方图以及主成分等。本书的 5.2.2 小节介绍的基于梯度计算的方向梯度直方图（histograms of oriented gradients，HOG）方法能够有效地对分割区域的纹理特征进行提取，提高立体匹配的精确度。

立体匹配是视觉系统的核心，是通过把特征之间的匹配关系和同一个空间物理点在不同图像中的映像点一一对应，进而建立图像间的对应关系，从而获取视差的过程。要保持立体匹配的优良性，有两种方法可以解决：一个是挑选正确的匹配特征，寻找特征之间根本属性；另一个是选取合适的算法对这些特征进行正确的匹配，具体见 8.3.3 小节。

利用立体匹配得到视差图像之后，根据式 8-15 便可以确定其深度图像，从而恢复场景的三维信息。这就是利用双目立体视觉系统进行三维场景重构的整体过程。图 8-16 给出了系统的整体框架。

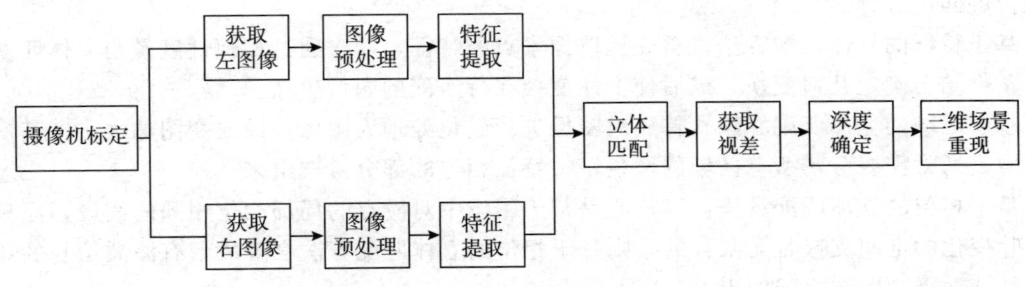

图 8-16　系统整体框架[7]

8.3.3　立体匹配算法

1. 立体匹配基本约束

立体匹配的基本约束主要有：极线约束、连续性约束、唯一性约束、顺序一致性约束[7]等。

（1）极线约束

系统中两台摄像机的图像平面难以保持完全平行，如图 8-17 所示，极线约束就是通过矫正使点 P 在左右摄像机平面的映射点 P_1 和 P_2 的纵坐标相同。矫正可以降低匹配点的搜索难度，进而提高运算速度[12]。

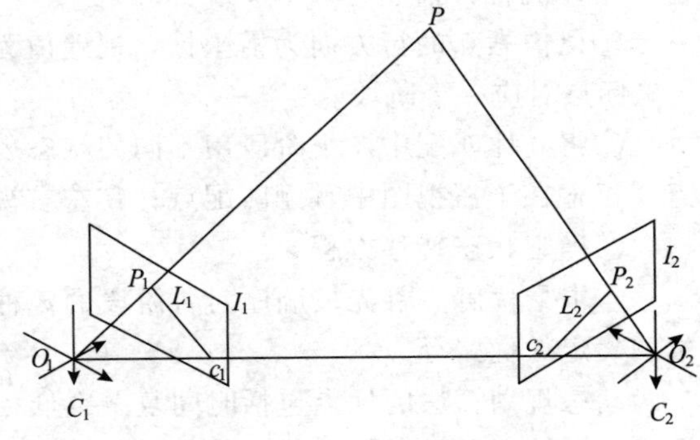

图 8-17　外极线约束的几何意义

（2）连续性约束

连续性约束指特征的连续性变化，视差的变化是连续的，但是在边缘或者遮挡的情况下视差会发生突变。

（3）唯一性约束

指的是左图像和右图像上的点唯一对应，仅有一个特征点左右匹配。

（4）顺序一致性约束

位于相应极线上的所有左右匹配点以一致的顺序排列在极线上。

2. 立体匹配算法分类[13]

立体匹配算法的种类有很多，其划分标准也有很多，目前主要可以概括为两大类：第一类是根据搜索条件和约束条件的作用范围划分的；第二类是根据匹配基元划分的。

• 根据第一类划分标准，立体匹配算法可以分为全局算法和局部算法两种。

全局立体匹配算法基于图像本身和邻域内的像素点信息。为了降低匹配的误差率，缩小遮挡等产生的局部歧义区域，在匹配过程中，使用全局约束性条件，创建全局匹配的代价函数，将立体匹配问题转化为求解能量函数最小化问题。

局部立体匹配算法，其特征是根据局部相似性度量值，在匹配过程中确定对应点，各像素点搜索其对应点的过程相互独立。

• 根据第二类划分标准，立体匹配算法可以分为基于特征的匹配、基于区域的匹配、基于相位的匹配 3 种。

基于特征的立体匹配算法，首先提取像素点的特征，其次通过相似性度量与立体匹配的约束条件结合确定几何变换，最后使上述变换在待匹配的图像生效。

基于区域的立体匹配算法，首先对图像进行量化处理为图像块或改变图像大小，其次确定区域，通常需要分辨所有区域的颜色，将特征相似的部分挑选出来。

基于相位的立体匹配算法，其核心是基于图像中对应点的局部相位相同的假设，原理是傅里叶变化的空间支撑是无限大的，则基于相位的立体匹配算法会解决带有滤波信号的相位信息，从而得到图像之间的视差。

本文将着重对全局立体匹配算法中的动态规划法、图割法和置信度传播法进行介绍。

（1）基于动态规划的立体匹配算法

动态规划算法基于极线约束，通过依次寻找极线上匹配点的最小代价路径来求解最优值。具体流程可描述为以下 4 步：

①以像素点的行方向为横坐标，视差值为纵坐标，依次将匹配过程分为 k 个阶段，每个 x 坐标点对应一个阶段。

②将立体匹配中各个阶段用不同的状态表示，有 3 种状态：仅存在于左视图中且无匹配点；仅存在于右视图中且无匹配点；在左右视图中相互对应。

③确定状态转移方程。

④求最优解。首先按顺序对各阶段的 3 种状态的代价和依次进行计算，然后根据最小代价和确定最优路径。

动态规划算法的优点包括时间复杂度低，能够很好地解决边缘区域和弱纹理区域的匹配问题，但缺点是最后呈现的视差图上条纹现象十分明显。

（2）基于图割的立体匹配算法

图割算法是对视差范围内图像像素的离散标号求最优解，即能量最小化问题的理想求解方法之一。其主要思想是将匹配问题转化为最大流 /最小割来实现，通过选择合适的能量函数来构造网络图，进而对网络图求最小割。

如图 8-18 所示，$G=(V,E)$ 为一个双终端有向图，V 为点集，E 为边集，$\{s,t\}\in V$，为源点和汇点。定义容量函数 $c:E\rightarrow R^{+}$，R^{+} 为非负实数则图 G 和函数 c 构成网络 $N=\{G,s,t,c\}$。而网络流则是定义在边集 E 上的一个非负函数，表示为 $\text{flow}=\{\text{flow}(v,w)\}$，$v$、$w$ 表示两边终点。所谓最大流问题即在求解网 G 上使流量 f 达到最大的 flow。

一个割 C 把点集 V 分为集合 S 和 T，切割的代价是指从集合 S 到集合 T 的所有边的流量之和。要实现最小割，也就是使流量和最小。

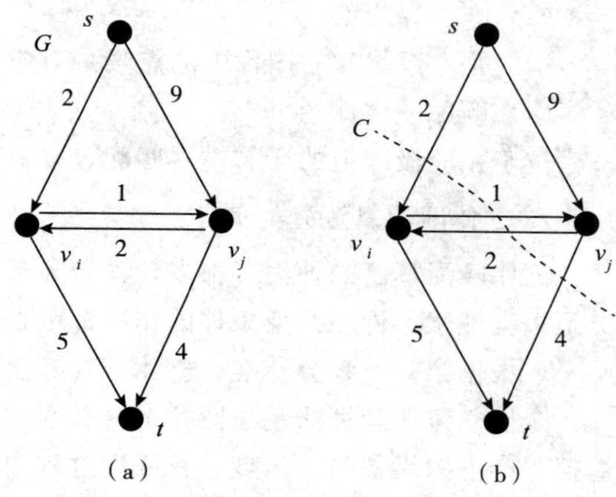

图 8-18　双终端图（a）及图割（b）

(3) 基于置信度传播的立体匹配算法

该算法与图割法基本思想类似，先构造网络。马尔科夫随机场是置信度传播算法的基石，主要通过消息传输机制来实现能量函数最小化。图 8-19 所示为一个马尔科夫网络，X_S 为隐藏结点，Y_S 表示视差，为可见结点，表示像素在不同视差下匹配代价的向量。

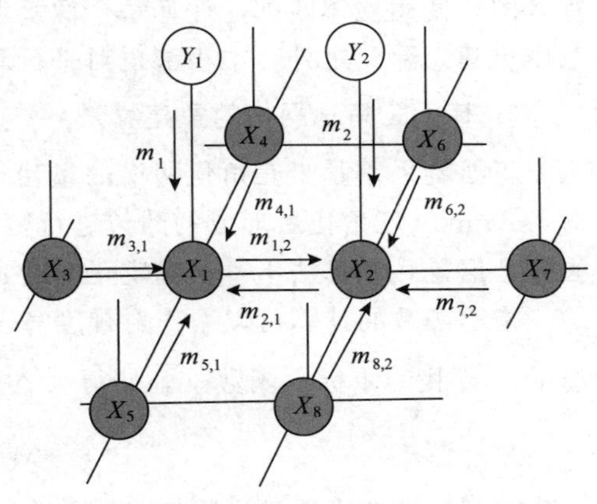

图 8-19　马尔科夫网络

置信度传播算法在网络中传输信息，通常由“最大积”和“和积”两种方式来对信息进行更新。设 $m_{st}(x_s,x_t)$ 为 x_s 传递到 x_t 的信息，$m_s(x_s,y_s)$ 为 y_s 传递到 x_s 的信息，$b_s(x_s)$ 为 x_s 的置信度，三者均为一维向量，则“最大积”的算法可以表示为：

①统一分配所有初始信息。

②迭代更新信息，

$$m_{st}^{i+1}(x_s,x_t) \leftarrow \kappa \max \psi_{st}(x_s,x_t) m_s^i(x_s) \prod_{x_k \in N(x_s)/x_s} m_{ks}^i(x_s) \tag{8-17}$$

③计算可信度，

$$\begin{aligned} b_s(x_s) &\leftarrow \kappa m_s(x_s) \prod_{x_k \in N(x_s)} m_{ks}(x_s) \\ x_s^{\mathrm{MAP}} &= \arg_{xk} \max b_s(x_k) \end{aligned} \tag{8-18}$$

置信度传播算法提高了在低纹理区域匹配的精度，但算法时间复杂度非常高。

本节主要叙述了双目立体视觉原理、系统组成和立体匹配，双目立体视觉是机器学习的一种重要形式，是基于视差原理并利用成像设备从不同的位置获取被测物体的两幅图像，通过计算对应点间的位置偏差，来获取三维几何信息的方法。

8.4　水下双目视觉立体匹配应用技术

8.4.1　水下三维重建

三维重建是指在使用双目视觉完成对相机（或摄像机）的标定、图像矫正和立体匹配等基础上，获取被测景物表面点在两个图像中的对应坐标和两摄像机的参数矩阵，并进行表面点的三维信息恢复的过程，即获得图像中每个点的三维坐标，并可将图像中的三维坐标通过点云方式进行显示。三维重建是双目视觉系统相关的重要研究方向，可以将真实场景刻画成符合计算机逻辑表达的数学模型。影响三维重建精度的因素有很多，主要包括摄像机标定误差、图像特征提取和匹配精度等[14]。

空间物体的三维信息主要包括目标的深度信息和尺寸信息。通过二维图像的信息去重新构建三维世界真实场景的过程就是三维重建。物体成像过程会丧失物体的深度信息，而该信息对于目标的三维重建具有重要意义，因此本小节将对求解目标三维坐标并进行三维场景的表面模型重建进行简单的介绍。对于三维重建的过程，首先通过两个摄像机采集同一目标的图像，然后按照 8.2.2 小节介绍的双目立体视觉流程及方法获取目标的视差图，进一步根据视差图，使用立体匹配，计算每个像素点的视差，从而解算目标的三维坐标，实现对目标的三维重建。除此之外，本小节也对平行双目视觉模型进行分析和讨论。

1. 基于三角化网格的重建算法

王凯旋采用基于三角化网格的重建算法进行水下目标的三维重建[15]，该重建算法首先对 Delaunay 三角化后形成的凸包进行范围界定，将外接圆半径不小于 α 的三角形和四面体去除，但是，此算法不容易确定正确的 α 值，相对来说不是很稳定的。

指示函数的计算可以看作对梯度算子的反算。具体来说，就是使用散度算子，对于向量场 $\vec{V}$，寻找一个标量函数 χ，使得 $\| \Delta\chi - \vec{V} \|$ 的拉普拉斯算法等于向量场 $\vec{V}$ 的散度：

$$\Delta\chi \equiv \nabla\nabla\chi = \nabla\vec{V} \tag{8-19}$$

在利用泊松算法进行物体表面重建时，引用一个定理：

对于一个三维物体 M，∂M 为其边界，χ_M 为 M 的指示函数，$\overrightarrow{N_{\partial M(p)}}$ 表示点 p 处的曲面法向量，方向向内，$p \in \partial M$。q 到 p 点的平移由平滑滤波器 $F_p(q)$ 表示，$F_p(q) = F(q-p)$。指示函数的梯度在平滑后：

$$\nabla(\chi_M \cdot F)(q_0) = \int F_p(q_0)\,\overrightarrow{N_{\partial M(p)}\,\mathrm{d}p} \tag{8-20}$$

每个样本点的三维坐标 p 和法向量 $\vec{N}$ 已知，模型 M 的表面 ∂M 未知。对模型的指示函数进行估计，提取外等值面，最终在物体表面重建出密闭的三角网格。

2. 双目立体视觉三维重建模型[16]

在实际应用中，水下双目立体视觉系统中两个摄像机安装位置过程无法实现两条光轴相互绝对平行。同时，为了扩大两个摄像机的共同场景面积和提高测量精度，通常将立体摄像机两条光轴呈一定的夹角进行安装固定，因此，两光轴相交模型比较符合实际应用的立体摄像机模型，即为一般的双目立体视觉结构模型，如图 8-20 所示。

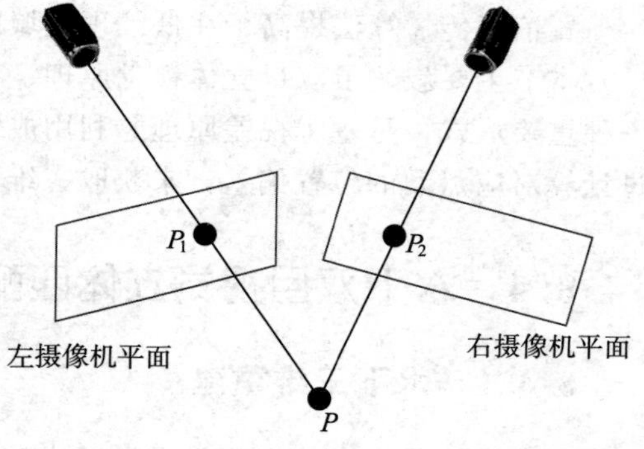

图 8-20　一般双目立体视觉结构模型

设 $p(x,y,z)$ 为世界坐标系中的坐标，对应在左、右摄像机的像素坐标分别为 $p_1(u_1,v_1)$，$p_2(u_2,v_2)$。于是，根据摄像机投影矩阵关系得：

$$\boldsymbol{z}_{\mathrm{cl}} = \begin{bmatrix} u_l \\ v_l \\ 1 \end{bmatrix} = p^l \begin{bmatrix} x \\ y \\ z \\ 1 \end{bmatrix} = \begin{bmatrix} p_{11}^l & p_{12}^l & p_{13}^l & p_{14}^l \\ p_{21}^l & p_{22}^l & p_{23}^l & p_{24}^l \\ p_{31}^l & p_{32}^l & p_{33}^l & p_{34}^l \end{bmatrix} \begin{bmatrix} x \\ y \\ z \\ 1 \end{bmatrix} \tag{8-21}$$

$$\boldsymbol{z}_{\mathrm{cr}} = \begin{bmatrix} u_r \\ v_r \\ 1 \end{bmatrix} = p^r \begin{bmatrix} x \\ y \\ z \\ 1 \end{bmatrix} = \begin{bmatrix} p_{11}^r & p_{12}^r & p_{13}^r & p_{14}^r \\ p_{21}^r & p_{22}^r & p_{23}^r & p_{24}^r \\ p_{31}^r & p_{32}^r & p_{33}^r & p_{34}^r \end{bmatrix} \begin{bmatrix} x \\ y \\ z \\ 1 \end{bmatrix} \tag{8-22}$$

联立式 8-21 和式 8-22 消去 z_{cl}、z_{cr}，得：

$$\begin{cases}(u_l p_{31}^l - p_{11}^l)x + (u_l p_{32}^l - p_{12}^l)y + (u_l p_{33}^l - p_{13}^l)z = p_{14}^l - u_l p_{34}^l \\ (v_l p_{31}^l - p_{21}^l)x + (v_l p_{32}^l - p_{22}^l)y + (v_l p_{33}^l - p_{23}^l)z = p_{24}^l - v_l p_{34}^l\end{cases} \tag{8-23}$$

$$\begin{cases}(u_r p_{31}^r - p_{11}^r)x + (u_r p_{32}^r - p_{12}^r)y + (u_r p_{33}^r - p_{13}^r)z = p_{14}^r - u_r p_{34}^r \\ (v_r p_{31}^r - p_{21}^r)x + (v_r p_{32}^r - p_{22}^r)y + (v_r p_{33}^r - p_{23}^r)z = p_{24}^r - v_r p_{34}^r\end{cases} \tag{8-24}$$

式 8-23 和式 8-24 的几何意义分别表示为 $o_l p_l$ 和 $o_r p_r$ 两条直线的方程，点 p 即为两直线的公共相交点，于是通过联立求解上述的方程组，可求出点 q 三维空间坐标。由于畸变、标定和校正误差等存在，两直线不可能相交，在实际应用中，使用三角测量法获得目标的三维坐标会存在很多因素的影响。所以，通常利用最小二乘法求解以上方程组得到近似的三维空间点 $p(x,y,z)$。

8.4.2　水下目标自动测量

1. 激光和摄像头组合的图像采集装置设计

针对海底光线不均匀、仅使用相机进行图像采集会造成图像清晰度低、测距精度不高，从而可能使机器人陷入危险的问题，衡靓靓[17]设计了一种同时搭载激光雷达和相机的图像采集装置，如图 8-21 所示，该装置将三种不同颜色的激光雷达分别固定在三个点以构成等边三角形，相机则安装在三角形垂线中点位置，所有传感器都安装在同一平面上，激光雷达通过发射光束，在海底平面形成光斑，提高了海底平面的亮度，再使用相机进行图像采集。

与传统意义上的图像采集装置不同，本小节所介绍的图像采集装置，能有效解决海底光线黯淡不均匀等问题，避免了单传感器所获取到的海底平面信息较单一的问题，提高水下探测器在水下探测时的鲁棒性。

该装置本质上属于多传感器组合装置，类似于水下组合定位导航装置等。这类新型装置对于复杂的水下环境具有更高的适应性。

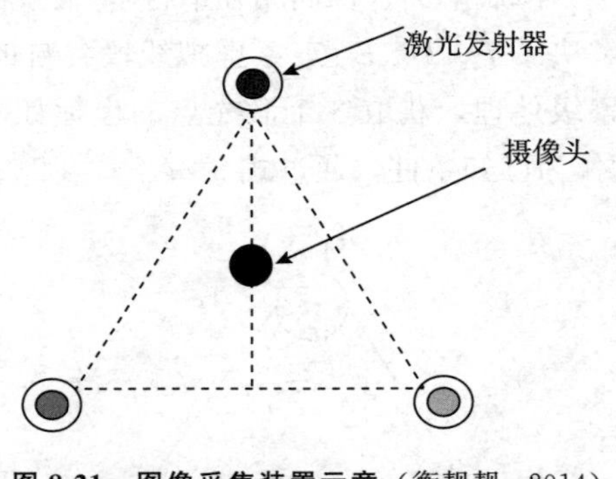

图 8-21　图像采集装置示意（衡靓靓，2014）

数字资源 8-2 图像采集装置示意彩色图

本小节将介绍单目摄像头三点测距的数学原理，根据海底平面的倾斜状况对模型建立进行细化，针对海底平面与摄像机成像平面是否平行，将水下成像模型分为两大类进行讨论。并在此基础上，介绍该方法的几何原理。

2. 理想情况的单点测距计算模型

理想模型，即成像平面与海底平面平行的水下测距模型。以下将使用分解法进行计算，以每两个光点组成的线段长度作为已知条件，建立基本测距模型，进行一次测距，从而获得两光点之间的中点位置到摄像机光心的距离，依此类推，直到 3 个光点均被作为参考点进行了测距计算即可。

为了方便对比，假设有两个与摄像头距离不同的海底平面。如图 8-22 所示，假设 h_1 、h_2 分别是由任意两个激光发射器发射的光束，A 、B 为对应光束投影在海底平面 1 上的真实光点，C、D 为对应光束投影在海底平面 2 上的真实光点。两光束之间的距离由两个激光发射器之间的距离决定。

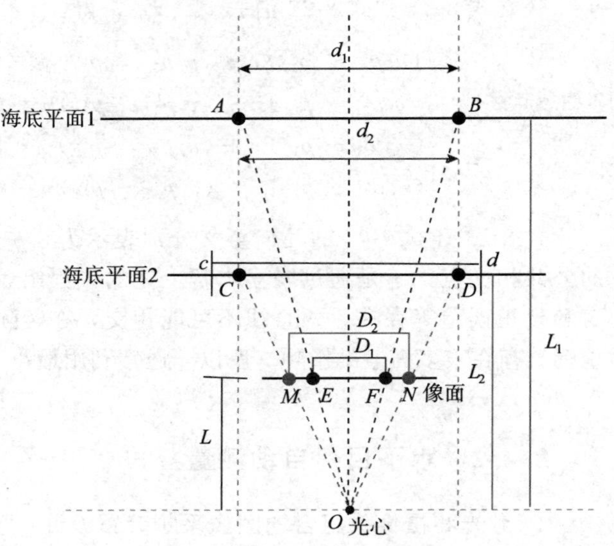

图 8-22　理想情况计算模型俯视图

经过分析可知，即便是相同间距的光束（$AB = CD$），但是由于测量距离不同，在图像上，各自对应的二维像点的距离也不同（$D_2 > D_1$），呈现一种“近大远小”的效果。

根据三角形相似的原理：

$$\triangle AOB \backsim \triangle EOF \Rightarrow \frac{EF}{AB} = \frac{L}{L_1} \Rightarrow L_1 = L \times \frac{AB}{EF} \tag{8-25}$$

$$\triangle COD \backsim \triangle MON \Rightarrow \frac{MN}{CD} = \frac{L}{L_2} \Rightarrow L_2 = L \times \frac{CD}{MN} \tag{8-26}$$

综上所述，在理想情况下（海底平面、像面相互平行），假设图 8-23 为摄像机截取的激光点图片，上述算法研究分别解决了 D_1、D_2、D_3 三条虚拟线段各自的中点 O_1、O_2、O_3 与摄像机平面的距离计算问题。经过像素级处理，获取 3 个激光点的坐标如图 8-23 所示。在公式计算过程中，D_1、D_2、D_3 的线段长度作为已知条件，通过式 8-27、式 8-28、式 8-29 获取。

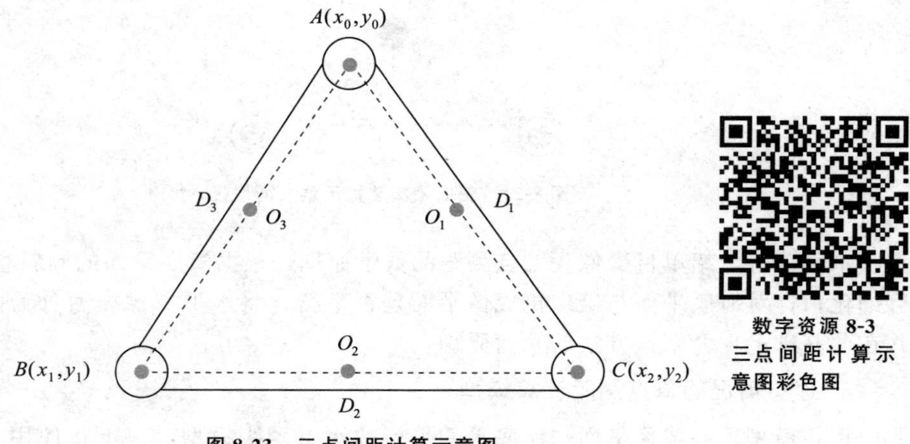

图 8-23　三点间距计算示意图

数字资源 8-3
三点间距计算示意图彩色图

$$D_1 = \sqrt{(x_0 - x_2)^2 + (y_0 - y_2)^2} \tag{8-27}$$

$$D_2 = \sqrt{(x_2 - x_1)^2 + (y_2 - y_1)^2} \tag{8-28}$$

$$D_3 = \sqrt{(x_1 - x_0)^2 + (y_1 - y_0)^2} \tag{8-29}$$

将已知的 D_1、D_2、D_3，摄像机内参数代入单目测距的式 8-27，式 8-28 和式 8-29，即可得到最终的相机与目标的距离。

3. 一般情况的单点测距计算模型

在实际情况中，海底平面不一定与像面完全平行。为了简化模型，使模型的建立具有可行性，可以假设海底平面在测量范围内呈现状态。当使用图像采集装置进行水下图像采集工作时，针对图像采集装置中的 3 个激光雷达组成的三角形某一边相对于海底的倾斜面与海平面的交线是否平行这一问题，把计算情况进一步复杂化。

在海底平面与图像采集装置所在平面不平行的一般情况下，将计算分别建立在两种模型中讨论。

（1）倾斜面与海平面的交线平行于三角形某一边

根据投影几何学可知，在这种情况下获取的光点形成等腰三角形。如图 8-24 所示，当图像采集装置入水开始进行采集工作时，两光束之间的连线平行于海底倾斜平面与海平面的交线，水下测距模型的基本情况与上述介绍的理想情况发生了变化，这种变化本质上由“近大远小”造成。

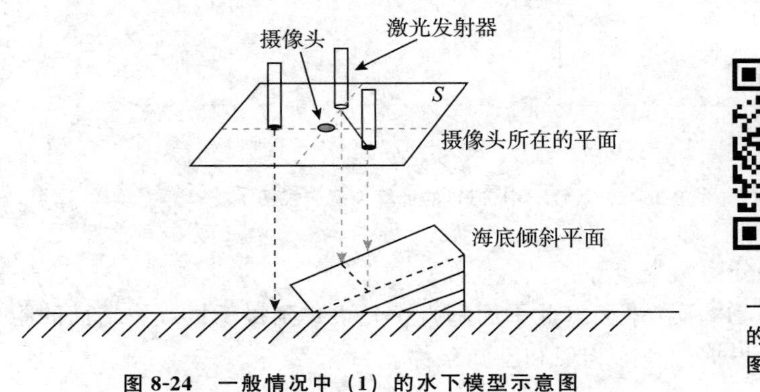

图 8-24　一般情况中（1）的水下模型示意图

数字资源 8-4
一般情况中（1）的水下模型示意图彩色图

图 8-25 为此情况的成像模型，投影面与像面之间的角度显然影响到激光点的成像形状。即便如此，这种情况的模型也能够进行分析计算。假设 B_2 与 A_2 所在的直线平行于海底倾斜平面与海平面的交线，由于光的直线传播，像面上 3 个光点仍然分别位于一个等腰三角形的顶点位置。

对于平行边 A_2B_2，按照上述的理想情况的模型进行计算，即可得到中点位置与摄像机成像平面的距离。但是，对于其他两边，显然不能根据上述方法计算。对于这种情况的距离计算需要改变计算模型，将视角转换到图 8-25 的侧剖面。图 8-25 中，B_2 在这个侧面剖析图中被 A_2 遮挡。图 8-26 中，平面 1 作为参考面，仍然与摄像机成像平面（像面）平行，平面 2 作为海底倾斜面，与光束、光心建立新的计算模型。

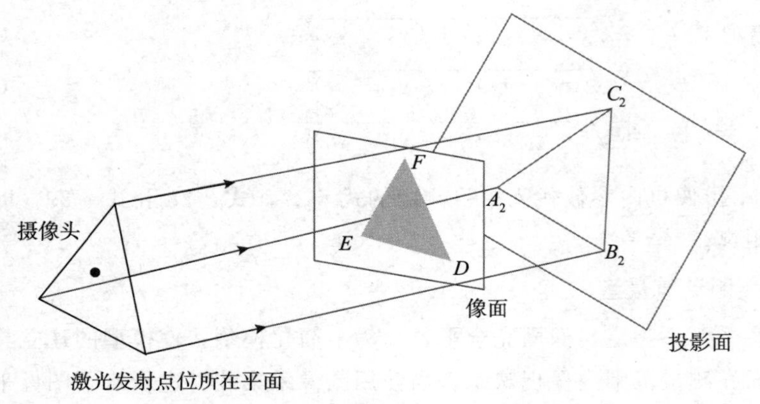

数字资源 8-5 一般情况中（1）的成像模型彩色图

图 8-25 一般情况中（1）的成像模型

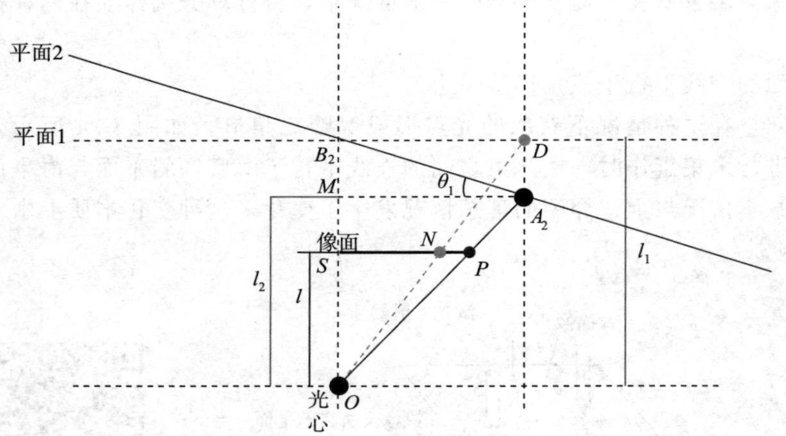

数字资源 8-6 一般情况中（1）的计算模型俯视图 1 彩色图

图 8-26 一般情况中（1）的计算模型俯视图 1

计算过程分为两个步骤：

①计算 A_2B_2 所在平面（此平面垂直于光束）到摄像机成像平面的距离 l_2 及海底平面的倾斜角度 θ_1，根据三角形相似和已知条件：

$$\triangle SOP \backsim \triangle A_2OM \Rightarrow \frac{l}{l_2} = \frac{SP}{A_2M} \tag{8-30}$$

求出 l_2。

在 $\triangle MB_2A_2$ 中：

$$\theta_1 = \arctan \frac{B_2M}{MA_2} \tag{8-31}$$

②计算另外一点 C_2，即不在平行线上的光点到摄像头成像平面的距离 L_2。这个过程较为复杂，同样需要参考平面（图 8-27）。

已知条件如下：

SP：即 C_2 对应的像点 P 与光心之间的距离。

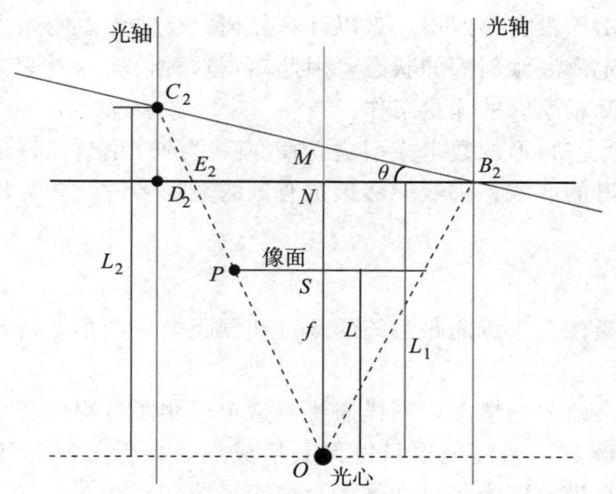

图 8-27　一般情况中（1）的计算模型俯视图 2

数字资源 8-7
一般情况中（1）的计算模型俯视图 2 彩色图

SO：即焦距 f，通过摄像机标定得到。

NO：即光心到 A_2B_2 所在的平面（此平面垂直于光束）的距离。

$$D_2E_2 = B_2N - SP \tag{8-32}$$

需要求解的是 L_2，θ。

根据三角形相似的原理，可列出以下求解算式。

$$\triangle SOP \backsim \triangle E_2NO \Rightarrow \frac{SP}{E_2N} = \frac{SO}{NO} \Rightarrow E_2N = SP\frac{NO}{SO} \tag{8-33}$$

$$\triangle C_2D_2E_2 \backsim \triangle E_2NO \Rightarrow \frac{C_2D_2}{NO} = \frac{D_2E_2}{E_2N} \Rightarrow C_2D_2 = NO\frac{D_2E_2}{E_2N} \tag{8-34}$$

$$L_2 = NO + C_2D_2 \tag{8-35}$$

$$\theta = \arctan\frac{C_2D_2}{B_2D_2} \tag{8-36}$$

（2）没有任何一条三角形边平行于海底倾斜面与海平面的交线

这种情况 3 个激光点在投影面上的连线组成一个一般三角形（既不是等腰三角形也不是等边三角形），如图 8-28 所示。

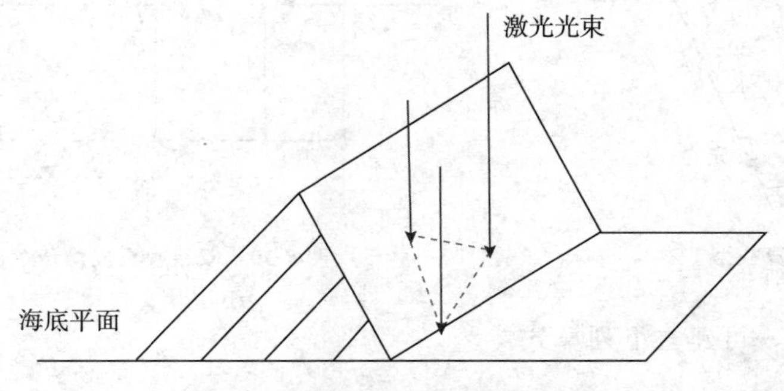

图 8-28　一般情况中（2）的示意图

数字资源 8-8
一般情况中（2）的示意图彩色图

对于一般情况中（2），由于没有参照点，难以计算任何一个激光点的距离。在此系统入水作业时，多数情况无法确定海底倾斜面的状态，因此出现这种情况的概率非常大，算法的无法实现，大大影响了单目测距系统的测量工作。

综上所述，单目三点激光三角形的数学模型建立存在一定的理论缺陷，但是这种新型的测距模型对于海底面较为平滑的区域，仍然能够提供有效的数据参考，并为模型的进一步改进提供了新的启发。

4. 双目测距系统的设计

本小节主要通过对单目摄像头三点测距系统的改进和测距模型的重新搭建，在理论上完成对测距系统的可行性验证。

为了克服参照平面可能会缺失的情况，同样需要规避单目测距过程中三个激光点相互影响的问题，再对系统进一步改进。通过把单目摄像头换成双目摄像头，对环境进行三维重建，从而获得重建模型，这个模型即为双目立体视觉测距系统。

（1）双目测距的几何原理

如图 8-29 所示，O_l，O_r 分别是左、右摄像头的光心，需要保证两台摄像机的型号和基本参数完全相同（$f_l = f_r$），像面精准地位于同一平面上，即左、右相机的摆放角度需要完全相同，并且都放置在同一水平面上。同时，光轴也是严格平行的，两个摄像头的光心坐标分别为 C_x^l，C_x^r，经过标定和图像矫正后，使两像平面位于同一位置。

假设两个摄像头是平行放置的，并且朝向相同。由海底平面获得某点 P，点 P 在两个摄像头的像面上的成像点分别为 P_l，P_r；Z 就是点 P 到两摄像头连线的距离。这个原理称为三角测量。

为了更加直观地得到左右摄像头的参数和像素点坐标之间的数学关系，将通过图 8-30 的双目视觉成像示意图进行分析。

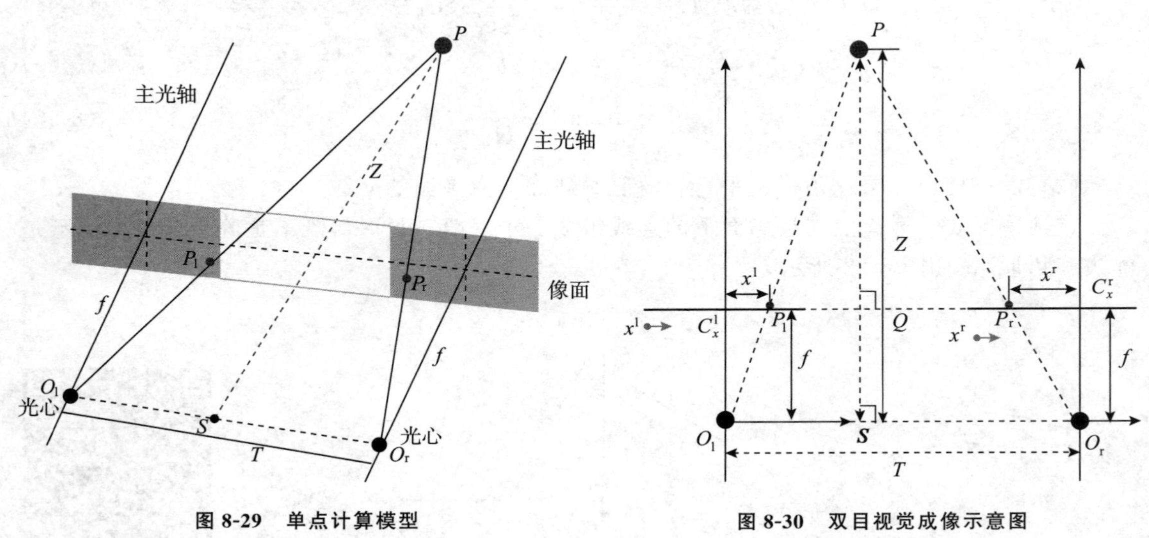

图 8-29 单点计算模型

图 8-30 双目视觉成像示意图

根据三角形相似的原理，可建立下列算式：

$$\triangle PP_lP_r \cong \triangle PO_lO_r \Rightarrow \frac{PQ}{PS} = \frac{P_lP_r}{O_lO_r} \tag{8-37}$$

$$\frac{T-(x^{l}-x^{r})}{Z-f}=\frac{T}{Z} \tag{8-38}$$

$$Z=\frac{f\cdot T}{x^{l}-x^{r}} \tag{8-39}$$

即可得到距离（深度）Z。由此可见，双目测距的数学原理并不难理解，在双目相机模型比较理想的前提下，算式很容易推导出来。

根据上述双目测距的原理，本小节对仿真小鱼和仿真海参，结合 YOLOv3 目标检测分别做了双目测距和三维定位抓取的试验。

首先使用 8.2.2 小节的 Matlab 软件相机标定结果，得到相机的内外参数（相机内参、畸变系数、旋转矩阵、平移矩阵等）。

通过上述双目相机标定得到的内外参数，则可以对图像进行图像矫正和极线约束。

仿真小鱼和仿真海参的图像矫正和极线约束效果如图 8-31 和图 8-32 所示。

图 8-31　仿真小鱼的图像矫正和极线约束效果

数字资源 8-9
仿真小鱼的图像矫正和极线约束效果彩色图

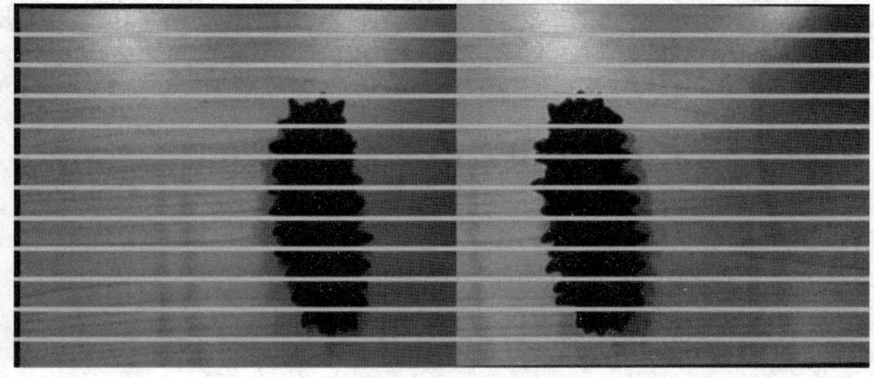

图 8-32　仿真海参的图像矫正和极线约束效果

数字资源 8-10
仿真海参的图像矫正和极线约束效果彩色图

由图 8-31 和图 8-32 可以看出，左图中极线上的点在右图对应的极线上都能找到对应的点，可见矫正效果比较好。将得到矫正的图像，使用 YOLOv3 目标检测算法对仿真小鱼和仿真海参进行目标检测。检测效果如图 8-33 和图 8-34 所示。

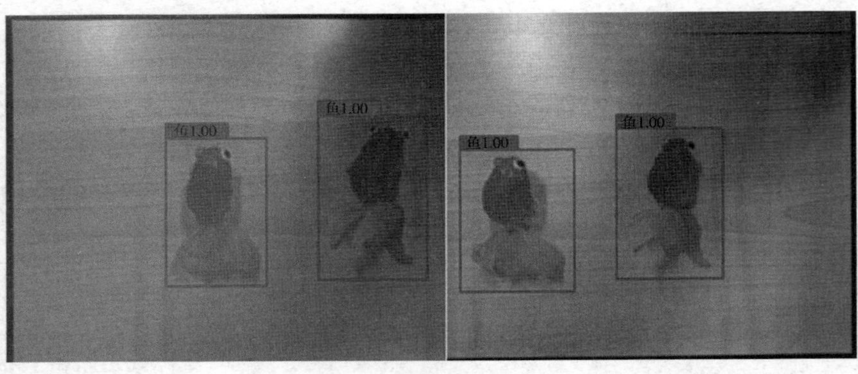

图 8-33　左右图像的仿真小鱼的检测结果

数字资源 8-11
右图像的仿真小鱼的检测结果彩色图

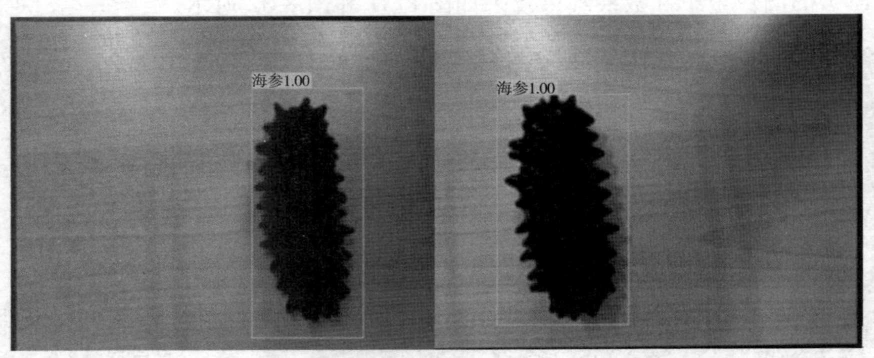

图 8-34　左右图像的仿真海参的检测结果

数字资源 8-12
右图像的仿真海参的检测结果彩色图

本试验在拍摄仿真小鱼时，放置的双目相机高度为 150 mm；拍摄仿真海参时，放置的双目相机高度为 120 mm。仿真小鱼和仿真海参的模型高度分别为 20 mm 和 22 mm。本试验所采用的双目相机分辨率为 640 × 240，则左、右相机的分辨率均为 320 × 240。标定得到的焦距为 211.86 mm，两相机光心距离为 59.09 mm。对矫正后的图像使用 YOLOv3 目标检测进行检测，可以得到目标点的中心像素坐标。

图 8-33 中，第一条小鱼在左右图像的中心点像素坐标分别为（152.5，135）和（54.5，136.5），第二条小鱼在左右图像的中心点像素坐标分别为（266.5，125.5）和（173.5，124.5）；图 8-34 中仿真海参在左右图像的中心点像素坐标分别为（224，140.5）和（96，139.5）。使用视差法的深度计算式 8-39 可以计算出第一条小鱼的深度值为 127.7 mm，第二条小鱼的深度值为 134.6 mm；计算出的仿真海参的深度值为 97.80 mm。

因为仿真小鱼的模型高度为 20 mm，在拍摄小鱼时，相机放置高度为 150 mm，则两条仿真小鱼的双目测距误差在 5 mm 内。仿真海参的模型高度为 22 mm，在拍摄海参时，相机放置的高度为 120 mm，则仿真海参的双目测距误差在 1 mm 左右。两组试验的测距效果如图 8-35 和图 8-36 所示。

本试验对仿真小鱼和仿真海参分别做了多组双目测距实验，测距误差均在 5 mm 内，测量精度较好。由于本试验只需要计算 YOLOv3 目标检测得到的中心点像素坐标的深度值，不需要计算整张图片中的深度，所以本试验没有进行立体匹配来获得深度图，而是直接利用极线矫正后的图像获得左右图像的目标点的视差值，通过式 8-39 来计算目标点的深度值。这里可根据实际情况来判断是否需要进行立体匹配，如果需要计算图像中任意一点的深度值，则需要进行立体匹配，立体匹配的算法可参考 8.3.3 小节。

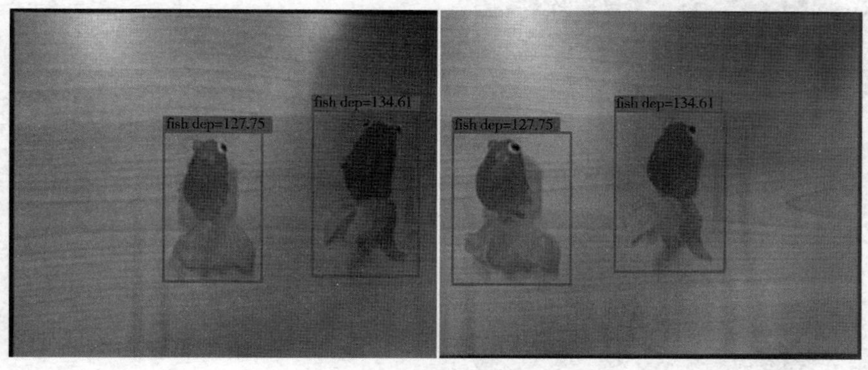

数字资源 8-13
视差法得到的仿真小鱼深度值彩色图

图 8-35　视差法得到的仿真小鱼深度值

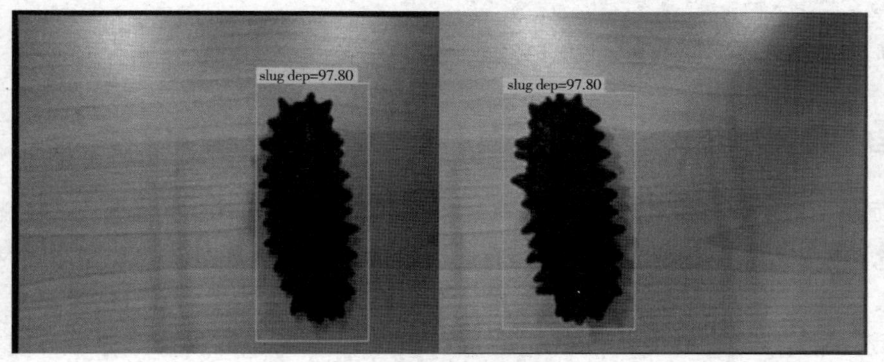

数字资源 8-14
视差法得到的仿真海参深度值彩色图

dep 指目标与相机之间的距离

图 8-36　视差法得到的仿真海参深度值

通过上述的标定、图像矫正等步骤，就可以计算视差来获得每个目标的深度值，从而得到每个目标的三维坐标，为本试验进行基于双目视觉的三维定位抓取提供了前提条件。

本试验所做的机械臂三维定位抓取，是对幻尔 Armpi 机械臂进行的二次开发，使用型号为 3D-1MP02-V92 的双目摄像头，结合 YOLOv3 目标检测进行双目视觉三维定位抓取。机械臂和摄像头为手眼分离系统，摄像头固定在 220 mm 的高度。把上述的仿真小鱼和仿真海参放置在水平桌面的不同高度进行实验，验证机械臂是否能对在双目摄像头视野范围内完成对不同深度的多目标抓取任务（图 8-37）。

对于本试验的环境，共放置了两个仿真小鱼和一个仿真海参，其中一个海参放置在硬纸板上，通过本试验拍摄的机械臂抓取视频，可以看出机械臂大致能完成多目标的三维定位抓取任务。但从本抓取试验的结果可以看出，目标的三维定位误差范围都在可控范围内，该系统都能比较准确地对不同深度的目标进行三维定位抓取，能顺利完成试验任务。

数字资源 8-15
机械臂三维定位抓取试验环境视频

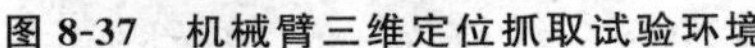

图 8-37　机械臂三维定位抓取试验环境

8.4.3　水下目标定位与跟踪

1. 基于像素特征融合的定位方法

传统的双目视觉立体成像模型定位方法，因为存在海浪、洋流和水下图像畸变等影响，其定位精度会比较低，难以满足实际的定位精度要求。谭永提出基于像素数据融合的定位方法，对目标圆心匹配像素坐标进行最小二乘融合来计算目标三维坐标，以提高目标定位的精度[18]。

数据融合是指利用计算机对按时序获得的若干传感器信息，在一定准则下加以自动分析、综合，通过数据关联、组合等方式协调起来，获得被感知对象或环境更加精确的描述。数据融合根据传感器返回信息的形式主要分为 3 个层次：像素级融合、特征级融合、决策级融合。像素级数据融合属于最低层次的融合，是传感器之间最原始数据在一个像素精度级别的融合。这种融合层次保留了原始信息，数据最为完整，但融合处理代价高，耗时长，抗干扰能力差，对传感器要求较高。特征级数据融合属于中端层次的融合，是多个传感器数据进行特征提取获得的特征向量之间的融合。这种融合层次对原始数据进行删减，提高处理速度，同时兼具像素级融合及决策级融合的优缺点，是一种应用较为广泛的方法。决策级融合属于高端层次的融合，是多个传感器进行预处理得到的传感器身份判定和决策内容之间的融合。这种融合方法通信量最小，抗干扰能力强，具有较强的容错能力，但对预处理性能要求较高。

本研究对两个摄像机匹配的圆心特征像素坐标数据进行融合，属于同质传感器特征级融合。首先将匹配圆心特征坐标与目标物三维坐标进行融合得到融合关系，然后以最小二乘法对融合关系进行求解，得到目标三维坐标。融合算法的实现如下。

在对图像进行处理获得目标图像坐标和建立空间三维坐标与图像坐标关系后，目标球心三维空间坐标 P 与其图像特征圆心坐标 p 之间在两个摄像机中投影关系表示为：

$$\begin{cases}\lambda_1 p_1 = \boldsymbol{M}_1 P \\ \lambda_2 p_2 = \boldsymbol{M}_2 P\end{cases} \tag{8-40}$$

式 8-40 中，λ_1 、λ_2 是深度系数；$\boldsymbol{M}_1$ 、$\boldsymbol{M}_2$ 是投影矩阵，在摄像机内外参数已知标定的情况下，投影矩阵 $\boldsymbol{M}_1$ 、$\boldsymbol{M}_2$ 为满秩矩阵，记为：

$$\boldsymbol{M}_1 = \begin{pmatrix} m_{11}^1 & m_{12}^1 & m_{13}^1 & m_{14}^1 \\ m_{21}^1 & m_{22}^1 & m_{23}^1 & m_{24}^1 \\ m_{31}^1 & m_{32}^1 & m_{33}^1 & m_{34}^1 \end{pmatrix},\quad \boldsymbol{M}_2 = \begin{pmatrix} m_{11}^2 & m_{12}^2 & m_{13}^2 & m_{14}^2 \\ m_{21}^2 & m_{22}^2 & m_{23}^2 & m_{24}^2 \\ m_{31}^2 & m_{32}^2 & m_{33}^2 & m_{34}^2 \end{pmatrix}$$

将 $\boldsymbol{M}_1$ 、$\boldsymbol{M}_2$ 代入式 8-42，消去参数 λ_1 、λ_2 得到：

$$\begin{cases}(u_1 m_{31}^1 - m_{11}^1)X + (u_1 m_{32}^1 - m_{12}^1)Y + (u_1 m_{33}^1 - m_{13}^1)Z = m_{14}^1 - u_1 m_{34}^1 \\ (v_1 m_{31}^1 - m_{21}^1)X + (v_1 m_{32}^1 - m_{22}^1)Y + (v_1 m_{33}^1 - m_{23}^1)Z = m_{24}^1 - v_1 m_{34}^1 \\ (u_2 m_{31}^2 - m_{11}^2)X + (u_2 m_{32}^2 - m_{22}^2)Y + (u_2 m_{33}^2 - m_{13}^2)Z = m_{14}^2 - u_2 m_{34}^2 \\ (v_2 m_{31}^2 - m_{21}^2)X + (v_2 m_{32}^2 - m_{12}^2)Y + (v_2 m_{33}^2 - m_{23}^2)Z = m_{24}^1 - v_2 m_{34}^2\end{cases} \tag{8-41}$$

式 8-41 表示了两个摄像机图像圆心特征与目标三维坐标之间的融合关系，线性方程组有 4 个方程，3 个未知数，任意选择其中的 3 个方程都可以得到唯一的一组解。为得到线性方程组近似解，本文采用最小二乘法对式 8-41 所示的融合关系进行求解。最小二乘法求解的原则是所求的值使得上述四方程的离差的平方和最小。离差指的是所求值代入方程左侧求得的值与方程右侧的值的差。理论上离差应该等于零，在实际问题中，离差值越小，计算值的精度越高。

用最小二乘法求解融合方程，需要将式 8-41 转化为矩阵形式来构造矩阵方程，如下所示：

$$\boldsymbol{AX}=\boldsymbol{B} \tag{8-42}$$

式 8-42 中，

$$\boldsymbol{A} = \begin{pmatrix} u_1 m_{31}^1 - m_{11}^1 & u_1 m_{32}^1 - m_{12}^1 & u_1 m_{33}^1 - m_{13}^1 \\ v_1 m_{31}^1 - m_{21}^1 & v_1 m_{32}^1 - m_{22}^1 & v_1 m_{33}^1 - m_{23}^1 \\ u_2 m_{31}^2 - m_{11}^2 & u_2 m_{32}^2 - m_{22}^2 & u_2 m_{33}^2 - m_{13}^2 \\ v_2 m_{31}^2 - m_{21}^2 & v_2 m_{32}^2 - m_{12}^2 & v_2 m_{33}^2 - m_{23}^2 \end{pmatrix}$$

$$\boldsymbol{B} = \begin{pmatrix} m_{14}^1 - u_1 m_{34}^1 \\ m_{24}^1 - v_1 m_{34}^1 \\ m_{14}^2 - u_2 m_{34}^2 \\ m_{24}^1 - v_2 m_{34}^2 \end{pmatrix},\quad \boldsymbol{X} = \begin{pmatrix} X_w \\ Y_w \\ Z_w \end{pmatrix}$$

根据数学矩阵求解知识可知，式 8-42 的最小二乘解为：

$$\boldsymbol{X} = (\boldsymbol{A}^{\mathrm{T}}\boldsymbol{A})^{-1}\boldsymbol{A}^{\mathrm{T}}\boldsymbol{B} \tag{8-43}$$

式 8-43 为文中提出的基于像素特征融合的定位方法计算表达式，提出方法是通过将两个圆心特征与目标三维坐标融合起来的，在两个摄像机投影关系已知的条件下，采用最小二乘法来计算目标三维坐标的。该方法与传统的立体成像模型定位方法相比，能够提高目标定位的精度。

2. 基于光流法目标跟踪

光流法是利用光流场对目标进行跟踪[19]，根据图像序列中每个像素点的亮度在时域上的变化以及相邻帧之间的相关性来确定当前帧目标所在的位置：

$$I_t(x,y) = I_{t+1}(x+u,y+v) \tag{8-44}$$

$$I_{t+1}(x+u,y+v) \approx I_t(x,y) + \frac{\partial I}{\partial x}u + \frac{\partial I}{\partial y}v + \frac{\partial I}{\partial t} \tag{8-45}$$

I_t 和 I_{t+1} 表示当前帧和下一帧的强度信息；u 和 v 表示目标点（x,y）在下一帧偏离的位置量。在此需要做以下 3 个假设：

①每帧特征点的强度值是恒定的；

②前后两帧所有点的位移量相等，即空间运动一致；

③运动量微小。

则可以得到：

$$\frac{\partial I}{\partial x}u + \frac{\partial I}{\partial y}v = -\frac{\partial I}{\partial t} \tag{8-46}$$

该公式为光流法约束方程，也被称为亮度恒定方程。利用光流进行运动目标跟踪可以分为稠密光流法和稀疏光流法。

（1）稠密光流法

相较于稀疏光流法而言，稠密光流法本质上是需要对全图像的像素点进行速度矢量估计，得到整幅图的光流场，将当前帧的所有像素点与前一帧的图像相比较，将有变化的点进行标记，由于稠密光流法需要对比的点较多，因此其相较于稀疏光流法速度较慢，但其效果通常要优于稀疏光流法。因此在面向不同的应用场景时，可根据实际需求选用相应的光流法完成目标跟踪。稠密光流法适用于对实时性要求不高的任务中。如图 8-38 所示为稠密光流法的算法流程。如图 8-39 所示为基于稠密光流法的水下鱼类跟踪效果图。

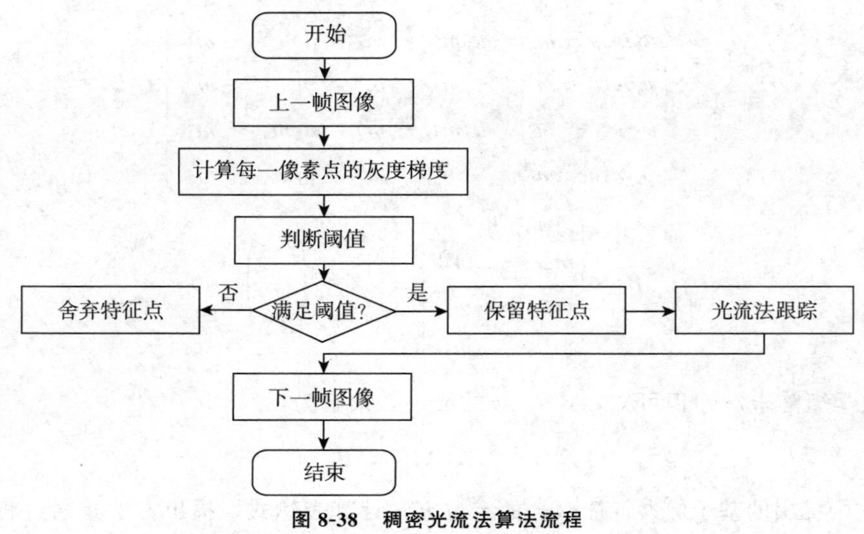

图 8-38　稠密光流法算法流程

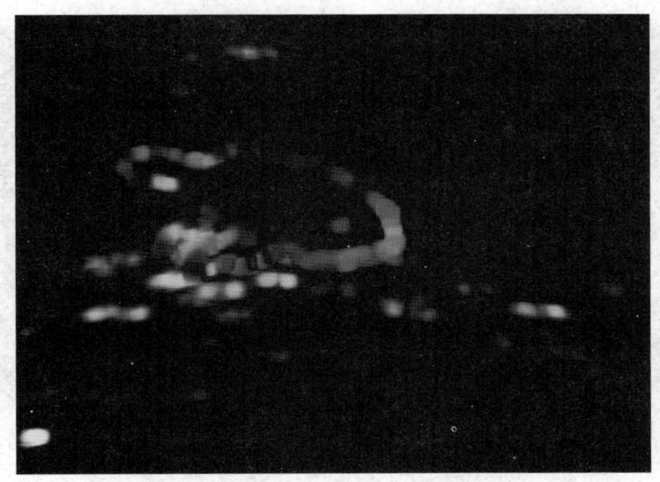

图 8-39 基于稠密光流法的水下鱼类跟踪效果

（2）稀疏光流法

稀疏光流法并不计算每个像素点的运动矢量，而是在图像计算一些具有明显特征的区域进行运动矢量计算。该方法常用的特征点为角点，所以在使用稀疏光流法进行目标跟踪，首先需要寻找前后两帧均出现过的特征点，并将其作特征点匹配。

本研究采取尺度不变特征变换（scale invariant feature transform，SIFT）检测器和描述子。SIFT 是一种著名的尺度不变特性检测法，具有鲁棒性高、检测准确、速度快等特点。在不同的水下环境下，将前后两针特征点进行匹配，得到的匹配效果图分别如图 8-40 和 8-41，可看出当水下图像的特征点较明显、图像清晰度较高时，特征点匹配的效果如图 8-41，能匹配到较多的特征点，而图像清晰度低或因为水下光线问题造成图像失真的情况时，则会如图 8-40 所示，匹配得到的特征点较少。而且两图中，都存在匹配点误匹配的情况。因此可以在特征匹配时引入随机抽样一致（random sample consensus，RANSAC）以修正匹配误差，使得每个匹配点对满足极线约束准则。或在完成特征点匹配之前，引入图像增强或首先进行图像修复，以减少图像失真、降低图像噪声的问题，进而提高特征匹配效果。如图 8-42 为图 8-40 经过稀疏光流法后得到的效果图。

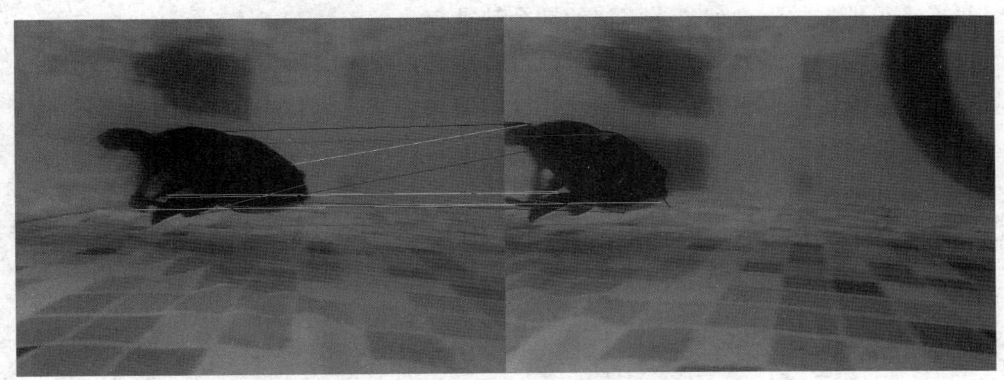

图 8-40 左右水下图像特征点匹配效果图 1

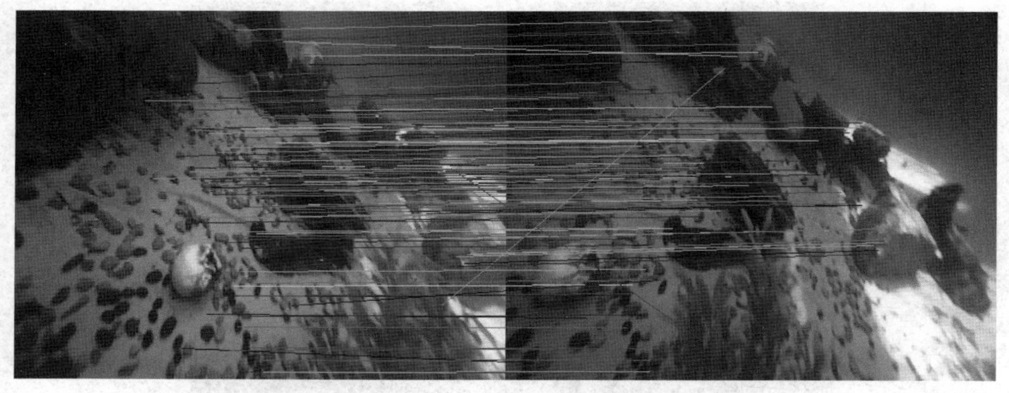

图 8-41　左右水下图像特征点匹配效果图 2

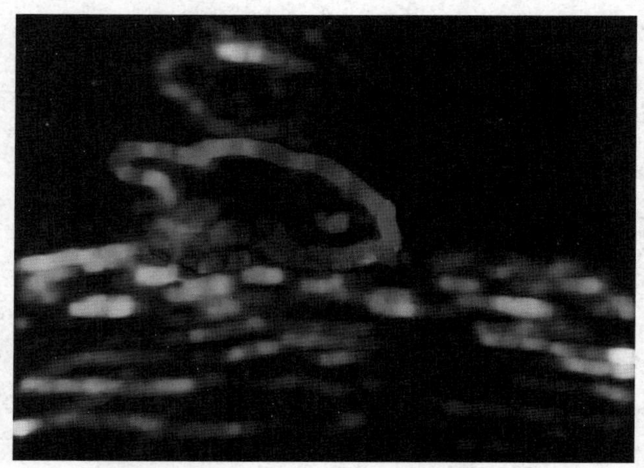

图 8-42　稀疏光流法得到的光流效果

由图 8-42 可看出，稀疏光流法将水波在两帧之间的变化也视为了运动目标，光流场效果并不好。

根据稠密光流法、特征点匹配、稀疏光流法等试验，可以发现使用光流法对运动目标进行跟踪并不是很理想，下面列出光流法的几个缺点：

①目标需要运动，若光照无变化且目标没有运动，则不会产生光流场；

②环境影响大，即使目标没有运动，光照的变化也会产生光流场；

③需要明显的纹理信息，即具有较多的合理的特征点匹配对；

④面对目标被遮挡，无法有效地估计出目标位置。

在目标跟踪中，有很多方法都是基于特征点匹配原理的，通过分析，在面对无明显纹理特征的水下背景、目标为激光束的场景中，基于特征点的方法并不能很好地适用。

8.5　小结

在本章中，前 3 小节分别介绍了双目视觉成像理论与标定和水下双目立体视觉的原理。

8.4 节重点介绍了水下双目视觉立体匹配应用技术，其中，在水下三维重建部分详细描述了如何求解目标三维坐标并进行三维场景的表面模型重建；在水下目标自动测量部分阐述了图像采集装置的设计，单点测距计算模型和一般情况的单点测距计算模型，并通过对单目三点测距系统进行原理的改进，及模型的重新搭建，在理论上完成对测距系统的可行性验证；最后，在水下目标定位与跟踪部分，分别介绍了"基于像素特征融合的定位方法"和"基于光流法目标跟踪"的理论知识，对如何定位和跟踪水下目标做了仔细的探讨。总的来说，水下立体视觉在将来依然会是计算机视觉领域的热点所在，并值得研究者们继续挖掘其潜在的价值。

思考题

8.1 相机几何标定时，有几大坐标系？其中，构建世界坐标系的目的是什么？

8.2 场景深度会受到哪些因素深度的影响？

8.3 简述常见的立体匹配算法。

8.4 如何利用双目视觉对场景的目标进行三维定位？

8.5 如何利用双目视觉进行三维重建？

参考文献

[1] 穆向阳，张太镒．机器视觉系统的设计［J］．西安石油大学学报：自然科学版，2007，21（6）：1-2.

[2] 张艳珍，欧宗瑛．一种新的摄像机线性标定方法［J］．中国图像图形学报，2001，8：14-18.

[3] 马颂德，张正友．计算理论与算法基础［M］．北京：科学出版社，2003.

[4] 贾云得．机器视觉［M］．北京：科学出版社，2000.

[5] 李占贤，许哲．双目视觉的成像模型分析［J］．机械工程与自动化，2014，4：191-192.

[6] 郑逢杰，余涛，袁国体，等．相机几何标定方法综述［J］．科技创新与生产力，2010，2：72-73.

[7] 王帅．双目立体视觉系统中图像匹配技术研究［D］．杭州：浙江工业大学，2019.

[8] D Marr．视觉计算理论［M］．北京：科学出版社，1988.

[9] 郭轶芹．双目视觉立体匹配致密匹配算法的研究［D］．西安：西安电子科技大学，2010.

[10] 邱茂林，马颂德，李毅．计算机视觉中摄像机定标综述［J］．自动化学报，2001，26（1）：43-55.

[11] 李洪海，王敬东．摄像机标定技术研究［J］．光学仪器，2007，29（4）：7-12.

[12] 邓泽军．基于双目立体视觉的水下立体匹配技术［D］．杭州：浙江大学，2020.

[13] 陈华，王立军，刘刚．立体匹配算法研究综述［J］．高技术通讯，2020（2）：157-165.

[14] 李超．基于平行双目视觉的水下环境三维重建方法研究［D］．青岛：中国海洋大学，2011.

[15] 王凯旋．水下环境中基于双目立体视觉的三维重建算法［D］．秦皇岛：燕山大

学，2017.
[16] 李盛前．基于视觉技术的水下焊接机器人系统研究［D］．广州：华南理工大学，2016.
[17] 衡靓靓．水下视觉测距系统的设计与实现［D］．杭州：杭州电子科技大学，2014.
[18] 谭永．双目视觉水下目标物定位与跟踪技术研究［D］．哈尔滨：哈尔滨工程大学，2016.
[19] 卢鹏．基于双目视觉的水下光学目标检测与跟踪技术研究［D］．成都：电子科技大学，2019.

第 9 章　机器视觉在海洋及水产科学研究中的应用

9.1　引言

作为一个农业大国，我国的水产养殖业一直以来就是推动经济发展的重要力量，所以我们国家对海洋和水产科学的研究一直都非常重视。海洋占据地球的绝大部分，在海洋中蕴含着丰富的资源，尤其是蛋白质含量较高的鱼类生物，食用海洋生物（鱼虾等）是我们生活中摄取蛋白质的重要途径之一。

在海洋及水产科学的研究中，有很多基于机器视觉的应用，如通过机器视觉对鱼类游动行为进行分析，从而判断鱼群的摄食情况；通过计算机视觉可以实现对鱼群目标的识别，以及疾病的监测；还可以通过视频图像实现海洋中不同物种的监测，完成对某一片海洋区域内物种多样性的评估。

很多研究人员在基于机器视觉的鱼类养殖方面进行了大量而有效的研究。本章根据实验室发明的一个水下图像与视频集成处理展示平台来介绍水下图像与视频的处理技术，并基于该技术对有关海洋及水产的应用进行介绍。这些应用主要有饲料精准投喂、鱼类异常行为检测、鱼类生物量估算和鱼类检测与跟踪等几方面。

9.2　饲料精准投喂

在水产养殖中，饲料精准投喂技术非常重要，拥有精准喂养技术有助于水产生物健康成长，从而使养殖户获得更大的经济效益。

精准投喂的目标是根据养殖对象的种类、生长发育阶段、生活习性、食性特点、养殖方式以及环境等因素的变化，遵循养殖对象的摄食生长规律，合理调控投喂量与投喂方式，最大限度地减少饲料浪费和水质环境的污染，提高饲料的摄食利用率和消化吸收率，降低饲料系数，保证养殖对象健康、快速生长，以最小的饲料消耗量获取最大产量的水产品[1]。

9.2.1　基于鱼类摄食强度的精准投喂研究

我们以循环水养殖场为基础，提出了一种基于卷积神经网络（CNN）的鱼类摄食强度分级方法，根据不同的摄食强度分级结果，实现投饵机给料的智能控制，为循环水养殖游泳型鱼类提供自动投喂方案。

以游泳型鱼类斑石鲷为试验对象，斑石鲷来自明波水产有限公司，每个试验池养殖100尾鱼，100尾鱼的平均体重为250 g左右，使用自动投饵机进行间隔投喂，每次间隔时间为10 s，每次投饵量为20 g，循环水养殖池内水温保持在21～23℃。试验前，实验鱼类在试验池中培养了4周，被认为已经适应了养殖环境。

利用工业相机和计算机进行图像采集和处理，相机被固定在是试验池顶部，通过数据传输线与电脑相连，通过相机自带软件进行鱼类摄食行为数据采集。在投喂前10 min进行数据采集，在投喂结束后10 min停止采集，相机分辨率为1 600×1 200像素，帧率为20帧/s。

根据Eriksen等[2]的研究，将鱼类摄食强度分为两个等级，分别为活跃和不活跃，分级标准如表9-1所示。图9-1给出了活跃与不活跃摄食的图像例子。我们选择了活跃与不活跃共1 000张图像作为数据集，其中训练集为600张，验证集为200张，测试集为200张。

表9-1 鱼类饲养强度分级标准

摄食强度	行为
活跃	鱼在食物之间自由移动，并消耗所有可用的食物；鱼移动去觅食，但又回到它们原来的位置
不活跃	鱼只吃直接落在它们面前的食物，但不会移动进食

(a) 鱼类摄食活跃

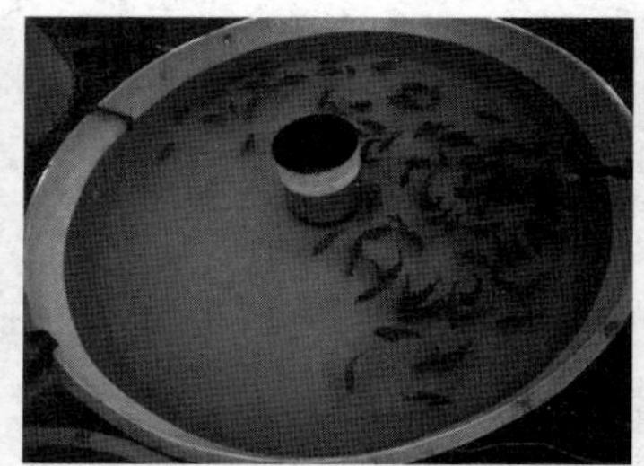
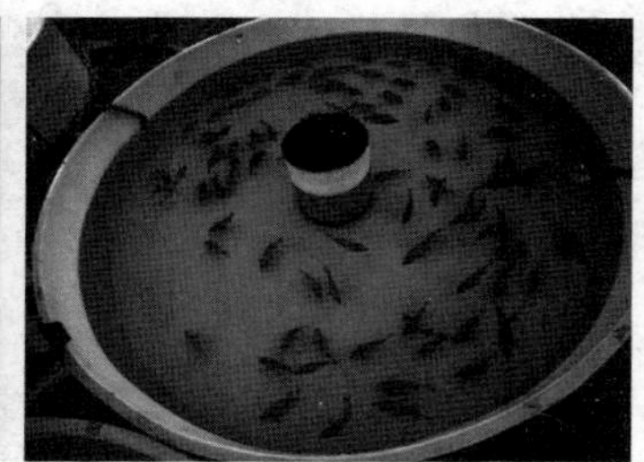

(b) 鱼类摄食不活跃

图9-1 活跃与不活跃摄食样本

卷积神经网络（CNN）是基于深度学习理论的人工神经网络，可以自动提取图像特征，避免人工提取特征的复杂操作，适合于场景复杂的水产养殖环境。在不同类型的CNN分类中，基于ResNet18[3]框架的分类模型对较小的数据集具有较强的训练处理能力，达到较高的识别结果。因此，本研究采用基于ResNet18模型进行迁移学习。基于ResNet18的迁移模型在ImageNet上获得了充分训练，通过将ResNet18预训练模型迁移到实验数据集，可以获得较高的分类精度，可以保证鱼类摄食强度分类的准确性和快速性。ResNet18 预训练模型是基于 1 000 种分类的，因此将 ResNet18 预训练模型的最后一层全连接层改为两分类，代表鱼类摄食的两种不同的状态，其余的层和结构保持不变，即可应用于鱼类摄食强度分类。

由于鱼类摄食强度分类数据量较小，为了扩大数据集，提高网络训练精度和泛化性能，我们采用了旋转、缩放、平移、噪声添加等多种数据增强方法。

鱼类摄食强度分类模型采用的相关参数如表 9-2 所示。

表 9-2 鱼类摄食强度分类模型使用参数

参数名称	设置
优化函数	SGD 优化函数
迭代次数	200
激活函数	ReLU
学习率	0.000 1
损失函数	CrossEntropy
批次数	8

对鱼类摄食强度分类模型进行训练和测试，经过 200 次迭代后，原始样本的验证误差最终稳定在 0.015 左右。我们使用训练好的鱼类摄食强度分类模型，选择 200 张照片进行测试分级，结果如表 9-3 所示，其中 195 幅图像被正确识别，最终准确率达到 97.5%。试验结果表明，基于 ResNet18 模型进行迁移学习可以检测鱼类摄食强度，为鱼的食欲评估提供了一种实用的方法。

表 9-3 鱼类摄食强度分类结果

摄食强度	试验结果		ResNet18 模型评价指标		
	活跃	不活跃	精确度/%	回归率/%	准确率/%
活跃	97	3	97.97	97.00	97.5
不活跃	2	98	97.03	98.00	

9.2.2 鱼类智能投喂设备研究

智能投喂设备主要由数据采集设备、控制装置以及投饵机组成。数据采集设备采用一款 1080P 高清广角 USB 摄像头，能够采集到高质量视频，拥有较好的低照度和较高的动态范围。控制装置主要包括嵌入图像处理程序的树莓派、时钟模块和继电器。通过数据采集设备获取实时视频，经图像处理程序处理后，通过串口向树莓派发送关闭投饵机的信号，当树莓派接收到关闭投饵机的信号时，继电器对投饵机进行智能关断控制，实现精准投喂。

9.2.2.1 智能投喂算法原理

1. 角点检测

角点检测（corner detection）是计算机视觉系统中用来获得图像特征的一种方法，广泛应用于运动检测、图像匹配、视频跟踪、三维建模和目标识别等领域中，也称为特征点检测。角点检测算法的选择会直接影响后续 LK 光流法跟踪的准确性，因此选择合适的角点检测算法至关重要。下面简要介绍 3 种角点检测算法：Harris、Shi-Tomasi 和 ORB 算法。

1988 年，Harris 和 Plessey 提出了经典的 Harris 角点检测算法[4]。Harris 角点检测通过窗口在各个方向上的变化程度，决定待检测特征点是否为角点。1994 年，J. Shi 和 C. Tomasi 提出 Shi-Tomasi 角点检测算法[5]。Shi-Tomasi 角点检测算法与 Harris 角点检测算法思想相近，是 Harris 算法的改进，不同之处在于最后判别式的选取，Shi-Tomasi 角点检测规定如果两个特征值中较小的一个大于最小阈值，则会得到强角点，即 Shi-Tomasi 角点检测选取特征中的最小的那个来判别。ORB 角点检测算法是由 Ethan Rublee，Vincent Rabaud，Kurt Konolige 和 Gary R. Bradski 在 2011 年一篇名为"ORB：An efficient alternative to SIFT or SURF"[6] 的文章中提出的。ORB 角点检测将 FAST 特征点的检测方法与 BRIEF 特征描述子结合起来，并在它们原来的基础上做了改进与优化。

分别使用上述 3 种算法对鱼类视频进行特征点检测，检测结果如图 9-2 所示。

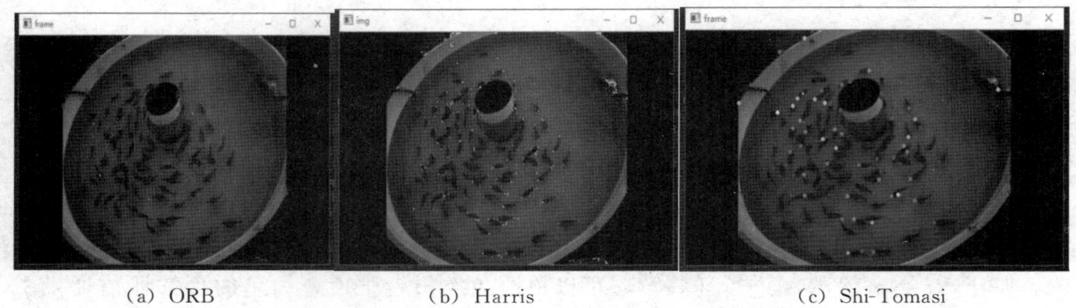

(a) ORB　　(b) Harris　　(c) Shi-Tomasi

图 9-2　ORB、Harris 和 Shi-Tomasi 角点检测效果

实验结果表明，Harris 和 Shi-Tomasi 角点检测算法效果明显优于 ORB；对比 Harris 和 Shi-Tomasi，Shi-Tomasi 角点数量虽然没有 Harris 多，但 Shi-Tomasi 角点检测的质量更高，且 Shi-Tomasi 相比 Harris 速度有所提升，更适合实时检测场景。综上所述，本智能投喂系统进行角点检测时采用了 Shi-Tomasi 角点检测算法，角点跟踪的效果较好。

2. LK 光流法

前文已经对光流法进行了详细的介绍。光流场的计算大致可分为三类：基于梯度的方法、基于匹配的方法、基于能量的方法。本智能投喂系统算法控制部分主要应用 LK 光流法，因此，此处重点介绍 LK 光流法相关知识。

为了应用光流计算物体的速度，相邻帧之间需要满足两个假设：

(1) 亮度不变，两个间隔帧之间的像素点的亮度需要保持恒定，从而对两个相邻帧之间的像素点进行对应；

(2) 小运动，需要保证像素点并不会随着时间的变化而剧烈变化，从而通过相邻帧之间对应点位置变化引起的灰度值变化来近似为灰度对位置的偏导。

LK 光流法是一种基于梯度计算光流的算法，该算法由 Lucas 和 Kanade 在 1981 年提出[7]。在光流场的基本方程中有两个未知量 u 和 v，但是只有一个方程，此时光流计算变得较为困难。为了简化光流计算的流程，LK 光流算法为其增加了一个额外的假设条件——空间一致，即假设光流在某个像素点邻域内保持相同的瞬时速度。空间一致性表明在较小的窗口范围内，相邻像素点的光流是保持不变的，由此可以增加光流约束方程，使光流计算变得简单。LK 光流法的本质就是通过最小二乘法对邻域中的所有像素点求解基本光流方程的过程。对于固定大小的窗口，可以列出式 9-1 至式 9-5：

$$\begin{aligned} & I_x(q_1)V_x + I_y(q_1)V_y = -I_t(q_1) \\ & I_x(q_2)V_x + I_y(q_2)V_y = -I_t(q_2) \\ & \vdots \\ & I_x(q_n)V_x + I_y(q_n)V_y = -I_t(q_n) \end{aligned} \tag{9-1}$$

式 9-1 中，q_n为窗口中的像素点，I_x、I_y为像素 q 分别在 x、y 方向上的偏导，转换为矩阵形式：

$$\boldsymbol{A}\boldsymbol{v}=\boldsymbol{b} \tag{9-2}$$

式 9-2 中，

$$\boldsymbol{A}=\begin{bmatrix} I_x(q_1) & I_y(q_1) \\ I_x(q_2) & I_y(q_2) \\ \vdots & \vdots \\ I_x(q_n) & I_y(q_n) \end{bmatrix},\quad \boldsymbol{v}=\begin{bmatrix} V_x \\ V_y \end{bmatrix},\quad \boldsymbol{b}=\begin{bmatrix} -I_t(q_1) \\ -I_t(q_2) \\ \vdots \\ -I_t(q_n) \end{bmatrix} \tag{9-3}$$

由于该方程组为超定方程组，等式个数大于未知数个数，所以采用最小二乘法计算出近似解：

$$\boldsymbol{v}=(\boldsymbol{A}^{\mathrm{T}}\boldsymbol{A})^{-1}\boldsymbol{A}^{\mathrm{T}}\boldsymbol{b} \tag{9-4}$$

或

$$\begin{bmatrix} V_x \\ V_y \end{bmatrix}=\begin{bmatrix} \sum_i I_x(q_i)^2 & \sum_i I_x(q_i)I_y(q_i) \\ \sum_i I_y(q_i)I_x(q_i) & \sum_i I_y(q_i)^2 \end{bmatrix}^{-1}\begin{bmatrix} -\sum_i I_x(q_i)I_t(q_i) \\ -\sum_i I_y(q_i)I_t(q_i) \end{bmatrix} \tag{9-5}$$

3. 金字塔 LK 光流法

LK 光流法基于亮度恒定、小运动、空间一致这 3 个前提条件，但在实际应用场景中，运动尺度小且连续的运动并不是随处可见的，当运动目标速度较快时，LK 光流法的运用就会受到限制，因此可以在算法中融合图像金字塔技术来计算光流。

前文已经介绍过图像金字塔技术，简单来讲，该技术对图像原图连续降级采样，之后所有图像形成一个图像集合，集合里底部图像的分辨率最高，顶部图像的分辨率最低。本智能投喂系统将图像金字塔技术和 LK 算法结合计算光流，从而获取鱼群速度信息。图像金字塔 LK 光流法在每一层上对光流进行计算，首先通过计算得到顶层的图像光流，再将得到的信息作为下一层的初始数据继续进行光流计算，直到结果满足前提假设为止。该过程提高了光流计算精确度，并且有效解决视频中运动目标速度较大时的光流计算问题。

4. 实验与分析

本智能投喂系统首先使用 Shi-Tomasi 特征点检测算法获取视频图像每帧中的角点，进而使用图像金字塔 LK 光流算法对检测出的角点进行跟踪，计算出鱼群的运动速度，如图 9-3 所示。

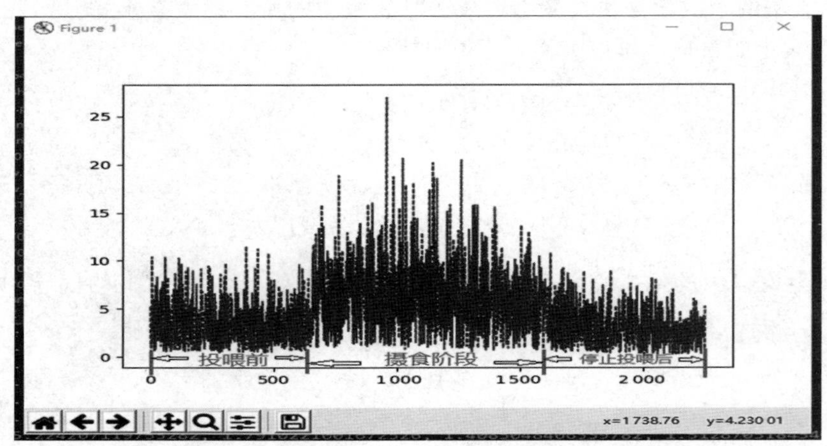

图 9-3 鱼群运动速度变化曲线

分析鱼群摄食前后运动速度变化曲线，投喂前鱼群运动速度整体较低，摄食阶段鱼群整体运动速度呈现由大到小的变化趋势，停止投喂后，鱼群整体运动速度渐渐下降。通过大量试验分析，为了实现鱼类精准投喂，本试验设置速度阈值为 5.3，累计帧数设为 272 帧，即从开启投饵机开始监测鱼群的运动速度，当累计 272 帧速度小于 5.3 时关断投喂机。

9.2.2.2 智能投喂设备系统硬件

1. 投喂设备系统功能设计

功能设计主要包括投饵系统、手动自动开关、观测系统组成。投饵系统根据观测系统拍摄的实时动态图像借助定时模块及光流法实现定时自动开关投饵机；投饵系统同时安装了物理开关手动控制开关。

2. 投喂设备系统总体设计方案

基于树莓派的智能投喂设备系统硬件连接如图 9-4 所示：系统主要包括树莓派 3B+、USB 免驱摄像头、DS1037 时钟模块、旋钮三挡开关、中间继电器及投饵机等装置。树莓派 3B+自带散热外壳和 1.4 GHz、64 位四核处理器，传输速度快；USB 免驱摄像头用来实时获取鱼的动态视频并通过光流法进行分析；DS1037 时钟模块带电池 CR2032，保证树莓派断电不联网状态时，时钟仍正常走动，实现投饵机每天自动定时开机喂食；旋钮三挡开关用来控制投饵机自动关及手动物理开关；继电器模块和 8 脚中间继电器相当于开关与旋钮三挡开关共同控制

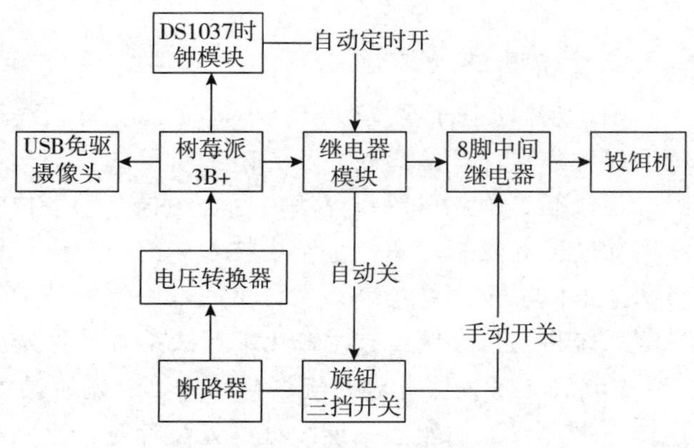

图 9-4 智能投喂系统硬件连接

投饵机的开关。

综上所述，基于树莓派的智能投饵系统，可实现树莓派时钟模块定时开启投饵机并通过摄像头实时动态获取鱼的视频进行光流法分析，最终利用继电器控制投饵机关断。

9.3　鱼类异常行为检测

鱼类行为是指鱼类对于外界和体内环境变化的外在反应，这些反应表现在各种行为指标上的变化。游泳、生殖、摄食、呼吸、逃避、攻击以及求偶时的体色变化等都可以作为监测鱼类行为的指标。首先，要得到鱼类的运动轨迹，就要对鱼类进行跟踪，从跟踪结果中得到鱼类的轨迹序列，然后对其进行采样。

运动目标的异常行为在不同的应用场合具有不同的含义，且在很多情况下，异常行为是由场景上下文和应用背景等具体情况决定的，因而异常行为很难有一个比较明确统一的定义，即和正常行为没有明确的界限。因此，异常行为的检测和分析具有较高的挑战性。一般来说，我们认为的异常行为都有下面几个特性：

（1）异常不是经常发生的，发生也不一定是完全一样的反应模式；

（2）不一定都能够被预先定义，即使预先定义也可能与真实的异常行为有偏差；

（3）异常行为的表现方式各种各样；

（4）异常行为的不可预知性。

因此，异常行为难以总结归纳，难以进而给出明确定义或者描述。鱼类的活动相比较人的活动而言，更难以确定什么是正常行为、什么是异常行为。一般来说，鱼类的运动却比人的活动更单一、简单，在正常情况下，鱼类大部分的时间都在水中不停地游动，如果对鱼类的游动场所加以限制，那么就很容易观测到其游动模式是有一定的规律的。

9.3.1　基于视觉的鱼类异常行为检测

合理调节水产养殖水环境对鱼群的健康生长至关重要。有效、准确地提取鱼类目标并分析和识别其行为特征与环境因素之间的关系，可为准确控制水产养殖水环境提供有效的依据。鱼群图像分割为行为监控特征提取和图像信息分析提供了易于理解和分析的表示方法，准确有效的图像分割是鱼群监控的基础。Sun 等结合鱼群缺氧图像特征和 K-means＋＋算法，提出了一种自适应快速聚类的鱼群彩色图像分割算法[8]。在 RGB 颜色空间中，保留了具有最大平均亮度的通道的颜色信息，其他补偿为零，生成的新图像替换了原始图像。鱼色库是使用鱼群目标和背景的灰色分布统计数据构建的。计算新生成的图像的归一化灰度直方图的每个灰度范围内的像素概率分布值，并将其与鱼群目标灰度参考基准统计计量相结合，通过两次遍历确定聚类值。根据预留的信道信息，选择相应的集群鱼群颜色库进行颜色聚类。通过阈值变换对聚类结果进行处理，最终实现鱼群图像分割，准确识别鱼类浮头行为。

数据来自中国农业大学农业物联网工程技术研究中心。在该研究中，选择了 60 条个体小（5～7 cm）且具有集群习性的鲤鱼作为实验鱼。在收集数据之前，鲤鱼已经在水中生活了两个月，并且完全适应了试验环境。鱼缸的尺寸为 120 cm×120 cm×100 cm，水位为 70 cm，室内温度约为 15 ℃。图像采集设备为 Hikvision 相机，用于视频图像采集，分辨率为 1 024×768 像素，位深度为 24 位，每秒 24 帧。试验装置如图 9-5 所示。

图 9-6(a) 是原始图像，从图 9-6(c) 的结果可以看出，它们是模糊和不完整的，边缘敏感性差，边界分割不明显。图 9-6(d) 中的分割显示反射区域的分割过度，许多不适当和过度的分割不能很好地满足实际要求。从图 9-6(b) 的结果可以看出，目标和背景之间的边界是明亮的并且分割是完整的。与其他算法相比，该算法实现了有效而准确的图像分割，可以准确判断鱼浮头现象。

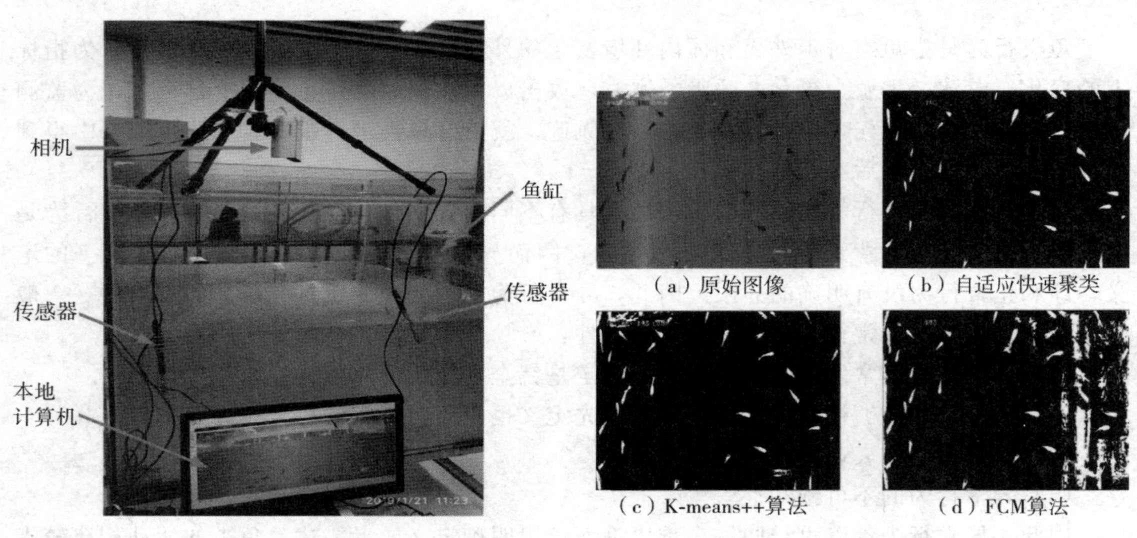

图 9-5　试验装置（Sun，2019）　　**图 9-6　试验结果**（Sun，2019）

9.3.2　基于视觉的鱼类特殊行为识别

养殖鱼类的行为可以反映其生理、心理和环境的变化，这些变化将进一步影响鱼类的福利。反复急性刺激引起的慢性应激会影响鱼类的长期摄食行为和生长性能，这会导致鱼类激素水平失衡，威胁鱼类的健康和福利。持续监测和识别摄食和应激行为将有利于鱼类的生产和养殖。Yu 等[9]提出了一种鱼类应激行为和摄食行为的监测与识别方法，该方法流程如图 9-7 所示。

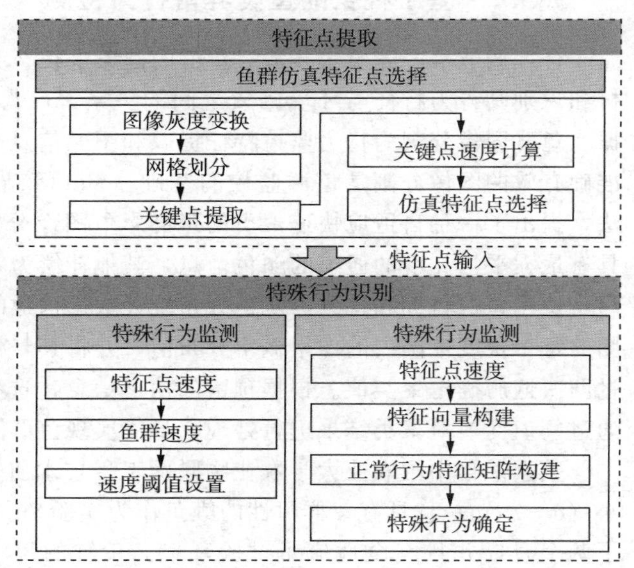

图 9-7　鱼群特殊行为识别方法流程（Yu，2021）

该方法包含两部分：一是借助于 LK 光流获取图像中表示鱼群的仿真特征点；二是以特征点的速度信息作为关键指标对特殊行为（应激行为和摄食行为）进行监测与识别。对于特征点选择过程中每一步的结果如图 9-8 所示。根据图 9-8 可以看出，获取的鱼群特征点能够较好地聚集于鱼群的位置，而不是

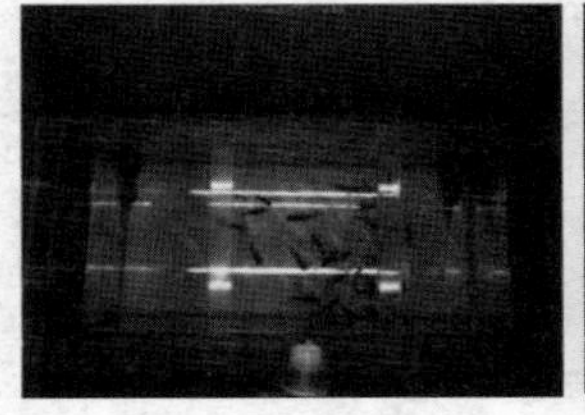
(a) RGB图像

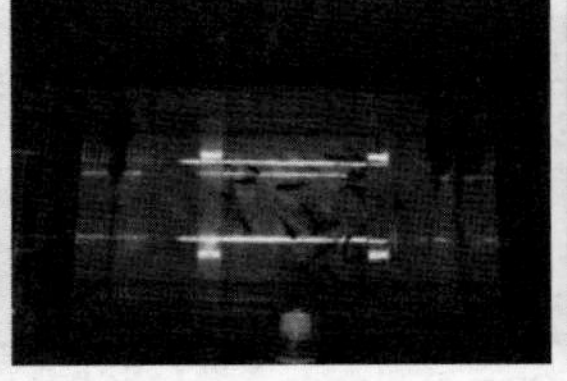
(b) 灰度图像

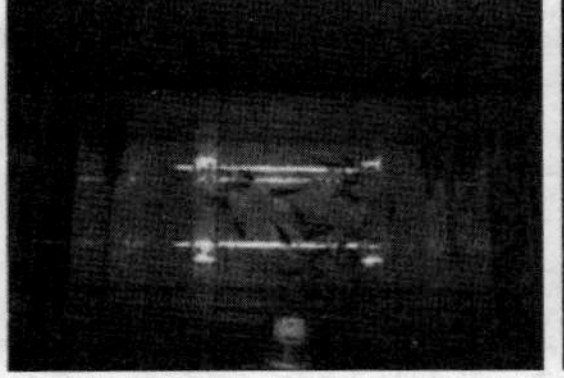
(c) 关键点

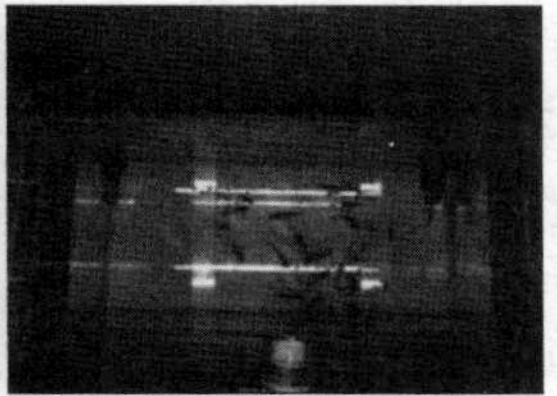
(d) 仿真鱼群特征点

图 9-8 特征点选择过程（Yu，2021）

集中于背景与灯光上。

对于特殊行为识别部分，该方法由两部分组成：一是对鱼群行为进行实时的监测；二是借助于局部离群因子对特殊行为进行识别。通过将鱼群速度的均值设定为阈值，并将连续 10 帧速度超过该阈值的鱼类行为认为是特殊行为，速度监测结果如图 9-9 所示。

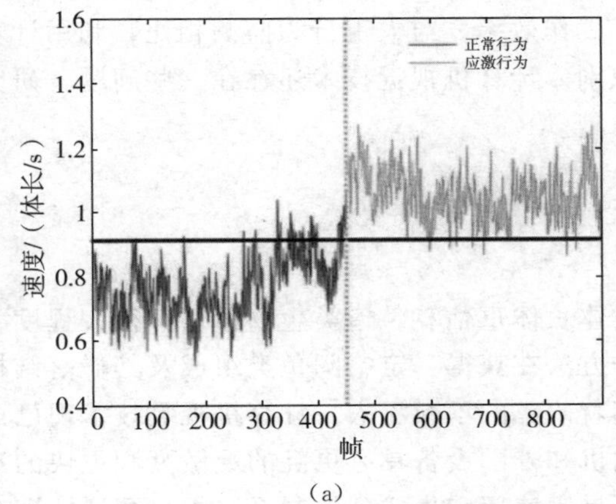

(a)

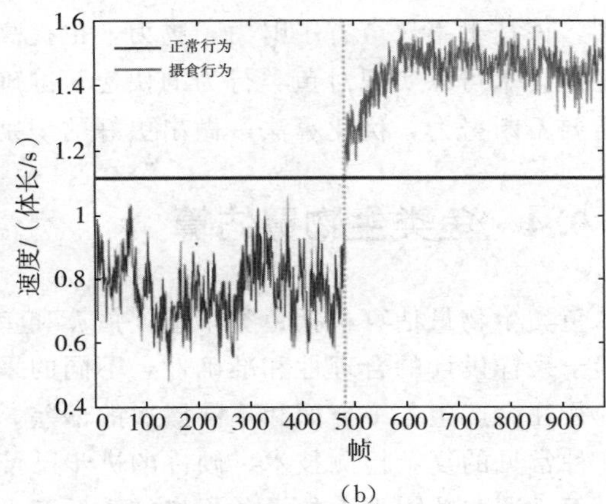

(b)

图 9-9 应激行为（a）与摄食行为（b）的速度监测结果（Yu，2021）

特殊行为的识别是通过构建正常行为特征矩阵，然后计算其他图像相对于正常行为的局部离群因子计算得到的。若局部离群因子远大于 1，表明该图像所表示的行为与正常行为相比差异较大，代表不同的行为类别。特殊行为识别结果如图 9-10 和表 9-4 所示。

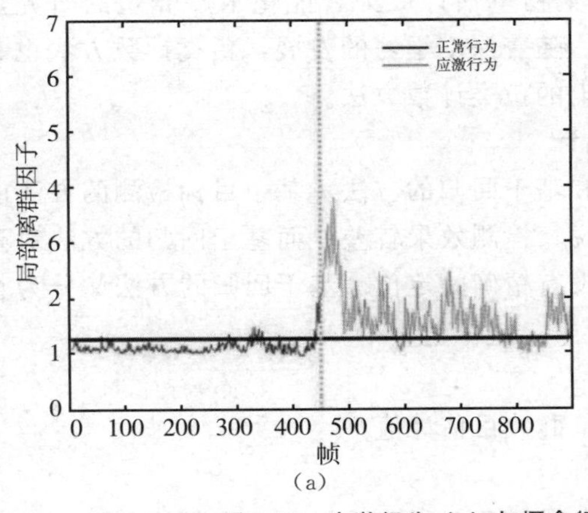

(a)

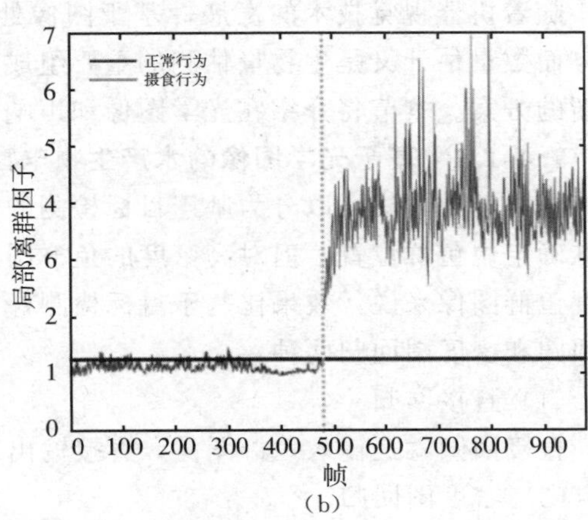

(b)

图 9-10 应激行为（a）与摄食行为（b）的局部离群因子值（Yu，2021）

表 9-4　特殊行为识别结果　%

特殊行为	准确率	FPR（假正例率）	FNR（假负例率）
应激行为	86.44	8.22	18.89
摄食行为	96.02	8.13	0

与前文提到的鱼类浮头试验不同，该方法避免了图像的前景分割，而是提出了一种仿真鱼群特征点选择方法。试验结果可知，该方法不仅可以通过速度来监测鱼群的特殊行为，而且可以监测鱼群的应激和摄食行为。试验结果表明，对摄食行为的识别的准确率可达到 96.02％。

光学成像技术、图像处理和模式识别技术、计算机信息技术等多项技术的不断成熟推动了基于计算机视觉技术的自动化检测手段的发展与应用。计算机视觉技术在测量对象的线性尺寸、颜色等属性方面优势明显，在以上的应用案例中均获得了较好的效果。对鱼类行为的识别，该技术不仅节省了财力、物力，也提高了工作效率。与人工行为监测相比，利用计算机视觉技术可以实现对鱼类行为的快速、准确识别。计算机视觉技术还存在一些问题，研究者需要不断努力，优化算法，做出更好的识别模型。

9.4　鱼类生物量估算

鱼类生物量估算包括鱼类丰富度估算和鱼类体长体重估算。鱼类生物量估算很大程度上依赖于采样设计的合理性和准确性，不同的采样方法在获得一定空间鱼类组成及其群落结构时，往往会产生各个方面和不同层次的偏差。随着研究的不断深入，计算机视觉技术现已成为一种常见的复杂检测技术。硬件的进步已使相机和外围设备具有更高的灵敏度和更快的速度，而且这些功能强大的设备价格较为低廉，更易于使用和集成到控制系统中。图像处理和分类方法的进步使得这些设备系统能够从图像中快速提取精细细节，并为控制决策提供更准确的数据支持。

9.4.1　基于机器视觉的水产生物丰富度估计

随着机器视觉技术的发展，基于图像处理的生物量估计成为智能化水产养殖的研究热点，而数量估计又是生物量估测的重要组成部分。随着深度学习的发展，鱼类计数方法也有了新的方案。本节将介绍在光学图像和声呐图像上的鱼类计数方法。

9.4.1.1　基于光学图像的水产生物丰富度估计

鱼类计数方法可以分为基于目标检测的方法和基于回归的方法。基于目标检测的方法能够准确定位鱼群位置，但对高密度的鱼群图像来说，检测效果较差；而基于回归的方法对高密度鱼群图像来说，效果比基于目标检测好，但没有精确的定位。基于回归的方法又分为直接回归和密度图回归两种：

（1）直接回归

直接回归就是输入鱼群图像，直接输出一个鱼群数目估计值。

（2）密度图回归

密度图回归（已知数据集，对每张鱼群图像中的每条鱼所在近似中心位置的坐标作人工标注）是根据每条鱼的位置估计鱼的大小，得到鱼的覆盖区域，借助深度学习方法（如 MCNN 中采用几何自适应高斯核），将覆盖区域转化为区域内可能为鱼的概率，覆盖区域概率和为 1。最终可以得到一张鱼群密度图。原始图像和标注密度如图 9-11(a)(b) 所示。

(a) 原始图像

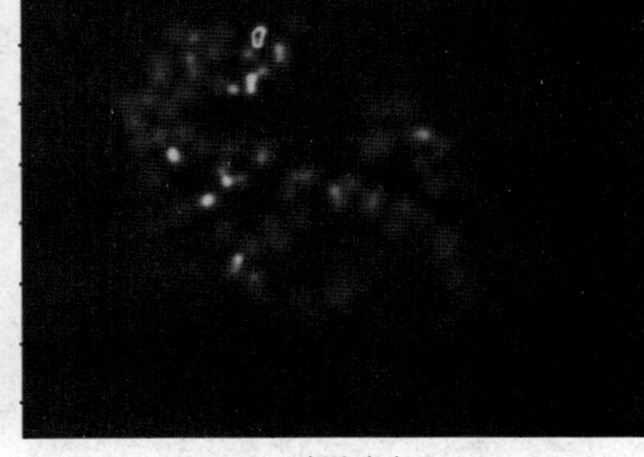
(b) 标注密度

图 9-11　原始图像和标注密度

MCNN[10] 是一种基于密度图回归的计数方法，其基本网络结构如图 9-12 所示。MCNN 网络结构使用的是全卷积的网络。MCNN 使用了 3 列卷积神经网络，分别表示为 L 列（大尺度卷积核：9＊9，7＊7，7＊7，7＊7），M 列（中等尺度卷积核：7＊7，5＊5，5＊5，5＊5），S 列（小尺度卷积核：5＊5，3＊3，3＊3，3＊3），目的是使用多种尺度的卷积核来适应不同尺度鱼的大小，经过池化层为 2＊2 的最大池化，激活函数为 ReLU，最后各列输出的结果合并到一起，并使用 1＊1 的卷积核转换成最终的密度图像。

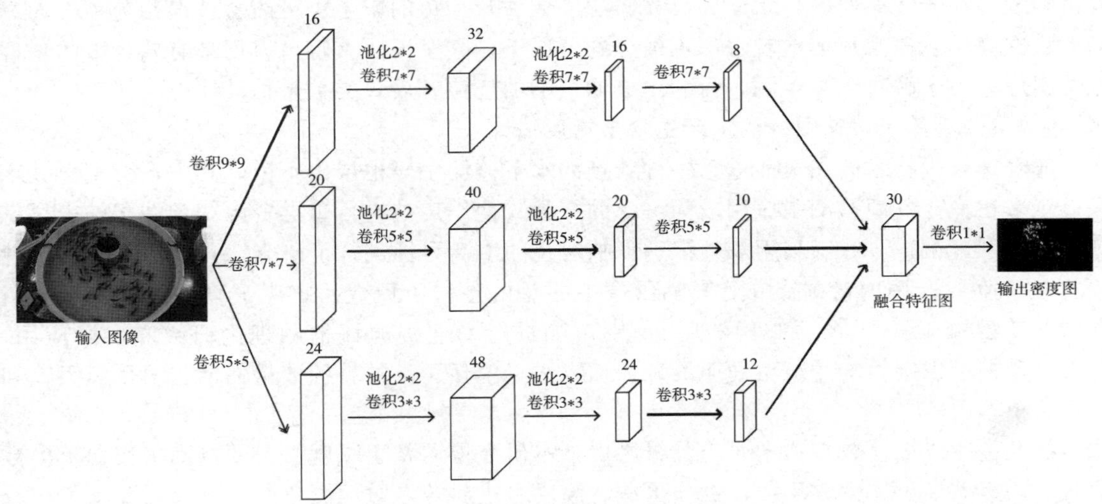

图 9-12　MCNN 网络结构[11]

将该方法用于养殖鱼类数目估计，结果如表 9-5 和图 9-13 所示。试验结果表明，利用密度图估计的方式能够有效地估计养殖鱼类的数量。

表 9-5　测试集计数结果

图像/张	平均准确度	单张最高准确度	真实值	预测值
5	0.971	0.997	87.628	87.375
15	0.971	0.967	89.820	86.811
25	0.971	0.986	91.893	90.592
35	0.971	0.919	80.920	97.447
45	0.971	0.955	91.905	96.023

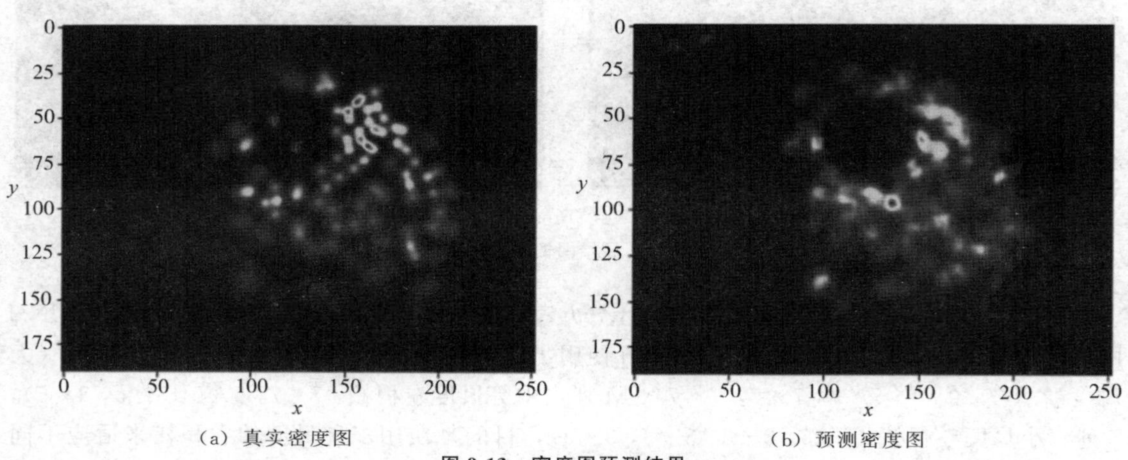

(a) 真实密度图　　(b) 预测密度图

图 9-13　密度图预测结果

光学图像的获取有着很大的限制因素，比如光线、水深、养殖环境，且不适用于高密度养殖环境。在光线照射下，水面的反光影响成像质量；鱼的影子也可能会被误判为鱼类而影响计数准确性。养殖环境或者水深不适合的情况下，甚至无法获得可以用来有效计数的鱼群光学图像。为了解决以上难题，可利用成像声呐的优势开展鱼类数量估计研究。

9.4.1.2　基于声呐图像的水产生物丰富度估计

随着计算机技术的飞速前进，各种新颖的水下监测手段也层出不穷，其中水下声学技术是近年来在渔业资源监测中应用较为广泛的一种。使用声呐进行鱼类资源调查在国外很早就已经出现，Handegard 等利用双频识别声呐对鱼的生活习性进行了研究，并验证了其自动计数的准确性[11]。国内童剑锋等对声呐影像中的鱼苗进行了计数，解决了以往体长较小的鱼类难以计数的难题[12,13]。荆丹翔利用识别声呐进行渔业资源评估的理论研究和实际应用，提出一套基于识别声呐的新型渔业资源评估方法，包括鱼类的目标数量估计、多目标跟踪和水下分布等内容[14]。

在经过对各种计数方法的研究分析之后，本研究使用基于深度学习的技术来实现鱼类数量估计。考虑到鱼类生存环境，例如水深、温度、水质等，对探测鱼的声学仪器要求也比较高，经过比对，选择 Oculus M-Series 多波束成像声呐（M750d）。基于成像声呐，采集并标注相应的鱼类图像数据集。参照基于光学图像的鱼类深度学习计数方法，结合研究对象的特点，构建模型。

本研究使用成像声呐获取数据，所使用的声呐参数如图 9-14 所示。Oculus 是没有活动部件的多束声呐，是一系列接收器，它们从单个发射脉冲中收集回波，并使用称为“束形成”的过程将数据数学上组合成图像。这样可以每秒生成多次图像，并可以像摄像机的输出一样实时查看，即获取的数据是视频文件。

<table>
<tr><td colspan="2">工作频率</td><td>1.2 MHz</td><td>2 MHz</td></tr>
<tr><td rowspan="4">范围</td><td rowspan="2">远近</td><td>Max：40 m</td><td>10 m</td></tr>
<tr><td colspan="2">Min：0.1 m</td></tr>
<tr><td>水平</td><td>130°</td><td>80°</td></tr>
<tr><td>垂直</td><td>20°</td><td>12°</td></tr>
<tr><td colspan="2">范围分辨率</td><td colspan="2">2.5 mm</td></tr>
<tr><td colspan="2">更新率（Max）</td><td colspan="2">40 Hz</td></tr>
<tr><td colspan="2">光束数（Max）</td><td colspan="2">512</td></tr>
<tr><td colspan="2">角度分辨率</td><td>0.6°</td><td>0.4°</td></tr>
<tr><td colspan="2">光束分离</td><td>0.25°</td><td>0.16°</td></tr>
</table>

图 9-14　Oculus M750d 声呐参数

声呐数据采集时遵循 10％规则，即声呐的下倾角度为 15°，且海拔高度超过工作范围的 10％，则声呐可以在显示器上获得 70％的最佳覆盖率，如图 9-15 所示。

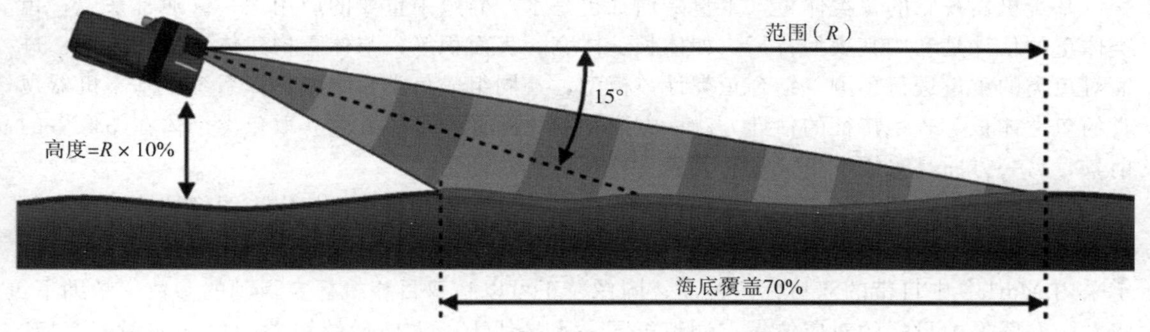

图 9-15　声呐数据采集 10％规则示例

借助于 MCNN 网络模型，本研究对声呐图像中鱼类的数目进行了估计。在对数据集进行标注之前，要对原始声呐数据进行加工处理。使用 Matlab，将视频数据截取为图像数据，并截除图像数据中的无效部分（比如观看视频的软件操作台内容），对图像进行大小调整，并进行图像预处理，包括图像增强、噪声去除等。最后在 Matlab 中标注每一张鱼类声呐图像中每条鱼所在近似中心位置的坐标，生成 .mat 文件。由此为数据集提供了原始鱼类声呐图像和带有标签的鱼类声呐图像。

试验中使用该方法对 203 张声呐图像进行鱼类计数，其中训练集∶验证集∶测试集＝6∶2∶2，平均每张图有鱼 22.35 条。结果表明，验证集最小 MAE 为 1.115，计数准确度为 95.01％；测试集最小 MAE 为 1.753，计数准确度为 91.27％。图 9-16 是原始声呐图像和生成的预测密度图。

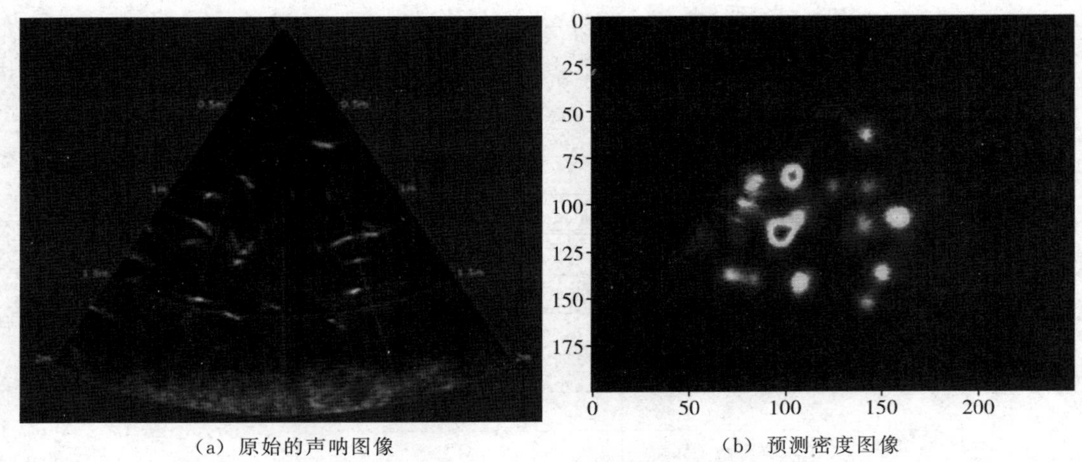

（a）原始的声呐图像　　　　（b）预测密度图像

图 9-16　原始声呐图像和预测密度图像

基于计算机视觉技术的水产养殖生物数量估计方法能够有效解决人工计数对生物造成的生理、心理压力等问题，并且可以显著提高工作效率，对于促进水产养殖业的信息化发展具有重要意义。

9.4.2　基于机器视觉的鱼类体重估计

基于机器视觉的鱼类体重（重量）估计也是水产养殖中重要的应用之一。通常来说，鱼类体重的估计是利用其表型特征，如体长、体宽、表面积等，与体重构建体重预测模型，进而对鱼类的重量进行预测，结合鱼类计数模型，共同组成鱼类生物量估算系统。基于机器视觉的鱼类体长等表型特征的估计方法一方面是利用图像分割的方式获取鱼类个体在图像中的前景，另一方面是采用双目视觉对其表型特征进行估计。

基于双目视觉的水下鱼类长度估计方法基本流程为：双目相机标定、图像校正、视差估计、深度变换、鱼类嘴巴与尾巴之间距离的测量。其中棋盘格的尺寸为 20 mm，双目相机标定采用 Matlab 中自带的双目标定程序；图像校正可以在双目相机标定得到的参数的帮助下，将左、右图像中目标的对应像素点调整至同一水平线上，方便后续视差的估计和深度变换。视差估计采用块匹配算法，该算法通过比较图像中每个像素块的绝对差值之和（SAD）来计算视差。然后，利用标定得到的参数与得到的视差图可以提取目标的三维信息。最后，利用两点间的距离公式可得到鱼类嘴巴与尾巴之间的长度。

基于该流程，图 9-17 展示了鱼类长度估计的试验结果。图 9-17 中的真实值表示手动测量的鱼类长度，测量值为根据上述流程计算得到的鱼类体长估计值，利用该方法的误差约为 1.97%。根据该结果可以看出，利用双目视觉对鱼类体长进行测量是一种可行的方案。

鱼类体长估计是鱼类体重估计的重要组成部分，利用真实的长度与体重构建长度-体重估计模型：$y=a\cdot x+b$，然后将估计的长度输入该模型得到的预测体重与真实体重的分布如图 9-18 所示，真实值与测量值之间的相关系数为 0.98。从试验结果可以看出，借助于水下双目视觉和长度-体重模型可以有效地估计鱼类的体重，结合计数模型，可以实现养殖环境中鱼类生物量的估测。

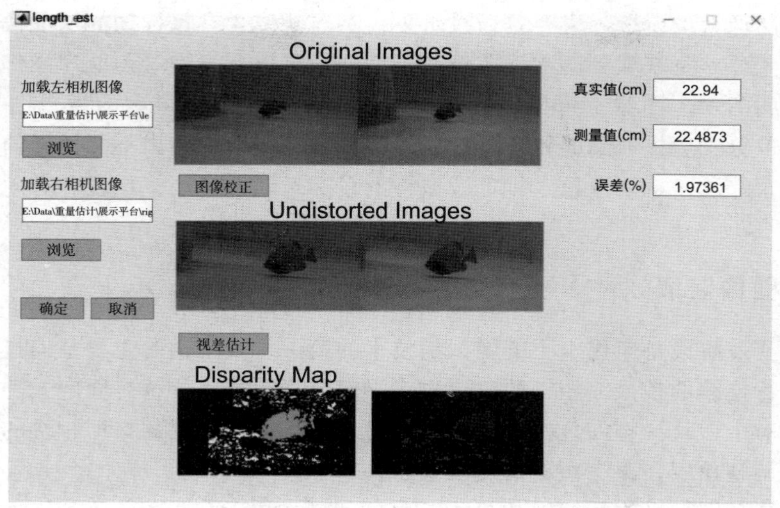

图 9-17　鱼类体长估计流程及结果

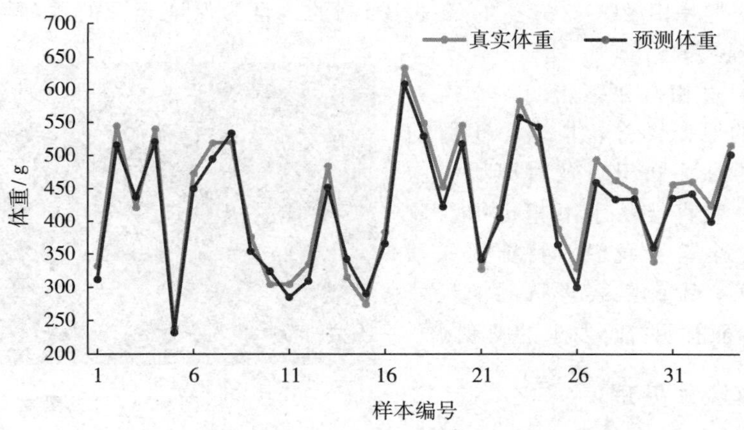

图 9-18　鱼类体重的真实值与估计值

9.5　鱼类检测与跟踪

国家数字渔业创新中心开发了一个水下图像与视频集成处理展示平台。该平台集成了水下图像增强、鱼类目标识别与鱼类目标跟踪上的多种处理方法，包括使用 HE 与 CLAHE 对水下图像进行图像增强，使用提取 HOG 特征与 SVM 分类器对水下鱼类图像或视频进行鱼类目标识别，使用 DAT、KCF/DCF、ECO-HC 对水下鱼类视频进行鱼类目标跟踪。

水下鱼类检测与跟踪系统大体可分为图像获取、预处理（图像增强与去噪）、鱼类检测和鱼类跟踪四大部分，该系统基本构成如图 9-19 所示。

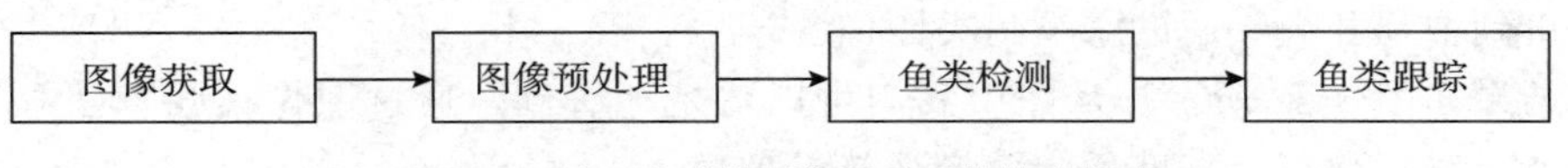

图 9-19　水下鱼类检测与跟踪系统基本构成

水下鱼类图像获取阶段，主要是通过水下传感器获取含有目标物的水下视频图像；图像预处理阶段，主要是将获取到的水下图像进行增强、复原、去噪等预处理操作，以获取对比度高、特征鲜明的水下图像；鱼类检测阶段，首先对预处理后得到的理想图像进行特征分割，其次对图像分割后提取到的特征进行对比和分析，最后识别出不同类型的目标并进行分类检测；鱼类跟踪阶段，获取进入特定区域检测目标运动的速度、位置和方向，实现对目标的跟踪。

9.5.1 图像获取

水下图像获取阶段是应用水下图像识别技术的第一步，本试验主要是通过水下高清相机对水下目标进行连续的拍摄。相机的放置方式一般分为两种：一种是固定式的，即相机固定在一个角度，对水中目标物如鱼群进行拍摄；另一种是可转动式的，即相机的摄像头可以根据鱼群的运动调整角度，跟上鱼群的运动状态。

本试验的视频图像采集系统：相机为 GoPro 型号的第八代运动相机，摆放方式为固定式，采集图像为 24-bit RGB、1 080×1 920 真彩图像，采集速率为 25 帧/s。本试验的照明系统：LED 照明灯是由 PLC（三菱 FX2N）控制的，且为保证光源的柔和性，照明灯两侧可用柔光布进行覆盖。

图 9-20 是通过相机在莱州明波水产养殖池当中采集的原始图像。根据第 1 章的水下成像基础的有关知识以及对原始图像的观察可知，一般直接从水下相机中获取的图像并不能完全符合我们对特征提取和目标识别的要求，因此需要进行图像预处理，从而获取特征鲜明符合要求的图像。

图 9-20 原始图像

9.5.2 图像预处理

针对获取的水下原始图像不够清晰、受光不均匀、对比度低、噪声大和特征不鲜明的缺点，需要对原始图像进行图像增强和图像去噪，突出水下图像中的关键特征信息，解决水下图像退化的问题。

因此，本试验采用了 CLAHE 的图像增强方法，图像增强步骤如图 9-21 所示。

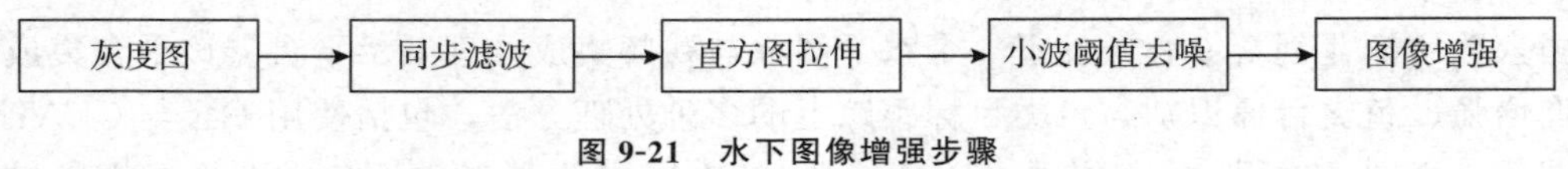

图 9-21 水下图像增强步骤

首先获取水下灰度图像，进行同步滤波增强，改善水下图像受光不均匀的现象；其次采用直方图均衡化分方法进行直方图拉伸操作，达到扩大目标前景和背景灰度差距的目的，增加图像的对比度；最后使用小波阈值去噪方法对前两步中产生的噪声和原图中的噪声进行降噪处理，得到增强和去噪后的水下鱼类图像。

试验结果如图 9-22 所示。从图中我们可以清楚地看到，通过图像增强算法处理后的图像更加清晰，对比度高，亮度适中，增强效果理想。

（a）原始图像

（b）图像增强后的图像

图 9-22　图像增强对比

9.5.3　鱼类检测

目标检测是实现目标跟踪的前提条件。鱼类检测主要是对预处理后的突出的图像特征进行图像分割和特征提取，实现鱼类的分类检测，确定需要跟踪的鱼类。

图像分割是把图像分成若干个特定的、具有独特性质的区域并提取出其中感兴趣的目标；特征提取是判断并决定分割完成后图像上的每个特征点是否属于同一个特征图像，之后对该特征进行分析，为目标分类识别跟踪提供技术支持。

本试验在对图像进行预处理之后，首先对鱼类图像进行形态学运算，扩张背景鱼群区域，然后进行图像特征分割；其次采用基于梯度计算的 HOG 方法对分割区域的纹理特征进行提取；最后利用 SVM 分类方法对提取后的特征进行鱼类与背景分离，实现鱼类的检测。鱼类检测流程如图 9-23 所示。

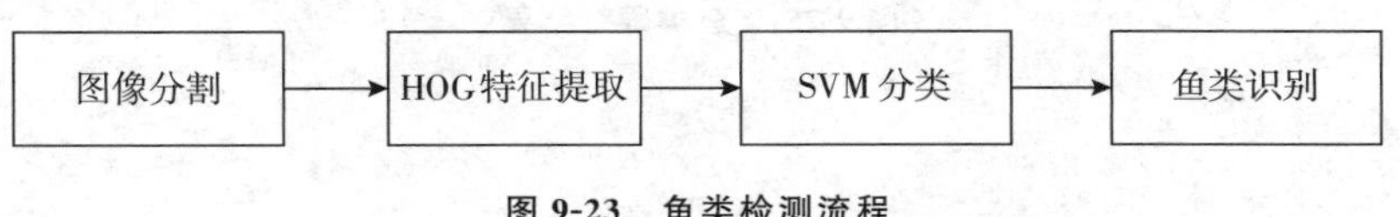

图 9-23　鱼类检测流程

图 9-24 是本试验水下鱼类检测结果。

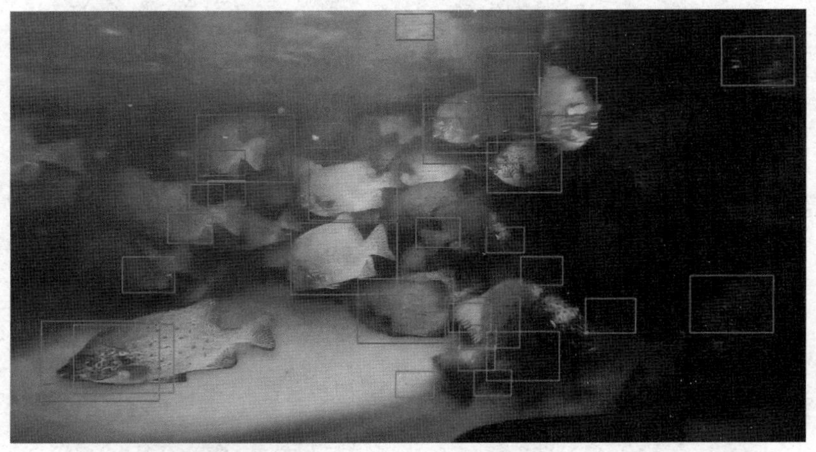

图 9-24　水下鱼类检测结果

9.5.4　鱼类跟踪

目标跟踪过程是指在需要监控的环境里，判断出进入特定区域的目标，获得运动目标的速度、位置、运动方向等运动参数。通过获得的运动参数对运动目标的运动位置和方向做出提前判定，从而实现对运动目标的跟踪和运动分析，为更高层次的算法需求奠定基础。

本试验首先采用 DAT（deep attentive tracking）算法实现水下鱼类视频的目标跟踪功能；其次利用最经典的高速相关滤波类跟踪算法 KCF/DCF，提高跟踪精度；最后使用特征提取更加全面、滤波器筛选更具有代表性的 ECO（efficient convolution operators）算法进行精确的鱼类跟踪。图 9-25 是在平台界面上的鱼类跟踪结果。

图 9-25　鱼类跟踪结果

9.6 小结

在水产养殖产业中，利用计算机视觉技术获取水生生物的运动信息，并通过相应算法来实现水产养殖的科学化，是非常有意义的。这不仅可以推动水产养殖业的发展，还给予计算机视觉技术提供更多可应用的水下场景，对于水下视频或者水下图像的研究是至关重要的。

要实现基于机器视觉和图像处理的鱼类饲料精准投喂，养殖环境监测，疫病的准确判断，鱼类丰富度估计和体长、体重估计等方面的自动化和信息化，就必须有可靠的视觉处理算法和有对养殖环境复杂性的深刻认知。被检测的生物处于复杂的水下环境中，因此决定了图像处理的复杂性。智能控制不仅要处理来自水上、水面和水下不同位置的多个摄像头、多组动态的图像，而且对处理图像的速度要求也很高，所以需要综合利用模式识别、人工智能、图像处理、鱼类设施养殖行为学等多门学科的知识，更好、更快地实现水产养殖的自动化和信息化。机器视觉在渔业中的应用不断加强，技术也日趋成熟，但是还有一些问题需要解决，水下温度、悬浮颗粒、水流、亮度等都会影响图像的质量，因此，在以后学习中要深入研究机器视觉和图像处理的新技术、新方法，尤其是与水下环境相结合的图像处理方法，以更好地将智能控制应用于水产养殖产业中。

思考题

9.1 在完成本章节的学习后，简单说一下本章节介绍的机器视觉都有哪些应用？

9.2 简单介绍一下基于机器视觉应用的大体流程，可以通过具体例子来说明。

9.3 发动头脑风暴，想一下在海洋及淡水域的水产养殖中还有哪些基于机器视觉的应用？举例说明。

9.4 在机器视觉测量鱼的体重时，鱼鳍对测量模型是否有影响？影响有多大？

9.5 基于视觉的目标跟踪，如果个体存在遮挡该怎么处理？

参考文献

[1] 李华．水产动物饲料精准投喂技术 [J]. 科学养鱼，2017 (08)：24-26.

[2] M S Eriksen，G Færevik，S Kittilsen，et al. Stressed mothers-troubled offspring：a study of behavioural maternal effects in farmed Salmo salar [J]. J. Journal of Fish Blology. 2011，79：575-586.

[3] K M He，X Y Zhang，S Q Ren，et al. Deep residual learning for image recognition [C]. IEEE Conference on Computer Vision and Pattern Recognition，2015.

[4] C Harris，M Stephens. A combined corner and edge detector [C]. Alvey Vision Conference，1988：147-151.

[5] J Shi. Good features to track [C]. IEEE Conference on Computer Vision and Pattern Recognition，1994：593-600.

[6] E Rublee, V Rabaud, K Konolige, et al. ORB: an efficient alternative to SIFT or SURF [C]. IEEE International Conference on Computer Vision, 2011: 2564-2571.

[7] B Lucas, T Kanade. An iterative image registration technique with an application to stereo vision [C]. International Joint Conference on Artificial Intelligence, 1981.

[8] L Sun, B Luo, T Liu, et al. Algorithm of adaptive fast clustering for fish swarm color image segmentation [J]. IEEE Access, 2019, 7: 178753-178762.

[9] X Yu, Y Wang, D An, et al. Identification methodology of special behaviors for fish school based on spatial behavior characteristics [J]. Computers and Electronics in Agriculture, 2021. 185: 106169.

[10] Y Zhang, D Zhou, S Chen, et al. Single-image crowd counting via multi-column convolutional neural network [C]. IEEE Conference on Computer Vision and Pattern Recognition, 2016: 589-597.

[11] N O Handegard, K Williams. Automated tracking of fish in trawls using the DIDSON (dual frequency identification sonar) [J]. ICES Journal of Marine Science: Journal du Conseil, 2008, 65 (4): 636-644.

[12] 童剑锋，韩军，浅田昭，等．基于声学摄像仪的溯河洄游幼香鱼计数 [J]. 渔业现代化，2009，36 (2)：29-33.

[13] 童剑锋，韩军，沈蔚．声学摄像仪图像处理的初步研究及在渔业上的应用 [J]. 湖南农业科学，2010，156 (17)：149-152.

[14] 荆丹翔．基于识别声呐的鱼群目标检测跟踪方法 [D]. 杭州：浙江大学，2018.

第 10 章　机器视觉在水下机器人中的应用

10.1　引言

随着科技的进步和人类探索海洋意识的加强，水下机器人（unmanned underwater vehicle，UUV）技术得到广泛重视和迅速发展。水下机器人分为遥控式水下机器人（remotely operated underwater vehicle，ROV）和自主式水下机器人（autonomous underwater vehicle，AUV），遥控式水下机器人已经广泛应用到海洋工程、海洋环境监测、海洋地质考察等众多方面，但是由于受遥控缆绳的限制，遥控式水下机器人仅适用于活动范围较小的地方。自主式水下机器人具有隐蔽性好、活动范围大等优点，不仅可以在民用、商用领域用于海底施工、海底考察等，还可以在军事领域用于援潜、侦察、救生等任务。

正如人的双眼为人类大脑提供了大量的信息，水下机器人也需要视觉系统为其提供有用的信息。水下机器人的工作环境复杂多变且恶劣，因此为水下机器人配备具有自动识别能力的视觉系统成为水下机器人智能化的重要标志。基于图像视频处理技术的水下机器人视觉系统区别于传统的光学传感器，该系统不仅需要具有获取光学信息（包括图片和视频）的能力，还应该具备对光学信息进行智能识别和处理的功能，为水下机器人工作决策提供信息支持和依据。水下机器人视觉系统相较于人视觉系统具有明显的优势：一方面，机器人视觉系统具有较宽的光谱响应范围，利用专用的光敏元件，可以获取人眼无法看到的信息，从而极大地扩展了人类的视觉信息获取范围；另一方面，人类难以长时间地对同一对象进行观察，而水下机器人视觉系统则可以长时间地执行观测、分析与识别任务，并可应对水下恶劣的工作环境。

基于图像视频处理技术的机器人视觉系统，相较于其他的几种机器人感知系统具有明显的优势。例如，在进行机器人测距任务时，微波雷达测距的性能相对稳定但是成本较高，而且空间覆盖面积有限，彼此之间可能会产生一些电磁干扰；激光雷达测距的精度比较高、量程较长、测量时间短，但是其耗能大、造价高，并且可能会对水下生物造成影响；超声波测距的原理简单且成本低，但是超声波的传输速度很容易受到环境的影响，致使得到的距离信息有很大的差异。采用基于图像视频处理技术的视觉测距方法，通过图像视频处理算法及摄像机模型，计算机器人与目标物体的距离信息，这种方法具有尺寸小、功耗小、质量轻、噪声低、动态范围大等优越特性。

基于图像视频处理技术的水下机器人视觉系统在功能上主要包括图像视频获取、图像视频预处理、特征提取与图像分割、图像识别、目标检测和跟踪（图 10-1）。水下机器人视觉系统目前在机器人系统中的应用有：水下设备检测，利用水下机器人视觉系统来代替人的目检；水下目标识别与跟踪；水下生物的捕捞作业；以水下视觉系统作为辅助的组合定位导航等。针对基于图像视频处理技术的水下机器人视觉系统，众多科研单位和科研工作者进行了大量的研究开发工作，本章将近年来的研究进行归纳整理，并对用于水下机器人视觉系统的图像视频处理技术研究前景进行展望。

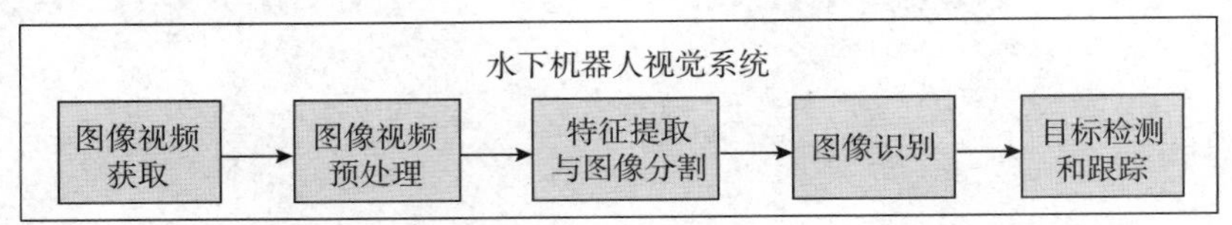

图 10-1　水下机器人视觉系统一般组成结构

10.2　水下机器人定位导航

随着电子技术和计算机技术的发展，机器人视觉系统得到了广泛的应用。在水下机器人的设计中，水下摄像头已经成为机器人主要的外部传感器之一。视觉定位的关键在于摄像头内外参数的标定，基于透视原理实现图像信息与实物空间关系的转换[1]。水下机器人视觉定位通过选取摄像头和处理器，再结合图像视频处理算法，可以获得高精度的定位效果。但是由于光线在水下传播的限制，水下机器人视觉定位的范围受到了极大的制约，所以水下机器人视觉定位一般应用在小范围内的高精度定位。

10.2.1　提供 SLAM 技术所需要的环境信息

中国海洋大学郑艳梅[2]采用声呐传感器与单目相机相结合的方法采集图像，并对图像进行特征分析、提取与匹配，从而为同时定位与地图构建（simultaneous localization and mapping，SLAM）技术提供所需要的环境信息。

对于相机传感器，在进行特征分析之前，需要通过连接假设计算图像对场景的覆盖率来确定候选图像，以提高算法效率。具体应用于 AUV 时，该算法采用一个成对图像特征匹配结构（图 10-2），去匹配候选的图像对，利用尺度不变特征变换（scale-invariant feature transform，SIFT）算法[3]提取特征，然后使用位姿限制相关搜索（pose constrained correspondence search，PCCS）算法[4]消除错误的匹配，并且为了适应环境结构的多变性，利用一种几何模型选择框架自动地选择合适的匹配模型，从而得到精确的约束信息。相较于以往的算法，更加具有有效性、实时性和准确性。

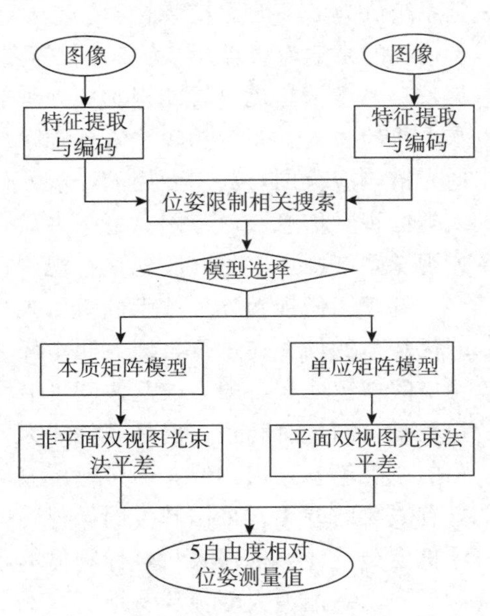

图 10-2　相机匹配机制框图（郑艳梅，2015）

相较于声呐图像，相机图像更加清晰，信息量更大，但因此而导致计算复杂度的大大增加，图像处理的方法也较为复杂，以 2～3 帧/s 进行实时的采集，会得到数量巨大的图像数据。为了提高算法的效率，通过连接假设计算图像对之间的匹配率，选择匹配率超过 50%的图像对；再利用 SIFT 算法初步提取特征点，此时特征点较少，不利于较高效率地进行后续的特征匹配，可采用 PCCS 算法限制空间搜索区域，得到假定的匹配点；由于海底的环境结构复杂，假定的匹配点需要采用几何信息准则（geometric information criterion，GIC）自适应地选择单应矩阵或本质矩阵作为匹配模型，最后通过双视图光束平差法获得相机匹配对的相对位姿约束。

10.2.2　基于双目视觉的水下定位与建图

ORB（oriented fast and rotated brief)-SLAM2 是一个用于单目、双目和 RGB-D 相机的完整的同时定位和映射（SLAM）系统。ORB-SLAM2 算法采用跟踪、局部建图和回环检测三线程完成定位与构图过程[5]，算法整体结构如图 10-3 所示。跟踪模块负责提取每一帧的 ORB 特征，通过恒速模型、关键帧模型、重定位估计相机初始位姿，利用共视关系跟踪局部地图来优化相机位姿进行优化，确定当前帧是否作为关键帧插入地图中。局部建图模块主要对跟踪过程中产生的关键帧进行操作，包括将该关键帧插入地图中，添加新的地图点，剔除冗余的关键帧、地图点，通过全局光束法平差（full bundle adjustment，Full BA）优化相机位姿和地图点。回环检测模块针对关键帧进行操作，主要是通过词袋（bag of words，BoW）模型判断当前关键帧是否产生回环，如果产生可能的回环则进行回环一致性检测，通过一致性检测之后认为运动已经产生回环，则计算 Sim3 变换进行回环校正，并另起线程进行全局优化。

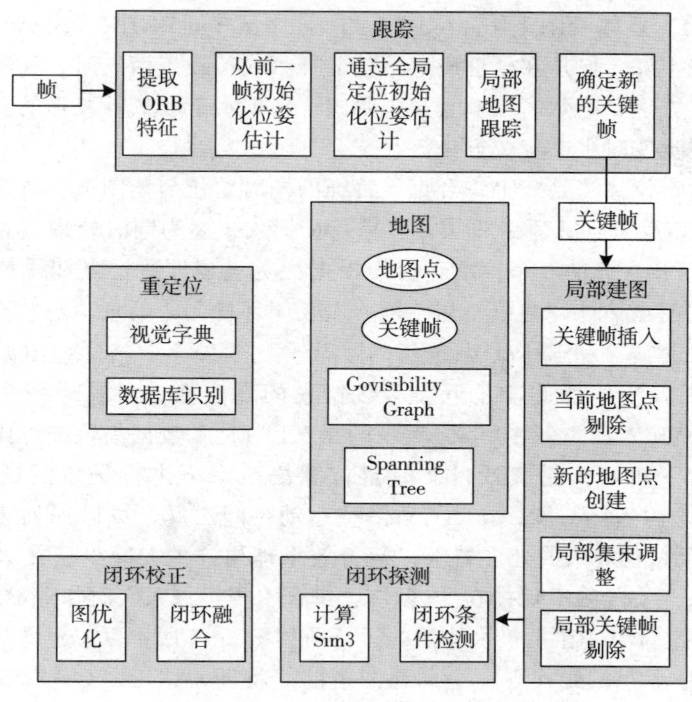

图 10-3　ORB-SLAM2 算法结构

通过简易的水下理想环境试验，对 ORB-SLAM2 算法在水下定位性能进行了简单评价。在人工搭建的水池进行布置，场景如图 10-4(a)所示，中间放置的塑料板是为了规范相机的运动轨迹，更易于对算法的定位性能进行评估。人为操作双目相机紧贴中心塑料板外圈运行两周，根据获取的数据集运行 ORB-SLAM2 算法可以得到水下三维地图，建图过程如 10-4(b)所示，其中绿色的线代表相机运动轨迹，蓝色的框为关键帧，红色点和黑色点分别代表当前局部地图点和全局地图点。该试验证明 ORB-SLAM2 算法可以有效对水下机器人进行实时定位(彩色图见数字资源 10-1)。

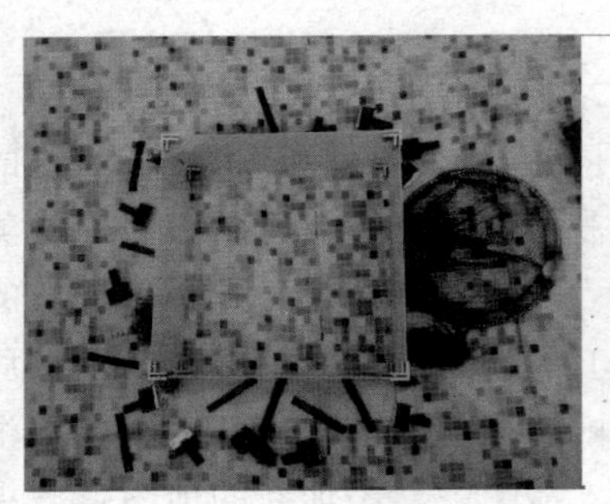

(a) 水下试验场景

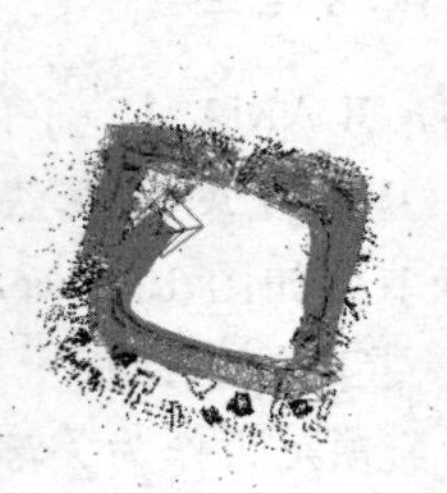

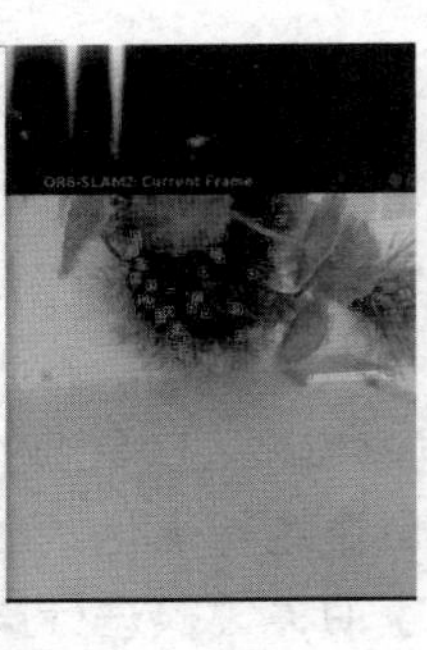

(b) 数据处理过程

图 10-4 ORB-SLAM2 算法在人工水池试验

数字资源 10-1
ORB-SLAM2 算法在人工水池试验彩色图

10.2.3 基于点线特征的双目视觉实时水下定位

在水下等低纹理场景中，传统的视觉定位方法都是基于点特征的计算机视觉几何算法，尤其是视觉 SLAM。虽然 ORB(oriented FAST and rotated BRIEF)-SLAM[6] 的性能在丰富纹理序列中的表现很好，但是在处理质感不佳的视频或特征点消失时，很容易失败。针对传统的水下视觉定位方法，哈尔滨工业大学朱鸣鸣[7] 根据水下场景低纹理的特性，提出了基于点线特征的双目视觉实时水下定位方法。

点线特征实时定位算法是一个综合点线特征的同时定位与建图解决方案，总体框架如图 10-5 所示。基于 ORB-SLAM 系统框架，将点特征形式扩展为同时处理点和线特征，其中包含基于点特征视觉 SLAM 的 3 个模块：前端根据视觉里程计通过点和线特征的匹配增量求解位姿；后端通过前端估计好的位姿初始值；以及闭环检测的信息，对它们进行全局优化。

基于 KITTI 数据集[8] 和 EuRoC 数据集[9] 做测试。图 10-6 中（彩色图见数字资源 10-2），绿色表示的是所提算法的轨迹，蓝色表示数据集的真实轨迹，其中图 10-6(a)表示的是 KITTI-00 数据集轨迹对比，图 10-6(b)表示的是 KITTI-07 数据集轨迹对比。

此外，通过水下机器人搭载双目实时定位算法在水下进行场景测试。人为遥控操作 AUV 使机器人绕池内运行一圈，在 AUV 沿壁运动一圈之后，可以得到建立的水下三维地图，如图 10-7 所示。在嵌入式处理器上，运行效果理想，大大减少了在水下因特征点丢失而出现崩溃的现象。实际帧率保持在 20 帧/s，符合水下机器人实时作业的要求。

双目点线实时定位算法在人工水池里的运行图如图 10-7 所示（彩色图见数字资源 10-3)。其中，图 10-7(a)中绿色的线代表在全局地图中的线特征，图 10-7(b)中红色点和黑色点分别代表当前局部地图点和全局地图点。

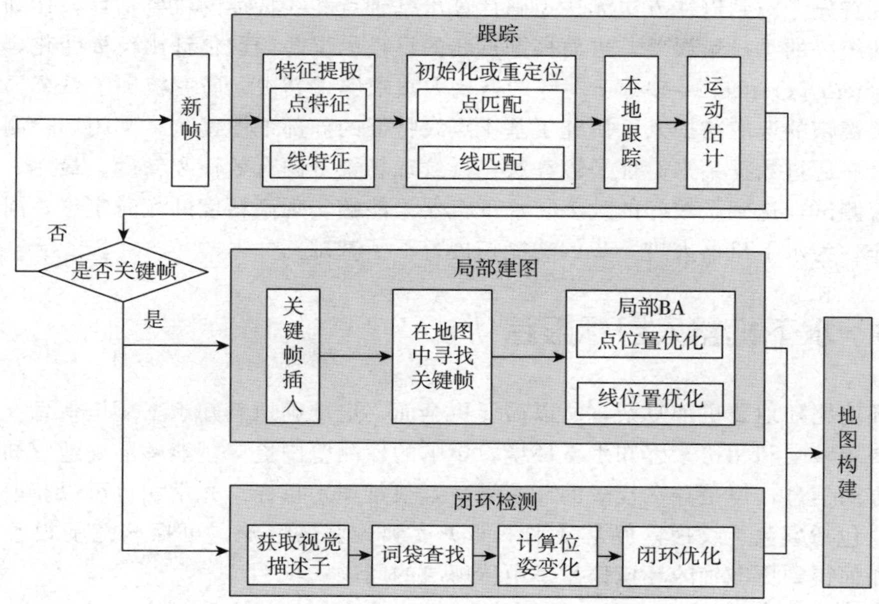

图 10-5　基于点线特征的双目视觉实时定位算法总体框架

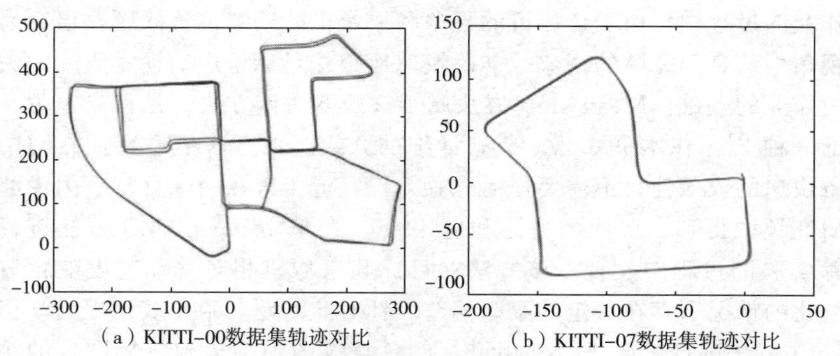

数字资源 10-2 KITTI 数据集算法轨迹对比图彩色图

图 10-6　KITTI 数据集算法轨迹对比图（朱鸣鸣，2019）

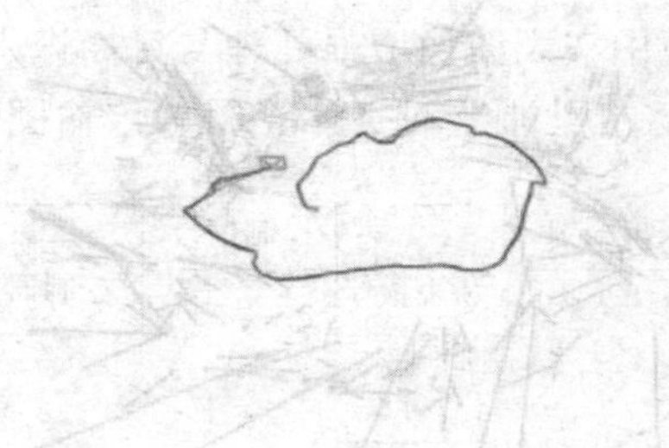

(a) 线特征展示图

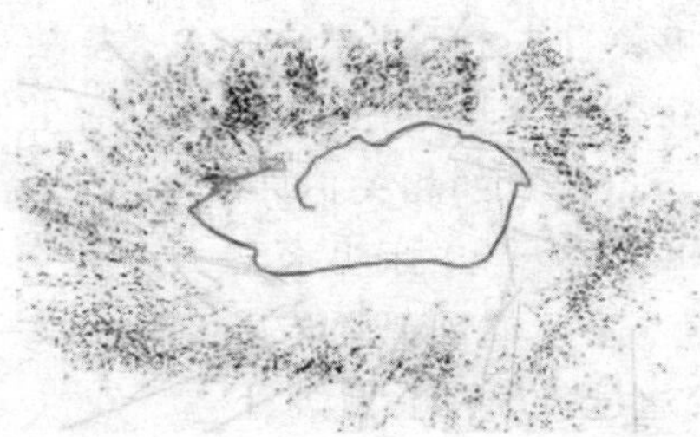

(b) 全局地图

数字资源 10-3 双目点线实时定位算法在人工水池里的运行图彩色图

图 10-7　双目点线实时定位算法在人工水池里的运行图（朱鸣鸣，2019）

该研究首先考虑到以往方法无法正确计算出基于点和线特征的位姿估计，详细推导了基于点线特征统一的重投影误差，进而根据点线的重投影误差函数估计出位姿变化，最终通过EPnP（efficient perspective-n-point）[10]的迭代方法求解。其次，研究梳理了系统局部构图流程，包括关键帧的选取与插入；研究了基于点线特征的局部地图优化，其闭环检测和闭环优化过程，最终通过数据集来验证了该算法在低纹理场景下的有效性和精度。最后，在水下机器人上运行测试，达到了较好的效果。水下机器人能够实现高精度的实时定位，同时完成三维建图工作，为水下机器人进一步的功能拓展打下了基础。

10.3 水下机器人目标跟踪

水下环境比陆地要更加复杂，所以需要更全面、更准确地感知水下环境信息。当前水下机器人主要用声呐和相机来感知水下环境，声呐的探测范围更广，能够准确地感知周围物体的位置和方向信息，但是存在较多的环境噪声，很难识别目标。光学相机可以获取更丰富的环境信息，包括颜色、纹理，但是受水下能见度和光照的影响，可探测范围很小，容易失真。因此如何得到更准确的环境信息是亟待解决的问题。

10.3.1 基于光学相机的水下目标跟踪

水下机器人在自主作业的过程中，由于摄像机的视角和摄像机的安装位置问题，很容易出现目标丢失或目标在视角中信息不完整的现象。准确快速地跟踪目标是运动视觉研究的关键，也是机器人进行自主作业的基础。Mean shift 方法属于核密度估计方法，是目前较为常用的无参密度估计方法的一种[11]，在本书 6.2.2 节有详细的介绍。该方法依靠特征空间中的样本点进行分析，具备快速的收敛性且不需要任何先验知识，近年来在图像分割、图像滤波以及目标跟踪等视觉研究领域得到了广泛的关注和应用[12]。在采用 mean shift 方法进行实际水下机器人目标跟踪实验的过程中发现，该方法在目标和摄像机相对移动速度变化过快、水下光照条件发生变化的情况下存在一定的跟踪偏差。针对此问题，哈尔滨工程大学李树鹏[13]对传统的 mean shift 方法进行了改进，利用目标颜色直方图模型得到每帧图像的颜色投影图，并根据上一帧跟踪结果自适应地调整窗口的大小和位置，得到当前图像的目标尺寸和中心位置，从而实现水下球体目标跟踪。

南京工程学院的陈国军等[14]提出了一种基于深度学习的单目视觉水下机器人目标跟踪新方法，采用该方法能够使自主水下机器人在水下复杂环境中实现图像增强处理与目标识别跟踪对于视频图像中的每个图像，使用预先经过训练的深度卷积神经网络计算图像传输图，图像传输图提供了图像深度信息的相关估计。该方法能够识别水下目标区域，并标明水下目标运动及跟踪方向，先通过单目视觉传感器采集水下图像，然后通过传输图估计水下目标的相对深度，最后再结合深度学习方法对传输图参数进行估计计算，完成 AUV 运动方向控制。AUV 控制系统如图 10-8 所示。

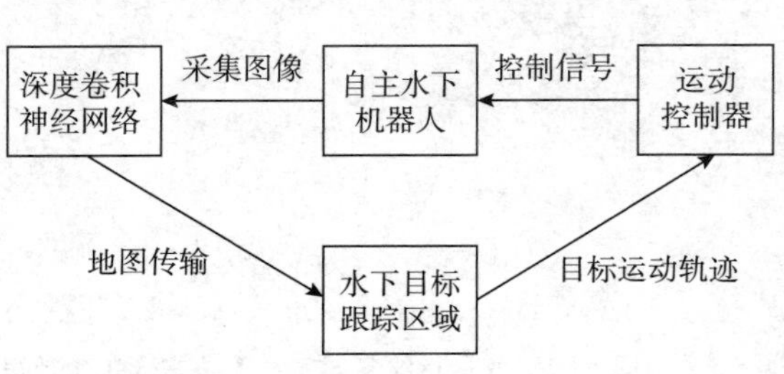

图 10-8 AUV 控制系统（陈国军等，2019）

在水下机器人上测试了该目标跟踪方法。

实验数据来自水下机器人试验水池，均在模拟真实的海洋环境中录制。这些视频呈现了水下序列中一些常见的典型特征。图 10-9 展示了每个视频序列的一个输入示例，这些图像是通过卷积神经网络生成的传输图，图 10-10(a)中方格展示出了用文中的方法估计的运动方向。AUV 在水下环境中对应用场景图像进行处理并建立其视场的区域用于目标跟踪。此外，通过该方法 AUV 可以得出跟踪目标物体区域的最优路径，图 10-10 展示了根据文中算法设计的控制器偏航角(ψ)和侧向误差的仿真结果。

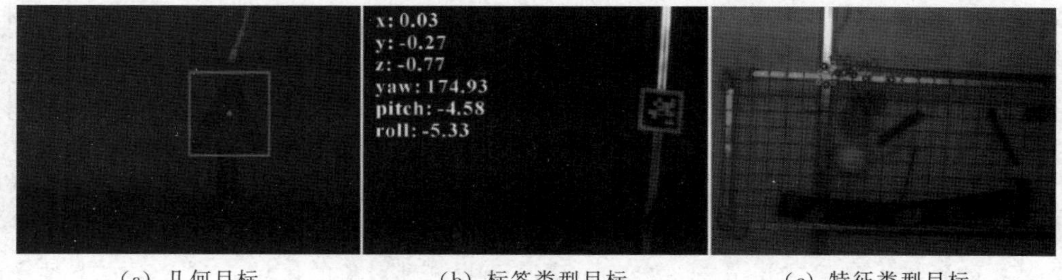

(a) 几何目标　　(b) 标签类型目标　　(c) 特征类型目标

图 10-9　设计的目标及其跟踪结果（陈国军等，2019）

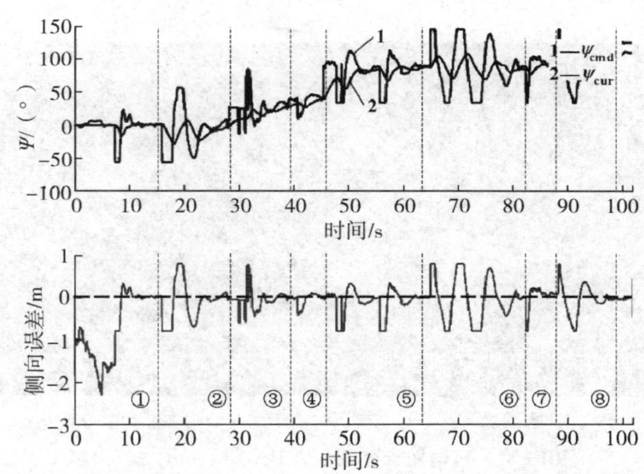

图 10-10　控制器偏航角(ψ)和侧向误差仿真结果（陈国军等，2019）

基于深度学习的水下单目视觉跟踪方法，通过深度学习的方法实时检测水下目标，并根据计算对机器人做出运动方向的控制指令，实验表明，所提方法能够提高水下目标检测能力，相比传统的跟踪方法，该方法能够更精确、更稳定地获取水下定位数据。

10.3.2　基于声呐的水下目标跟踪

随着最近可靠、高分辨率、多波束声呐的发展，出现了一系列新的方法，这些方法可以更详细地描述环境，并拓宽了可使用的技术范围[15]。现在可以获得感知环境的实时更新，从而更好地了解场景以及处理复杂和不断变化的环境的能力[16]。

Y. Petillot[17]等提出了一种用于声呐图像分割、水下物体跟踪和运动估计的新框架。该框架应用于基于多波束前视声呐传感器的水下航行器避障和路径规划系统的设计。首先对系统输入的实时数据流（声学图像）进行分割，并提取相关特征。利用实时数据流跟踪后续帧中的障碍物以获得它们的动态特征。系统框架如图 10-11 所示。

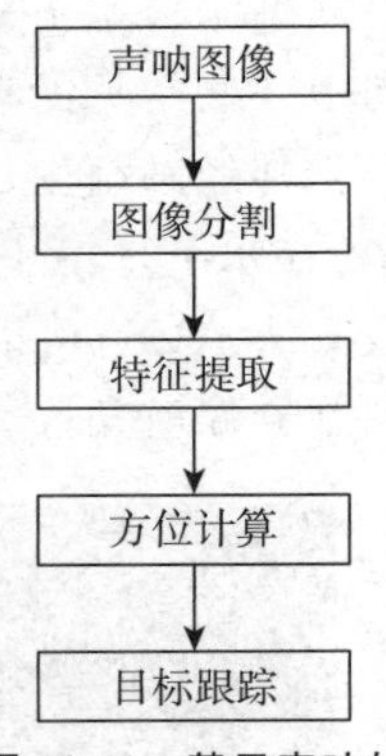

图 10-11　基于声呐的实时路径规划架构

1. 分割

多波束声呐图像通常有噪声，需要进行过滤。噪声主要是由于来自海面或海底的反向散射。可以设想两种分割过程：①静止图像分割，其中每个图像被独立分割；②图像流分割，其中图像被分割时考虑到先前帧的分割结果。使用来自声呐的单个返回来分割声呐图像非常困难。由于我们在系统的输入端有足够的帧速率的声学图像流，因此设计一个考虑多个帧的分割过程更有意义。此外，良好的分割需要非常耗时的操作。出于这个原因，我们专注于图像上感兴趣区域的分割，即：①第一层分割：分割一个非常基本和快速的分割算法表明有一个新对象的区域；②第二层分割：分割过去已经检测到对象的区域，或者，如果对象正在相对于车辆移动，即在图像采集时对象预期所在的区域。为此，必须在一系列连续帧中跟踪对象，以估计其当前位置。分割效果如图 10-12 所示。

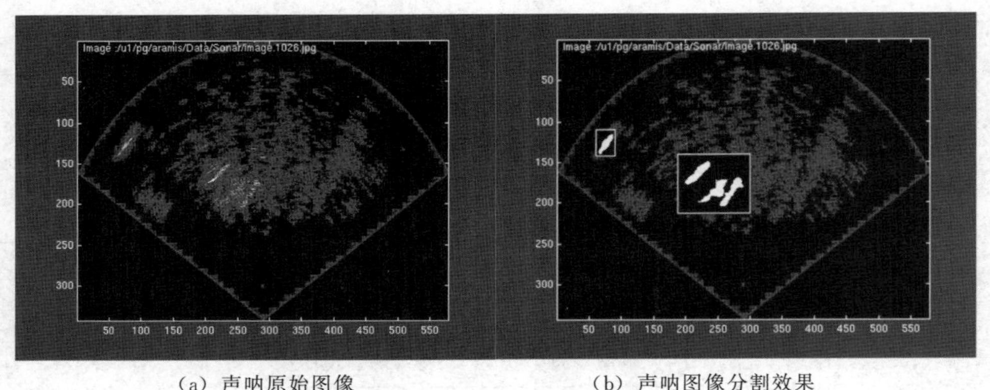

(a) 声呐原始图像　　(b) 声呐图像分割效果

图 10-12　声呐图像分割（Y. Petillot et al，2001）

2. 特征提取和跟踪

分割后，代表图像中障碍物的不同区域使用标准标记算法进行标记，并提取每个障碍物的特征。这些特点是：图像中的位置（位置计算为对象的质心）；对象的面积（以像素为单位）；对象的周长（以像素为单位）。

提取的特征是跟踪算法的基础。跟踪器有两个主要功能：①降低分割的计算成本；②提取对象的动态特征进行路径规划。我们选择使用卡尔曼滤波器作为我们跟踪方案的核心元素。如前所述，声呐图像的噪声特性极大地限制了可以使用的跟踪技术的范围。

数据是使用以约 1 节的速度移动的 Ocean Explorer 自主水下航行器（AUV）获得的。声呐的范围设置为 40 m。数据以 9 帧/s 的速度采样，但以 3 帧/s 的速度处理。因此，没有实现跟踪的实时性。然而，算法的优化实现将允许以 9 帧/s 的速度进行实时处理。实验结果如图 10-13 所示。

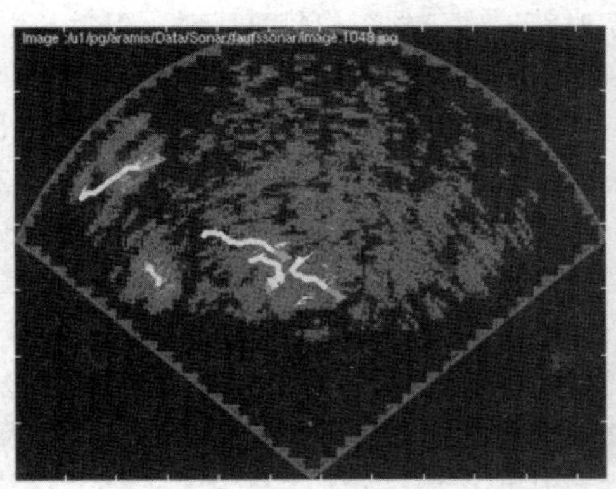
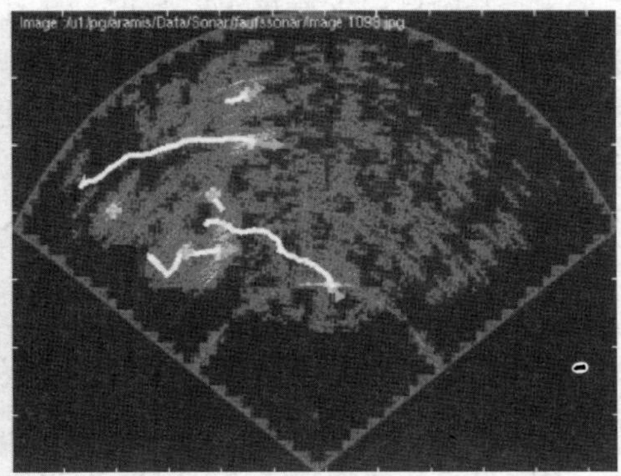

图 10-13　基于声呐图像跟踪结果示例（Y. Petillot et al，2001）

10.4　水下机器人探测任务

近年来，随着人工智能、机器人技术、计算机技术等的不断发展，海洋研究和开发的进程也随之推进。水下机器人作为海洋研究与探测的重要工具得到了广大研究者的青睐。由于水下机器人在进行水下侦察、作业时，工作环境恶劣且复杂多变，所以基于视觉的目标探测与跟踪技术是开展水下机器人研究的关键技术之一。

10.4.1　石油气管道巡检及泄漏检测

为避免水下石油气管道出现泄露事故，需要对石油气管道实时检测以保证传输安全[18]。传统水下石油气管道的巡检由人工完成，水下环境复杂，能见度低，视野差，多扰动，危险大。随着科学技术的进步，水下机器人已广泛应用，例如，水下考古，水下资源探索等，利用智能水下机器人对石油管道的完整性进行巡检，杜绝安全隐患，可以提高效率，降低劳动风险。随着技术的快速进步，由于劳动力成本的增加和对工人安全风险的担忧，广泛的工业任务已经实现了自动化[19]。因此，石油和天然气行业也在努力实现水下管道检查的自动化。图 10-14 是水下石油气管道泄漏的示意图。

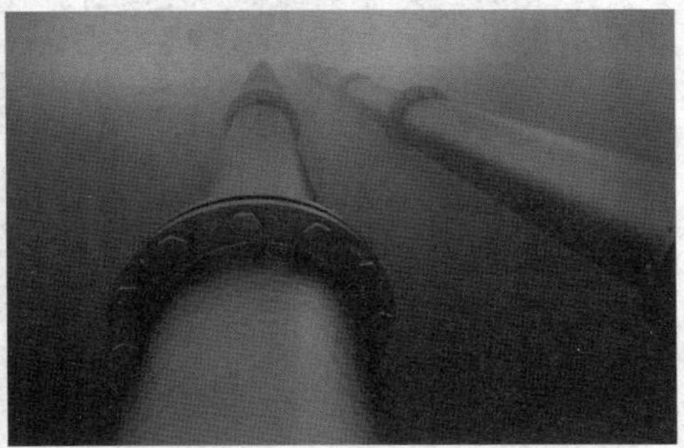

图 10-14　水下石油气管道泄漏示意图

为针对水下石油气管道巡查及检测是否发生泄漏的目的，李雪设计了一种水下仿生机器鱼，可将水下采集的图像实时与上位机进行信号传输，并实时检测是否发生泄漏[20]。

水下管道巡检机器人通过跟踪管道，并且实时获取管道的图像信息，时刻保持与上位机的通信交流[21]，一方面实时处理传输的图像，检测是否有油泡来判断管道是否泄漏，另一方面对水下环境、机器人自身的位姿、位置进行实时估计，然后发送控制指令，保证机器人运行安全。由于水下机器人巡检时只获取油气管道附近的油泡图像，为了减少成本和减小信息传输的压力，所以只搭载了摄像头。机器人在水下作业的过程中，摄像机采集的数据通过核心控制器将该信息传送给水面上的上位机。执行任务的过程就是环境感知、人机交互、移动控制这三大部分相互协作的过程。

水下巡检仿生机器鱼主要分为头部、配重舱、功能舱和尾舵四大块。头部结构主要用于安装摄像头，采用一层防水透明罩为摄像头采集数据提供视觉支持；配重舱的设计是为了改变机器人的配重，从而使得水下机器人能稳定浮游在预定深度；功能舱中主要安装控制板、电源和舵机，包括部分舵机传动结构，这一块是水下机器人的核心组件；尾舵是执行机构，舵机的转矩通过传动机构传达至尾舵，尾舵划水为整个装置提供动力和转向功能。图 10-15 展示了水下机器人的本体结构。

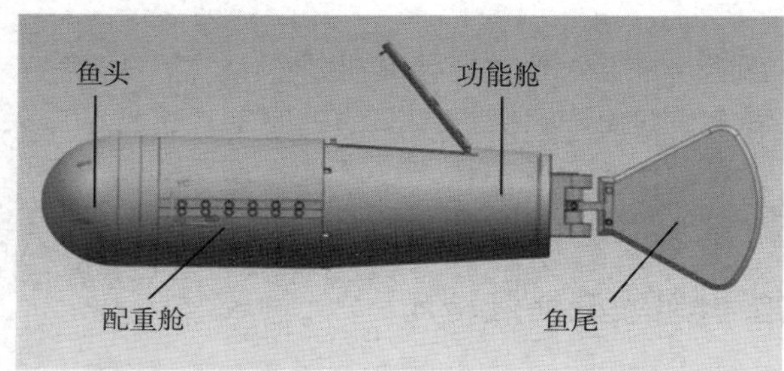

图 10-15　水下机器人本体机构（李雪，2019）

在对水下机器人采集的图像通过通信模块上载到上位机，上位机进行上述图像的预处理后，可进一步进行石油泄漏的识别，即选取的视频帧中是否检测出油泡。并将结果在 PC 端呈现供工作人员参考，结果如图 10-16 所示。

（a）大量泄漏原图像　　　　（b）大量泄漏处理图像

图 10-16　检测结果（李雪，2019）

10.4.2　水下管道检测与跟踪

水下管道检测与跟踪一般分为两种方法，一种是基于光学相机，光学相机分辨率高，获取的图像信息更丰富，适用于水下较理想的环境中，能见度高，且光照充足或自带补光灯，然而，在浑水和低光照条件下可见度有限，图像质量可能会显着下降。另一种是基于声呐图像实现管道的检测与跟踪，声呐系统在浑水或低光照条件下提供更好质量的数据。

1. 基于光学相机水下机器人管道检测与跟踪

哈尔滨工程大学的唐旭东研究设计了水下机器人实时水下管道检测与跟踪系统[22]。此水下机器人实时水下管道检测与跟踪系统的主要视觉传感器为单目 CCD 摄像机，并通过视觉系统测量的方法获取水下管道的导航信息。针对水下图像的特点，以及水下机器人实时性和管道检测的准确性要求，对图像处理算法进行改进来降低水下成像造成的影响。通过传感器采集能够反映水底管道和环境状况的数据，传送到计算机内存，图像处理曾对计算机内存中的数字图像数据进行基础处理，接下来解释层需要对水下的目标和环境进行判断和识别，获取相应的管道信息和障碍物信息。环境理解层将对机器人前行行驶环境做出及时可靠的分析和理解。最终运动控制层实现水下机器人决策规划层的各种管道跟踪任务。整个过程如图 10-17 所示。

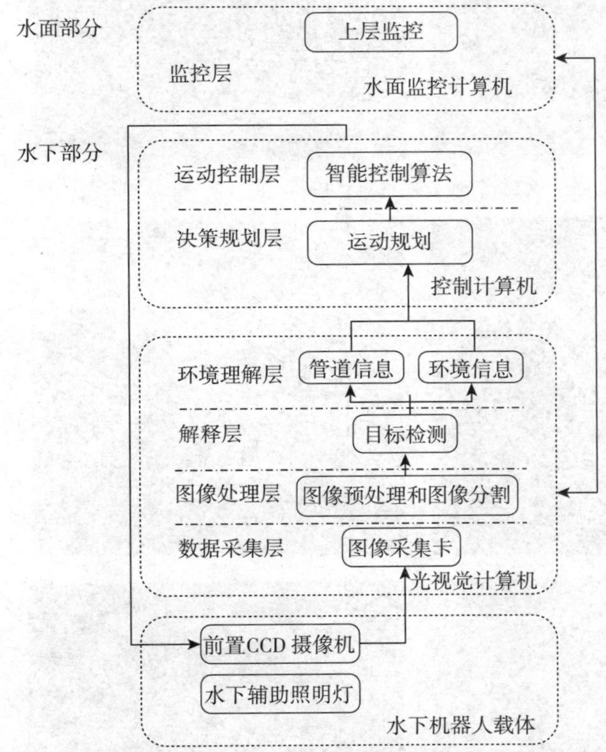

图 10-17　水下机器人管道检测与跟踪系统数据传递结构（唐旭东，2011）

作者在仿真环境下开展了管道检测与跟踪的仿真试验。在仿真环境的水下场景中，利用 Creator 构造了一根长度为 100 m、直径为 300 mm 的水下管道。为了测试系统对有一定弯曲程度的管线的持续跟踪能力，让系统对一条不断增加弯曲度的管线进行跟踪。试验中，系统分别对一条直行管线和有一定弯曲程度的管线进行跟踪，同时为了让仿真环境更接近于真实的作业环境，在管线的中部进行掩埋，用于测试系统的持续跟踪能力。试验结果如图 10-18

所示。从仿真实验结果上看，可以初步验证本系统能够克服短时间内的目标丢失，并具有管线跟踪的鲁棒性。

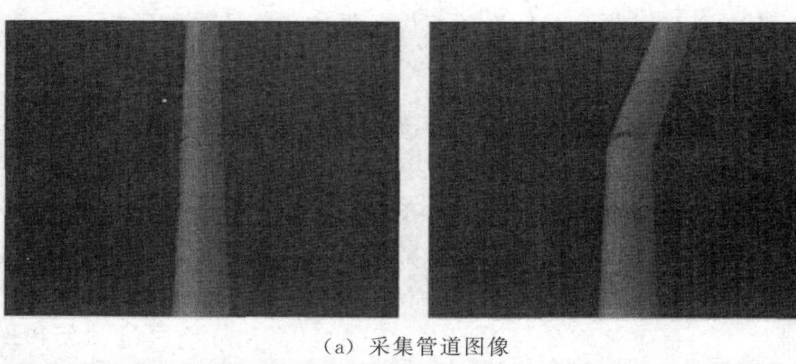

(a) 采集管道图像

(b) 管道导航信息提取

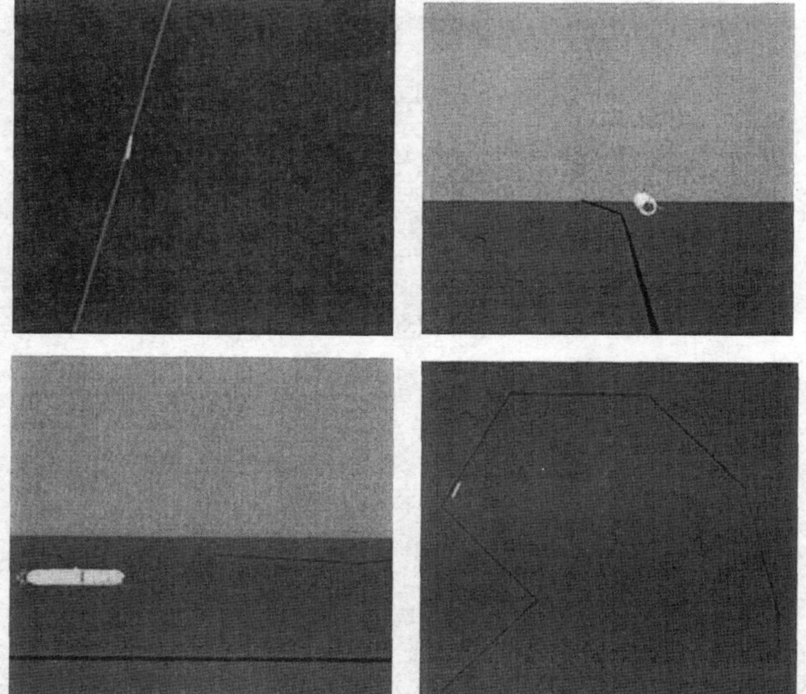

图 10-18　仿真结果（唐旭东，2011）

数字资源 10-4
仿真结果彩色图

2. 基于声呐的水下机器人管道检测与跟踪

Teerasit Kasetkasem 等[23]使用前视声呐（FLS）开发一种用于石油和天然气行业管道维护操作的实时管道检测和提取算法。为了在广域 FLS 上实现实时目标，声呐图像首先通过单元平均恒定误报率（CA-CFAR）检测器。由于 CA-CFAR 一次只做一个像素的决策，因此生成的二值图像可能包含大量的误报像素。为了提高准确性，误报抑制算法用于去除检测到的不具有矩形形状的区域，因为从顶部看时管道看起来具有矩形形状。最后，使用自组织映射（SOM）将所有检测到的区域连接在一起，以提取管道沿海底方向的路径。

（1）前视声呐

FLS 提供高分辨率的二维声学图像，设计用于正面视图的可视化。FLS 在方位角（θ）方向，并随着时间的推移对信号进行采样以产生范围内的强度值（r）或仰角（ϕ）（图 10-19）。大多数 FLS 被建模为距离和方位方向的二维声学图像。由于 FLS 图像是由声信号而不是光源形成的，因此生成的图像与使用相机产生的图像有很大不同。这些差异主要与声呐图像通过声信号传播、反射信号的干扰和噪声形成的性质有关。

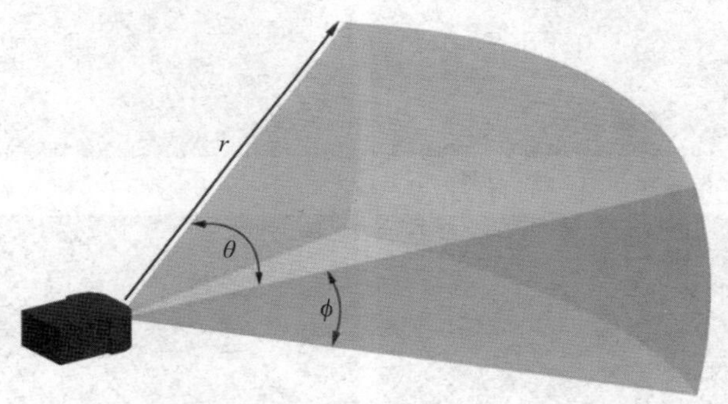

图 10-19　FLS 的几何形状（T. Kasetkasem et al，2020）

（2）CA-CFAR 检测器

在 FLS 图像的干扰中检测目标是一项非常具有挑战性的任务，因为目标会受到包括散斑噪声在内的干扰和噪声的影响。为了成功检测管道，使用 CA-CFAR。它是一种传统技术，但也是一种有效的检测器。CFAR 的原理是通过使用局部邻域信息调整适当的阈值来保持，CFAR 原理如图 10-20 所示。

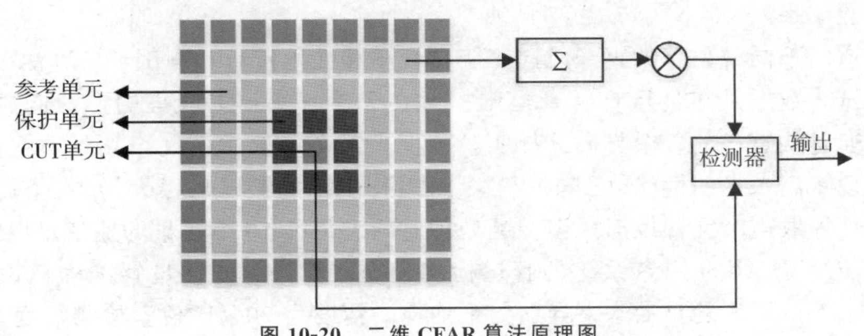

图 10-20　二维 CFAR 算法原理图

(3) 自组织映射(SOM)

SOM是一种基于竞争学习思想的无监督学习方法。它主要用作通过将高维数据映射到常规低维表示的可视化工具，将二维管道区域映射到一维线上。理想情况下，一组检测到的具有细长形状的像素应该能够提供该管道的方向。然而，从分割图像中自动提取这些信息是非常困难的。使用SOM，这是一种基于神经的无监督学习来完成这项任务。图10-21演示了SOM如何提取管道方向。首先，SOM[图10-21(a)]沿场景中心的垂直线初始化神经元并随机选择一个样本点。接下来，最近的神经元向样本点移动[图10-21(b)]。然后选择一个新的样本点，最近的神经元将向新的样本点移动。重复此过程，直到满足特定的收敛标准。

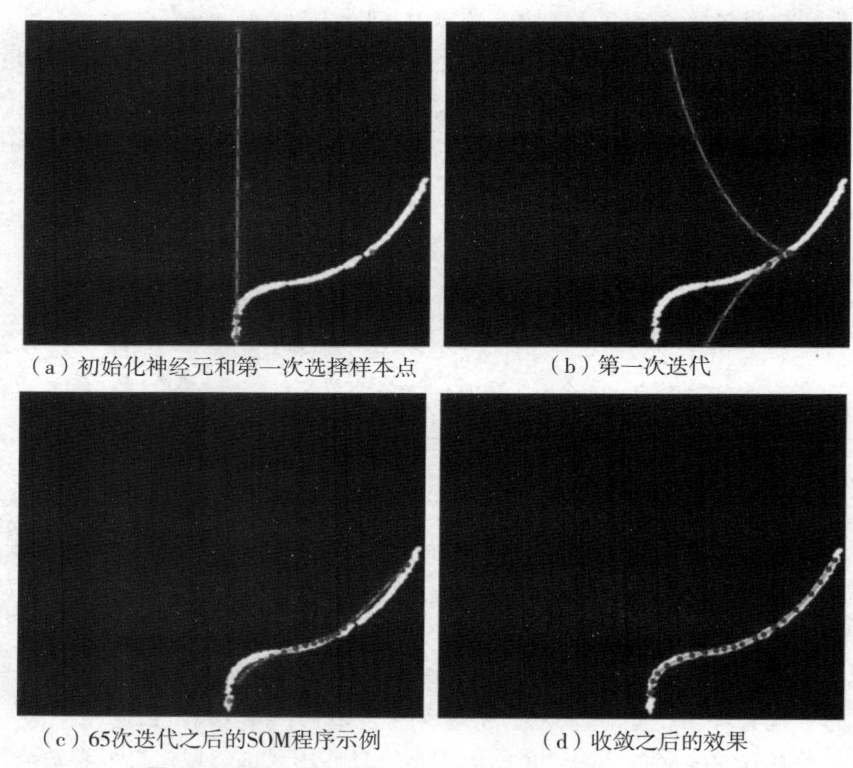

(a) 初始化神经元和第一次选择样本点　(b) 第一次迭代

(c) 65次迭代之后的SOM程序示例　(d) 收敛之后的效果

图10-21　SOM提取管道方向(T. Kasetkasem et al, 2020)

(4) 实验结果

针对管道的不同视角(如直线航向、旋转视图和拐角转弯)测试了该算法，并对连续数据进行了测试。数据是在进行日常管道维护时在天然气管道上收集的，管道数据多为直航向。因此，通过从管道的各个方向选择实验数据来避免实验中的冗余场景。在所有情况下，该算法都实现了高水平的性能(图10-22)。从运行中，能够以每秒大约10个场景的速率提取管道，包括提取声呐文件以形成图像的处理时间。每秒10个场景的速率足以实时实现。

研究中使用SOM的FLS系统的管道检测和提取算法。能够足够准确地识别管道的方向，以实现水下机器人的自动水下导航，平均检测精度为90%，位置检测精度为20~30 m。

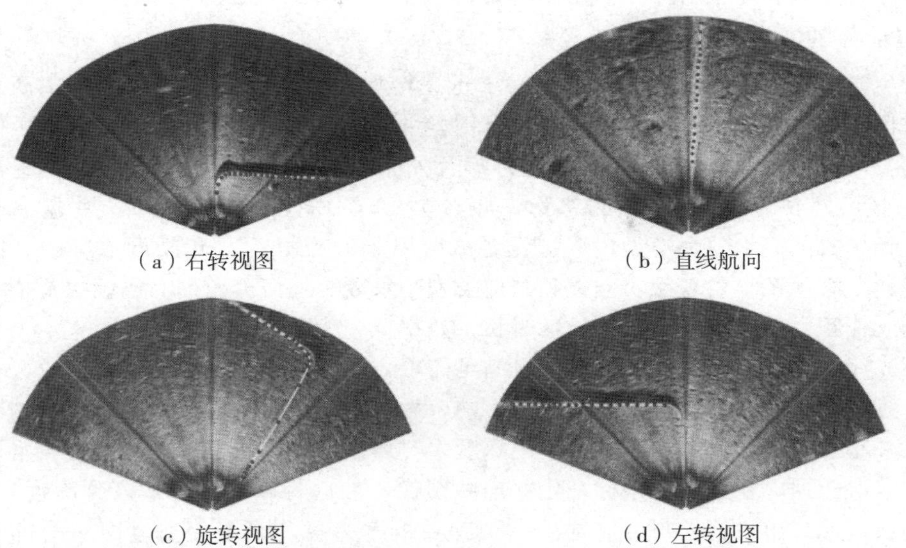

（a）右转视图　（b）直线航向

（c）旋转视图　（d）左转视图

图 10-22　管道提取图像示例（T. Kasetkasem et al，2020）

φϕ

10.4.3　海上养殖围网网衣检测

世界海洋面积约达 3.6×10^8 km^2，海洋生物资源开发利用的潜力巨大。为实现渔业的可持续发展，深远海网箱养殖成为我国海水渔业养殖的主要发展方向[24]。网箱养殖的成功需要较为完备的系统管理，否则会因海洋环境的不可预知性而导致大量的财产损失。就网箱监测而言，一旦网衣出现破损（图 10-23），若无法及时发现，将出现鱼类逃逸的问题，这不仅会带来养殖业的损失，而且会产生严重的生物物种污染[25]。然而，网衣的破损检测技术还处在相对滞后的状态。目前，在养殖过程中，对网衣的管理还是采用传统的人工水下网衣检查和定期换网的方式，这种方式不仅效率低，而且还存在着很大的安全隐患。因此，网衣巡检成为深远海网箱养殖的一个关键问题。

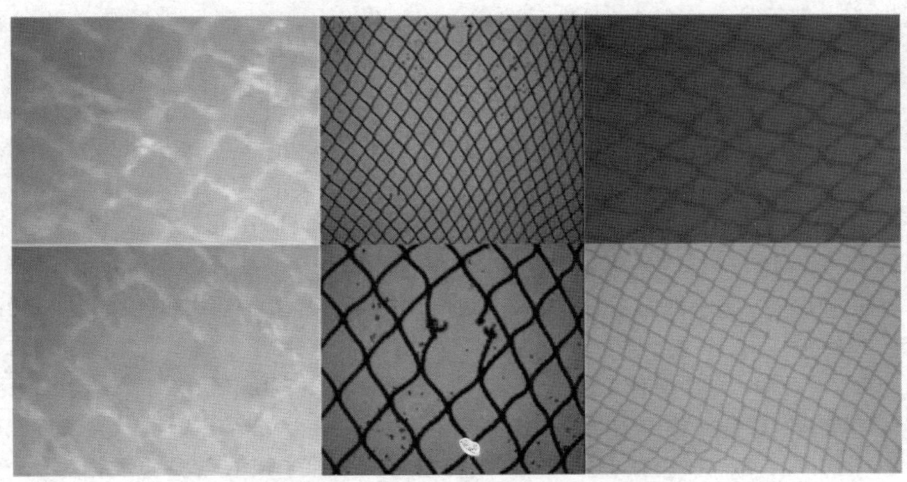

图 10-23　实际网衣破损情况（廖文璇等，2022）

1. 基于声呐的水下机器人网衣巡检

随着生活水平的提高，对鱼蛋白的需求迅速增加[26]。由于远海海域换水率高、污染物含量低，网箱养殖[27]和远海平台养殖成为渔业生产新模式，提供更清洁的，健康优质的海鲜。然而，海洋环境复杂多变，鱼类流行病、外来物种入侵、网衣破坏等诸多因素不可控[28]。破损的网衣会导致鱼群大量逃逸，如不能及时发现，造成巨大损失。据挪威鱼类逃逸事故统计，60%以上的逃逸是由养殖设备故障引起的[29]，主要包括网衣磨损、撕裂和鱼咬伤。因此，必须及早发现网衣破损和其他类型的事故。远海养殖网衣巡检主要依靠潜水员完成，网衣面积大，水下环境复杂，耗时长，效率低。

水下光线弱，多扰动，光学相机难以满足需求，同时光学消耗的计算空间较大，不利于边缘端计算，实时性差。利用单波束侧扫声呐，可以实现通过扫描范围来确定声呐图像的大小，大大减小了空间和时间的复杂度，用深度学习方法来识别水下网衣。首先，水下机器人利用声呐获取数据，根据自身坐标系建立声呐图像，然后将声呐图像输入到深度学习模型，识别出网衣，计算出机器人与网衣之间的位置和距离关系[30]。最后通过网衣的位置距离关系对机器人做出决策（图 10-24）。虽然光学相机始终具有最高分辨率的图像。然而，在浑水和低光照条件下可见度有限的情况下，图像质量可能会显着下降。声呐系统在浑水或低光照条件下提供更好质量的数据，但这些类型的声呐通常用于捕获图像以进行离线或在线处理。

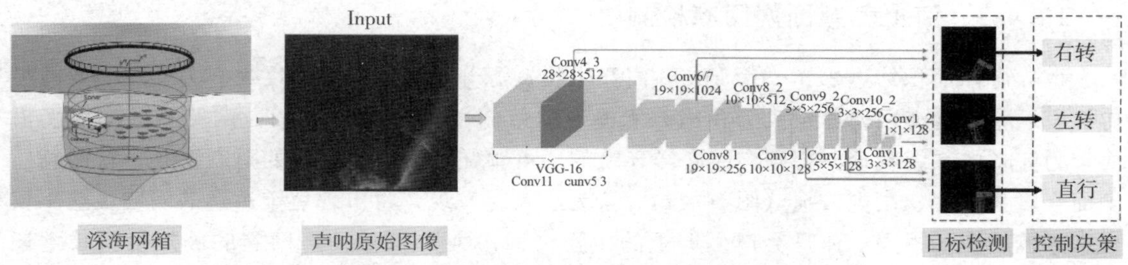

图 10-24　基于深度学习的目标检测与跟踪

2. 基于光视觉的网衣破损检测

中国农业大学国家数字渔业创新中心实验室[31]提出了一种基于机器视觉和深度学习的远海网衣破损检测方法，可以实时检测远海网衣结构，准确检测网衣破损区域。首先，通过自主巡航 ROV 采集笼子图像数据。针对捕获图像的特点，提出一种改进的多尺度融合算法，以更好地提高原方法的去噪和平滑效果。其次，我们使用 MobileNet-SSD 和关键帧提取检测方法来检测水下网衣的损坏。MobileNet-SSD 模型与 SSD 模型相比，在模型大小和检测速度上进行了优化。实验结果表明，该方案能够提高远海网箱检测效率，实时准确检测网衣破损区域。

为了验证所提的网衣破损检测方法，实验所用网箱的图像数据和视频数据来自远海网箱平台和室内养殖池。远海网箱平台如图 10-25(a)所示，该平台为周长 400 m、深 10 m 的大型智能生态笼，为双层管桩结构，外径 127 m，有效水体 16 万 m^3。潜水员检查一次远海网箱需要 2～3 d，ROV 自动检查只需 4 h。室内养殖池如图 10-25(b)所示，为长 6 m，深 1 m 的方形。损坏的网在池边散布，ROV 以恒定的速度检查池子以收集实验数据。

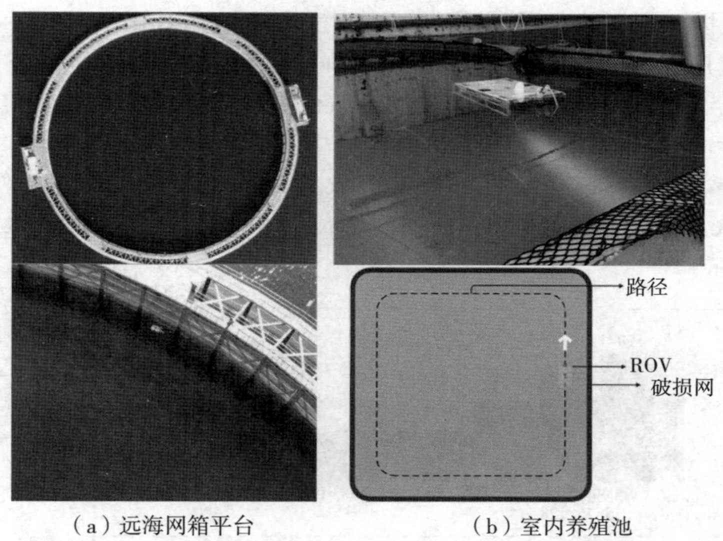

（a）远海网箱平台　　　　　　（b）室内养殖池

图 10-25　基于 ROV 的网衣破损检测试验场景（廖文璇等，2022）

海洋环境较为复杂且水体流动会造成不确定性的动态因素，在水下成像时，水体会吸收光线并产生散射形成非线性影响，这些因素都会大大影响水下图像的成像质量造成图像噪声杂乱、色彩失真、对比度低和轮廓模糊等现象。通过对采集到的实际围网图像进行分析，发现图像存在色彩失真等问题。因此，根据实际围网图像存在的情况，对围网图像进行色彩校正和去噪。提出了改进的多尺度融合图像增强方法，实验证明，该方法可有效校正图像色彩，当图像质量较差时可改善图像中出现的色块现象，且有利于提高后续破损检测的精度。水下图像增强效果如图 10-26 所示。

（a）原始图像　（b）多尺度融合算法（c）改进的多尺度融合算法

图 10-26　水下图像增强效果（廖文璇等，2022）

卷积神经网络是基于卷积神经网络的目标检测算法的理论基础，同时也是很多深度学习目标检测模型的骨干网络。因此，本文对卷积神经网络的原理进行了深入探究。为了验证卷积神经网络在破损网衣图像上的识别能力，通过实验设计对比了 VGG、ResNet 和 MobileNet 这三个常用卷积神经网络在网衣图像识别任务上的表现。实验验证，以上三种网络在网衣识别任务上表现十分优秀，其中 MobileNet 的表现效果为最佳，该实验结果可用于后续研究。基于卷积神经网络的目标检测算法在快速发展，这些算法已经达到了较高的检测精度和检测速度。结合文献调研结果和深海网衣检测的实际需求，选择使用 Single Shot MultiBox Detector（SSD）检测模型作为围网网衣检测的主体框架。MobileNet-SSD 框架结构如图 10-27 所示。

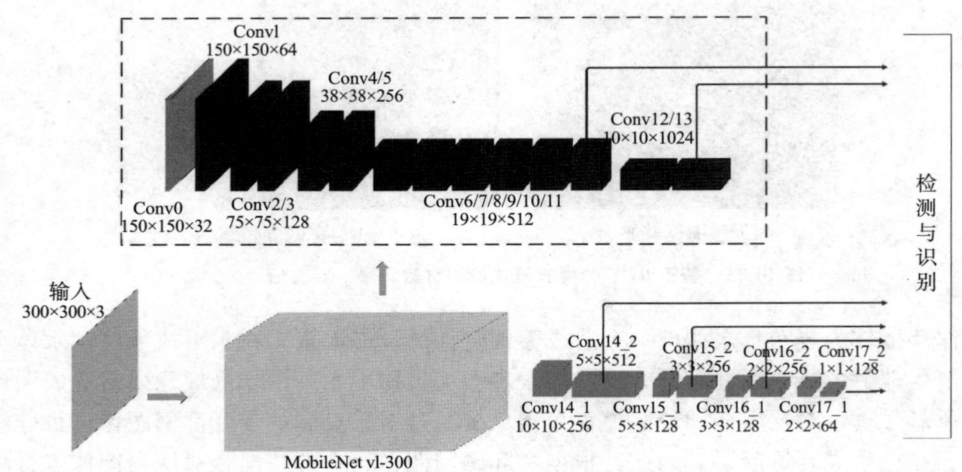

图 10-27　MobileNet-SSD 框架结构（廖文璇等，2022）

结合第二部分的卷积神经网络实验结果，对原 SSD 模型进行改进，将其骨干网络 VGG16 模型改为 MobileNet 模型。实验验证，改进后的 MobileNet-SSD 模型较 SSD 模型在存储大小和检测速度上都得到了很大的优化，检测精度略有降低，可满足围网网衣破损实时检测的应用要求。

该检测方案为使用自动导航的 ROV 采集网衣视频，然后将网衣视频分为关键帧和非关键帧，对关键帧图像使用改进的多尺度融合算法增强后输入 MobileNet-SSD 模型中进行破损检测。检测流程如图 10-28 所示。网衣巡检对检测算法的准确性和检测速率的要求很高，基于视频中相邻帧的相似特性，采用了划分关键帧的方法来提高检测速率，减少运算量，根据 ROV 实际的运动速率，设置参数 k，每隔 k 帧提取一帧设置成关键帧，当前帧为关键帧时，对图像进行图像预处理，输入检测模型开始检测，检测结束后得到检测结果。当前帧不是关键帧时，直接输出，不经过图像预处理和检测模型。当 k 值设置合理时，该方法不但可以减少运算量，且不会出现漏检现象。

根据实际的水下机器人运动速度设置参数 k，每隔 k 帧取一帧为关键帧，只在关键帧对网衣图像进行预处理和目标检测，这样可以大大的减少网衣视频检测中图像预处理和破损检测消耗的时间和计算量，从而达到实时检测的目的。图 10-29 为本文使用的围网网衣检测方案在网衣视频上连续 16 帧的检测结果。k 的取值为 5，每隔 5 帧取一帧作为关键帧。图中的三帧关键帧均检测出了破损网孔，置信度均为 100%。由于水下机器人匀速缓慢地对围网进行巡检，从图中可以直观地看出，该三帧关键帧中的破损网孔均为同一个，破损网孔仅进行了很小的向左位移，只对网衣视频进行抽检，但同一个破损网孔仍然会有多次的被检测机会。因此，两个关键帧之间的网衣图像不进行破损检测，并不会对整个围网网衣视频的检测结果造成很大的影响。

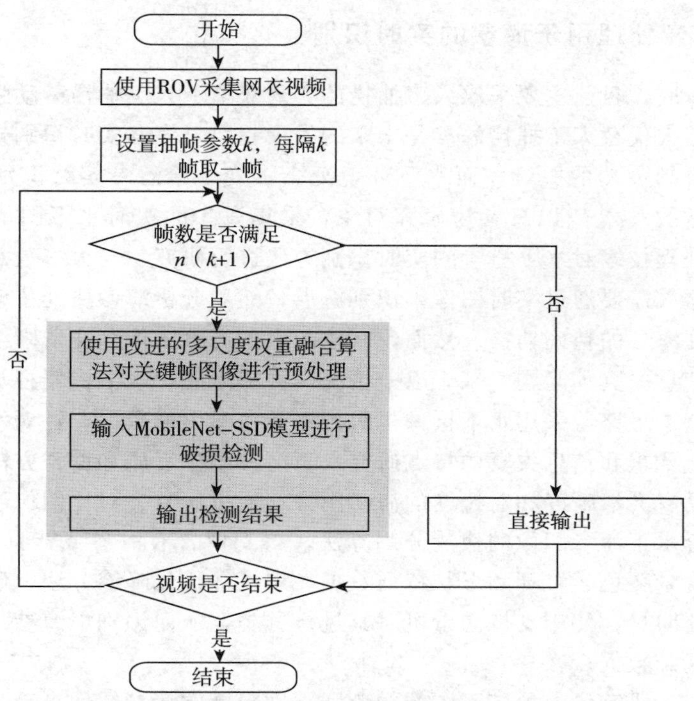

图 10-28　围网网衣检测流程（廖文璇等，2022）

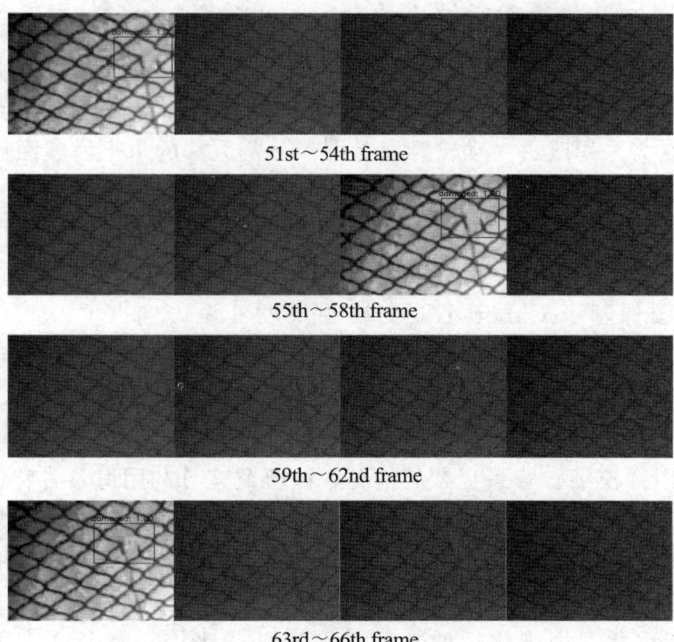

图 10-29　连续 16 帧网衣视频检测效果（廖文璇等，2022）

10.5 水下机器人捕捞作业

10.5.1 图像处理用于海参的实时识别

海参生活在海底，目前主要采取人工捕捞的方式获取。人工捕捞劳动强度大，危险系数高。使用水下机器人代替人工捕捞海参是未来的发展趋势，海参实时识别技术的优劣是海参捕捞机器人能否研制成功的关键，而水下环境复杂多变，给海参实时识别技术带来不少困难。中国农业大学的乔曦[32]以海参为研究对象，采集海参的实时水下图像，利用水下机器视觉技术和图像处理技术对水下海参的实时识别方法进行研究。与大多数水下机器人相同的是，海参捕捞机器人需要通过实时图像来识别海参，然后分析海参所处位置坐标，并提供给执行机构，以实现海参的精确捕捞。然而，获取的水下海参图像存在清晰度和对比度低、颜色衰减严重以及信息失真等问题。基于以上情况，乔曦搭建了水下机器视觉系统对水下海参进行实时识别。基本思路：采用水下摄像机得到水下海参图像数据，针对水下图像模糊、对比度低、颜色衰减严重和信息失真的特点研究水下海参图像复原和增强方法，对图像数据进行预处理，得到具有高清晰度和对比度的海参图像；通过研究、对比图像融合方法和边缘检测方法，研究适合水下海参图像的快速分割算法，得到仅含有海参或背景目标的图像数据；通过获取海参和背景颜色、纹理和形状特征数据，用特征优化降维方法，确定最具快速、准确分类能力的特征向量；使用支持向量机对其进行分类，从而识别出海参，为执行机构能准确抓取海参提供基础数据。

借鉴上述思想，研究了一种基于图像融合和主动轮廓的海参图像自动分割算法，把海参目标从水下复杂环境中分离出来。首先，采用颜色空间单通道相互融合法使海参目标从相似背景物中突显；然后，采用 Canny 边缘检测技术定位海参在图像中的位置，以此位置建立海参主体分割的初始轮廓，另以边缘检测出的海参刺边缘作为海参刺分割的初始轮廓；最后，采用 C-V 主动轮廓法分别分割海参主体部分和海参刺部分并融合，实现水下海参图像精确分割。图 10-30 为采用改进主动轮廓海参图像分割方法的水下海参图像分割结果图。

在该研究中，提取海参分割图像和背景图像的颜色、纹理和形状特征作为特征集。其中颜色特征提取了 RGB、HSV 和 Lab 各空间分量的均值；纹理特征提取了图像灰度共生矩阵 0°、45°、90°和 135°四个方向上的能量、熵、惯性矩、相关性和逆差矩，粗糙度，对比度，方向度和线性度，图像基于 Gabor 小波变换 5 尺度 6 个方向（0°、30°、60°、90°、120°、150°）上的均值；形状特征提取了矩形度、周长比、伸长度、圆形度、Hu 不变矩和傅里叶描述子。然后对特征集进行 z-score 标准化，消除各特征向量的量纲影响，为下一步的识别提供数据基础。

针对水下海参图像模糊、背景复杂的情况，该研究充分利用海参各特征，在不减少原始特征的前提下，基于主成分分析法将原始特征集转换成几个新的特征，然后基于支持向量机训练出分类器对海参目标进行识别。为验证该研究提出的主成分分析法具有较好的海参识别性能，分别采用蚁群算法（ant colony optimization，ACO）和遗传算法（genetic algorithm，GA）对特征集进行优化，用优化后的特征对算法进行比较，每个算法运行 100 次，排序 PCA-SVM 运算结果取平均值，GA-SVM 和 ACO-SVM 的运算结果取出现次数最多的优化

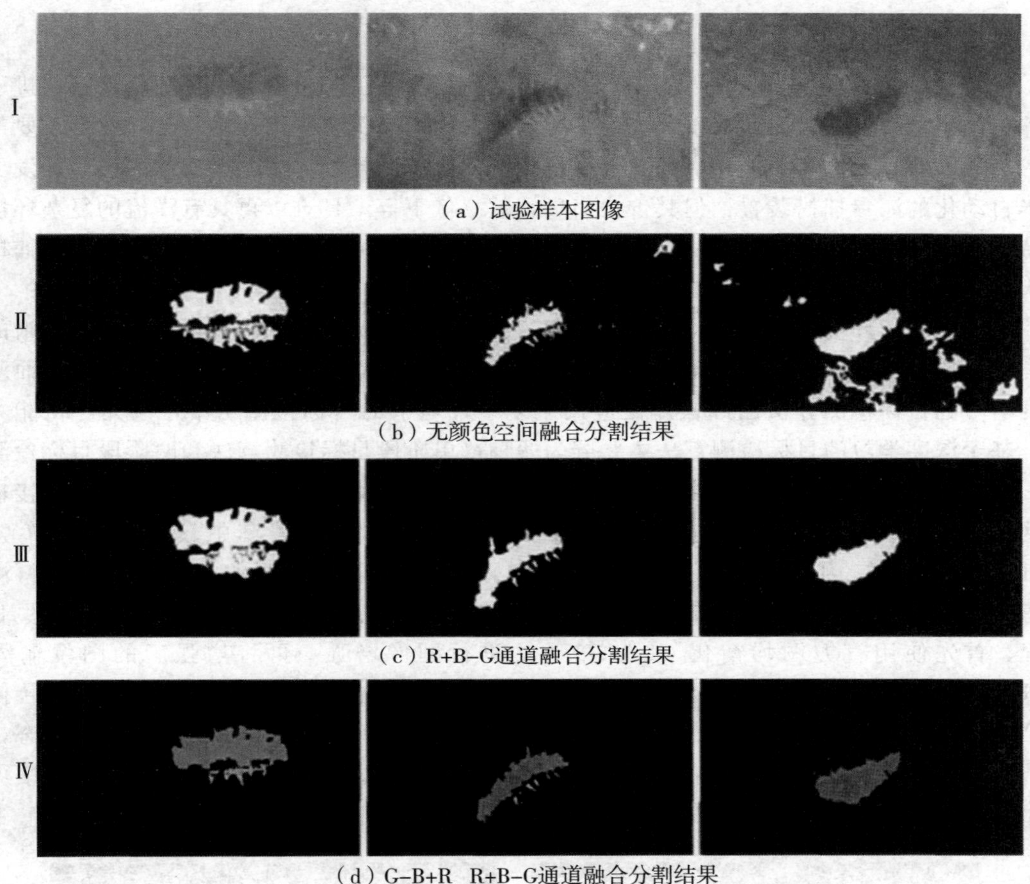

（a）试验样本图像
（b）无颜色空间融合分割结果
（c）R+B−G通道融合分割结果
（d）G−B+R　R+B−G通道融合分割结果

图 10-30　采用改进主动轮廓海参图像分割方法的水下海参图像分割结果图（乔曦，2017）

特征子集及其对应平均识别率和平均处理时间。结果如表 10-1 所示。

表 10-1　三种特征优化算法的 SVM 分类结果汇总[32]

方法	识别率/%	处理时间/s
GA-SVM	97.32	19.50
ACO-SVM	93.74	228.72
排序 PCA-SVM	98.55	0.733

从表 10-1 中可以看到，所提出的排序 PCA-SVM 平均识别率最高，达到 98.55%，且平均耗时最短。采用 PCA 特征降维法，提取的主成分是所有特征相互关联的结果，在识别未知目标时，鲁棒性更强。综上结果，PCA-SVM 算法能快速准确识别海参目标，虽然特征子集的元素数目最多，但在不影响识别效率的情况下，丰富的特征子集能提高算法对未知目标识别的鲁棒性。该算法能满足海参目标在线识别快速、准确的要求，为进一步研究海参自动捕捞机器人提供理论依据。

10.5.2 水下机器人海参抓取作业

近年来，随着人们生活水平的提高，人们对海产品的需求量也大大增加。这就促进了海参养殖的迅速发展，使海参养殖业成为了中国北方沿海渔民实现渔业增收、增效的重要产业之一。然而，目前的海参捕捞大部分仍采用传统的人工捕捞的方法，虽然国内已经开发了部分半自动化的海参捕捞装置，但其价格昂贵，效率低下等，且难以再具有洋流的复杂环境下保持机器人姿态的稳定，在这一背景下，中国农业大学研究并设计了一款自动化海参捕捞机器人，通过各部分的协调，完成海参的识别、定位与捕捞作业。

由于海底的环境较复杂，且水下图像会存在失真的情况，因此难以得到海参的清晰的轮廓。传统的特征提取方式较为繁琐，鲁棒性较低，因此难以适用于多变的水下环境。而基于深度学习的目标检测算法已经被广泛应用于复杂环境下的目标检测当中，且其泛化能力较强。基于深度学习的目标检测算法主要分为两种：单阶段目标检测算法和两阶段目标检测算法。相较于两阶段目标检测算法，单阶段目标检测算法是将整幅图像作为候选区域直接输入到网络中进行目标的识别与分类，因此其具有较高的实时性，其中较为经典的算法为YOLO系列算法。因此借鉴上述的思想，研究了一种基于图像增强的YOLOv4目标检测算法海参识别方法，将海参从复杂的水下环境中分离出来。基于水下图像分辨率较低、失真等情况，首先使用直方图均衡化CLAHE方法进行图像增强，再将增强后的图像输入到YOLOv4目标检测算法中进行海参检测。在得到目标的类别后，再将增强后的图像转换到HSV颜色空间中进行轮廓识别与提取，实现目标的精准分割，并得到目标的旋转姿态，为水下机器人提供精准的位姿信息。图10-31为经过CLAHE图像增强后的图像，从图中可以看出，增强后的图像轮廓相较于原图像更为清晰明显。

(a) 原图像

(b) 经过CLAHE图像增强后的图像

图10-31 CLAHE图像增强效果

在经过图像增强后，则可以将图像输入到YOLOv4目标检测算法中进行目标识别与分类。图10-32为YOLOv4算法的网络结构。由于YOLOv4目标检测算法可以输出三个尺度的特征图用于预测不同大小的目标，因此YOLOv4目标检测算法相较于其他算法在小目标的检测效果上会更优。图10-33为经过YOLOv4目标检测算法得到的预测结果。

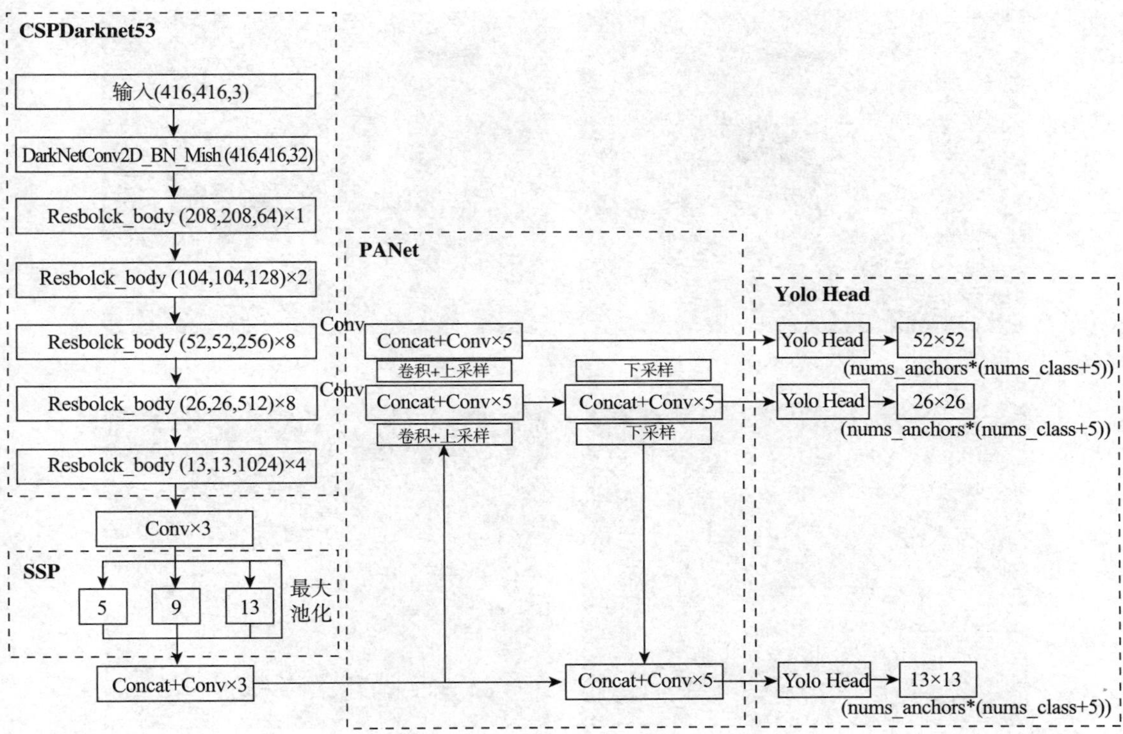

图 10-32 YOLOv4 目标检测算法网络结构

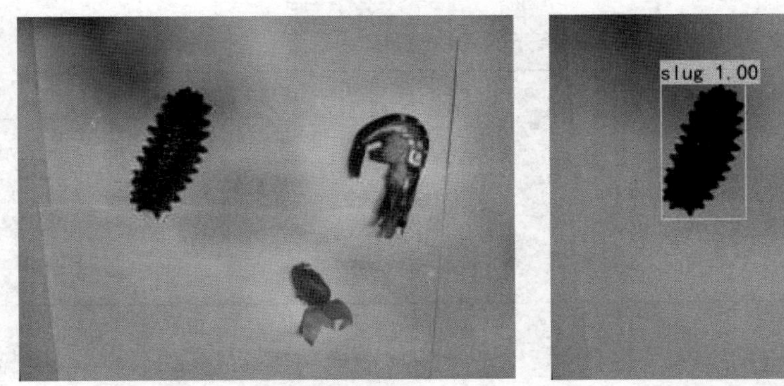

（a）增强后的图像

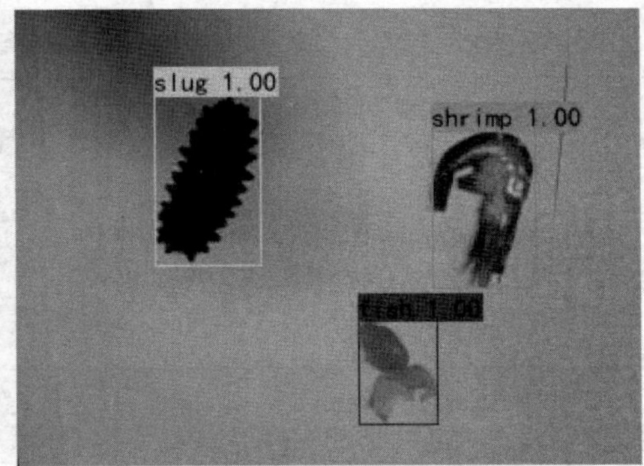

（b）YOLOv4 算法预测结果

图 10-33 YOLOv4 目标检测算法预测结果

为了验证 YOLOv4 目标检测算法的精度，本节基于分辨率为 640×240 的双目相机对海参从不同的距离尺度下进行检测，检测精度结果如图 10-34 所示。不同距离尺度下的海参的检测精度数据表如表 10-2 所示。

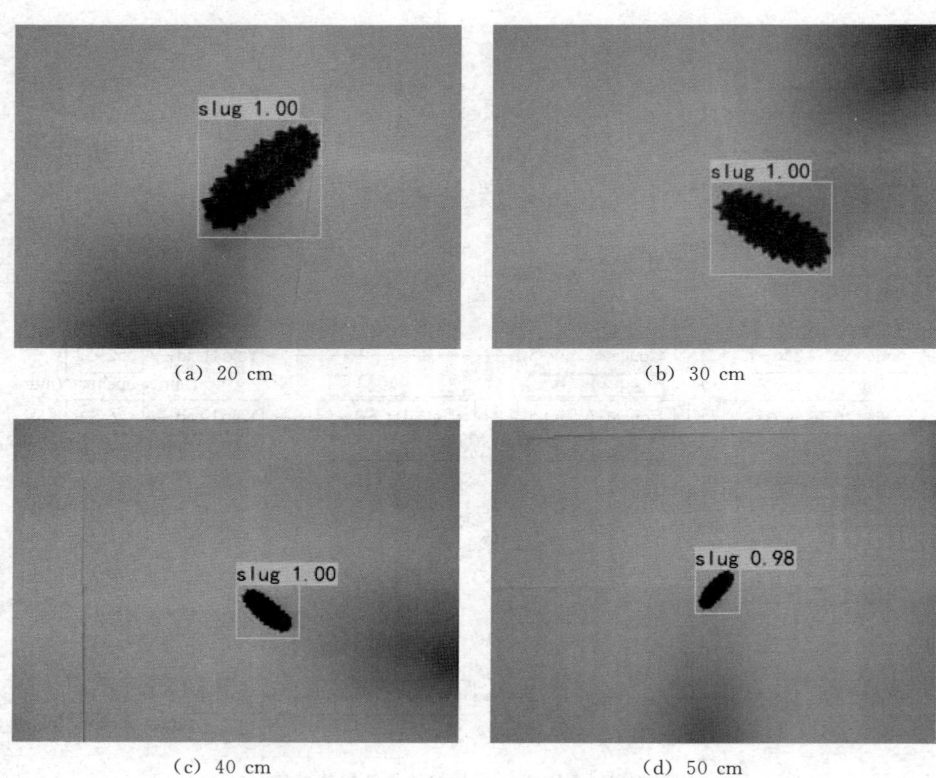

(a) 20 cm (b) 30 cm

(c) 40 cm (d) 50 cm

图 10-34　不同距离尺度下的海参检测结果

表 10-2　不同尺度距离下的目标检测结果统计

海参与相机的距离/cm	海参检测成功率/%
20	100
30	100
40	98
50	95

由表 10-2 中的数据可知，海参在不同尺度下的平均检测成功率为 98.25%，具有较高的精度，能为水下机器人的抓取提供较为精准的海参识别情况。统计 20 张 RGB 图像的检测速度，统计结果如图 10-35 所示，由图 10-35 可知，基于 YOLOv4 目标检测算法的海参实时检测，平均检测速度为 13 帧/s，能满足机器人对水下环境进行实时检测的要求。

自动化海参捕捞机器人是各模块协调配合的、机构完整的机电一体化的设备，可以按照预设的轨迹完成稳定下潜，在利用视觉传感器获取环境信息并识别到海参后，可以通过路径规划，自主行驶到海参的所在位置，完成海参的抓取。自动化海参捕捞机器人结构设计框图如图 10-36 所示。

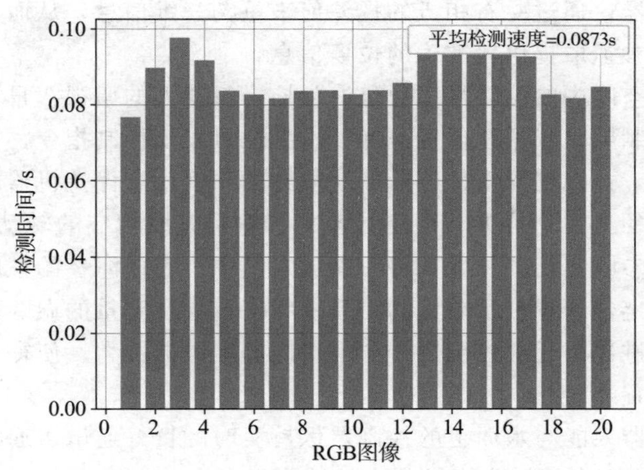

图 10-35　YOLOv4 算法检测速度统计结果

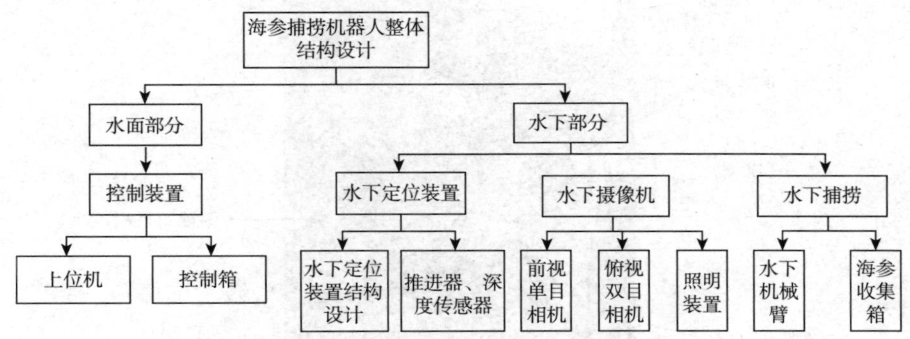

图 10-36　自动化海参捕捞机器人结构设计

如图 10-36 所示，一套完整的自动化海参捕捞系统包括水上和水下两部分。水面部分主要以上位机和控制箱为主；水下部分主要包括水下定位装置、水下摄像机、水下捕捞三部分。水下图像处理、图像分割、特征提取、基于 YOLOv4 算法的海参识别是水下海参识别过程的 4 个部分。水下环境的复杂性导致了水下图像质量低、噪声多，具体表现为：光照不均匀、对比度低、颜色失真等。这些会影响海参的识别效果。为了便于后续的分析和处理，首先需要对图像进行预处理。当图像中存在多余的噪声和其他无用信息时，需要对图像进行预处理，消除噪声点，并按照需要突出感兴趣的特征和区域。针对水下图像的噪声污染和光照的问题，可以结合机器人本体搭载的照明装置，提高水下图像的亮度，同时，对于噪声较多的问题，可选择高斯滤波等操作，去除图像噪声，针对图像失真的问题，可在海参抓取前使用合适的图像修复方法，还原高清晰度的、高对比度的水下图像，在此基础上，再进行海参识别的操作。但目前针对水下图像的噪声处理等问题，还没有一个通用的方法以解决该问题，因此需要针对实际的场景选择合适的噪声剔除方法。最后将经过预处理后的水下图像输入到 YOLOv4 算法的网络模型中进行实时检测，用于海参的准确识别。

完成了海参目标的识别工作后，接下来就是对水下海参的目标定位。由于单目视觉只能提供二维图像信息，因此难以根据所采集到的图像完成三维定位[33]。因此为了降低成本，同时能为用户提供直观的视觉信息，并且能较好的完成水下三维重建任务，通常会在机器人上搭载双目视觉传感器，通过左右相机的视差值来重构三维信息，从而实现水下海参的三维定位，为机器人的海参抓取提供较准确的位姿信息。

海参目标在三维空间中的位置可以通过海参捕捞机器人的俯视双目相机获取，而水下定位装置的动力定位控制则是根据该位置坐标，由上位机发出控制指令，协调定位装置的各推进器进行相应的运动，并根据深度传感器所获取到的深度信息保持机器人的悬浮稳态。然后控制机械臂到达海参的上方，再进一步控制各关节舵机完成相应的转动，实现海参的抓取，最后机械臂移动到海参收集箱的位置，将海参放入其中，完成海参的抓取工作。其中，水下动力定位的原理是由定位装置测量单元测得系统状态量与预定量的误差，经过控制单元分析计算后给出命令，推进器单元由控制命令产生对应的推进器推力，使得误差减少，直至水下定位装置到达目标位置。

为了保证水下机器人能与水面上的控制器保持实时的良好通讯，通常以带缆的形式进行水下作业。图 10-37 为海参捕捞水下机器人的结构组成。

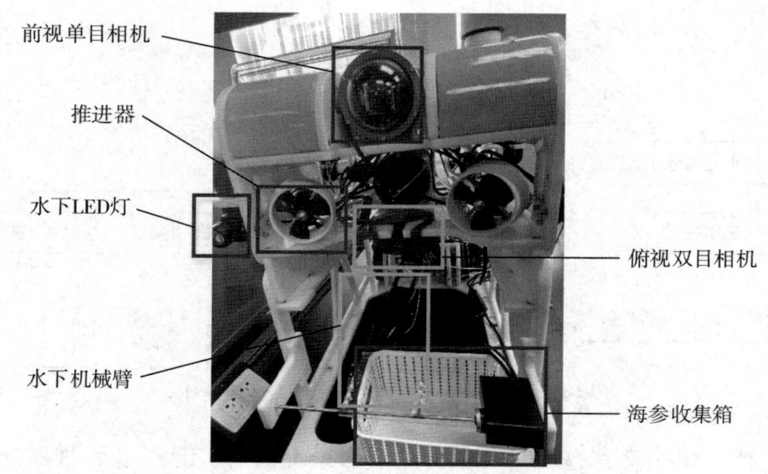

图 10-37　海参捕捞水下机器人结构组成

图 10-37 中，水下机器人共搭载了 6 个推进器，分别用于 6 个方向的运动推进。机器人搭载了两个水下 LED 灯提供水下照明，其供电方式为通过缆线从控制箱经过降压模块进行持续供电。机器人搭载了一个前视单目相机和一个俯视双目相机，前视单目相机用于为用户提供直观的水下环境信息，并可根据当前的水下环境进行避障，俯视双目相机则用于观测机械臂的工作范围内是否存在海参，并以该相机进行水下图像采集并进行海参检测。机器人搭载了一个 3 自由度的机械臂，用于抓取俯视双目相机所识别到的海参。水下机器人实时采集到的图像，可以通过缆线实时传输到水面的控制器中，并将其进一步显示到上位机中，用户可根据实际情况选择遥控式或自主式的操作来完成海参抓取。

10.6　小结

本章围绕水下机器人的视觉系统，分别介绍了图像视频处理技术在水下机器人定位导航、目标跟踪、探测任务和捕捞作业中的应用。目前，图像视频处理技术的实时性是水下机器人视觉系统存在的最主要问题。图像采集速度较低以及图像处理需要较长时间给系统带来明显的时滞，视觉信息的引入也明显增加了系统的计算量。图像视频处理速度是影响视觉系统实时性的主要瓶颈之一。

越来越多的研究者开始关注图像视频处理技术实时性问题。这里，我们将有关图像视频处理技术的实时性的研究总结为以下 3 个方面：针对水下视频图像处理算法的优化，通过压缩深度学习网络结构进行模型加速，以及通过并行计算提高算法的执行速度。此外，采用高性能计算模块来完成一些基本图像视频处理和计算功能，也能够明显提高水下机器人视觉系统的速度和精度。

最后，我们应该了解到，随着水下机器人系统的出现，水下的光学图像视频探测数据量呈现指数型的增长[30]。但与其不相称的是，这些图像视频数据只有 1%～2%被分析和利用[31]。因此亟须自主而智能的方法去汲取这些数据中所蕴含的信息。目前图像视频处理技术在水下机器人视觉系统中的应用研究多数都是经过实验室验证取得了一定的进展，多数试验是在一定的限定条件下进行的，但是实际海水、湖水、河水水下环境都比实验环境要复杂得多，比如水下深度、光照、杂质等。目前的研究成果在实际水下环境中应用的稳定性和实用性仍然需要进一步的提升，水下机器人视觉系统的研究和发展仍然任重而道远。

思考题

10.1　水下机器人视觉系统有哪些应用？

10.2　图像视频处理技术应用于水下机器人视觉系统的挑战有哪些？

10.3　如何提高水下机器人视觉系统中图像视频处理技术的实时性？

10.4　水下机器人视觉系统相较于人视觉系统具有哪些优势？

10.5　基于图像视频处理技术的机器人视觉系统相较于其他的机器人视觉系统具有哪些优势？

参考文献

[1] 邱茂林，马颂德，李毅．计算机视觉中摄像机定标综述［J］．自动化学报，2000（01）：47-59.

[2] 郑艳梅．AUV-SLAM 的特征提取与匹配算法研究［D］．青岛：中国海洋大学，2015.

[3] D G Lowe. Distinctive image features from scale-invariant keypoints［J］. International Journal of Computer Vision，2004，60（2）：91-110.

[4] R M Eustice，O Pizarro，H Singh. Visually augmented navigation for autonomous underwater vehicles［J］. IEEE Journal of Oceanic Engineering，2008，33（2）：103-122.

[5] 高翔，张涛，颜沁睿，等．视觉 SLAM 十四讲：从理论到实践［M］．北京：电子工业出版社，2017.

[6] R Mur-Artal，J M M Montiel，J D Tardos. ORB-SLAM：a versatile and accurate monocular SLAM system［J］. IEEE transactions on robotics，2015，31（5）：1147-1163.

[7] 朱鸣鸣．基于双目视觉的 AUV 实时定位与目标检测技术研究［D］．哈尔滨工业大学，2019.

[8] A Geiger，P Lenz，R Urtasun. Are we ready for autonomous driving? the kitti vision benchmark suite［C］. 2012 IEEE Conference on Computer Vision and Pattern Recognition：IEEE，2012：3354-3361.

[9] M Burri，J Nikolic，P Gohl，et al. The EuRoC micro aerial vehicle datasets［J］. The International Journal of Robotics Research，2016，35（10）：1157-1163.

[10] V Lepetit，F Moreno-Noguer，P Fua. Epnp：An accurate on solution to the pnp problem［J］. International Journal of Computer Vision，2009，81（2）：155.

[11] D Comaniciu，V Ramesh，P Meer. Kernel-based object tracking［J］. IEEE Transactions on Pattern Analysis and Machine Intelligence，2003，25（5）：564-577.

[12] 朱胜利．Mean Shift 及相关算法在视频跟踪中的研究［D］．杭州：浙江大学，2006.

[13] 李树鹏．水下双目视觉目标检测与定位系统关键技术研究［D］．哈尔滨：哈尔滨工程大学，2014.

[14] 陈国军，陈巍，郁汉琪．基于深度学习的单目视觉水下机器人目标跟踪方法研究［J］．机床与液压，2019，47（23）：79-82.

[15] Y Wang，D M Lane，Path planning for underwater vehicles using constrained optimization［J］，Proc. Oceanology Int. Conf. 1998：175-186.

[16] D M Lane，M J Chantler，D Dai，Robust tracking of multiple objects in sector-scan sonar image sequences using optical flow motion estimation，IEEE J. Oceanic Eng. 1998：31-46.

[17] Y Petillot，I T Ruiz，D M Lane. Underwater vehicle obstacle avoidance and path planning using a multi-beam forward looking sonar［J］. IEEE Journal of Oceanic Engineering，2001，26（2）：240-251.

[18] 刘志萌．水下油管泄漏时油滴尺寸分布研究［D］．集美：集美大学，2017.

[19] 王田苗，陈殿生，陶永，等．改变世界的智能机器——智能机器人发展思考［J］．科技导报，2015，33（21）：16-22.

[20] 李雪．水下机器人检测技术应用和泄漏点视觉识别研究［D］．南昌：南昌大学，2019.

[21] 张同伟，秦升杰，唐嘉陵，等．典型 ROV/AUV 在深海科学考察中的丢失过程及原因［J］．船舶工程，2018，40（06）：89-94.

[22] 唐旭东．智能水下机器人水下管道检测与跟踪技术研究［D］．哈尔滨：哈尔滨工程大学，2011.

[23] T Kasetkasem，Y Tipsuwan，S Tulsook，et al. A pipeline extraction algorithm for forward-looking sonar images using the self-organizing map［J］. IEEE Journal of Oceanic Engineering，2020，46（1）：206-220.

[24] 闫国琦，倪小辉，莫嘉嗣．深远海养殖装备技术研究现状与发展趋势［J］．大连：大连海洋大学学报，2018，33（1）：123-129.

[25] H Moe，R H Gaarder，A Olsen，et al. Resistance of aquaculture net cage materials to biting by Atlantic Cod（Gadus morhua）［J］. Aquacultural Engineering，2009，40

(3)：126-134.

[26] J Syers，M Luang，A Johnston. Food and agriculture organization of the United Nations. Practical Conscious Sedation. 2014.

[27] X Ta，Wei Y. Research on a dissolved oxygen prediction method for recirculating aquaculture systems based on a convolution neural network，Computers and Electronics in Agriculture，2018：302-310.

[28] Y Wei，Q Wei，D An. Intelligent monitoring and control technologies of open sea cage culture：A review [J]. Computers and Electronics in Agriculture，2020，169：105-119.

[29] A Fredheim. Current forces on net structure [J]. Fakultet for ingeniørvitenskap og teknologi，2005.

[30] Y H Wu，J C Liu，Y G Wei，et al. Intelligent control method of underwater inspection robot in netcage [J]. Aquaculture Research，2021.

[31] W X Liao，S B Zhang，Y H Wu，et al. Research on intelligent damage detection of far-sea cage based on machine vision and deep learning [J]. Aquacultural Engineering，2022，96：102219.

[32] 乔曦. 基于水下机器视觉的海参实时识别研究 [D]. 北京：中国农业大学，2017.

[33] 唐旭东，庞永杰，李晔，等. 基于混沌过程神经元的水下机器人运动控制方法 [J]. 控制与决策，2010，25 (02)：213-217.

[34] H Lu，Y Li，Y Zhang，et al. Underwater optical image processing：a comprehensive review [J]. Mobile Networks and Applications，2017，22 (6)：1204-1211.

[35] O Beijbom，P J Edmunds，D I Kline，et al. Automated annotation of coral reef survey images [C]. IEEE Conference on Computer Vision and Pattern Recognition，2012：1170-1177.

附 录

附录 1 水下图像公开数据集

附 1.1 水下图像增强数据集

近年来，水下图像增强逐渐被计算机视觉、图像处理、深度学习所关注。尽管目前研究人员提出了多种多样的水下图像增强方法，但由于缺乏统一的水下标准数据集，无法全面有效地对比各种图像增强方法[1]。随着深度学习的兴起，水下图像增强数据集的构建也引起了很多学者的关注。在这里，将介绍一下目前已公开的水下图像增强数据集。

附 1.1.1 真实水下图像增强数据集

真实水下数据集顾名思义就是在真实的水下环境中采集的数据，这些不同的数据集采集所用的设备、所处的环境、采集的方式不尽相同，下面将介绍几种不同的真实水下数据集及其构建方法。

1. RUIE 数据集（RUIE Dataset）[2]

RUIE 数据集由一个包含 22 个防水摄像机的水下图像系统采集，这些摄像机安装在一个 10 m×10 m 的框架上，调整相机的视角，使场景的最大深度范围为 0.5～8 m。所有视频均拍摄于 2017 年 9 月 21 日至 22 日，每天上午 8 时至 11 时，下午 1 时至 4 时。由于周期性涨潮，水深为 5～9 m。不断变化的灯光和水深产生不同的色调。

RUIE 数据集包括超过 4 000 张图像，采集于大连獐子岛，数据集中包含了各种各样的照明、视野深度、模糊度和色彩投射图像。数据集包括 3 个子集，分别介绍如下。

UIQS：用于评价水下图像质量，该数据集有 3 630 幅水下图像，包括 5 个子集，分别表示为 A，B，C，D，E。采用水下图像质量评价指标 UCIQE 来评估图像质量，并按照 UCIQE 值的降序排列，以方便测试不同算法在各种水下条件下的性能（图附 1-1）。

UCCS：用于评价色偏。采用 CIElab 颜色空间中蓝色通道的平均值，从 UIQS 中收集了 300 幅图像，并生成了 UCCS 集。UCCS 集包含 3 个子集，每个子集含有 100 幅图像，分别带有蓝绿色调 、蓝色调和绿色调（图附 1-2）。

UHTS：用于评价高级视觉任务，如分类和检测。该子集包括 300 幅海洋生物图像，为了评价不同图像质量对高级视觉任务检测精度的影响，采用 UCIQE 指标将 UHTS 数据集分为 5 个子集，并对图像中的扇贝、海参、海胆三类海洋生物进行了类别和检测边界框标注（图附 1-3）。

该数据集的特点是针对水下图像质量增强、颜色校正、高级视觉任务 3 个有挑战性的增强任务进行数据集的构建，为后期的图像增强提供了很好的解决方案。

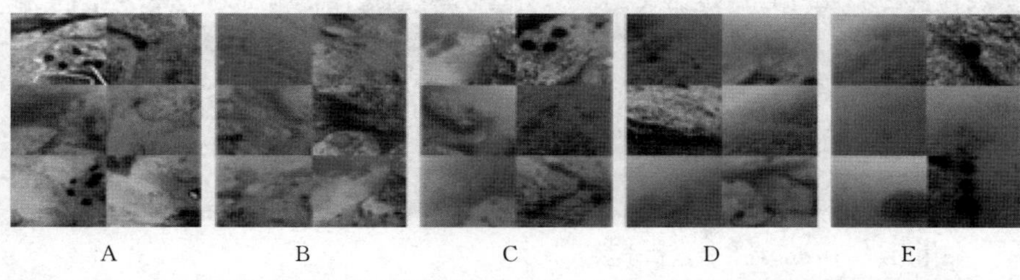

A　B　C　D　E

图附 1-1　UIQS 数据集示例（从左到右，5 个子集的图像按照非参考图像质量指标度量进行排序。相应的图像质量 A～E 依次下降）

数字资源附 1-1 UIQS 数据集示例彩色图

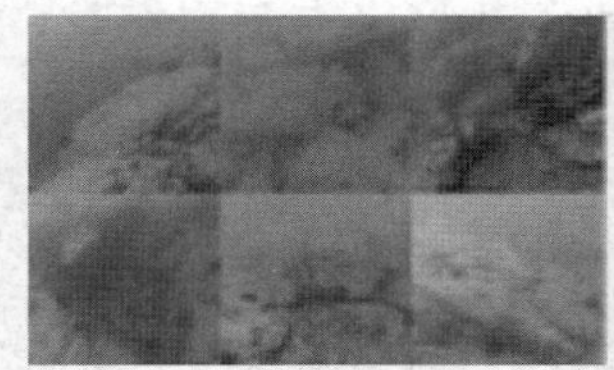
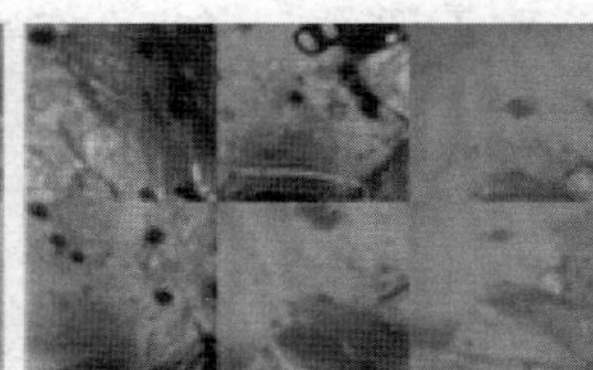
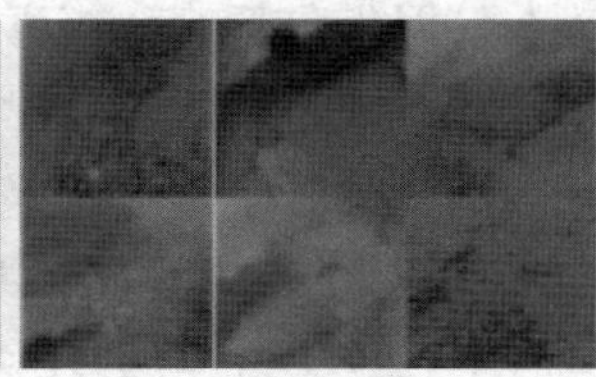

图附 1-2　UCCS 数据集示例（从左到右，3 个子集的图像分别为蓝绿色调、蓝色调和绿色调）

数字资源附 1-2 UCCS 数据集示例彩色图

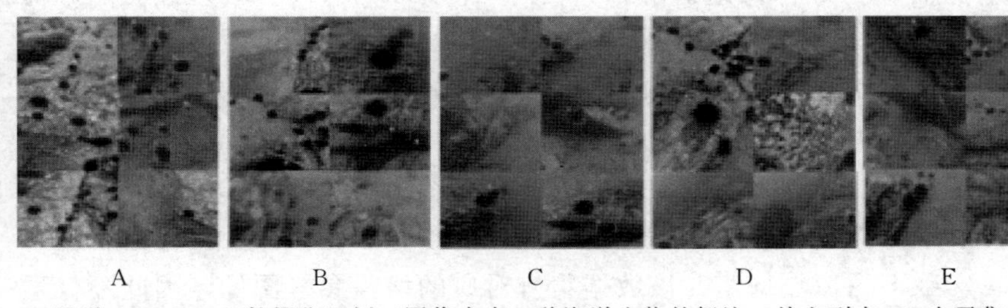

A　B　C　D　E

图附 1-3　UHTS 数据集示例（图像中有 3 种海洋生物的标注，从左到右，5 个子集的图像按照非参考图像质量指标度量进行排序。相应的图像质量 A～E 依次下降）

数字资源附 1-3 UHTS 数据集示例彩色图

2. OceanDark 数据集（OceanDark Dataset）[3]

OceanDark 数据集从位于东北太平洋的 ONC 摄像机的视频片段中选择使用人工照明拍摄的低光照水下图像样本。该数据集由 183 张水下图像组成，图像像素为 1 280×720，数据集中每个数据都包括拍摄日期、时间、位置、纬度、经度、深度和使用的摄像机系统。图像中描述的场景有人工光源的低亮度水下图像和大型目标的图像，大型目标图像既有人工目标又有生物目标。生物目标包括：螃蟹、寄居蟹、海葵、黄貂鱼、海星、虾和各种鱼类，这些生物目标存在不同的颜色和形状及其他不同的特征，可以帮助评估水下图像的增强效果（图附 1-4）。

该数据集的特点是所有水下图像都使用一个或多个人工光源获得，这使得拍摄的图像会存在暗区。

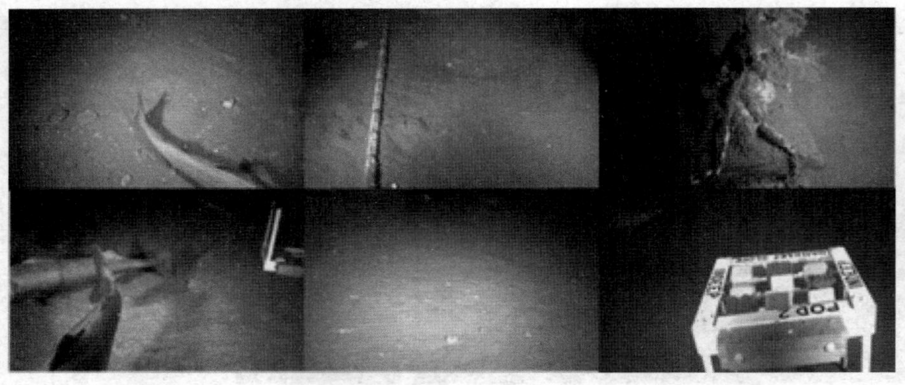

数字资源附 1-4 OceanDark 数据集示例彩色图

图附 1-4 OceanDark 数据集示例

3. 水下图像增强基准数据集（UIEBD Dataset）[1]

水下图像增强基准数据集包括 950 幅真实水下图像，这些真实水下数据来自不同场景，存在不同程度的色彩失真、对比度下降情况。这些图像的分辨率从 183×275 至 1 350×1 800 不等。

值得注意的是，UIEBD 数据集中 890 幅水下图像具有相对应的参考图像，另外 60 幅为没有参考图像的挑战图像。对于参考图像采用 12 种图像增强方法生成 12 幅候选参考图像，12 种图像增强方法中包括 9 种水下图像增强方法，2 种图像去雾方法，以及 1 种水下图像增强商用应用软件中的方法。利用原始水下图像和候选增强参考图像，采用主观评价的方法在 12 幅候选参考图像中选择最佳参考图像，邀请了 50 名志愿者（25 名有图像处理经验的志愿者和 25 名无相关经验的志愿者）以原始水下图像为参考，对 12 幅候选参考图像进行两两比较，直到选出最佳参考图像。在所有志愿者选择完成后，进行候选参考图像的投票选择，若选中的参考图像投票超过一半则进行原始水下图像和参考图像的配对，若少于一半，则将其对应的原始水下图像视为具有挑战性的水下图像，并丢弃参考图像（图附 1-5）。

该数据集的特点是提供了与真实水下图像对应的增强后的参考图像。该数据集是目前唯一提供对应参考图像的真实水下图像数据集。该数据集有对应的增强参考图像，因此不仅适用于传统图像增强方法，而且适用于基于深度学习的图像增强方法，弥补了基于深度学习方法没有一一对应训练图像的空白。

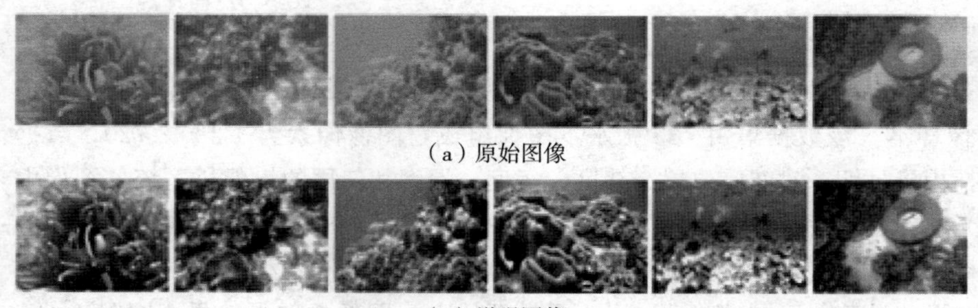

（a）原始图像

（b）增强图像

图附 1-5 UIEBD 原始水下图像和对应参考图像数据集示例

数字资源附 1-5 UIEBD 原始水下图像和对应参考图像数据集示例彩色图

4. Sea-thru 数据集（Sea-thru Dataset）[4]

Sea-thru 数据集提供了 5 个水下 RGBD 数据集。数据集中所有图像都是在自然光照、设定的恒定曝光下获得的。该数据集含有超过 1 100 幅图像，是在不同深度、不同水类型的地中海和红海中拍摄的。数据集中既包含原始水下图像，又包含相对应的深度图，数据集的具体信息见表附 1-1。

表附 1-1 Sea-thru 数据集具体信息

产品号	场景	深度	角度	水质类型	数量	相机类型	镜头
D1	reef	10 m	down	clear	559	Sonyα7R Mk Ⅲ	Sony FE 16～35 mm f/2.8 GM
D2	reef	10 m	down	clear	318	Sonyα7R Mk Ⅲ	Sony FE 16～35 mm f/2.8 GM
D3	reef	4 m	all	low	68	Sonyα7R Mk Ⅲ	Sony FE 16～35 mm f/2.8 GM
D4	canyon	4～9 m	down	turbid	153	NikonD810	Nikkor 35 mm f1.8
D5	reef	5 m	forward	clear	59	Nikon D810	Nikkor 35 mm f1.8

该数据集的特点是提供了与真实水下图像对应的深度图（图附 1-6）。该数据集也是目前最大的提供对应深度图的真实水下图像数据集。使用该数据集可以更好地研究基于水下成像模型的图像增强方法，另外，该数据集还可以应用于水下双目视觉测距等研究。

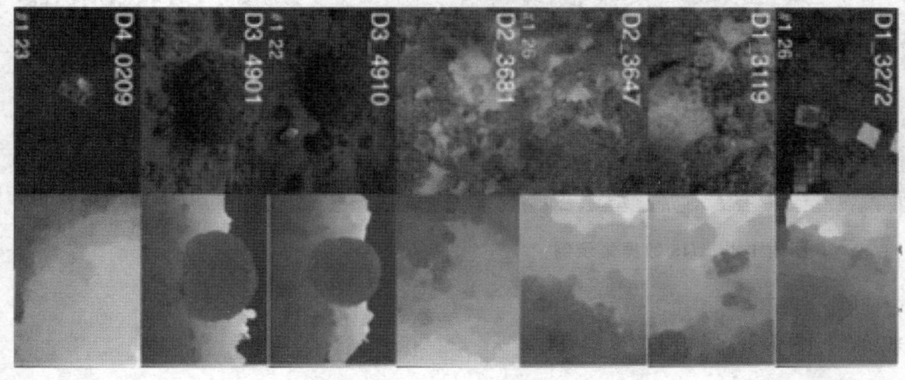

图附 1-6 Sea-thru 原始水下图像（第一行）和对应深度图（第二行）数据集示例

数字资源附 1-6 Sea-thru 原始水下图像（第一行）和对应深度图（第二行）数据集示例彩色图

5. Lizard Island 数据集（Lizard Island Dataset）和 Port Royal 数据集（Port Royal Dataset）[5]

Lizard Island 数据集是在澳大利亚 Lizard Island 附近的一个珊瑚礁带拍摄的。这些水下图像最大采集深度为 2 m，由潜水员手持水下相机多次拍摄，共有 6 083 张图像。Port Royal 数据集是在牙买加的 Royal 港拍摄的水下图像。这个数据集包含自然和人工的水下城市，拍摄最大深度为 1.5 m，拍摄所用设备与 Lizard Island 数据集相同，由潜水员手持水下相机多次拍摄，共有 6 500 张图像。示例见图附 1-7。

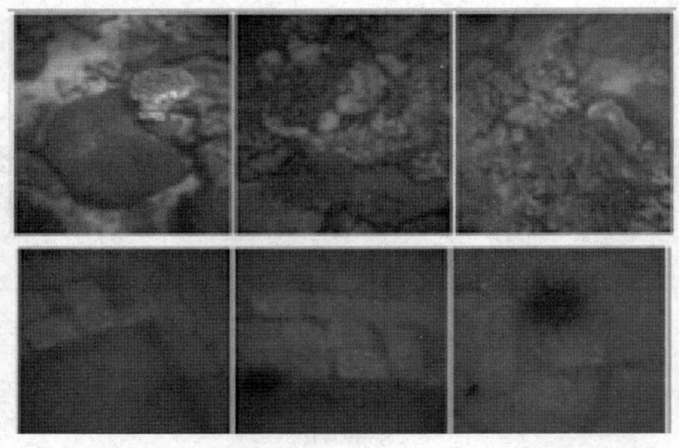

数字资源附 1-7 Lizard Island（前三幅图）和 Port Royal（后三幅图）数据集示例彩色图

图附 1-7　Lizard Island（前三幅图）和 Port Royal（后三幅图）数据集示例

6. U45 数据集（U45 Dataset）[6]

U45 数据集里面包含多个水下图像增强文章中出现的公共水下测试数据，这些数据存在颜色失真、对比度低、图像模糊等问题。示例见图附 1-8。

数字资源附 1-8 U45 数据集示例彩色图

图附 1-8　U45 数据集示例

附 1.1.2　模拟水下图像增强数据集

1. Turbid 数据集（Turbid Dataset）[7]

Turbid 数据集由 5 个不同的退化图像子集组成，每个子集都有各自的真实值。Turbid 数据集在可控的条件下模拟水下环境，利用水箱由玻璃制成、照明由置于反射和扩散材料制成的软盒内的两个 30 W LED 灯提供，以获得连续均匀的光线。在水箱中摆放多个目标物（石头、仿真珊瑚、贝壳等）模拟海洋环境，采用静态 Go Pro Hero3 Black Edition 进行拍摄，拍摄图像像素为 3 000×4 000。

为了反映真实水下环境中存在的模糊、浑浊等现象，采用可以增加后向散射的全脂牛奶来模拟，通过不断地向水箱中加入全脂牛奶来控制浑浊度和降解量的增加。这种方法构建了牛奶浑浊子集，拍摄模拟不同程度浑浊图像 20 幅。除了牛奶浑浊子集外，该数据集还包括

20幅图像深蓝子集、42幅图像的叶绿素子集以及目前尚未公开的蓝色和绿色子集（图附1-9）。

数字资源附1-9 Turbid数据集示例彩色图

图附1-9　Turbid数据集示例

2. EUVP数据集（EUVP Dataset）[8]

EUVP（enhancing underwater visual perception）数据集包含8 000个未配对的图像和12 000个配对（原始水下数据和参考图像）的图像。

未配对数据集是在海洋探索和人-机器人协作实验中收集的。这些实验在不同地点、不同能见度条件下使用了7个不同的相机（包括GoPros、Aqua AUV's uEye相机，低光USB相机和Trident ROV的高清相机），此外在未配对数据中还包括从公开的YouTube视频中提取的图像，这些图像包括多种多样的自然变化（环境、水体类型、光照条件等）。对未配对的图像，6名志愿者通过主观评价的方法来检查多种图像的属性，例如颜色、对比度、锐度以及图像的可解释性，通过人为主观评价将未配对图像分为高质量和低质量两部分。未配对数据集的具体信息如表附1-2所示。

对于配对图像，利用未配对的低质量和高质量图像（图附1-10，图附1-11），采用

表附1-2　未配对数据集的具体信息

项目	低质量（poor quality）	高质量（good quality）	验证（validation）	总样本数（total images）
样本数	6 445	7 445	420	14 310

数字资源附1-10 EUVP未配对数据集中低质量数据示例彩色图

图附1-10　EUVP未配对数据集中低质量数据示例

数字资源附 1-11 EUVP 未配对数据集中高质量数据示例彩色图

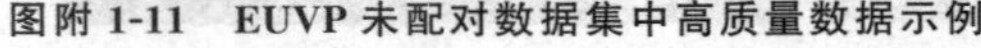

图附 1-11　EUVP 未配对数据集中高质量数据示例

CycleGAN 风格转换，学习在高质量和低质量图像之间的域转换。然后，利用所学习的模型对高质量的图像进行畸变，生成相应的低质量图像，得到成对的水下图像。该数据集从 ImageNet数据集和 Flickr™中扩展了一组水下图像。配对数据集的具体信息见表附 1-3。对应示例如图附 1-12 至图附 1-14 所示。

表附 1-3　配对数据集的具体信息

数据集名	训练对	验证	总样本数
Underwater Dark	7 200	675	15 075
Underwater Scenes	2 325	142	4 792
Underwater ImageNet	4 260	1 400	9 920

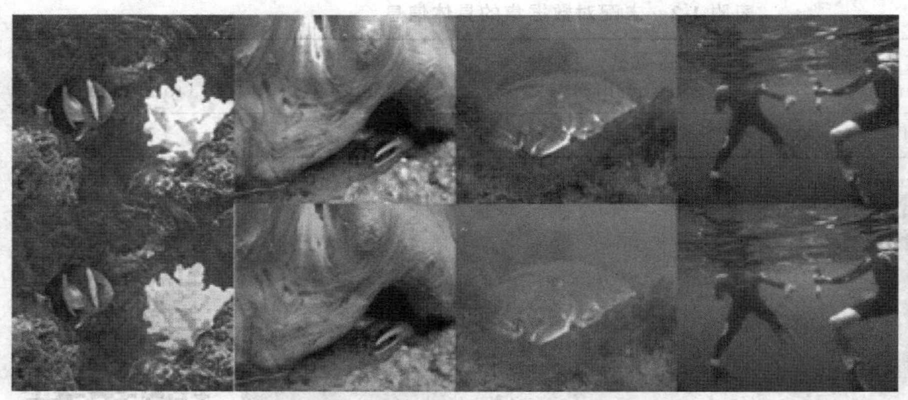

数字资源附 1-12 EUVP 配对数据集中 Underwater Dark 数据示例彩色图

图附 1-12　EUVP 配对数据集中 Underwater Dark 数据示例（第一行为高质量图像，第二行为生成的对应低质量图像）

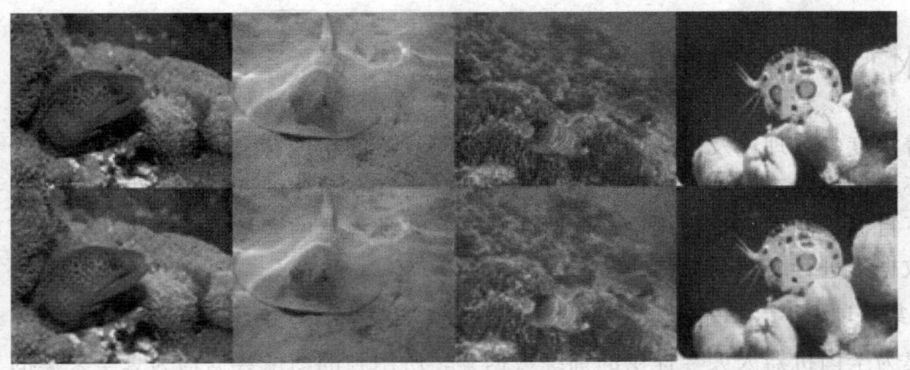

数字资源附 1-13
EUVP 配对数据集中 Underwater Scenes 数据示例彩色图

图附 1-13 EUVP 配对数据集中 Underwater Scenes 数据示例（第一行为高质量图像，第二行为生成的对应低质量图像）

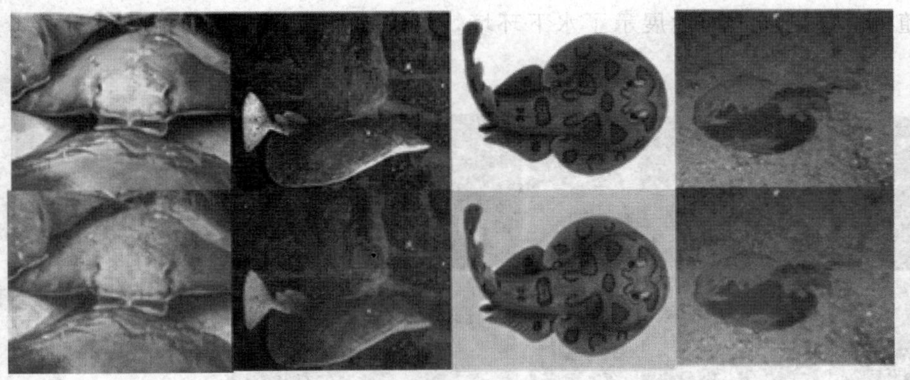

数字资源附 1-14
EUVP 配对数据集中 Underwater ImageNet 数据示例彩色图

图附 1-14 EUVP 配对数据集中 Underwater ImageNet 数据示例（第一行为高质量图像，第二行为生成的对应低质量图像）

3. MHL 数据集（MHL Dataset）[5]

MHL 数据集是在密歇根大学海洋流体动力学实验室的一个纯水试验池中拍摄的。该数据集的收集是在一个人造岩石平台上进行的，一共收集了 7000 多幅水下图像。这些水下图像都是由人造岩石或人造岩石与色彩卡构成的（图附 1-15）。

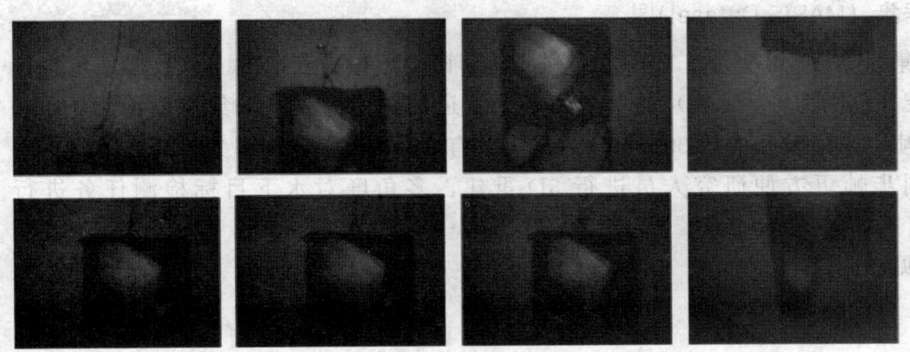

数字资源附 1-15
MHL 数据集示例彩色图

图附 1-15 MHL 数据集示例

附 1.2　水下目标检测数据集

近年来，随着深度学习理论及算法的发展，目标检测算法的精度有了大幅度提升。尽管如此，由于水下环境情况复杂，水下成像效果并不理想，常存在对比度低、颜色失真、细节模糊等问题，水下目标检测发展较为缓慢，同时还缺乏真实环境下的大量水下数据集。下面对水下目标检测数据集进行介绍与总结。

1. URPC 数据集（URPC Dataset）[9]

URPC 数据集为全国机器人大赛提供的训练数据集，所用到的图像数据均为真实采集的水下图像数据。每年竞赛都会上传新的测试数据集，2019 年竞赛提供 jpg 格式水下图像 4 757 张（图附 1-16）。数据集主要以偏向绿色和蓝色的水下图像为主，包含贝类、海参等各种水下生物，用于水下目标检测的任务。在该数据集中，每张水下图像中包含的目标物数量有多有少、种类随机，这更加全面地展示了水下环境，对于水下目标检测的任务更有参考价值。

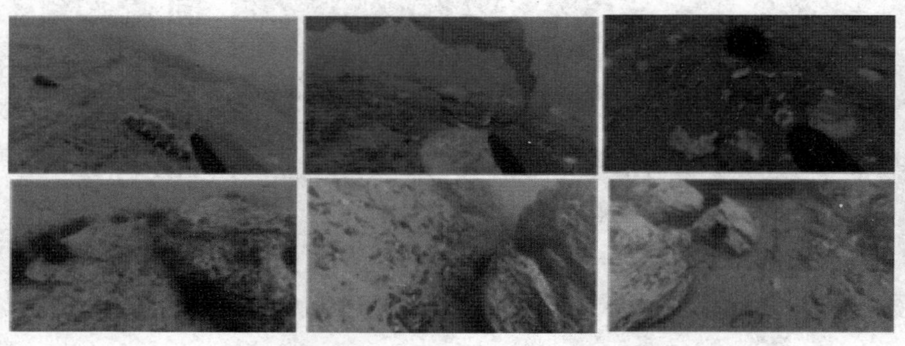

图附 1-16　URPC 数据集示例

数字资源附 1-16 URPC 数据集示例彩色图

除此以外，URPC 数据集还包含真实水下环境的视频数据集。此数据集主要用于竞赛目标抓取。场地水下地形为沙地，除海胆、海参、贝类外，还分布有高低石头群、碎石、大叶藻等内容物，兼有鱼类游泳。该数据集为水下目标检测提供了大量的目标物与数据，是很好的训练与测试数据集。

2. MARIS 数据集（MARIS Dataset）[9]

MARIS 数据集是 2014 年 9 月 6 日在意大利波托菲诺附近拍摄获取的。该数据集包含具有不同颜色和半径（范围为 5～6 cm）的单个和多个管道的图像序列。采集深度约为 10 m，采集速度每秒 15 帧，采集时间大约 30 min。数据集共有 9 600 幅（分辨率为 1 292×964）立体图像，这样的同步帧更方便研究人员进行 3D 重建，多角度对水下目标检测任务进行探索。

MARIS 示例见图附 1-17。

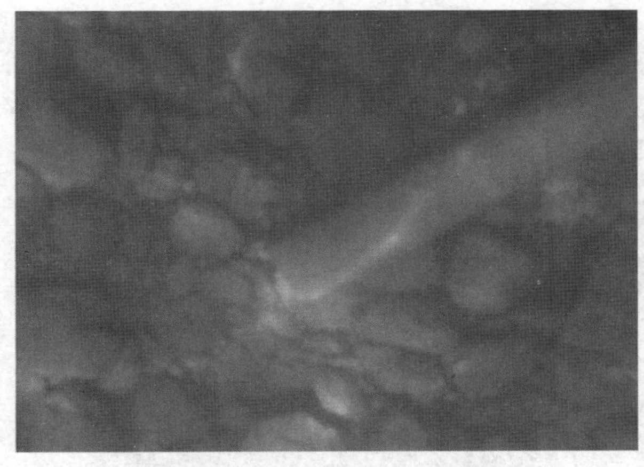

数字资源附 1-17
MARIS 数据集示例彩色图

图附 1-17　MARIS 数据集示例

3. SUN 数据集（SUN Dataset）[11]

SUN 数据集包含 908 个场景类别的 131067 张图片。图片种类比较丰富，关于水下图像的类别就包括水下珊瑚礁、水下冰、水下海带森林、水下深海、水下浅海、水下残骸等多种类别，每种类别包含的图像数量平均只有几十张，但是会手动注释部分图像中的对象，并且种类丰富且在持续更新中，有助于水下目标检测。在不同水下环境与不同目标物的情况下，SUN 数据集可以提供更广泛的数据（图附 1-18）。

数字资源附 1-18
SUN 数据集示例彩色图

图附 1-18　SUN 数据集示例

4. Labeled Fishes in the Wild[12]

Labeled Fishes in the Wild 是由美国国家海洋和大气管理局（NOAA）提供的野生鱼数据集。该数据集使用 ROV 摄像系统采集，包括鱼、无脊椎动物和海床的图像，可用于渔业资源调查。数据集主要分为 3 部分：训练集、验证集（正样本，有鱼；负样本，无鱼）和测试集。其中训练集和测试集带有标注数据，这些数据定义了图像中每个标记的鱼目标对象的位置和范围。

训练集和验证集正样本数据包含石斑鱼和海床附近的其他相关物种的图像。训练集包含 929 幅图像，其中带有 1 005 个鱼类数据标签。数据标签包括鱼在图中的位置和大小。

训练集和验证集负样本数据包括 3 167 幅图像。在训练集和测试集中提取 147 个海底负图像（不含鱼的区域），其余 3 020 幅图像可以使用 OpenCV 的 HaarTraining 得到。

测试集包含两段在近海底鱼类调查期间使用 ROV 的高清摄像机收集的图像序列，第一个视频片段包含 2 101 帧，第二个包含 210 帧，第二个视频是第一个视频每秒一帧的版本。

测试视频中鱼的注释包括“已验证”或“明显”的标记符，其中“已验证”表明视频分析人员可以识别出鱼本身，“明显”表明物体被认为是鱼，但无法进行属性判断。测试集共标记目标 2 061 个，其中有 1 008 条是已验证的鱼，而 1 053 条是明显的鱼。示例见图附 1-19。在 ROV 调查视频测试图像中检测到的目标如图附 1-20 所示。

数字资源附 1-19 来自训练集和验证集的图像标记区域内的鱼类示例彩色图

图附 1-19　来自训练集和验证集的图像标记区域内的鱼类示例

数字资源附 1-20 在 ROV 调查视频测试图像中检测到鱼和其他物体彩色图

图附 1-20　在 ROV 调查视频测试图像中检测到鱼和其他物体

附 1.3 水下目标跟踪数据集

由于水下环境的特殊性，水下视频有与水下图像相似的问题。除此以外，视频数据的采集也有一些问题（如不能长时间在水下由人工采集，单纯使用机器采集的视频效果不理想）亟待解决。因此，目前水下目标跟踪数据集在数量与质量上都有所欠缺。

1. SeaCLEF 数据集（SeaCLEF Dataset）[13]

SeaCLEF 数据集包含海洋生物的视频和图像（图附 1-21），主要用于鱼类以及珊瑚等生物的物种识别。尽管数据集制作的目的是为了目标识别，但仍可用于水下目标跟踪。该数据集中的视频部分提供了 20 个低分辨率的视频作为训练集，其中 5 个视频的分辨率为 640×480，剩余 15 个视频的分辨率为 320×240，共分为 15 个类别，9 162 个标注样例，标注可为后续跟踪效果作为评价标准。测试集包含 73 个低分辨率的视频，视频分辨率为 320×240，共 13 个类别，13 612 个标注。

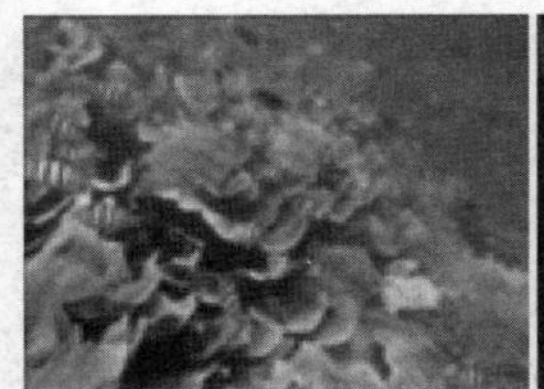

图附 1-21 SeaCLEF 数据集示例

数字资源附 1-21 SeaCLEF 数据集示例彩色图

2. ImageNet VID Dataset[14]

ImageNet VID 数据集作为最大的图像数据集库，其中包含的数据种类与数量已经到达其他数据库不能相提并论的程度。ImageNet VID 数据集是视频中的目标检测也就是目标跟踪，由于是通用数据集，其中大部分视频并不是在水下环境中拍摄的，但同时也有鲸鱼、珊瑚鱼等属于水下环境的视频，可以挑选适用的视频，进行训练与测试。这些视频都是精心选择的，考虑到不同因素，包括视频背景干扰、平均目标数目等。所有类别在每个视频帧都完全打标签。

附 1.4 水下目标识别数据集

1. Fish4knowledge Dataset[15]

Fish4knowledge 数据集包含水下活鱼视频及图像。该数据集是从我国台湾南湾、兰屿和后壁湖的水下观测台拍摄的，产生了 27 370 个经过验证的鱼图像。整个数据集分为 23 个聚类，每个聚类由一个有代表性的物种表示，该物种基于分类单元是单系的程度的同构特征。代表性鱼类图像表示图附 1-22 所示的簇之间的区别，例如，是否存在组件（肛门鳍、鼻、眶下），特定数目（六个背鳍棘、两个背鳍棘），特定形状（第二背鳍棘长）等。

图附 1-22 显示了代表性的鱼类名称和检测数量。数据非常不平衡，其中最常见的物种

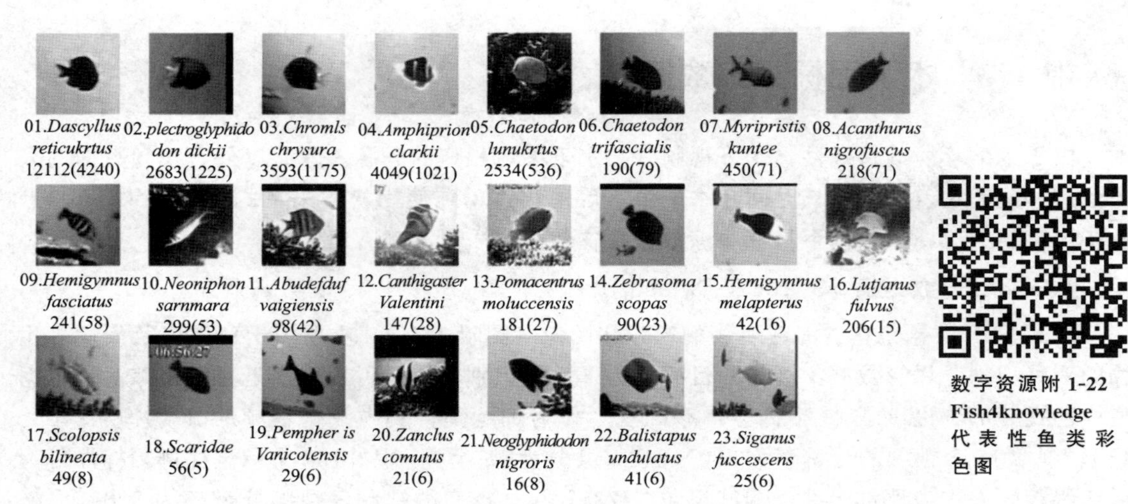

数字资源附 1-22 Fish4knowledge 代表性鱼类彩色图

图附 1-22　Fish4knowledge 代表性鱼类

大约是最不常见物种的 1 000 倍。B. J. Boom 等（2012）在工作中描述的鱼检测和跟踪软件用于获取鱼图像[15]。按照海洋生物学家的说明手动标记鱼的种类[16]。

2. WildFish Dataset[17]

WildFish 数据集是用于野生鱼类识别的最大图像数据集。它由 1 000 种鱼类组成，具有 54 459 张不受约束的图像，从而可以训练用于自动鱼类分类的大容量模型（图附 1-23）。

数字资源附 1-23 WildFish 数据集示例彩色图

图附 1-23　WildFish 数据集示例

附 1.5　水下目标分割数据集

水下照明和浊度图像储存库[18]（underwater lighting and turbidity image repository，ULTIR）包含大量浸没标本的图像，这些标本是在具有各种形式的几何形状和损坏的受控光照和浊度水平下拍摄的。储存库表面损坏部分的示例见图附 1-24。

ULTIR 的目的是在将图像处理方法合理化作为水下检查活动的一部分时，协助检查人员，并使研究人员能够在实际操作条件下有效评估基于图像的方法的性能。水下基础设施中

数字资源附 1-24 储存库表面损坏部分的示例彩色图

图附 1-24　储存库表面损坏部分的示例

注：这些图像是在中光（1 000 lx）和低浊度（0 NTU）条件下拍摄的。

（a）开裂混凝土立方体　（b）混凝土立方体　（c）混凝土圆柱　（d）混凝土球　（e）金属盒　（f）金属立方体　（g）金属球　（h）塑料球　（i）橡胶垫　（j）金属圆柱　（k）塑料立方体　（l）塑料圆柱

的利益相关者可以从第一个大型的、标准化的、注释良好的、免费的图像和相关元数据库中受益。水下照明和浊度图像储存库（ULTIR）是在不同照明和浊度水平下拍摄的高分辨率图像的集合（表附 1-4）。该储存库包含 3 个类别。这些类别涉及裂纹检测、表面损伤检测以及使用立体视觉进行 3D 形状恢复。

每个类别中包含的图像是在 3 个照明级别和 3 个浊度水平下捕获的，每个标本生成 9 个图像。这些不同的级别描绘了水下检查环境中可能遇到的情况。

表附 1-4　ULTIR 内容

类别	标本数量	控制水平	表面类型	形状/曲率	照明水平	浊度水平	图片数量
裂纹	9	7 个受控，2 个实际裂纹	8 混凝土，1 网纹混凝土	4 平，5 弯	3 级	3 级	81
表面损伤	10	受控 9 点，实际损害 1 点	4 混凝土，3 纹理混凝土，3 金属	4 平，3 圆柱，3 球面	3 级	3 级	90
3D 形状	12	9 个受控，3 个不规则形状	4 混凝土，4 金属，3 塑料，1 橡胶	3 立方体，3 圆柱，3 球，3 不规则	3 级	3 级	864（108 × 8）

附录 2　水下图像类相关比赛

附 2.1　水下机器人目标抓取大赛

为促进水下机器人理论、技术与产业的发展，填补水下敏捷机器人抓捕任务测评的空白，国家自然科学基金委员会、大连理工大学和獐子岛集团股份有限公司等联合承办了水下机器人目标抓取大赛。该比赛设置了水下机器人抓取任务，针对水下海参、扇贝、海胆感知识别，促进水下感兴趣目标识别检测算法与技术的研究。水下机器人目标抓取大赛主要分为目标识别技术组、定点抓取技术组和自主抓取技术组，同时，该比赛开放水下目标检测与识别数据集。

附 2.2　CHINAMM2019 水下图像增强竞赛

水下图像增强算法可针对水下图像存在的问题进行恢复和增强，改善水下图像的视觉效果。目前水下图像增强算法已经有了相应进展，但仍存在增强后图像信息损失、对比度和饱和度不平衡等问题，难以满足实际水下应用。CHINAMM2019 水下图像增强竞赛旨在促进图像增强与复原相关理论、技术及应用的发展，提升相关研究水平。同时，该竞赛提供了真实水下图像增强数据集，参赛队伍通过开放的数据集进行训练和测试，竞赛结果以 task-driven metric 作为评审依据。参赛方需提交代码和图像增强结果，由组织方测试代码并得到最终的处理效果，排名靠前者为优胜。

附 2.3　CVPR 2019 UG2＋ 挑战赛

CVPR 2019 UG2＋挑战赛由无约束移动场景中的视频目标分类和检测、可见性差场景中的目标检测两个挑战赛道组成。无约束移动场景中的视频目标分类和检测赛道下设视频目标检测改进和视频目标分类改进 2 个子赛道。可见性差场景中的目标检测用于评估和推进视觉不利场景（如不利的天气和不利的光线场景）中目标检测算法的稳定性。该赛道下设雾天场景下的（半）监督目标检测、弱光线场景下的（半）监督人脸检测以及具有雨滴遮挡的零样本目标检测 3 个子赛道。CVPR 2019 UG2＋挑战赛包括以下 5 个不同的主题：

（1）面向户外移动场景的目标检测、分割或识别的新算法，这些户外移动场景包括无人机、滑翔机、自动驾驶汽车以及户外机器人等。

（2）面向现实世界中视觉不利场景的目标检测或识别，这些视觉不利场景包括雾、雨、雪、冰雹、沙尘、水下、低分辨率等。

（3）解释、量化和优化低水平计算摄像学（图像重建、复原以及强化）任务和各种高水平计算机视觉任务之间的相互关系的潜在模型和理论。

（4）针对复杂的视觉不利场景中图像的降级和回复过程，开发基于物理或可解释的新模型。

（5）面向图像复原和强化算法的新评估和度量方法，尤其要侧重于无参考的度量方法，这是因为对于大多数视觉不利场景下真实的户外图像来说，很难获得纯净的真实图像来做比较。

附 2.4　LifeCLEF 2015：Fish Identification Challenges[19]

鱼类识别任务的目标是识别视频片段中的鱼类事件，自动水下视频分析工具的典型使用场景是支持海洋生物学家深入研究海洋生态系统和鱼类生物多样性。此外，水下视频和成像系统，能够连续记录水下环境。事实上，这种系统不会影响鱼类的行为，可能会提供大量的视觉数据。但是，人工分析人工记录的数据在很大程度上是不切实际的，尽管如此，由于视频记录的复杂性，场景的多样性和可能降低视频质量的因素，如水的透明度或深度，自动视频分析工具的开发是一个挑战。基于视频的鱼类识别任务的主要目标是在视频片段中自动计算每种鱼类的数量（例如，视频 X 包含物种 1 鱼类的 N_1 个实例，……物种 n 鱼类的 N_n 个实例）。但也要求识别鱼类边界框，每个视频的基本数据（提供 XML 文件）包含有关鱼类种类和位置的信息。参与者被要求提供最多 3 次运行，每次运行必须包含集合中的所有内容，对于每个视频，必须包含检测到鱼的帧、边界框和每个检测到鱼的物种名称。

参考文献及相关链接

[1] C Y Li，C L Guo，W Q Ren，et al. An Underwater image enhancement benchmark dataset and beyond [J] . IEEE Transactions on Image Processing，2020，29（29）4376-4389.

[2] R Liu，X Fanand，M Zhu，et al. Real-world underwater enhancement：Challenges，benchmarks，and solutions under natural light [J]. IEEE Transactions on Circuits and Systems for Video Technology，2020，30（12）：4861-4875.

数据集链接：https：//github. com/dlut-dimt/Realworld-Underwater-Image-Enhancement-RUIE-Benchmark

[3] T P Marques. A B Albu，M Hoeberechts. A contrast-guided approach for the enhancement of low-lighting underwater images [J]. MDPI Journal of Imaging，2019，5（10）：79.

数据集链接：https：//sites. google. com/view/oceandark/home

[4] D Akkaynak，T Treibitz. Sea-thru：A method for removing water from underwater images [J]. IEEE Computer Society Conference on Computer Vision and Pattern Recognition，2019：1682-1691.

数据集链接：http：//csms. haifa. ac. il/profiles/tTreibitz/datasets / sea _ thru/index. html

[5] J Li，K A Skinner，R M Eustice，et al. WaterGAN：unsupervised generative network to enable real-time color correction of monocular underwater images [J]. IEEE Robotics and Automation Letters，2018，3（1）：387-394.

数据集链接：http：//www. umich. edu/-dropda/Jamaica. tar. gz

http：//www. umich. edu/-dropda/MHL. tar. gz

[6] H Li，J Li，W Wang. A fusion adversarial underwater image enhancement network with a public test dataset [C]，IEEE Computer Society Conference on Compater Vision and Pattern Recognition，2019.

数据集链接：https：//github. com/IPNUISTlegal/underwater-test-dataset-U45-

[7] A Duarte, F Codevilla, J D O Gaya, et al. A dataset to evaluate underwater image restoration methods [C]. OCEANS 2016 Shanghai, IEEE, 2016.
数据集链接：http：//amandaduarte. com. br/turbid/
[8] M J Islam, Y Y Xia, J Sattar. Fast underwater image enhancement for improved visual perception [C] . IEEE Robotics and Automation Letters, 2020, 5 (2): 3227-3234.
数据集链接：http：//irvlab. cs. umn. edu/resources/euvp-dataset
[9] 数据集链接：http：//www. cnurpc. org/a/xwjrz/2019/0808/129. html（注：每年更新）
[10] F Oleari, F Kallasi, R D Lodi, et al. An underwater stereo vision system: from design to deployment and dataset acquisition [C] . OCEANS, 2015: 1-5.
[11] J Xiao, J Hays, K A Ehinger. SUN database: Large-scale scene recognition from abbey to zoo [C]. IEEE Conference on Computer Vision and Pattern Recognition, 2010.
数据集链接：http：//groups. csail. mit. edu/vision/SUN/
[12] G Cutter, K Stierhoff, J Zeng. Automated detection of rockfish in unconstrained underwater videos using Haar cascades and a new image dataset: labeled fishes in the wild [C]. IEEE Winter Conference on Applications of Computer Vision Workshops, 2015: 57-62.
数据集链接：https：//swfscdata. nmfs. noaa. gov/labeled-fishes-in-the-wild/
[13] 数据集链接：https：//www. imageclef. org/lifeclef/2016/sea
[14] J Deng, W Dong, R Socher. ImageNet: a large-scale hierarchical image database [C]. IEEE Computer Society Conference on Computer Vision and Pattern Recognition, 2009.
数据集链接：http：//www. image-net. org/
[15] B J Boom, P X Huang, C Beyan, et al. Long-term underwater camera surveillance for monitoring and analysis of fish populations [C]. Int. Workshop on Visual Observation and Analysis of Animal and Insect Behavior (VAIB) in Conjunction with ICPR 2012.
数据集链接：http：//groups. inf. ed. ac. uk/f4k/GROUNDTRUTH/RECOG/
[16] B J Boom, P X Huang, J He, et al. Supporting ground-truth annotation of image datasets using clustering [C]. International Conference on Pattern Recognition, 2012, 1542-1545.
[17] P Zhuang, Y Wang, Y Qiao. Wildfish: A large benchmark for fish recognition in the wild [C]. ACM International Conference on Multimedia, 2018: 1301-1309.
数据集链接：https：//github. com/PeiqinZhuang/WildFish
[18] M O'Byrne, F Schoefs, V Pakrashi, et al. An underwater lighting and turbidity image repository for analysing the performance of image-based non-destructive techniques [J]. Structure and Infrastructure Engineering, 2018, 14 (1): 104-123.
数据集链接：http：//www. ultir. net/
[19] A Joly, H Goëau, C Spampinato, et al. LifeCLEF 2015: Multimedia life species identification challenges [C]. Information Access Evaluation. Multilinguality, Multimodality, and Interaction. CLEF 2014, 8685: 229-249.